俵　浩三❖著

北海道・緑の環境史

北海道大学出版会

亜寒帯針葉樹林　北海道らしいイメージに結びつくエゾマツ・トドマツ林の景観。写真は阿寒国立公園内ペンケトウ付近で，特別保護地区として自然がきびしく守られている。

湿原　冷涼な気候のもとに成立する湿原(泥炭地)も北海道を代表する景観のひとつであるが，開発の進展とともに消滅したものが多い。写真は道東の霧多布湿原で天然記念物指定地。

格子状区画の農地と防風林　北海道の開拓は原始林を伐開して農地とすることから始まった。写真は石狩平野。格子状の植民地区画と耕地防風林は北海道の農村を特徴づける景観である。

自然林と人工林　北海道の林業は資源の掠奪的伐採から始まり，やがて育てる林業に転換した。写真は道東の丘陵地。現在の森林には地球温暖化防止など多面的機能の発揮が求められている。

北海道・緑の環境史——目　次

第五章　優れた自然環境の保全……227

凡　例

一　引用文は漢字、仮名遣い、句読点を原文を損ねない範囲で読みやすいように改めたり、漢字の一部に振り仮名を付した箇所がある。なお、引用文中の（　）は原文のもの、〔　〕は引用者による。

二　本文中の北海道の市町村名は、原則として「平成の大合併」以前（全道二一二市町村）の名称により記載し、必要に応じて新市町村名（全道一八〇市町村）を（　）で付記した。

序章　「緑の環境史」は北海道を考える原点

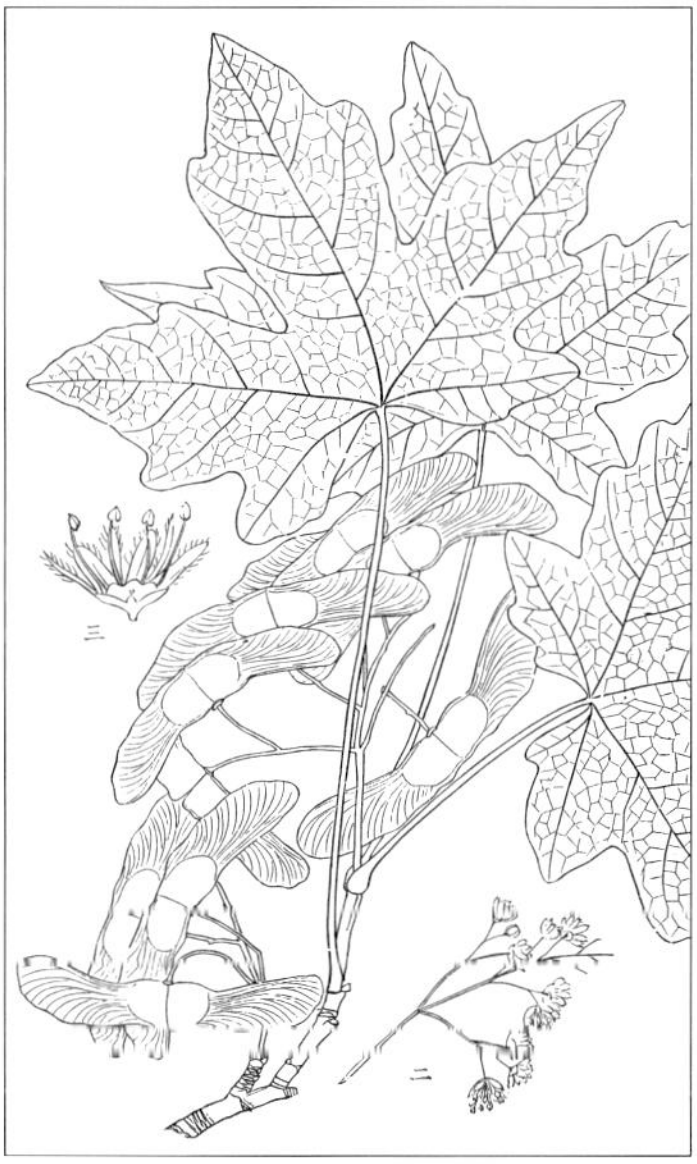

クロビイタヤ(別名ミヤベイタヤ)
川上滝弥『北海道森林植物図説』1902。本書50および112頁参照

北海道のアイデンティティ

北海道の「緑」に象徴される自然環境は、日本のなかでも特異な地位を占めている。その北国らしい特徴は北海道の魅力の根源である。全国的な規模の世論調査で「行ってみたい観光地」とか「住んでみたい都市」という設問があると、「北海道」や「札幌」は常に上位を占め、その理由には「自然が豊かだから」が挙げられる。

例えば最近の新聞では「全国ネット調査／魅力いちばん札幌市／ベスト一〇に道内四市」という記事が目をひいた。それによれば東京の「ブランド総合研究所」が全国七七九都市を対象とし、インターネットを通じ全国の二万五〇〇〇人に「地域のブランド力」の調査を実施したが、そのうち「市の魅力度」では、①札幌市、②神戸市、③函館市、横浜市（同点三位）、⑤京都市となり、さらに⑥富良野市、⑦小樽市がつづき、ベスト一〇に北海道内の都市が四市、ベスト二〇に六都市が入ったという（『北海道新聞』二〇〇六・九・七、夕刊）。

そればかりでなく近年は東アジア諸国からも、「日本の観光地行くなら／東アジアの人気／北海道がトップ」と注目度が高まっている。すなわち日本経済新聞社が実施した「日本の観光地意識調査」によると、東アジアの大都市の消費者にとって、日本の観光地のなかで北海道が東京や京都をしのぐ人気であることが分かったという。その「調査はソウル、上海、香港、台北に住む計二千人を対象に実施。……〈日本に行くとしたら訪ねてみたい観光地・リゾートは〉（複数回答）との質問には、北海道を挙げた消費者が台北で六八・六％、上海でも五五・〇％と半数を超えてトップ。回答者のうち訪日経験者が七割を占めた香港では人気がやや分散したものの、やはり北海道（二二・六％）が首位だった。ソウルでは東京が四六・四％でトップだったが、北海道も四四・四％で二位に入った」と報じられている（『日本経済新聞』二〇〇四・八・一七）。

また、日本経済新聞社が全国のビジネスマンを対象として行なった「都道府県のイメージ調査」では、「総合評価で四七都道府県の第一位は北海道」となっている。それは全国から人口比を勘案して地域別に選んだビジネスマン約一〇〇〇人に対し、①活力がある、②親しみがもてる、③家の取得が容易、④自然が豊か、⑤文化・歴史がある、⑥積極的で明るい、⑦人情味がある、の七項目のイメージについて、各都道府県ごとに「そう思う」と答えた人の割合(%)を県の得点とみなし、それを偏差値に換算してまとめたものである。その結果、北海道は「自然が豊か」で抜群の全国一となり(偏差値八〇・二)、その他の「親しみがもてる」「地価が安く家の取得が容易」の項目でも高い得点を得て、総合評価が第一位になったのだという(『日本経済新聞』一九九〇・七・三〇)。

さらに日本ファッション協会が、全国の約二五〇〇人の男女に対して行なった「住みたい街」のアンケート調査では、「札幌が日本一」で、横浜、京都、神戸、仙台がそれにつづき、「清潔で景観がきれい、というイメージの街は人気が高い」と報じられている(『日本経済新聞』一九九六・五・二一)。

こうしてみると、多くの人々にとって北海道の「自然が豊か」のイメージは、「寒さがきびしい」というマイナスを払拭して、積極的なプラスの評価に結びついているといってよいだろう。

現在の北海道の姿をいくつかの数字で見ると、面積は国土の二二%、人口は日本の四・五%、経済(総生産)は全国の四%となっている。その生産額の産業別構成比は、自然環境と密着した農林水産業の割合が全国平均より高く(北海道三・三%、全国一・三%)、その反面で製造業の割合は全国平均を下回り(北海道九・六%、全国二〇・八%)、また公共事業の多さを反映して建設業の割合は全国を上回っている(北海道一一・二%、全国七・二%)。なお観光も含めた第三次産業は全国平均をやや上回っている(北海道七七・五%、全国七三・三%)。しかし北海道の経済はきびしい現実に直面している。

二一世紀を迎えたいま、日本の政治・経済・社会は多くの面で曲がり角にさしかかっているが、北海道は「道州制」のモデルと目されたり、「試される大地北海道」という言葉で、将来の可能性が模索されている。その場合にはまず、「北海道とは何か」というアイデンティティを探ることが必要であるが、北海道のあり方の根源には、「緑」の自然環境が深くかかわっていることを忘れてはならない。

新しい北海道の地域づくりや町づくりには、住民参加が求められる機会が多くなっている。そうした場合でも、北海道の「緑」の自然環境はどのような特徴をもち、明治以来どのように開発され、あるいは守られてきたかを理解することは、成功例も失敗例も含めて、「北海道の明日はいかにあるべきか」を考えるための重要な素材となる。

最近は学校教育の「総合学習」などで、「地域に根ざした自然と人とのかかわり」がテーマにとりあげられることも多い。しかし北海道の風景・動物・植物の写真集や図鑑、観光案内書はあっても、「自然と人とのかかわり」を調べる参考書は意外に少なく、現場の教師は困っているという話も聞く。

これからの北海道が歩むべき道には、雄大で優れた自然環境や、北国らしい農林業の営みから生まれた「風土」の魅力を、どのように生かすかということが重要なポイントとなる。その一環として「エコツーリズム」や「グリーンツーリズム」が注目され、また「北海道アウトドアガイド」という制度も生まれた。これらは従来の大型観光バスによる周遊型観光ではなく、少人数で、環境を損ねないように配慮しながら自然の魅力を探ったり、自然と人とのかかわりを体験的に学んだりすることが基本となっている。

このように北海道が拠って立つ基盤としての緑の環境の、過去・現在・未来を考える素材として、総合的な視野から「緑の環境史」が構築されることは、きわめて現代的な課題であるといえる。しかしその要請に応えるような参考書は、残念ながらまだ出現していない。この『北海道・緑の環境史』は、私のフィルターを通した素材を、「ものの始め考」を大切にしながら、私なりにまとめた試みで、まだ足りない部分が多いことはよく自覚しているが、その一端を担うことができれば幸いと考えている。

北国の自然

北海道の「緑」に象徴される自然環境の特徴を簡単にいえば、第一は日本最北端の大きな島であること、第二は寒冷な気候に支配され北方的な動植物が多いこと、第三は開発の歴史が浅く、豊かな自然が残っていることでである。

まず本州と北海道を分ける津軽海峡に注目してみよう。高校の地理でも紹介されるケッペンの気候区分によれば、一年で最も寒い月がマイナス三℃からプラス一八℃の間は温帯で、最も寒い月がマイナス三℃未満で最も暖かい月の平均気温が一〇℃以上は亜寒帯(冷帯)とされている。日本では一月が最寒月となる地域が多いが、青森の一月の平均気温はマイナス一・四℃、それに対して函館はマイナス二・九℃、札幌はマイナス四・一℃である。これは最新の『理科年表』(二〇〇七年版、国立天文台)による数値(一九七一年から二〇〇〇年までの平均値)であるが、少し古いデータ(『理科年表』一九八五年版、一九五一年から一九八〇年までの平均値)では青森がマイナス一・八℃、函館がマイナス三・六℃、札幌がマイナス四・九℃となっている(八月はいずれも二〇℃以上)。すなわち近年は温暖化が進行しているが、津軽海峡は、温帯と亜寒帯を分ける境界に相当するのである。

地球が温暖化すれば、それにともなう海水面の上昇も懸念される。ということは寒冷化すれば海水面が低下するということである。地球の歴史のなかでは、過去に何回も氷河時代があり、いまから数万～一万年前は最後の氷期だった。その氷期には海水面が現在よりも約一〇〇メートルも低下し、それより水深の浅い間宮海峡と宗谷海峡は陸となっていたが、水深の深い津軽海峡は海峡として存在していたという。そのため東アジアの動物、例えばヒグマやナキウサギなどは、サハリン(樺太)、北海道へと陸づたいに渡ってくることができたが、北海道から本州には渡ることができなかった。そのことが北海道の動物相が本州と異なり、北方系要素が多いという特徴になっている。もちろん北海道には南方系要素の動物もいるが、津軽海峡がブラキストン線という動物分布境界線となっていることは、一般によく知られている。

しかし植物の分布では、津軽海峡がそれほど重要な境界線とはされていない。植物の種子は、風、鳥、海流などに運ばれて分布を広げる場合もあるからで、温帯要素の代表とされるブナは、本州から津軽海峡を渡り北海道へ分布を広げたが、その北限は道南の黒松内低地帯で止まっている。一方、北方からはエゾマツなど亜寒帯要素が南下してきた。北海道の植物は、南方や北方から分布を広げてきたものが、複雑に交錯している。そのため北海道の植物帯は、温帯に属するのか亜寒帯に属するのか、またその境界線はどこにあるのかという問題は、多くの先覚者の頭を悩ませてきた。

北国の緑の環境は、さまざまな恵みを人間にもたらすが、北海道は長い間、先住民族アイヌの住む世界だった。日本人による近代的な開発が始まったのは、一九世紀半ば以降、明治になってからである。アイヌの生活は自然と共存しながら狩猟・採集を行なうことが主だったから、自然環境を大きく改変することはなかった。しかし日本人の生活は縄文時代はともかく、弥生時代からは農業で土地を耕すことを基本としてきた。耕す土地を得るためには森林を伐採したり、水辺を改変したりすることも必要だった。本州方面では一〇〇〇〜二〇〇〇年の長い時間をかけた営みにより、全国の津々浦々で地域ごとに特有の日本的な「風土」が徐々に形成されてきたが、北海道ではそれが、一〇〇〜一五〇年の間に短縮された形で急速に行なわれた。そのため北海道の自然環境の改変はドラスティックに進行した。

しかし北海道は広大である。現在もまだ、開発の影響を受けることの少ない、豊かな自然環境が残っている部分が多い。環境省では「緑の国勢調査」を行なっているが、それによれば、人間の影響が少ない「自然植生」は日本国土全体の一九％しかないが、そのうち五九％は北海道に分布しているという（『環境白書』二〇〇一年版）。北海道は「緑の王国」なのである。

その緑の王国の環境がいま、さらに改変の度合いを大きくする、さまざまな開発の波にさらされている。私たちの生活を豊かで安心なものとするため、必要な開発もあるだろうが、なかにはどう考えても必要性や効果に疑問があり、自然環境に悪影響を与えるだけの時代おくれの開発も見受けられる。また緑の環境のなかには、例えば国立公園のように、人間の価値観より自然の価値観を優先させるべき部分もある。

二〇世紀は開発の世紀といわれたが、二一世紀は環境の世紀といわれる。そうしたなかで北海道の自然環境を今後どのように守り、どのように生かすかは、ひとり北海道のみならず、日本全体にとっても大きな課題である。北海道の緑の環境が、江戸時代や明治時代、どのようにして世に知られ、それが二〇世紀にどのように開発され、また守られてきたかを検証することには、二一世紀の緑の環境のあり方に、温故知新として生かせるものがたくさん含まれている。

七〇年前の地図帳から読めること

いま私の手元に古ぼけた一冊の地図帳がある。藤田元春『新日本図帖』という。新日本とあるが、発行は一九三四(昭和九)年で、いまから見れば「旧日本」である。A4判より小さめで、内容は現在の高校社会科地図帳をやや詳しくした程度のものであるが、よく見ると、いろいろ興味ぶかいことが読みとれる。

この地図帳の「北海道」は縮尺一〇〇万分の一で、東部、北部、西南部の三枚に分かれているが、東部を縮小して見てみよう(図0・1)。地名の文字が小さくて読めないから、AとBの部分を拡大してみる。

Aの釧路から厚岸《あっけし》に向かう太平洋沿岸の①付近には、アイヌ語に漢字を当て、読むのがむずかしい地名が、ずらりと並んでいる。北海道の地名の大部分はアイヌ語に由来することに象徴されるように、明治以前の蝦夷地は、道南の一部を除きアイヌの生活舞台だった。

しかし明治以降の内陸部は、本州方面からの移住者による農業開拓が行なわれるようになった。Bは釧路湿原の北部、現在の鶴居村の一部であるが、②付近の狭い範囲に、兵庫、宮城(二ヵ所)、岩手、新潟、山形、長野、岐阜といった地名が並んでいる。すなわちこれらの集落は、それぞれの県の出身者による集団入植で形成されたのである。ただしこれらの地名は永続せず、アイヌ語起源の地名に吸収され、現在の地図では見られなくなっている。

A①の部分は、おそらく日本で最も難解な地名が並ぶ地域で、すらすら読める人は少ないだろう。更科源蔵

図 0･1　藤田元春『新日本図帖』のなかの「北海道東部」

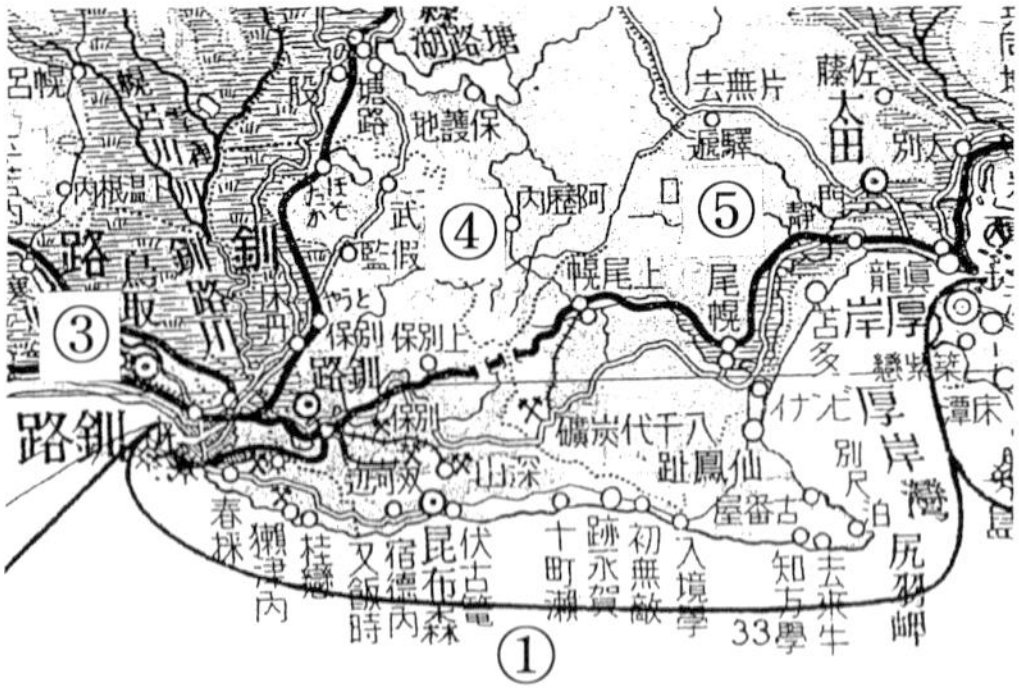

A の部分の拡大図
①入境学，去来牛などアイヌ語に漢字を当てた難地名が並ぶ，③鳥取，④仮監(仮監獄)，④の上部に保護地，⑤駅逓(宿駅)

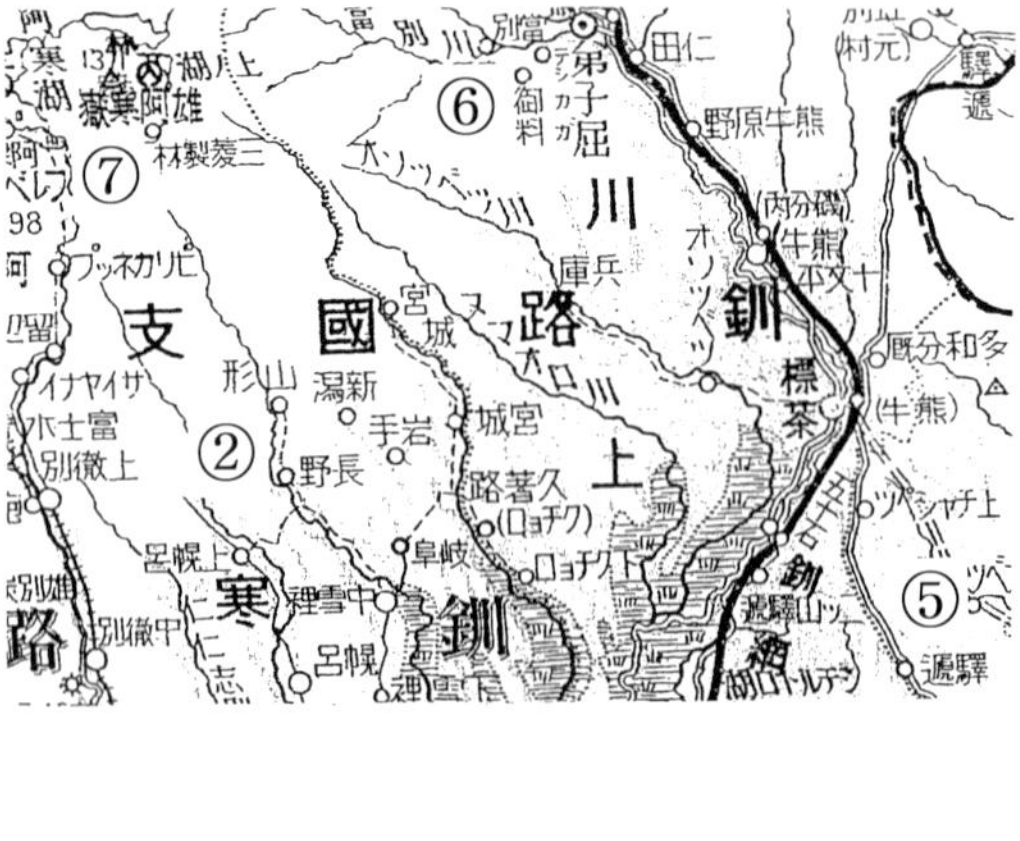

B の部分の拡大図
②兵庫，宮城，山形，新潟，岩手，長野，岐阜の地名がある，⑤駅逓(宿駅)，⑥御料(皇室の国有林)，⑦三菱製材

『アイヌ語地名解』によると、次のようになっている。

桂恋（かつらこい）　アイヌ語のカンジャラコイで、コシジロウミツバメのことであると教えてくれた老婆があったが、はっきりしない。

又飯時（またいとき）　アイヌ語の意味不明

宿徳内（しゅくとくない）　アイヌ語シクドッ・ウシ・ナイ（エゾネギの多いところ）がなまったもの。

昆布森（こんぶもり）　アイヌ語コンブ・モイで昆布湾の意。

伏古篭（ふしこもり）　フシコ・コンブ・モイのなまったもので、昔の昆布森の意。

十町瀬（とまちせ）　アイヌ語のトマ・チェ・ヌプ（エンゴサク……の野）に漢字を当てたという。チェは我々が食うという意であるが、エンゴサクと野の間にこの言葉が入るのはおかしい。エンゴサクの根の塊茎は食料として珍重した。

跡永賀（あとえが）　文字通りであるとアトイ・カは海の表面ということ。この海岸は海の浸食が激しいが、一方、こうして砂で埋められ、海の上に村のできることもある。

初無敵（そむてき）　アイヌ語のト・ウン・テク（沼であるような）で、海の静かなところのことである。

入境学（にこまない）　ニオッケオマナイで、ニオッケは木の桶のことで、昔、桶が流れついたところで名づけたという。

知方学（ちぽまない）　アイヌ語のチプ・オマ・ナイで、舟のある川の意。

去来牛（さるきうし）　アイヌ語のサルキ・ウシで、アシの多いところの意。

尻羽岬（しれぱみさき）　シリ・パ（大地の頭）に当字したもの。

このアイヌ語地名のほとんどは、地形の特徴や、動植物の生息・生育地を表わすなど、自然環境と人間生活の関係をとらえたもので、先住民族が自然と共存していた一端をうかがうことができる。

アイヌ民族に伝承されてきた叙情詩（ユーカラ）を紹介した有名な本に、知里幸惠編訳『アイヌ神謡集』がある。知里幸惠は病身のため、わずか一九歳で帰らぬ人となったが、一九二二（大正一一）年に記されたその序文には、次のように書かれている。

その昔この広い北海道は、私たちの先祖の自由の天地でありました。天真爛漫《てんしんらんまん》な稚児の様に、美しい大自然に抱擁されてのんびりと楽しく生活していた彼等は、真に自然の寵児、なんという幸福な人たちであったでしょう。

冬の陸には林野をおおう深雪を蹴って、天地を凍らす寒気を物ともせず山又山をふみ越えて熊を狩り、夏の海には涼風泳ぐみどりの波、白い鷗の歌を友に木の葉の様な小舟を浮べてひねもす魚を漁り、花咲く春は軟らかな陽の光を浴びて、永久に囀《さえ》ずる小鳥と共に歌い暮して蕗《ふき》とり蓬《よもぎ》摘み、紅葉の秋は野分に穂揃うすきをわけて、宵まで鮭とる篝《かがり》も消え、谷間に友呼ぶ鹿の音を外に、円《まど》かな月に夢を結ぶ。嗚呼なんという楽しい生活でしょう。平和の境、それも今は昔、夢は破れて幾十年、この地は急速な変転をなし、山野は村に、村は町にと次第々々に開けてゆく。

太古ながらの自然の姿も何時の間にか影薄れて、野辺に山辺に嬉々として暮していた多くの民の行方も亦いずこ。僅かに残る私たち同族は、進みゆく世のさまにただ驚きの眼をみはるばかり。……

「山野は村に、村は町にと次第々々に開けてゆく」ことを担ったのは、明治以降、北海道へ移住した開拓民である。一八六九（明治二）年、蝦夷地は北海道と改称、開拓使が設置された。北海道の近代的な開発は、国家の重要政策の一環として始められたのである。その主力となったのは、内陸部の農業開拓だった。それまでアイヌの自由の天地だった広大な土地は国有未開地に編入され、移住者に払い下げられたり、国有林になったりした。

移住者が北海道での新天地を築くため行なった最初の作業は、多くの場合、原始林の伐採だった。若林功著／加納一郎改定『北海道開拓秘録』には、北海道各地へ入植した人々の苦労話がたくさん紹介されているが、例えば福井県から十勝の大正(現在は帯広市の一部)へ二三戸で移住した佐竹佐作は、次のように少年時代を回想している。

開墾には二かかえも三かかえもある大木をどしどしと倒して一ヵ所に集め、火をつけて焼いてしまうので、今かんがえるともったいない話である。ヤチダモ、シコロ、セン、アカダモなどは三〇メートル以上にのびていた。それが灰になってしまった跡を、一クワ一クワ起していく。六月いっぱいで三〇アールほど開けて、ジャガイモとキャベツを主に、キビ、アワ、トウキビをまいた。実が七分ほど入ったころで霜にやられた。ジャガイモとキャベツに塩をかけたのが、毎日の食物であった。はじめの四年は米もキビも口に入らず、まれにくる客人にもジャガイモの塩煮が最上のもてなしであった。魚を買う金はなかったが、二〇〜三〇センチのヤマベが手のとどくところに群れていたし、秋にはサケ、マスが上ってきた。冬には野ウサギがおとし板でいくらでも獲れたから、肉類には不自由することはなかった。

……年々五〇アールくらいずつ開墾していった。大木の切株と切株のあいだを畑にするのだから、大きな畑でもムシロ三〇枚くらいなものであった。そんなのが集まって今日のような見わたす限り立派な畑ができあがったのだ。それを思うと、この苦労を耐えしのんだ父母の恩がしみじみとありがたい。

開拓時代には、このような移住者の集落があちこちに出現した。B②の部分の兵庫、宮城、岩手、新潟、山形、長野、岐阜といった地名は、その一端を物語っている。なおA③には鳥取町(現在は釧路市の一部)がある。また図0・1の範囲外ではあるが、札幌と千歳との間には広島村(後に広島町、現在は北広島市)がある。いうまでもなく前者は鳥取県からの移民、後者は広島県からの移民によって築かれた。まさに「山野は村に、村は町にと次第々々に開けてゆく」だったのである。

A④には「仮監」の地名が見える。釧路と標茶《しべちゃ》を結ぶ道路(現在の国道三九一号)は明治の中期、標茶にあった釧路集治監の囚人によって開削されたが、その労役に必要な仮監獄があった場所である。またA⑤およびB⑤には「駅逓《えきてい》」の地名が見える。駅逓は主要道路の要所に設置され、旅人に宿泊の便宜を与え、また人や荷物を運ぶ馬の継ぎ立て機能を果たした場所である。なおA④の上方、塘路湖《とうろこ》の南岸には「保護地」の地名がある。これは明治中期から「北海道旧土人保護法」により、アイヌの人々を農耕に従事させようと土地を給付した名残である。しかし保護地を得るには面倒な手続きが必要で、しかも対象地は農耕不適地が多く、狩猟民族を農耕民族に転換させる政策は失敗に終わった。

また開拓対象地とならなかった山地を中心とする森林は、大部分が国有林に編入され、主として木材生産の場として利用された。B⑥には「御料」の地名がある。これは皇室財産の御料林（一九四七（昭和二二）年に林野庁の国有林）の事務所があった場所で、弟子屈《てしかが》付近には御料林が多かった。B⑦には「三菱製材」の地名が見える。この付近は現在は阿寒国立公園区域内であるが、ここにも森林伐採の手が入っていたことが知れる。

こうした開拓時代の森林伐採は、資源の掠奪的な利用が目立った。北海道の森林は、長い年月のうちに自然が育ててくれた原始林だったから、人手による育てる経費はかかっていない。元手がかからぬ森林の伐採収入は、道路や港をつくるなど、開発のための財源を生み出す「打出の小槌」として期待される存在ともなった。

しかし急激に原始林が失われ、身近な自然からも動植物が姿を消していくと、有識者の間から、このまま開発がすすめられていいだろうか、という反省が生まれる。自然資源を永続的に維持できる農林業のあり方が模索されたり、自然環境を保護しようとする思想がめばえてくる。明治後半からは原始林を保存しようとする試みが行なわれるようになり、一九一三（大正二）年には北海道庁による「原生天然保存林」の制度ができた。これは日本で最も古い、近代的な自然保護制度である。その指定地には、例えば札幌の藻岩山・円山や、屈斜路湖や阿寒湖の中島も含まれていたが、それはやがて天然記念物や国立公園の核心へ発展していく。

図0・1の範囲には阿寒国立公園に該当する部分も含まれるが、この地図にはまだ阿寒国立公園の記載がない。阿寒国立公園の指定は一九三四（昭和九）年一二月であるが、『新日本図帖』が発行されたのはその直前の一〇月だったからである。知床や釧路湿原が国立公園となったのは、ずっと後年のことだから、もちろん図0・1には

国立公園としての名はない。しかし知床、釧路湿原、阿寒の国立公園を中心とする自然美は、東北海道の大きな魅力の根源となっている。また知床の自然は、世界自然遺産としてもクローズアップされている。

ところで釧路湿原国立公園とその周辺(図0・1のAとBの間)では、この三〇〜四〇年、クレーンとクレーンの戦いがつづいている。一方のクレーンは圧倒的な力を誇っており、他方のクレーンは劣勢に立たされている。ところが最近、強いクレーンはこれまでの行き方が限界にあることを悟り、弱いクレーンに償いをしようとしている。と書いても意味不明で首をかしげる人が多いだろう。このクレーン(Crane)の弱い方は北海道の自然の象徴タンチョウであり、強い方はツルのように長い首を自在に操る建設機械の象徴、クレーンである。

釧路湿原国立公園とその周辺では、道路の開削、森林の伐採、農地の造成、河川の改修、ゴルフ場の造成などの開発が進み、湿原の生態系に大きな影響を与えている。しかし近年は従来型の公共事業が先細りだとして、それに代わる「自然再生事業」が模索されつつある。失われた自然をとり戻す、償いをすること自体は必要であるが、釧路湿原はラムサール条約(特に水鳥の生息地として国際的に重要な湿地に関する条約)の登録湿地であり、自然環境の「賢明な利用」(ワイズユース)が求められている。建設機械のクレーンに象徴される、ブルドーザやダンプカーが活躍するような大型公共事業が主役となることは、賢明な利用とはいえない。釧路湿原では、北海道の自然の象徴であるクレーン(タンチョウ)が静かに暮らせる環境を、適度な人手と長い時間をかけながら、徐々にとり戻し、広げることが、賢明な利用に通ずるといえる。

アメリカ西部開拓との類似、先人の知恵

以上のように見てくると、北海道は北アメリカと歴史地理的に共通している部分があることに気づく。すなわち北アメリカには先住民族としてインディアンがいるが、ヨーロッパから白人が移住し、開拓がすすめられた。とくに西部開拓の途上では、急激に原始的な自然環境が失われたので、自然保護思想がめばえ、やがてイエロー

ストン国立公園やヨセミテ国立公園が成立した。その国立公園のひとつエバーグレーズ(フロリダ半島)では、湿原の保護が周辺の開発行為によって脅かされている。

アメリカがヨーロッパに対して「新世界」と呼ばれるように、北海道も本州方面に対して「新世界」といえる。また北海道の開拓に際しては、アメリカからH・ケプロン、W・S・クラークなどのお雇い外国人を招いたが、これらのお雇い外国人は「北海道にアメリカを発見」して開拓使を指導した。だから北海道開拓のなかには、アメリカ西部開拓の匂いがする部分もある。

緑の環境と人間のかかわりの歴史を世界的な視野で眺めると、A・トフラーが『第三の波』(日本語版、一九八〇)で提唱した、農業段階を第一の波、工業段階を第二の波、そして現代の脱工業化段階を第三の波ととらえる見方が一般的になっている。例えば『森林の百科』(井上真他編、二〇〇三)は、①ステージⅠ　狩猟・採集段階、②ステージⅡ　農業段階、③ステージⅢ　工業化段階、④ステージⅣ　脱工業化段階に区分している。また『森林の百科事典』(太田猛彦他編、一九九六)は、①食料採取の段階、②農業への奉仕段階、③掠奪的利用の段階、④林業経営の段階(木材生産重視の段階)、⑤多機能的森林経営の段階(公益的機能重視の段階)に区分している。

これらの区分は、農林業が始まる前後からの数千年以上の人間の長い営みの歴史、とくに先進諸国の実態を反映した区分である。しかし北海道の場合は、つい百数十年前まではアイヌによる狩猟・採集の段階にあった。それが明治以来の日本人による開発で、短期間のうちに、このすべての段階を経由しながら、現在は脱工業化、公益的機能重視段階に到達している。わずか百数十年の間に、前者の四ステージ、後者の五段階のすべてを体験した地域は、世界的にも稀な存在といえよう。

このように北海道では、短期間のうちに自然の開発・利用が経過したからこそ、それぞれの段階での現象が、あるときは段階的に、あるときは同時期に混在しながら、本州方面よりも鮮明に読みとれるのである。したがって『北海道・緑の環境史』に語られることは、日本の緑の環境を考える場合の、あるいは発展途上国が開発を考える場合の、温故知新として役立つことが多く含まれているに違いない。

なお四ステージ、五段階の最初の段階は先住民族アイヌの世界だった。知里幸恵が書いた、「平和の境、それも今は昔、夢は破れて幾十年、この地は急速な変転をなし、山野は村に、村は町にと次第々々に開けてゆく。／太古ながらの自然の姿も何時の間にか影薄れて、野辺に山辺に嬉々として暮していた多くの民の行方も亦いずこ」という言葉は、重い問いかけである。そうしたことの反省も含め、一八九九（明治三二）年に制定された「北海道旧土人保護法」は、一世紀をへた一九九七（平成九）年に「アイヌ文化の振興並びにアイヌの伝統等に関する知識の普及及び啓発に関する法律」（通称、アイヌ文化振興法）に生まれ変わった。

自然と人間のかかわりを考える場合、アイヌに学ぶべき点も多いことを心に留めなくてはならない。例えば先の『アイヌ神謡集』には「梟《ふくろう》の神が自ら歌った謡「コンクワ」」が出てくる。それは、人間たちが鹿や魚をとるとき獲物を粗末に扱ったので、天国の鹿の神や魚の神が怒って獲物を出さなくした。しかし、やがて人間たちは自分が悪かったと反省し、魚をとる道具を幣《ぬさ》のように美しくつくり、鹿をとったときは鹿の頭をきれいに飾って祭り、神に感謝するようになったので、「鹿の神や魚の神はよろこんで、沢山、魚を出し、沢山、鹿を出した。人間たちは、今はもうなんの困る事もひもじい事もなく暮している」というユーカラである。

このように自然の恵みに感謝し、人間がつつましく暮らす知恵は、アメリカインディアンにも似たような話があり、また江戸時代までの日本人の間にも伝えられている。近代社会以前の先人には、自然資源を永続させ、自然と人間が共存する知恵が働いていたのである。『北海道・緑の環境史』に語られる北海道の開拓・開発の場合は、果たして、このような自浄作用が働いていただろうか。

第一章　緑の環境情報・蝦夷から北海道へ

臼岳（有珠山）
谷文晁『日本名山図会』1812。本書 29 頁参照

一　蝦夷地の自然

1　松前から伝わる自然情報

松前藩の成立

北海道の地名は、大部分がアイヌ語起源であることに象徴されるように、蝦夷地は長い間アイヌの世界だった。函館市の東部、函館空港の南側に志苔館《しのりたて》という中世の城郭跡(一四〜一五世紀)がある。一九六八(昭和四三)年、この近くでの道路工事中に、三つの大きな瓶《かめ》に古銭が約四〇万枚もつまっているのが発見され人々を驚かせた。この付近はコンブの名産地で、一五世紀ころすでに和人がアイヌと海産物などの交易を行ない、それを本州の商人に売って巨額の富を蓄積していたものと考えられている。

一六世紀、戦国時代の蝦夷地では、とくに奥羽から進出した安藤氏、蠣崎《かきざき》氏が勢力を強めていた。やがて豊臣秀吉が天下統一をなしとげると、蠣崎(松前)慶広は中央接近をはかり一五九三(文禄二)年、秀吉に謁見し、志摩守《しまのかみ》(蝦夷島の主)に任ぜられ、蝦夷地交易の権利を保証する朱印状を下付された。さらに徳川家康が江戸幕府を開くと一六〇四(慶長九)年、家康から蝦夷地交易の独占権をいっそう明確にする黒印状を得て、松前藩が成立した。

松前藩は、本州方面の〇万石と格付けされる諸藩の大名とは異なる基盤に立っていた。第一は蝦夷地では農業が成立せず、米がとれないので、〇万石という格付けがなかったことである(後に一万石相当)。第二に広範な蝦夷地の大部分は、先住民族アイヌの生活舞台だったことである。したがって松前藩の財政は、水産物、獣皮などの商品交易を基盤とし、藩が自ら、または家臣に知行として権利を与えて経営した。アイヌが生産する蝦夷地の産物は、サケ、ニシン、コンブ、クマ皮、シカ皮、ラッコ皮、ツルなどで、それと交換する本州側の製品は、米、酒、麹《こうじ》、塩、たばこ、衣料、漆器、装飾品などだった。しかし武士の商法は失敗しやすく、商いは商人にまかせた方が効率的である。そのため、しだいに交易を場所請負人にまかせ、手数料を徴収する制度に変わっていった。ところが商人が場所を請け負うと、アイヌが奴隷のように酷使されたり、資源の乱獲につながる弊害も目立つようになってきた。また鷹狩り用のタカの幼鳥、砂金、檜山の木材なども蝦夷地の特産として松前藩の財政基盤を支えた。

こうした物資の集散する港として、松前(福山)、江差、函館(箱館)は「三港」として栄え、商業や漁業に従事する和人の住民も多くなった。松前藩では「百姓」というのは農民でなく漁民を指し、これらの百姓は年貢として水産物を納めたという。

松前の殿様博物学

松前藩は蝦夷地の交易権を独占していたので、「他国者」が蝦夷地にきて、いろいろな情報を探ることを歓迎しなかった。一七世紀後半、水戸黄門で名高い徳川光圀は、知的好奇心から蝦夷地に探検隊を派遣した。その探検のため水戸藩では磁石、天測機などの機器を装備した大船、快風丸を建造し、一六八八(元禄元)年、松前に向かった。しかし松前藩では、蝦夷の奥地を探られることは藩の方針に反すると断ったので、石狩川河口付近の探検にとどまった。

このとき松前藩では、蝦夷地の特産品として、クロユリ、タンチョウ、シマフクロウを水戸藩に贈った。「快風丸記事」(一六八九・元禄二)には、「えぞ地に黒く咲く花あり、名を知らず。えぞ人は知るならん。日本のヒメユリの様なる花にて黒く咲くなり」とクロユリを珍しがり、タンチョウについては「蝦夷の女房、卵より懐中にてかえし、中々に手なれ、抱きかえしてもいやがり申さず」と、アイヌの女性が自分の体温で孵化《ふか》させた話を紹介している。またシマフクロウは「高さ四尺ばかり、日本の鳥に格好は同じ」と、その大きさに驚いている。ただしシマフクロウの高さ四尺はいささか誇張で、実際は七〇センチメートルあまりである。いずれにしても蝦夷地からの自然情報第一号といえよう。

一八世紀に入ると、新井白石により『蝦夷志』(一七二〇・享保五)がまとめられた。白石は蝦夷地に渡った経験はないが、これは蝦夷の地誌として最初のものとされ、そこには当時までに得られた徳川幕府の情報や、水戸藩の探検結果が生かされている。

その後は実際の見聞にもとづくもの、例えば坂倉源次郎『北海随筆』(一七三九・元文四)、松前広長『松前志』(一七八一・天明元)、平秩東作《へずつ》『東遊記』(一七八四・天明四)など、蝦夷地の歴史、地理、物産などを紹介する著作が現われ、写本で流布するようになった。そのなかでもとくに『松前志』は松前藩主による著作で、いわば「殿様博物学」である。そこには禽獣《きんじゅう》(鳥獣)、魚介、穀類、樹木、薬品などの博物学的な記載が詳しく、また藩主だけに大きな視野から眺めた記述もある。

例えば、松前藩では鷹狩り用のタカの幼鳥を捕らえて江戸に送り、将軍に献上したり諸大名に売ったので、藩の重要な財源となっていたが、その様子について、「我が藩もまた鷹を生ずること他国に勝れり。故に海内一と号称す。元禄のころまでは鷹侍と名づけ、鷹を捕るものを夷地よりして東西処々に居らしめ、春秋二季に鷹を東都に送りて交易し、諸国の諸侯も争って求められける故に、国益もまた多かり。されば夷地東西、深山海辺各その巣をなせり」と記されている。

ここで「元禄のころまで」というのは、五代将軍綱吉による生類憐みの令(元禄をはさむ一六八五〜一七〇九)の影響で鷹狩りが中断した結果であろう。しかし生類憐みの令の解除後もタカは江戸に送りつづけられたので、やがて蝦夷地のタカは生息数が減少し、一七四二(寛保二)年には「隼《はやぶさ》出申さずに付き、この年一据も献上仕らず」(松前藩「御巡検使応答申合書」一七六一・宝暦一一)というように資源が枯渇してしまった。自然資源を経済的に利用する場合、「獲《と》る」ことだけで「守る」ことを忘れると、永続できないことの歴史的な教訓である。

なお『松前志』は、シマフクロウについて、「和華にこの鳥あるを聞かず」「この鳥まれに有り」と蝦夷地特有の希少種であることを認識し、「夷人この鳥を相尊んで、カムイチカフともいう。カムイは神をさしたる詞、すなわち神鳥というこころにて忌み遠ざけ、恐れ崇めるの意しるべし」とある。またトキについて、「朱鷺なり。淡紅色にして他国の物に異ならず。……晩秋のころ東部へケレチ辺の山沢を遊飛す」とあり、日本では野生のものが絶滅したトキが、江戸時代には蝦夷地にも生息していたことを伝えている。

ところで八代将軍吉宗の時代、幕府お抱えの博物学者(採薬使)丹羽正伯は、一七三五(享保二〇)年、全国の大名領、天領、寺社領に対し、それぞれの地域に産する農作物、植物、動物、金石などを調査し、「産物帳」を編集することを依頼した。各藩などでは幕府からの指令なので、これに応じた。現在でいえば「緑の国勢調査」に相当するような自然環境情報の集積であるが、残念ながら幕府に集まった原資料は現存していない。しかし地元側の控えは、全国各地の図書館などに一七〇点ほどが追跡、確認されている。その調査を行なった安田健は『江戸諸国産物帳——丹羽正伯の人と仕事』をまとめているが、それによれば、蝦夷地の産物帳は確認できないが、松前広長の『松前志』は、その内容から見て「享保・元文産物帳」の引用と思われる、としている。

この全国的規模の自然環境調査の結果により、江戸時代の緑の環境の一端が明らかになるが、ニッポニアニッポン(*Nipponia nippon*)と最も日本的な学名を命名され、現在は絶滅してしまった(中国から導入したものを人工飼育する)トキの、江戸時代の分布図を同書から引用する(図1・1)。それによれば、当時のトキは、蝦夷地(南部)から奥羽、関東(一部)、北陸、近畿、中国、北九州など日本海側を中心に分布していたが、中部山岳地帯から太平洋側を中心とする信濃、美濃、三河、紀伊、阿波、九州(大部分)などには分布していなかったことが読みとれる。二百七十余年前の貴重な証言である。

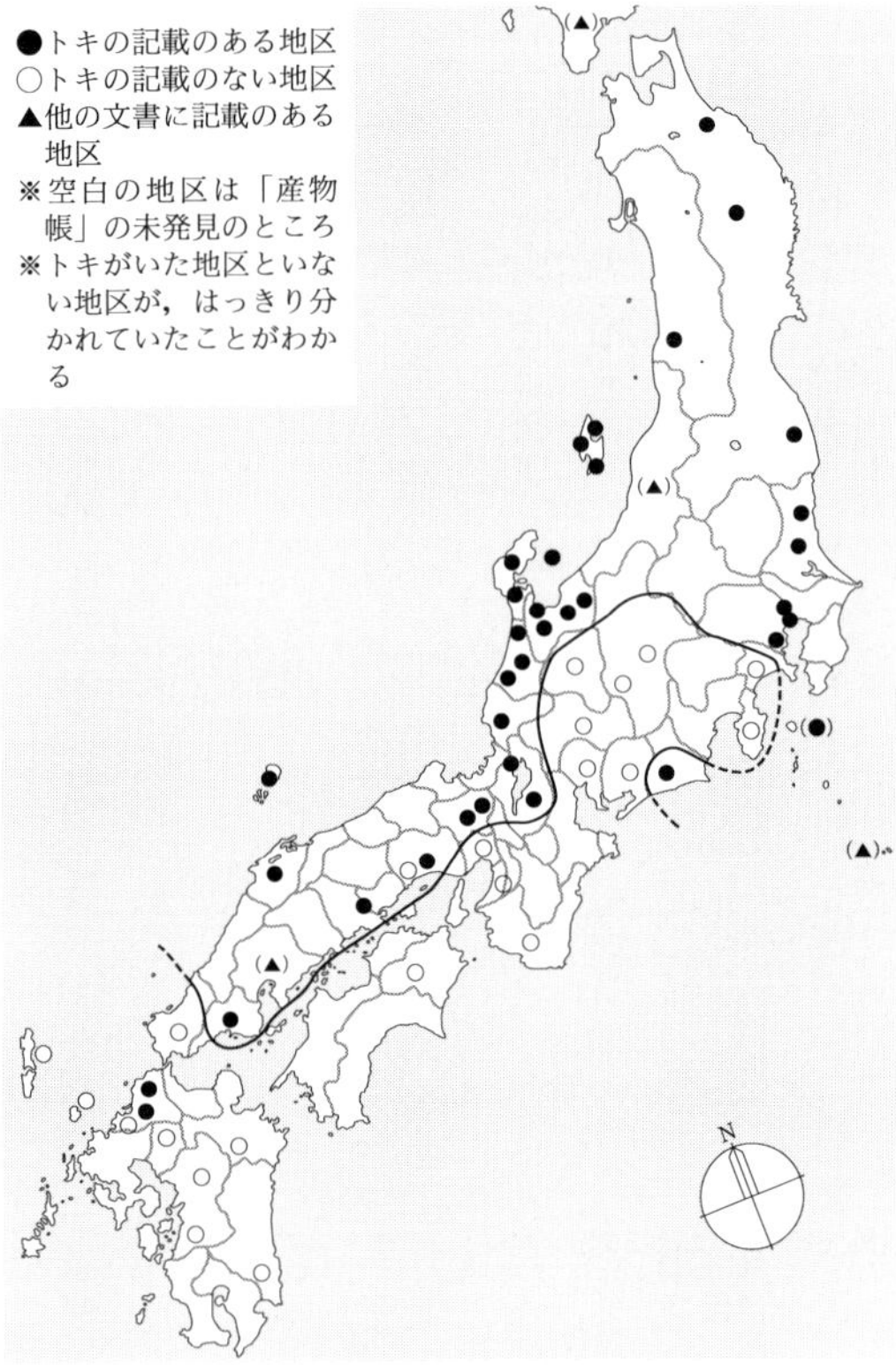

図1･1　1730年代のトキの分布（安田健『江戸諸国産物帳』）。蝦夷地（松前）は▲となっている

2　蝦夷の奥地への関心と調査

北からの脅威――『赤蝦夷風説考』

一八世紀に『北海随筆』『松前志』『東遊記』などが現われたが、その情報源は松前を中心とする道南の一部で、東蝦夷地や内陸の様子はまだよく分かっていなかった。そうしたなか、蝦夷の奥地への関心を高めるきっかけをつくったのは、仙台藩医の工藤平助による『赤蝦夷風説考』（一七八三・天明三）である。赤蝦夷とはロシア人のことで、彼らは赤衣を着てカムチャツカから千島列島を南下、東蝦夷地にも出没して交易を求め、松前藩では幕府に内緒で密貿易を行なっていた。そのことを知った工藤は、このまま密貿易が行なわれていくより、鎖国下ではあるが蝦夷地の金銀などを開発し、ロシアと貿易をした方が国益になると提言した。この『赤蝦夷風説考』が幕府の目にふれると、老中で実力者の田沼意次《おきつぐ》は心を動かされ、蝦夷地の調査を命じた。

そこで山口鉄五郎、佐藤玄六郎、青嶋俊蔵など五人の御普請役を中心とする大調査隊が編成され、一七八五(天明五)年から八六年へかけて、宗谷、樺太、厚岸、霧多布、クナシリ、エトロフ、ウルップなどにおいて、異国通路の実況、密貿易の有無、蝦夷地金山の様子、産物などが調査された。

佐藤玄六郎は一七八六(天明六)年、実地検分した中間報告を幕府に復命し、松本伊豆守がそれをとりまとめて老中に意見書を提出した。その要旨は、蝦夷地は広大であるが、人口が少なく、糧食も乏しく、取り締まりが困難である。したがってまず蝦夷本島を開墾し、アイヌに農業を教え、本土からも人を移住させるべきである。蝦夷地が開拓されれば商人も集まり、人口が増加して、国境の取り締まりもできるだろうが、さらなる調査が必要である、というものだった。

しかし、その調査の続行中に田沼意次は失脚し、一〇代将軍家治が病死したので、蝦夷地開拓計画は挫折してしまう。佐藤玄六郎らは、この調査で得た、地理、アイヌ民族とアイヌ語、産物、赤人、山丹人などの情報を盛り込んだ『蝦夷拾遺』(一七八六・天明六)をとりまとめた。「拾遺」とは「漏れたものを拾い補う」ことであるが、具体的には新井白石の『蝦夷志』(一七二〇・享保五)を補う試みが含まれていた。例えば『蝦夷志』では、アイヌについて「上下に筋なく、男女の別なく、凡夷の情禽獣《きんじゅう》に近し」と書いていることにふれ、「一見百聞に如かずにて、ただ商人、船子の語るを聞き、自ら見ざる故に大いに違う」として、むしろアイヌは「上下の節篤く、男女の別、父子の孝慈、兄弟、長幼、悌順、天性自ら備り、……その厚情なること平人の及ぶ所にあらず、いかなる者の何ぞ禽獣に近しといわんや」と、それまでの伝説的な風聞を、自らの見聞にもとづいて否定している。

また産物の記述内容やアイヌ語の採集なども、客観的、科学的な態度がうかがえる。蝦夷地の情報もしだいに近代的となってきたのである。しかし『蝦夷拾遺』は田沼意次が失脚したので、幕府に提出する機会も与えられなかったという。

最上徳内による奥地探検

この一七八五〜八六(天明五〜六)年の調査には、役柄は竿取り(測量助手)と低かったが、最上徳内が参加しており、大きな功績をあげた。最上は調査隊の先頭に立ち、エトロフ、ウルップ島まで渡り、島にきていたロシア人と接触、千島列島の情報なども聞き出した。やがて最上は探検家としての素養と学識が認められ、幕府のなかの蝦夷通として重用されるようになり、一八〇九(文化六)年までの間に九回も蝦夷地を探検した。

最上徳内の代表作に『蝦夷草紙』(前編一七九〇・寛政二、後編一八〇〇・寛政一二)がある。これは樺太、千島を含む蝦夷地について、最上が自ら実見したアイヌ風俗、アイヌ語、物産などが詳しく、またロシア人や満州人から得たカムチャツカ、山丹国(黒竜江下流)などの伝聞を、博物学者の目でまとめたものである。

例えば、クナシリ島で流氷を実際に見て、「遠い沖より一面に氷となり、その氷の厚さ五、六間より十間余、或いは二、三十間もあり。水上に四、五尺も浮かび、水中六、七尺もあり。みな北海より吹寄せて来るものなり。大海に波浪なく、通船することも能わず、滞留す。蝦夷ども氷より氷に飛び移りて、遥か沖まで出て、アシカ、アザラシ等を捕ること夥し」と描写している。

またガンの渡りについて、「諺に鴈がねは常磐《ときわ》の国に帰ると、皆人のいう所なり。鴻鴈《こうがん》(ヒシクイ、ガン)夏中は何国へ行く事と思いしに、四月の頃は厚岸辺りに居り、五月頃にはエトロフ辺にあり。夏中に至りてはシモシリ島、これより先丑寅(東北)の方の島々、カムサッカ、ヲホッカ辺はおびただしく集り、巣をつばみ、子をかえすなり。赤人の国法にて、夏中は雁、鴨を猟する事を禁じ、雛も育ち、やがて南方におもむく時に、猟することを免じて捕らすという。この説、風説にあらず。直に赤人に聞き得て記す所なり」と記録している。

流氷にしても、ガンの渡りにしても、おそらく日本人が実地に見聞した最初の記録であろう。ちなみに、ほぼ同じころ、伊勢の大黒屋光太夫は海難事故にあってアリューシャンに漂流。現地人に助けられ、カムチャツカをへてロシアで数奇な生活を体験し、帰国後、その見聞を『北槎聞略《ほくさぶんりゃく》』(桂川甫周、一七九四・寛政六)に語っているが、そのなかには流氷、ガンの渡りの説明も含まれている。

なお一七九二(寛政四)年、最上徳内と蝦夷地調査(樺太を含む)に同行した小林源之助は、道中で観察した山川、草木、鳥獣、魚類などを絵筆に収めたが、植物は『蝦夷草木図』(函館市中央図書館の写本は『蝦夷地草木写生図』)にまとめられ、五六種の植物がアイヌ名とともに記されている(図1・2)。

図1・2　小林源之助『蝦夷地草木写生図』(函館市中央図書館所蔵)。左側の図は樺太で写生された「シカギク」

また一七九八(寛政一〇)年、最上徳内は近藤重蔵の従者として、クナシリ、エトロフ島に渡ったが、このときエトロフ島に「大日本恵登呂府《エトロフ》」の国標を建てた。ちなみに当時はロシア人がクナシリ、エトロフ付近に出没することはあったが、永住したことはなく、一方、幕府はその後これらの島に番所を置いて統治したことが、「北方領土問題」で、クナシリ、エトロフを含む北方四島(あとは歯舞諸島、色丹島)が日本固有の領土であると主張する根拠のひとつとなっている。一八五五年二月(安政元年一二月)の日露和親条約(下田条約)でも、エトロフ島とウルップ島の間に国境が画定された。

最上徳内がシーボルトへ情報提供

最上徳内は江戸でＰ・Ｆ・シーボルトに会い、蝦夷地の自然情報などを積極的に提供した。シーボルトの『江戸参府紀行』(一八二六・文政九)には、「最上徳内という名の日本人が、二日間に渡ってわれわれの仲間を訪れたときに、彼は数学とそれに関係ある他の学問に精通していることを示した。支那・日本およびヨーロッパの数学の種々の問題を詳しく論じた後で、彼は絶対に秘密を厳守するという約束で、蝦夷の海と樺太島の略図が描いてある二枚の画布をわれわれに貸してくれた。しばらくの間、利用できるようにというのである。実に貴重な宝ではあるまいか」と記されている。当時は外国人に地図を見せることは国禁で、シーボルトの日記も、この部分はとくに他人に読まれることを懸念しラテン語で書いたという。なおこの時点では、すでに間宮林蔵により間宮海峡が発見されており、それはまだ西欧に知られていない事実だったから、まさに「貴重な宝」だった。

最上はこのとき、蝦夷地の植物やアイヌ語の情報もシーボルトに提供し、そのなかに木材標本(長さ約一四センチメートル、幅約七・五センチメートル、厚さ約〇・五センチメートルの板)が含まれていた。その標本がオランダのライデン国立植物標本館に現存していることを発見したのは大森実・石山禎一で(大森実『知られざるシーボルト――日本植物標本をめぐって』)、山口隆男・加藤僖重はそれをさらに詳しく検討している(「最上徳内がシーボルトに贈呈した樹木材の標本」)。それらによれば四三枚が現存し、そのうち二六～二七枚が蝦夷地産で、板面には最上により、その材の葉の絵と和名、アイヌ語名、簡単な用途が記されている。また一二枚の裏面には、シーボルトの自筆で最上から聞いた内容がさらに詳しくメモされている。

例えばシラカンバは「樺・カバ、蝦夷・タツニ、皮を焼す」、ホオノキは「朴・ホウノキ、蝦夷・イカユプニ、矢筒に作る」、カツラは「桂、蝦夷・ランゴ、舟に作る」、トウヒ(エゾマツ)は「唐檜・カラヒ、蝦夷・シュング、矢に作る」と最上により記され、シラカンバの裏面にはシーボルトにより「高さ三〇～四〇フィートのこの樹は土着の人に、水桶、防水、着火材、水柄杓などに用いられる」とメモされている。

なお山口らは「コタソギ、蝦夷・チケシラン」と書かれた材は、「植物名からも絵からも種を特定することができなかった」としているが、これは「カタスギ、蝦夷・チケシラニ」と読むべきで、カタスギはアズキナシの別名である。知里真志保『分類アイヌ語辞典 植物編・動物編』にはチケシラニが出ていないが、『番人円吉 蝦夷記』(金田一京助解説)には「堅杉・チケシラニ」とある。また、谷沢尚一はここに記されたアイヌの植物名の方言を分析し、これらの木材は東蝦夷地から採集されたものと判断している(谷沢尚一「最上徳内からシーボルトに贈られた樹木標本の名詞について」)。

最上徳内は蝦夷地探検の合間には、幕府の山林御用役についた経験があるというから、木材の標本づくりには関心があっただろう。おそらく最上は、シーボルトに与えたほかにも同じような木材標本をつくったと思われるが、日本に現存していることは知られていない。それが遠くオランダに保存されていたことにも、西欧の博物学的な伝統の厚みが示されている。なお先年、東京の国立博物館で「シーボルトと日本展」が開催された際、この木材標本の一部が展示されたので、私もじっくりと見ることができた。

シーボルトの大著『日本』(岩生成一監修、全九巻)の第六巻は「蝦夷・千島・樺太および黒竜江地方他」となっているが、その重要な部分の情報は最上徳内から得た。『日本』には、「(最上徳内は)乾燥植物と蝦夷、樺太の樹木標本集を伝えてくれる。われわれはアイヌ語名を日本語の同義語で説明したアイヌ語辞典(『もしほ草』)を用いて、その大部分の名称を定めることができた。同様にこの辞書に列挙されたその他の多くの植物についても、少なくともそれらが所属する属と科のところまで整理づけた」と記し、三五七種の植物目録を作成している。

そして「一般的にいって、蝦夷の植物界は北日本の植物界の特徴を失っていない。その特徴はそれが純粋に保たれ、外部からの栽培植物の暴力的な移植で変質させられるといったことがなかったために、一層顕著である。しかしながら日本の植物系の特徴は、全体としてヨーロッパ、北アフリカおよび西アジアの同緯度下にあるものと比べて、はるかに北方的様相を呈する。……(蝦夷地の)多数の科の植物が東シベリア、北シベリア、中国北部、カムチャツカ、北アメリカの極地帯にいたるまでの領域に存在するものと、属や種の上で親近性をもっていることも発見されている」と整理した。

シーボルトは蝦夷地に足を踏み入れることができなかったが、最上徳内から得たわずかな植物標本と簡便なアイヌ語辞典の植物名情報から、蝦夷地の植物相を推定し、しかもそれをグローバルな視点で位置づけようとした。当時の蝦夷地の自然環境情報は、こうしてヨーロッパにも伝わったのである。

幕府の蝦夷地直轄と奥地調査

ロシアの南下政策により、蝦夷地経営を松前藩にまかせておくことができないと判断した幕府は、一七九九(寛政一一)年、東蝦夷地を直轄領とし、さらに一八〇七(文化四)年には全蝦夷地を直轄領とした。これは二一(文政四)年に松前藩へ還されるが、その直轄領の間に幕府による蝦夷地調査が大いに進展した。なおペリーの黒船来航後の五五(安政二)年から明治維新まで、蝦夷地は再び幕府の直轄とされるが、松前藩は当時の国際情勢の影響を、まともに受けたといえる。

松前藩は蝦夷地の実態が幕府などに知られることを歓迎せず、したがって外部の人による蝦夷地調査を拒んできたが、ロシアの南下政策に対抗するためには、蝦夷地の地理、物産、民族などの正確な情報を得ることが幕府にとって重要な課題となった。

伊能忠敬は一八〇〇(寛政一二)年、蝦夷地の測量を幕府に願い出て許され、函館から海岸沿いに根室まで東蝦夷地を実測した。器具は当時の簡単なもので、距離は歩測だったというが、その成果はかなり正確なものだった。このとき伊能に同行して測量を学んだ間宮林蔵は、伊能が果たせなかった西蝦夷地の海岸を実測した。松前藩のころは、絵図のような概念的な蝦夷図しかなかったが、北海道の海岸線の輪郭は、この二人の先覚者による実測結果を総合することによって、初めて近代的な地図となった(図１・３)。

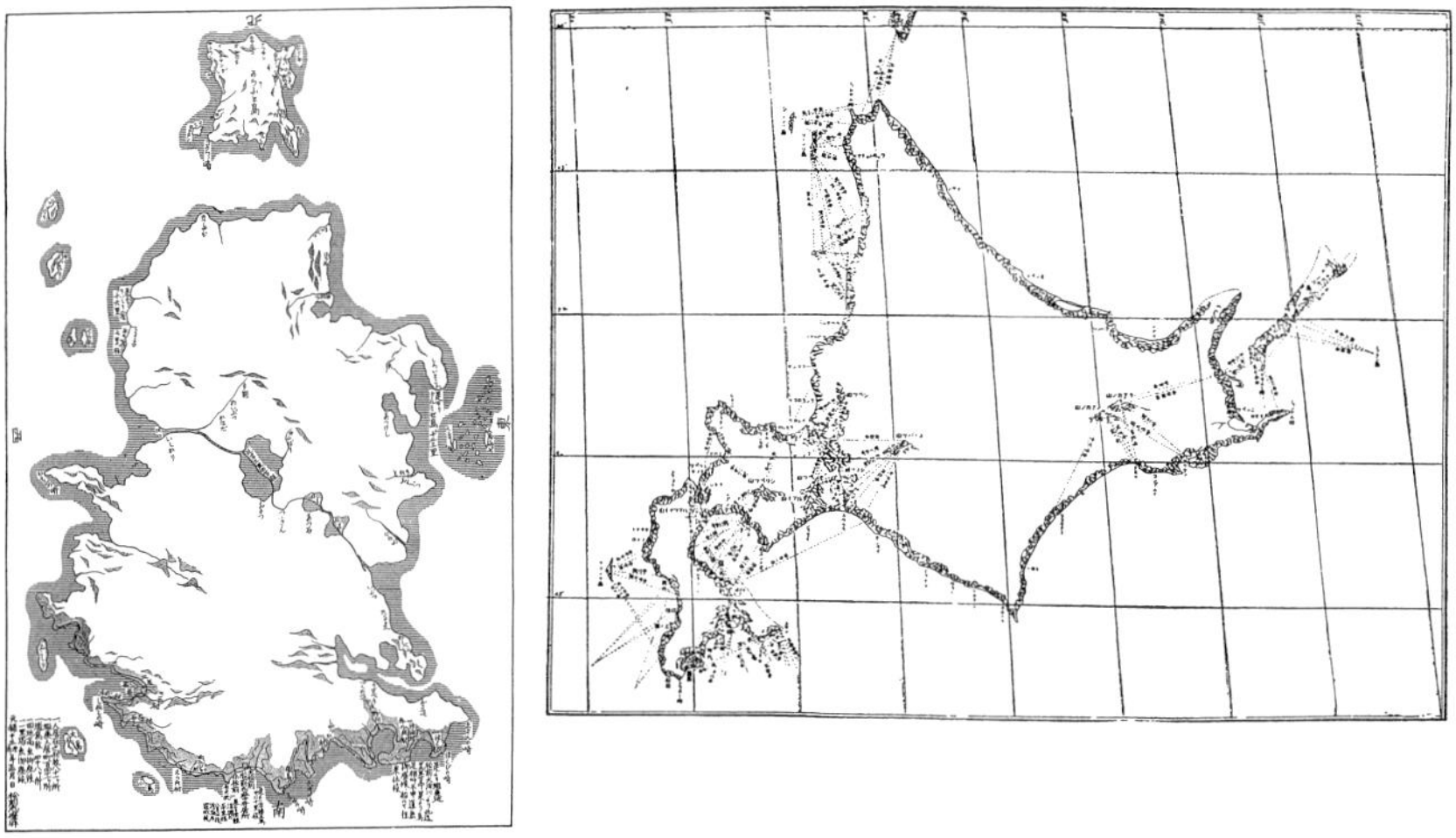

図 1･3　松前藩の「元禄国絵図」(1700・元禄 13) (左) と伊能・間宮による「蝦夷地沿海実測図」(1821・文政 4) (右)。幕府直轄以前は概念的な絵図しかなかったが，伊能・間宮の実測によって海岸部の輪郭がかなり正確にとらえられた

一七九九（寛政一一）年、幕府の奥詰医師で巣鴨薬園（薬草栽培のほか、綿羊を飼育）の責任者だった渋江長伯は、蝦夷地の採薬調査を命じられ、三月に江戸を出発し、松前から厚岸まで東蝦夷地の沿岸を調査し、植物を採集、九月に江戸へ帰った。その一行には、土岐新甫、谷元旦などが加わっていた。谷元旦は『名山図譜』（一八〇五・文化二）（後に『日本名山図会』に改題）を描いた谷文晁の弟で、『名山図譜』のうち蝦夷地の山、すなわち恵山、内浦岳（駒ヶ岳）、臼岳（有珠山）、玳瑁《たいまい》渉《のぼり》（樽前山）、志利辺津山（後方羊蹄《しりべし》山（現在の羊蹄山））の写生は谷元旦によるものだという。

　このとき、渋江長伯によって採集された植物標本の一部は、幸いにも北海道大学総合博物館に保存されている（図1・4）。札幌医史学研究会編『蝦夷地の医療』によると、この標本は東京の帝国博物館（東京国立博物館の前身）に保管されていたが、シミに食い荒らされ、傷みがひどくどうすることもできないので、植物学者の牧野富太郎が自宅に持ち帰っており、あるとき宮部金吾教授に「こんなものがあるがどうか」といったので、宮部が預かり、ていねいに裏打ちして保存したものだという。

　宮部は札幌農学校を卒業後の若いとき、渋江と同じよう

図1•4　渋江長伯採集の植物標本
（北海道大学総合博物館所蔵）

なコースをたどって東北海道から千島の植物調査を行なった経験があるので、渋江の植物標本には特別の思い入れがあったのだろう。宮部は、渋江の調査にともなう報告書である『蝦夷草木写真』『東蝦物産志』と植物標本とを対照し、和名、アイヌ名、産地などの一覧をメモした整理ノートを残しているが、残念ながらそれを論文にまとめる機会はなかったらしい。

日本の科学ジャーナリストの草分けといわれ、一九二四（大正一三）年に雑誌『子供の科学』を創刊した原田三夫は、〇七（明治四〇）年に札幌の東北帝国大学農科大学（札幌農学校の後身）へ入学したが、絵画が得意で、宮部に頼まれアルバイトとして谷元旦の『蝦夷採薬草木図』を写本した。原田は「宮部先生と親しくなると、私は先生の依頼で、近藤重蔵についてきた本草学者の作った肉筆の『蝦夷草木図譜』（『蝦夷採薬草木図』）を模写した。百ページぐらいはあった大部なものであったが、植物は花や葉の一つか二つだけが密画であったから、それほど骨は折れなかった。これはいま北大の図書館にあって、大戦中、私が札幌に疎開して宮部先生を教室に訪ねたとき、先生は「君が来るというから、持ってきておいたよ」といって、懐かしいその書を私の前に出した」と『思い出の七十年』で回想している（「近藤重蔵についてきた本草学者」というのは原田の思い違いらしい）。

このように一八世紀後半から一九世紀にかけては、日本の博物学も隆盛となり、蝦夷地の地理、動植物、風物などの知識もかなり進歩してきた。

3　松浦武四郎の偉大な足跡

内陸部の山川を克明に記録

蝦夷地の自然の実態は、しだいに明らかにされつつあったが、広大な内陸部はまだ空白だった。松浦武四郎は一八四五(弘化二)年から五八(安政五)年にかけ、六回の蝦夷地探検を行なった。前の三回は松前藩の時代で探検旅行が制限されていたため、交易商人や医師の従僕という身分の民間人として、海岸線に沿うコースをたどりながら樺太やクナシリ島まで足跡を残した。その報告書は『初航蝦夷日誌』『再航蝦夷日誌』『三航蝦夷日誌』(いずれも一八五〇・嘉永三)などにまとめられたが、その内容により、武四郎は蝦夷通として注目されるようになった。

ところで、ペリーの黒船来航により日米和親条約が一八五四(安政元)年に締結され、箱館(函館)が開港されることになると、幕府は蝦夷地の警備を重視する必要にせまられ、翌年から蝦夷地を直轄領(二回目)とした。そのため幕府は箱館奉行を置き、松浦武四郎は蝦夷地御用係に任命された。幕府は蝦夷地の地理的な実態をより具体的に知るための調査を武四郎に託した。武四郎は、五六(安政三)年、五七年、五八年と三年連続して蝦夷地の探検を行ない、とくに五七、五八年は「山川《さんせん》地理《ちり》取調《とりしらべ》御用《ごよう》」という役目を果たすための内陸部探査だった。

一八五七(安政四)年は四月末に函館を出発、長万部から岩内、余市、石狩に至り、石狩川を舟で遡り、チュウベツプト(旭川)をへて忠別川と石狩川の上流部に至り、ウリュウプト(雨竜)から雨竜川の一部にも足跡を残し、さらにトック(滝川付近)から空知川の一部も探って石狩へ帰り、六月には石狩から西海岸に沿って北上、天塩から天塩川を南下、名寄をへて現在の下川、士別付近まで探った。再び天塩から西海岸を南下、七月には石狩から江別をへて夕張付近まで探り、千歳から支笏湖に至り、白老、ホロベツ(登別)、室蘭、有珠、洞爺湖をへてニセコ山麓から尻別川を下り、函館に帰ったのは八月末という大旅行だった。

図1•5　松浦武四郎とアイヌ先導者の像(釧路市)

その翌年、第六回の、最後の探検に当たる一八五八(安政五)年の山川取り調べは、いっそう長期にわたり、内陸深くを踏査するものだった。すなわち、一月に函館を出発、厳冬期の洞爺湖から後方羊蹄山麓、定山渓をへて豊平に出て石狩川を上り、三月にチュウベツプト(旭川)から美瑛川に入り、富良野をへて十勝川に至り、大津海岸から釧路へ向かい、三月末に阿寒湖に達した。さらに四月には美幌から斜里をへて摩周湖、屈斜路湖を探り、釧路から根室を回り、五月には知床半島を一周、網走からオホーツク沿岸を宗谷に至り、六月に西海岸を南下、銭函(小樽)から石狩低地帯を横断して勇払《ゆうふつ》(苫小牧)に出て、日高海岸を襟裳岬に至り、さらに十勝川流域に入った。日高海岸の往復では要所の河川をつめて日高山麓を探り、八月に函館へ帰着した。

これらの探検紀行は、それぞれの土地に精通したアイヌの同行、案内を得て行なわれたのであるが、それにしても当時はほとんど人跡未踏のところが多かったから、まさに探検の名にふさわしい大旅行だった。しかも松浦武四郎は簡単な測量器具をたずさえて要所の方位や距離を記録し、また全行程のアイヌ語地名、山川や動植物の様子、アイヌの暮らしぶりなどを細かく観察した記録を残している。これは北海道の「夜明け前」の環境を知るための、きわめて重要な情報である。

松浦武四郎の手記は膨大な量に達するが、木版本として刊行された『東西蝦夷山川地理取調紀行』(図1・6)として、次のものがある。また伊能忠敬と間宮林蔵によって沿岸部の輪郭が明らかにされた地図に、空白だった内陸部全域の河川や山岳の様子、アイヌ語地名を加えた「東西蝦夷山川地理取調図」(一八五九・安政六)を完成させた。これは概略図であるとはいえ、明治中期に二〇万分一地図が出現するまで、実用の役割を果したもので、現在でもアイヌ語地名の探索に貴重な情報を提供している。

・一八五六(安政三)年の紀行(一部に安政三年以外の部分も含まれる)

　東蝦夷日誌(一八六三・文久三)

　　虻田、白老、勇払、日高海岸、十勝海岸、釧路、根室など

　西蝦夷日誌(一八六三・文久三)

　　熊石、瀬棚、寿都、岩内、積丹、余市、小樽、石狩、浜益、増毛など

・一八五七(安政四)年の紀行

　石狩日誌(一八六〇・万延元)

　　石狩川流域(空知・上川平野)、石狩川上流(石狩岳)など

　夕張日誌(一八六二・文久二)

　　石狩、夕張川、支笏湖など

　天塩日誌(一八六二・文久二)

　　天塩、名寄、天塩川流域など

・一八五八(安政五)年の紀行

　後方羊蹄《しりべし》日誌(一八五九・安政六)

　　虻田、洞爺湖、後方羊蹄山、中山峠、定山渓など

　十勝日誌(一八六一・文久元)

　　空知川上流、十勝川流域など

　久摺《くすり》日誌(一八六一・文久元)

　　釧路、阿寒湖、美幌、斜里、摩周湖、屈斜路湖など

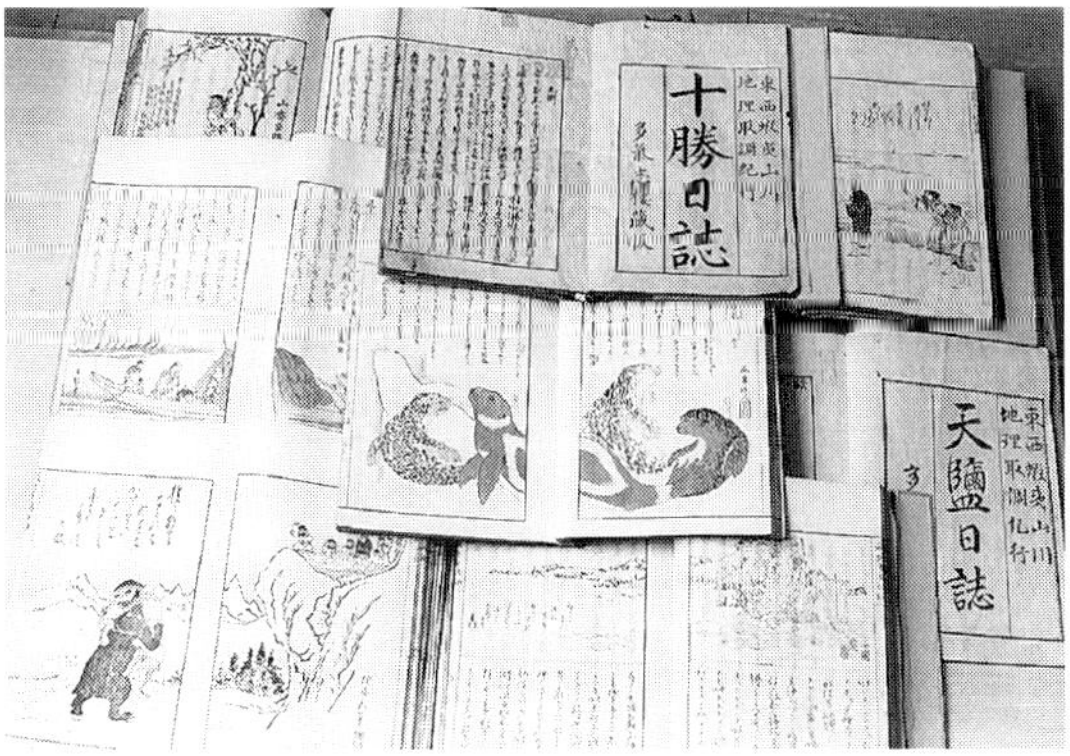

図 1･6　松浦武四郎の『東西蝦夷山川地理取調紀行』

納紗布日誌(一八六三・文久三)
　厚岸、霧多布、根室など
知床日誌(一八六三・文久三)
　根室、羅臼、知床半島、斜里など

これらの「日誌」から、道中で見聞した動植物の様子、アイヌの暮らしぶりの一端を見てみよう。

例えば『石狩日誌』では石狩川筋の江別付近の植生について、「この辺すべて平地。楊柳(シュシュ)、赤楊(ハンノキ、ケネ)、白楊(ドロノキ、ヤヤニ)、秦皮(タモギ、チキシャニ)、楡(ニレ、オヒョウ)、そのほか雑木多し。ただ椴(モミ、フウ、又トドとも云う)は未だ見ず」と、樹木の漢字、通称、アイヌ名を併記し、河畔林では落葉広葉樹が多く、トドマツが見られない生態を描写している。

さらに上流、現在の愛別町付近では、「流れに沿って上るや、茅野に出、その広きこと知れ難し。この辺鶴多し。然れども土人も是れを取らざる也。鶴も逃げざるなり」と、ツル(おそらくタンチョウ)が石狩川流域にも生息していたことと、それがアイヌと共存していた事実を証言している。

また、同じ愛別町付近の川辺について、「喬木を倒して橋となし向岸に越え、この所、献春菜(フクジュソウ)、胡菫草(ミヤマスミレ)、早藕(カタクリ)等多し。また姫石南花(ヒメシャクナゲ)一面に雪間より生長たり。土人は是を茶の代わりに煎じて呑めり。香気甚だ佳き也。……この川鱒多きこと手捕になすべきばかり也。……また見馴れざる小鳥数多くを見、嘗て鳥雀の類を見ること無し」と、河畔の野草や野鳥、魚の様子を記し、とくに人里の鳥であるカラスやスズメの姿を見かけないことにも注意を払っている。

ところで松浦武四郎はアイヌに対しても暖かい目を注いだ。『知床日誌』には、斜里付近の海岸に貝類の多いことを記した後、次のように記している。

腰の二重にもなるばかりの爺婆や、見る影もなく破れて只肩に懸かるばかりのアツシを着、如何にも菜色をなしける病人等杖に助かり、セカチ(男子)、カナチ(女子)等、大勢その汐干にあさりけるが、我等を見て皆寄り来りし故、その訳を聞くに、舎利〔斜里〕、アバシリ両所にては、女は最早十六、七にもなり、夫を持つべき時に至ればクナシリ島へ遣られ、諸国より入り来る漁者、船方の為に身を自由に取り扱われ、男子は娶るころにならば遣られて昼夜の差別なく責め遣われ、その年盛りを百里外の離島にて過ごすこと故、終に生涯無妻にて暮らす者多く、男女ともに種々の病にて身を生れ付かぬ病者となりては、働き稼ぎのできる間は五年、十年の間も故郷に帰ること成り難く、また夫婦で彼地へ遣らるる時は、その夫は遠き漁場へ遣わし、妻は会所また番屋等へ置て、番人、稼人(皆和人也)の慰み者としられ、何時までも離れ置かれ、それをいなめば辛き目に逢うが故、ただ泣く泣く日を送ること也。……このままにては今二、十年も過ぎれば土人の種も如何と案じける由など話、それ故、ここには丈夫のものなき故、猟漁等でき難く、その日その日の煙も立ち難きが故、毎日この汐の干を待っては小貝を拾い、汐満ち来れば野山に入って草の根等掘って、辛き命を繋ぐ事とぞ。

これは松前藩時代からアイヌとの交易をまかされた場所請負人が、アイヌを酷使し、利益をむさぼっている様子をつぶさに実見した武四郎が、その実態を憂慮し、批判したもので、武四郎の記録にけこのような記述が散見される。『近世蝦夷人物誌』(一八五八・安政五)にもそうした観点が含まれており、『西蝦夷日誌』でも、勇払のアイヌを石狩に出稼ぎに行かせ、四年も妻に会わせず、その間に勇払に残した妻を日本人番人の妾にした話や、先の斜里の話を紹介し、「その請負人の遣い方にくむべし」「実にこれらのこと悪の極みならずや」と人道的な見地から批判している。

武四郎による蝦夷地登山

松浦武四郎の「日誌」には、後方羊蹄山の厳冬期登山、石狩岳の残雪期登山などが記録されており、武四郎は登山家としてもその実力が高く評価されている。深田久弥の『日本百名山』は後に「百名山ブーム」を起こしたが、そのなかには後方羊蹄山も含まれており、次のような記述がある。

　幕末の偉い蝦夷地探検家として松浦武四郎の名を忘れてはなるまい。その蝦夷に関する数多い著書の中に『後方羊蹄日誌』がある。僅か二十数枚の木版刷りの和本であるが、それにこの山の初登頂記が載っている。……（二月）三日は二合目に一夜を過ごしたが、寒くて終夜眠れなかった。四日早朝に出発し、四合目で日の出を見、六合目で森林帯を抜け出、八合目からいよいよ険しくなり、その午後ようやく頂上に達した。この登頂の確かなことは、頂上が富士山のそれのように大きく窪んでいて、周囲一里半許り（これはやや誇張だが）と記していることをもっても証せられる。ともかく百年も前の厳冬期に、北海道の千九百米近くの山に登ったということは、おどろくべき勇猛心と言わねばなるまい。

日本山岳会では創立七〇周年を記念し、一九七五（昭和五〇）年に「日本の山岳名著」を原装丁で復刻するシリーズを発行したが、その一冊に松浦武四郎の『石狩日誌』が選ばれている。もちろん石狩岳の初登頂記録が載っているためである。日本山岳会編『新選覆刻　日本の山岳名著解題』には、松浦武四郎は、「近世でも稀な日本の大登山家だけに、八部の各日誌中、蝦夷地の俊嶺高岳の踏破と、和人未踏の秘峯への登頂の記述を、いたるところに見出ださないことはないくらいである。『後方羊蹄日誌』の後方羊蹄山、『夕張日誌』の夕張岳、『久摺日誌』の雌阿寒、雄阿寒岳と、数えきれないほどである。『石狩日誌』には石狩岳の記述がある。安政四年閏五月二日のそのくだりを一例として、現代語訳にして掲げてみると」として、「またしばらく登って頂上にいたった。このあたりは岩山で這い松（シコング）が枝を重ねあい、じつに青い毛氈《もうせん》を敷いたようだ。それより西南に忠《ちゅう》別《べつ》岳、辺別《べべつ》岳、美瑛《びえい》岳などが、馬の背のように重なりつづいている。……石狩川の水源がこの岳を回って十勝岳の間に終わっていることは、目近いだけにたしかに見定められた」と、残雪期の石狩岳登頂の様子が紹介されている。

このように登山家としての松浦武四郎の実力は、山岳関係者の間では常識のようになっている。そのため、例えば山崎安治『日本登山史』や安川茂雄『近代日本登山史』は、松浦武四郎の蝦夷地登山を史実として紹介し、瓜生卓造『日本山岳文学史』は、石狩岳登山について、「こんな奥地に、正確なルートを見出だし、山が一番登り易い残雪期を選んで取り組んだ。登山家武四郎の実力のほどが知られる。彼としても会心の登山であり、『石狩日誌』のなかに詳しく書き残している」と記している。また、最新刊の中村博男『松浦武四郎と江戸の百名山』でも、この石狩岳登山が史実として紹介されている。

フィクションだった登山記録

しかし郷土史家の間では、武四郎の石狩岳登山などについて疑問視する声があった。その根拠のひとつは、開拓使の大判官だった松本十郎が一八七六（明治九）年に石狩川を遡って水源をきわめ十勝側へ下ったが、その記録である『石狩十勝両河記行』（一八七六・明治九）のなかで、「松浦氏の紀行は全く土人より聞書きたること判然、……道案内の土人笑って云、松浦殿と川上の土人コタンまで登るのみ。何ぞ此の深山の水脈山脈を知らんや」と記録されていることである。

ところで『石狩日誌』や『後方羊蹄日誌』など木版で刊行された「日誌」には、別にその「原稿」が存在した。『石狩日誌』の凡例（序文）にも、「その密を粲然《さんぜん》となし給わんと欲せば、原稿七冊を閲し給はば、山川、地理、樹木、魚鳥、其余の物産、戸口、人別、人情、地名の和訳まで尽さざる事なし」と書かれている。「山川地理取調」は公務として行なわれたのだから、武四郎はその結果を幕府へ復命した。その復命書の控えが「原稿」である。すなわち刊行された「日誌」は、より詳しい手書き「原稿」の普及版だったということができる。

この「原稿」は長い間、公開されることなく活字化もされなかったが、いまは秋葉実により解読され、『丁巳《ていし》東西蝦夷山川地理取調日誌』（上・下）、『戊午《ぼご》東西蝦夷山川地理取調日誌』（上・中・下）として刊行されている。この

「原稿」と『後方羊蹄日誌』などを読み比べてみると、武四郎の蝦夷地登山の実像が明らかとなる。

『後方羊蹄日誌』によれば、先に見たように一八五八(安政五)年二月四日(旧暦)に後方羊蹄山へ登ったことになっている。しかし、より詳しい「原稿」である『戊午東西蝦夷山川地理取調日誌』でこの部分を見ると、二月四日は後方羊蹄山からほど遠い有珠から虻田へ行き、「案内土人を申付け」と奥地へ入る準備をしている。五、六、七日は有珠に滞留、八日は洞爺湖、九、一〇、一一日は向洞爺付近におり、一二日には羊蹄山麓のルソチ(留寿都)に近づくが、吹雪のため一四日まで滞留する。そして一五日はキムンヘツ(喜茂別)に至り、一六日はルベシベ(中山峠付近)をへて定山渓温泉に向かうのである。ここには後方羊蹄山の雪中登山は片鱗もうかがえない。『後方羊蹄日誌』に漢詩で書かれた「登頂記」は、フィクションだったのである。

それでは『石狩日誌』はどうだろうか。先に見たように一八五七(安政四)年閏五月二日(旧暦)には石狩岳へ登頂したことになっている。しかし、この部分を『丁巳東西蝦夷山川地理取調日誌』で見ると、閏五月二日はまだ石狩川と忠別川の出会い付近(旭川)におり、しかも「朝間雨水出たるによって出船見合わせ」と行動していない。その後、武四郎はさらに石狩川上流に向かい、五月六日にはサンケソマナイ(愛別)付近で石狩山中の記述が出てくるが、山や川の様子はすべて「……のよし」「……とかや」といった調子で、自らの実地踏査による部分とは表現が異なっている。

ところで『丁巳東西蝦夷山川地理取調日誌』の凡例(序文)には、「其よりサン迄を併せ記し置くもの也。是より上、水源の部は土人に聞取りて記するが故に」と、サン(サンケソマナイ)より上流はアイヌからの聞き書きであることを、武四郎自身が明記しているのである。なお、サンケソマナイは現在の中愛別、石垣山付近である。松本十郎が一八七六(明治九)年の『石狩十勝両河記行』で、「松浦氏の紀行は全く土人からの聞書きたること判然」といったのは、事実だったことになる。

このように「日誌」に出てくる後方羊蹄山登山や石狩岳登山は、「原稿」で検証すると実際には登っていなかったことが明らかとなる。

また『夕張日誌』には、一八五七（安政四）年七月二一日（旧暦）にウサクマイ（千歳）から支笏湖畔に至り、そこでイカダを組み、恵庭山麓のオコタンペ川口まで行って宿泊したことが記されている。これも地元では真実と受けとられ、「支笏湖湖水祭り」のイベントとして地元の青年が手づくりのイカダで武四郎の追体験をしたことがある。それはたいへんな苦労を強いられたが、苦労が大きかっただけに、さすが武四郎は偉大だったという評価につながった。

しかし「原稿」の『丁巳東西蝦夷山川地理取調日誌』で検証すると、支笏湖畔でイカダをつくったのは事実であるが、「十丁ばかりを乗り廻らんと岸に伝いて出けるに、風有りて中々遣りがたく、依って是れよりヘツハラ（川口）の向の岸の方えと志ざしけるに、川口に入る水勢如何にも強く是れ又遣り難きが故に帰り」と、実際はほとんど行動できなかった。そのため「風なき日、是れを丸木船にて乗り廻り見る時は、実に仙境とも云うべき処ありと、其の大略、聞きしまま記し置くに」として、恵庭山麓などの様子がアイヌからの聞き書きにより記述されている。支笏湖のイカダ渡りもフィクションだったのである。

ところで「日誌」には、なぜフィクションが入ったのだろう。松浦武四郎は「原稿」を幕府への復命書として提出した。しかし詳細をきわめた復命書は、多くの人に読まれる性質のものではない。蝦夷地を愛する武四郎としては、ひとりでも多くの人に蝦夷地の実情を知ってほしいと願った。そこで簡略化した「日誌」の刊行を思い立ったが、当時の蝦夷地は一般の人の興味をひく存在ではなかった。しかも「日誌」は商品として売れる必要がある。そのためには一般の人の興味をひくような内容としなければならない。蝦夷地には本州のような古い神社仏閣などはない。あるのは原始的な大自然である。そこで武四郎は大自然での冒険談を考え、それが石狩岳登頂などのフィクションとなったのではないかと、私は考えている。

しかし「日誌」に興味本位の冒険談が含まれているからといって、松浦武四郎の蝦夷地探検家としての評価が覆ることはない。また武四郎は興味本位の記述に罪の意識をもっていなかった。各「日誌」の凡例(序文)には必ず「なお詳らかな事を閲せんの意あらば、原稿○巻を熟読すべし」といった趣旨のことが書かれており、読者に「種明かし」の道を教えていたのである。

ちなみに志賀重昂の『日本風景論』(一八九四・明治二七)には、「登山の気風を興作すべし」の一文があり、日本の近代登山熱を生み出すきっかけとなったことで有名であるが、そこで披露された急流を渡る技術や山中に露営する技術は、エルトンの『旅行術』という洋書から無断借用したもので、志賀自身は特筆するほどの登山歴がなかったという(黒岩健『登山の黎明――『日本風景論』の謎を追って』)。

また志賀の『日本風景論』に触発されて登山趣味を知った小島烏水は、若いとき、原稿料をかせぐ必要から、実際には登らなかった架空の登山記「甲斐の白峰」を書き、雑誌『太陽』に載せた。ところがそれは真実と受けとられ大きな反響を呼び、小島の周辺には高頭仁兵衛、武田久吉などの山好き仲間が集まり、結果として一九〇五(明治三八)年に日本山岳会が結成される契機となったという(近藤信行『小島烏水――山の風流使者伝』)。

こうしたことを勘案すると、登山が一般化する前の時代には、架空登山記や無断借用も大目に見られていたようで、松浦武四郎は読者に「種明かし」を示していたのだから、その分、罪が軽いといえる。武四郎の「日誌」には興味本位の記述が混じっていることを認識したうえで、武四郎が多くの人々に貴重な情報を提供し、蝦夷地への関心を高めた功績を評価すべきであろう(俵浩三「松浦武四郎――蝦夷地登山の実像」)。

二　函館開港時の外国人による自然調査

1　ペリーの黒船による動植物調査

近代的な生物採集の意味

近代日本の幕開けがM・C・ペリーの黒船によってもたらされたことは有名であるが、ペリー艦隊員が日本の動植物採集にも熱心だったことは、あまり知られていない。一八五三（嘉永六）年、ペリー艦隊は浦賀に現われてアメリカ大統領の親書を幕府に提出し、日本の開国を求めた。翌五四（安政元）年、再び姿を現わしたペリー艦隊は日米和親条約（神奈川条約）を結び、下田と函館（箱館）の開港、薪・水・石炭・食料の供給、遊歩区域の設定などを決めた。そのためペリー艦隊は同年五〜六月（新暦）、函館にも来航し、松前藩や幕府から派遣された係官と各種の交渉を行なうとともに、港の測量などを実施した。

『ペルリ提督　日本遠征記』によると、函館に来航したペリー側は、すぐに地元の役人と交渉を始めた。しかし当時の情報伝達手段では、江戸から遠く離れた函館には、「何らの命令または文書も朝廷より到着せず、また貴下（ペリー）が浦賀よりもたらして余等に伝えた通牒については、余等が今初めて貴下等自身より知りたるものにして、これらの点につきての証明をなし、かつ説明せるものが、右の通牒に添えられ居らざるは、余等の大いに不審とするところなり」と信用されず、交渉も思うようにすすまない。

しかし翌日からは「士官達は毎日上陸し始め、また自由に街を歩き、店舗や寺院をしばしば訪れ、妨害も受けずに付近の田舎を散策した」と記録されている。

一方、日本側がペリー艦隊の来航を記録したものに『亜国来使記 天』がある。その筆者は不明であるが、内容はかなりの責任者でなければ分からない情報が具体的に記され、信頼できる記録である。

それによれば、来航五日目の五月一五日には、「亀田浜、七重浜、有川辺へ異人ども端船にて上陸いたし、引網ならびに小銃にて鳥類殺生などいたし、夕七ツ時前、残らず元船へまかり帰り候旨、所々の警衛の者どもより申達」と、生物採集に歩いていた情報が寄せられている。

五月二〇日には「異船中に乗組みまかり在り候　司画官（従軍画家）ホロン、ハイネ他一、二人、上陸いたし小鳥類ならびに草木の花類写生いたしたく候間、何れにてもよろしき場所借り受けたし」との申し出があった。相手はかなり熱心に要求したらしく、日本側では「再三申し聞かせ、何程理解申し聞かせ候ても聞き入れ申さず」という状況である。やむを得ないので日本側では実行寺《じつぎょうじ》に場所を設定し、「決して勝手に歩行はいたし申すまじく」、また彼らは土足で畳にあがるから、「畳等もよごし候間なるだけ粗末なる畳と引替え」、しぶしぶこの要求に応じたのである。

その前後にも、「朝より亀田浜へ異人ども上陸いたし、引網ならびに貝類拾い取り候よし、右異人どもの内三人は小銃持ち回り近所にて小鳥撃ち取り、夕八ツ時頃残らず本船へ引取り」というような記事がしばしば出てくる。

当時の日本人には、彼らの行為は「殺生」（生き物を殺す）としか映らなかったのである。「殺生禁断」が当たり前の当時の日本人には、近代的な生物採集の意味が理解できなかったとしてもしかたがない。異人に銃など持ち歩かれてはたまらない、という思いが強かったであろう。ちなみにペリーは函館からの帰途、下田で日米和親条約付録一三条を調印したが、その第一〇条には、「鳥獣遊猟はすべて日本において禁ずる所なれば、アメリカ人もまたこの制度に伏すべし」と定められたのである。

ところがペリー艦隊側の記録を見ると、これは単なるレクリエーションとしての遊猟ではなく、明確な科学的目的をもった調査であったことが分かる。ペリー艦隊乗組員のなかには、医者で農業と博物学に詳しいJ・モロー博士、中国語が得意で通訳を務めたS・W・ウィリアムズ、ドイツ系画家のW・ハイネなど、博物学の好きな隊員が何人か加わっていた。

ハイネは先の日本側記録に「小鳥類ならびに草木の花類写生いたしたく」とあった従軍画家であるが、『世界周航日本への旅』を残している。その函館の部分には、「私は監督の命令によって、軽いボートで陸地に向かった。鳥類のコレクションを増やすためのものであった。五月という月は、私のこの目的には向いていなかったが、私の狩猟は見るべき成果を収めた。その獲物のうちいくつかは、今までの自然科学界ではまったく知られていないか、ごく一部しか知られていない鳥類だったのである」とか、「われわれは偶然にも雌雄の狐を捕らえたことになった。二頭とも美しい標本で、できればワシントンの動物学博物館を飾るものになったらと考える」という記述が出てくる。なお、ペリーの公式な『日本遠征記』には、ハイネが描いた貴重な記録画がたくさん入っている。

モロー博士は「日本におけるペリー同行の一科学者」という手記を残しているが、その函館での日記にも、「私は花を求めて平地を散歩した」「未明に漁の一行と共に出掛け、鮭、博物学上の貴重な標本、海藻の立派な採集をすることができた。私は多くの花を見つけた」というように、動植物採集の記事が散見される。

モロー博士を側面から助けたのはウィリアムズである。彼の『ペリー日本遠征随行記』にも、下田で日本遠征を振り返りながら、「日本遠征中、私を楽しませてくれたものがあったとすれば、それは花を訪ねての散策であり、そしてまた、散策によって得られた住民との自由な交際であった。それも、モロー博士がちょうどよい仲間だったので得られたものである」と回想している。

そのウィリアムズは函館で、「これといって特別な用事もなかったのでモローと散歩に出かけた。例の墓地を通り抜けて、町が広がっている半島の先端まで歩いた。われわれは心ゆくまで散策を楽しみ、多くの植物を見つけたが、住民にはろくに出会わなかった。植物の中には馴染みのものが見られた。エンレイソウ、ガマズミ、アネモネ、ハッカなどで、普通のササに交じって林の中に自生していた」と記している。

ここで「馴染みのもの」(原文では old acquaintances)といったのは、ペリー艦隊員の故郷、アメリカ東部でも同じような植物が見られるので、「なつかしい」という思いが込められた言葉である。

アメリカ東部と北海道の植物は似ている

ペリー艦隊が日本で採集した植物の標本は、当時のハーバード大学の植物学教授で、ウィリアムズの古くからの友人だったA・グレイ教授のもとに送られた。グレイはそれをもとに一八五六(安政三)年、「植物標本について――ウィリアムズ氏とモロー博士により日本で採集された植物リスト」をまとめ、ペリーの『日本遠征記』(第二巻資料編)に収めた。

グレイはこれらの植物標本を見たとき、その多くがアメリカに自生する植物と似た種類であることに気づいた。この論文の冒頭には「アメリカの植物学者にとって、その植生に関し、アメリカ以外の世界の各地域で日本以上に興味のある所はない」と記されている。

ウィリアムズが函館で見て「馴染みのもの」といったエンレイソウについて、グレイは「私はこの植物と北アメリカ産のものとの間に、日本の方がやや葉が大きく広いという点の他は、何らの差異を見いださない。ただし紫色の花と白い花の関係を変種とすることには疑問も残るが」として、少し迷いながらもアメリカ産のエンレイソウの学名(*Trillium erectum*)に整理した。ちなみに日本のエンレイソウはその後マクシモヴィッチ(後述)によって、アメリカ産のものとは別種(*Trillium smallii*)とされたが、いずれにしてもグレイにとっては「馴染みのもの」だったのである(なお近年はエンレイソウの学名に *T. apetalon* が当てられることもある)。

グレイはこの論文で約三〇〇種の日本植物を紹介し、その多くは下田で採集されたが、函館のものも約八〇種が含まれている。なお産地名はHakodadiと記載されているが、当時の函館住民は東北出身者が多かったので、「はこだでぃ」という東北なまりが反映されているのが興味ぶかい。ペリー艦隊の乗組員が採集した植物は、限られた季節と時間、限られた歩行範囲という制約と、日本側役人の監視の目を気にしての採集だったから、現在から見れば不完全な標本が多い。しかしグレイはこの標本から、約四〇種を新種、ひとつの属を新属と鑑定した。これらのなかにはその後の研究によって学名が変更されたものも多いが、現在でも通用している学名をいくつか例示してみよう。

函館から採集されたものに、チゴユリ(*Disporum smilacinum*)、ユキザサ(*Smilacina japonica*)などがある。ちなみにチゴユリ属もユキザサ属も、東アジアとアメリカ東部だけに共通して分布し、ヨーロッパなどには分布していない。アメリカ人にとっては「馴染みのもの」であるが、ヨーロッパの人には「馴染みがない」植物である。また同じく函館産のキンギンボク(*Lonicera morrowii*)のモロウイはモローを記念したものであり、下田で採集されたシロバナハンショウヅル(*Clematis williamsii*)のウィリアムシイは、ウィリアムズを記念する種小名である。

アメリカは一八五四〜五五(安政元〜二)年、第二次日本遠征隊として、リンゴールド・ロジャーズの黒船艦隊を派遣したが、このときは植物学者のライト博士とスモールが乗り組んでおり、いっそう多くの日本植物が採集された。

ところでこれらの植物標本は、現在でもハーバード大学とニューヨーク植物園に保存されており、ニューヨーク植物園に永年勤務した小山鐵夫日本大学教授の努力により、その一部が日本でも紹介される機会があった。函館では一九九五(平成七)年に「黒船が採集した箱館の植物標本里帰り展」(市立函館博物館)として公開された(図1・7)。私も『緑の文化史——自然と人間のかかわりを考える』(一九九一)でペリーの黒船による植物採集を紹介し、この標本に関心を抱いていたので、じっくりと拝見することができた。

グレイはこれらの黒船が採集した植物標本を総合的に検討した結果、一八五九(安政六)年に「日本の植物につ

図1･7　ペリーの黒船が採集した函館の植物。上は展示会(1995・平成7)，下はチゴユリのタイプ標本

いて――その北米および北温帯の他の地方の植物との関係」という論文を発表した。ここでグレイは、日本の植物と、北アメリカとくにその東北部の植物との間には著しい類似があるのに対し、ヨーロッパと、アジアやアメリカの間には、それほど大きな類似がないこと、またその原因は過去の地球の歴史と関係していることを指摘した。

この学説は、現在は「第三紀周北極植物群」として理解されている。すなわち古第三紀という数千万年前の地質時代の地球環境は温暖で、現在の北極周辺には、イチョウ、セコイア、メタセコイア、トウヒ、ハンノキ、カンバ、ナラ、カエデ、シナノキ、ニレ、カツラなどの仲間(属)が広く分布していた。しかし、その後の気候変動、寒冷化で多くは南に移動したり、絶滅したりした。とくにヨーロッパではアルプス山脈が東西にはだかって南への移動ルートをさまたげたので、第四紀の氷河時代に絶滅したものが多い。ところが東アジアやアメリカは、その影響を受けることが比較的に少なく、生き残ったものが多いので、東アジアの温帯とアメリカ東部(一部は西部)の温帯には共通する仲間(属)が多い、という考え方である(堀田満『植物の分布と分化』)。

ちなみに古第三紀の北極周辺が温帯的気候であったころ、北海道の一部は石炭が生成される環境にあった。空知炭鉱の石炭は古第三紀に起源をもち、そのなかからはヤシやシュロの仲間の化石が発見されており、当時の北海道は熱帯的環境だったことが知れる。なお空知炭鉱の石炭のなかからは、温帯的なメタセコイアの化石も多く産する。現在の北海道で普通に見られるトウヒ(エゾマツ)、ナラ、カエデ、シナノキなどは、古第三紀の北極周辺から南下してきたものと考えられている。

グレイは自ら日本の地を踏むことはなかったが、鎖国時代の長崎に滞在したことのあるケンペル、ツュンベリー、シーボルトがヨーロッパにもたらした、日本の植物の限られた情報と、ペリーなどの黒船が採集したわずかな植物を材料として、いまから一五〇年ちかくも前に、空間的にも時間的にも実に壮大な、しかも現代の科学で裏づけられる「第三紀周北極植物群」の基礎となる新学説を提唱したのであるが、立派というほかない。

なおグレイの学説に触発されて、北海道とアメリカ東部の植物が似ていることを実感したケプロン(開拓使顧問)は、北海道へアメリカ式農業を導入することに自信をもつようになるが、それについては第二章で説明する。

さらに付記すれば、植物ではないが、ペリーの黒船は函館でイトウ(サケ科の魚)を採集した。これは新種であることが確認されたので、「ペリーのサケ」を意味する *Salmo perryi* という学名がつけられた(現在は *Hucho perryi*)。いまは「幻の魚」といわれ、道東や道北の一部だけにかろうじて生息し、絶滅の危機にあるイトウが、ペリーの来航した当時は函館にも生息しており、簡単に採集できたことは、この百数十年の間に、北海道の自然環境がそれだけ開発の影響を受けたことを物語っている。

2　函館で植物を調査したマクシモヴィッチ

マクシモヴィッチと長之助

ペリーの黒船による植物採集は、いわば乗組員の片手間の仕事だったが、函館が開港されてから、本格的に日本の植物研究をするため来日した植物学者に、ロシアのC・J・マクシモヴィッチ(この表記は井上幸三『マクシモヴィッチと須川長之助』に従う)がいる。

マクシモヴィッチは一八五〇年代にロシア極東のアムール(黒龍江)流域に、探検的な植物調査を行ない、『黒龍江地方植物誌』(一八五九・安政六)をまとめたが、これはペテルブルグ学士院から高く評価されデミドフ賞を受賞した。極東地域の未知の植物相に強い興味をひかれたマクシモヴィッチは、さらにウスリ川流域やシホテアリン山脈の植物調査をつづけたが、日本が開国したことを知って日本行きを計画、一八六〇(万延元)年、ウラジオストクからロシアの軍艦に乗り、函館に着いた。しかし当時の函館、横浜、神戸などは開港されたとはいえ、外国人の国内旅行と開港場での外国人遊歩区域は制限されていたので、自由に植物採集に歩きまわることができなかった。また横浜の「生麦事件」に象徴されるように、外国人の歩行は身に危険がせまる恐れもあった。

そうした事情もありマクシモヴィッチは、風呂番に雇った須川長之助に植物採集の手ほどきをした。長之助は南部(岩手県)出身の農民で野草に詳しく、また人柄もよかった。マクシモヴィッチは長之助の人柄を試すため、あるとき部屋の床にお金を落としておいたところ、長之助はそれを着服することなく、正直な態度を示したため、しだいに信用が高まり、ついには「お前は私の金庫であり鍵である」といわれるまでに信頼された。また植物採集の要領も早くのみこむことができたので、長之助はマクシモヴィッチにとって、なくてはならない有能な助手となった。

函館でのマクシモヴィッチは長之助を連れ、函館山、鹿部、大沼、駒ヶ岳などで採集を重ねた。やがてマクシモヴィッチは函館ばかりでなく日本全体の植物の特徴を知るため、横浜、長崎へも行くことを計画し、遠慮する長之助を同行させ、一八六二〜六三(文久二〜三)年には横浜、長崎を中心に採集した。外国人が足を踏み入れることができない地域は、長之助が担当した。

一八六四(元治元)年、マクシモヴィッチはサンクトペテルブルグへ帰ったが、その後もマクシモヴィッチと長之助の交流はつづき、マクシモヴィッチは長之助に植物採集を依頼した。とくに一八八八〜九〇（明治二一〜二三）年には、日本各地での大がかりな植物採集を依頼、日本植物のコレクションをいっそう充実させた。当時のマクシモヴィッチは「日本植物誌」をまとめる計画をもっていたのである。

こうしたことからマクシモヴィッチは長之助が採集した新発見の植物に学名をつけるとき、種小名にチョーノスキーと命名することがあった。例えばミネカエデ（*Acer tschonoskii*）、ミヤマエンレイソウ（シロバナエンレイソウ）（*Trillium tschonoskii*）などがそうである。それを知った日本の植物学者は最初、チョーノスキーはロシア人の名前と思ったという。なお、マクシモヴィッチが学名をつけた植物で蝦夷産（エゾエンシス）としたものに、エゾシオガマ（*Pedicularis yezoensis*）、ニシキゴロモ（*Ajuga yesoensis*）などがある。

長之助は岩手山、鳥海山、日光山、富士山、箱根山、立山、白山、阿蘇山、久住山、霧島山など、マクシモヴィッチが自ら行くことができなかった山岳地帯で高山植物を採集した。そうしたなかで有名なのが大雪山や夕張岳にもあるチョウノスケソウである。牧野富太郎はチョウノスケソウについて、「この草はヨーロッパに多い。日本では陸中の須川長之助という人が、明治の初年にマクシモヴィッチというロシア人に雇われて採集した時、立山で取ったのであるが、それを私どもが研究して長之助草と付けてやった」と随筆（『牧野富太郎選集』（四））に書いている。マクシモヴィッチは長之助から送られた標本を新種と考え、長之助にちなむ新学名（*Dryas tschonoskii*）を用意したが、公表する前に他界してしまった。たまたま牧野は、長之助が採集した控えの標本を調べる機会があり、それをヨーロッパのもの（*Dryas octopetala*）と同種とみなし、和名だけをチョウノスケソウと命名したのである。なお現在では、日本のチョウノスケソウはヨーロッパのものの変種とみなされている。

日本の植物相解明の基礎づけに貢献

牧野富太郎は「長之助草と付けてやった」と、長之助に恩きせがましい表現をしているが、牧野はマクシモヴィッチを尊敬していた。牧野が独学で植物学を修め、東京大学植物学教室への出入りを許されるようになった一八八四(明治一七)年前後、日本の植物学者はまだ自力で新植物に学名をつけることができなかった。したがって東京大学の矢田部良吉、松村任三、伊藤圭介、牧野富太郎など当時の植物分類学者は、マクシモヴィッチに植物標本を送って鑑定してもらい、新植物の場合は学名をつけてもらっていた。

札幌農学校二期生で同校の植物学教授として高名だった宮部金吾も、マクシモヴィッチから教えを受けた。宮部は一八八四(明治一七)年、日高の新冠《にいかっぷ》で珍しいカエデを見つけたので、マクシモヴィッチのもとへ送り、鑑定を依頼した。マクシモヴィッチからは折り返し種子もほしいといってきたが、宮部はまもなくアメリカへ留学したので、種子の採取を新冠御料牧場に頼んだところ、種子がハーバード大学に留学中の宮部のところへ送られ、宮部はさらにそれをサンクトペテルブルグのマクシモヴィッチへ送った。その結果、これは新種とされ、マクシモヴィッチは宮部を記念した学名(*Acer miyabei*)を命名した。それがクロビイタヤで、別名ミヤベイタヤといわれる由来である(序章扉頁の図参照)。

宮部は一八八九(明治二二)年、アメリカ留学を終えるとヨーロッパを経由し、サンクトペテルブルグにマクシモヴィッチを訪ね、約二週間マクシモヴィッチ宅の客となり、直接に教えを乞うた。そうしたことから宮部はマクシモヴィッチに恩義を感じていた。一九二七(昭和二)年はマクシモヴィッチの生誕百年に当たったので、宮部は「カール・ヨハン・マクシモヴィッチ氏誕生百年記念会」(札幌博物学会主催)を企画、開催した(『札幌博物学会会報』第一〇巻第一号)。

その式辞は宮部によって書かれたが、そこには「東亜ことに本邦のフロラ研究に対する偉大なる功績を追懐、称賛し、また予の如き親しく氏の教えを受け、その恩恵に浴せること深き者にとりては、本記念会に参与し、いささか謝恩と敬慕の誠意を致すの機会を得たるは誠に欣幸の至り」であり、「我が北海道の植物を科学的に研究したるものは、実にマクシモヴィッチ氏を以て嚆矢《こうし》となす。氏の如き大家の手によりて北海道フロラの基石を置かれたるは、我らその研究に従事する後進者にとりては誠に無上の幸福」であるが、「日本植物志の大著に着手され、なお二ヵ年を期して完成する予定なりと語られしが、遂に果たさずして逝去せられたるは誠に遺憾」である、といった言葉が見られる。なお牧野富太郎は東京から札幌へきてこの会に出席し、「マクシモヴィッチ追憶談」を語った。

宮部のもとで植物分類・生態学を研究していた舘脇操は、当日の会でマクシモヴィッチの東亜植物への貢献を紹介したが、日本の植物について、「マクシモヴィッチ氏の命名にかかり、今日、日本の学界に承認せらるる学名は、種類三四〇を超え、変種は約四〇種に達している。日本の植物総数の約二〇分の一は氏によって、科学的位置を得たわけである」と報告している。

またマクシモヴィッチの函館来航百年を記念して菅原繁蔵がまとめた『CARL JCHANN MAXIMOWICZ』（市立函館図書館）では、マクシモヴィッチが命名した日本の植物として二六二種、八変種がリストアップされている。

そのなかから北海道でもなじみの植物をいくつか、学名を省略して和名で示すと、オニグルミ、イタヤカエデ、ミヤママタタビ、エゾオトギリ、ネコノメソウ、エビガライチゴ、キジムシロ、オニシモツケ、エゾニュウ、エンレイソウなどがある。

またマクシモヴィッチに感謝し、日本および外国の植物学者が種小名にマクシモヴィッチの名を記念して学名とした植物も数多い。北海道で見られるものを例示すると、ウダイカンバ（*Betula maximowicziana*）、ミヤマハンノキ（*Alnus maximowiczii*）、オオバボダイジュ（*Tilia maximowicziana*）、ドロノキ（*Populus maximowiczii*）などがある。

このようにマクシモヴィッチは北海道の植物と深いかかわりをもち、日本の植物分類学の基礎づくりに貢献した恩人であるが、マクシモヴィッチを顕彰する記念碑などは見られない。せめて函館か札幌の公園の一角にでも小さな記念碑を建て、その周りにマクシモヴィッチゆかりの植物を植えた見本園が実現してほしいと願うものである。

3　ブラキストンが動物分布境界線を提唱

マクシモヴィッチを顕彰する記念碑はないが、ブラキストンの顕彰碑は、津軽海峡を見下ろす函館山の山頂に建っている(図1・8)。有名な動物分布境界線であるブラキストン線を提唱したからである。

T・W・ブラキストンはイギリス軍人出身の探検家、鳥類研究者である。一八五三年のクリミア戦争に従軍の後、当時はイギリス領だったカナダの奥地を探検し、さらに中国の揚子江(長江)上流の探検にもたずさわり、鳥類などを研究した。とくに揚子江の調査報告書はイギリス王立地理学会賞受賞の栄誉に浴した。六二年に大尉で退役後、イギリスの商社員となり翌六三(文久三)年、開港まもない函館にきた。函館では日本最初の蒸気機械製材所を建設し、貿易、運輸事業などに従事したが、やがて独立した商社を設立し、いっそう手広く事業を展開した。ブラキストンは自己主張の強い性格だったようで、トラブルメーカーとの評も一部に聞かれるが、軍人出身なので乗馬と鉄砲撃ちが得意で、それが野生鳥獣の採集に役立った。

図1・8　ブラキストンの記念碑(函館山山頂，背後は津軽海峡)

当時は外国人の国内旅行には制限があり、また交通事情も悪かったが、ブラキストンは商用を兼ね、あらゆる機会を生かして鳥獣を採集した。夏には毎年のように函館から札幌を訪ねたが、まだ鉄道が通じていない時代だから、その道中は絶好の採集旅行となった。また道東で難破したイギリスの船の積み荷検査の機会を利用して、浜中から西別、標津、斜里、網走、宗谷と騎馬旅行をしながら鳥類を採集した。さらに、ときにはエトロフ島へ行き、ときには本州各地から小笠原諸島まで足を延ばし、日本の鳥類相の実態を探った（ブラキストン『蝦夷地の中の日本』）。

マクシモヴィッチには日本人助手として須川長之助がいたが、ブラキストンを助けたのは福士成豊である。といっても福士はブラキストンの助手ではなく、イギリス商社に働きながら英語を習得し、箱館奉行所の通訳や開拓使の職員として身をたて、ブラキストンと交際しながら測量、機械、気象観測などの技術や博物学の知識を伝授され、鳥類の採集や剝製づくりを手伝った。ブラキストンが行けない場所では福士が鳥獣を採集し、ブラキストンのよき協力者となった。福士は後に北海道の測量、気象観測などで指導的役割を果たしたことでも名が知られている。

ブラキストンの函館滞在は一八八三（明治一六）年まで二〇年に及んだが、その間の鳥類コレクションは膨大なものとなった。当時の欧米では「博物学の探検時代」の余韻が残っていたので、未知の国の動植物標本は貴重な博物学的情報となった。ペリーの黒船が函館で動植物採集に熱心だったのも、その一環である。函館駐在の初代イギリス領事ホジソンは植物に興味をもち、函館や駒ヶ岳の植物情報をロンドンのキュー植物園に送った。また同じく函館駐在の初代ロシア領事ゴシケビチは昆虫に興味をもち、ロシアの昆虫学者モチュルスキーに標本を送っている（村元直人『蝦夷地の外人ナチュラリストたち』）。ブラキストンも多数の鳥類標本をロンドンの大英博物館などに送ったが、あるとき三〇〇〇点の鳥類標本を載せイギリスに向かった船が暴風で難破し、貴重な標本が失われてしまった。それ以降、ブラキストンは標本を日本に残すことを考え、一八八〇（明治一三）年、一三〇〇点あまりの鳥類標本を函館博物館に寄贈した。これは現在、北海道大学北方生物圏フィールド科学センター植物園（北大植物園）に移管され、園内の博物館で大切に保存されている。

このようにしてブラキストンは北海道を中心とする鳥獣類を調べ、また、ときには本州の鳥獣類を調べた。そこで横浜在住のイギリス商社員で博物学に詳しいプライヤーと共同し、「日本鳥類目録」を編集することにした。

その途上、ブラキストンは北海道と本州では鳥獣相が異なることに気づいた。そして一八八三(明治一六)年、帰国を前にして、日本アジア協会(在日欧米人による組織)で、「日本列島とアジア大陸の古代における連絡の動物学上の論証」と題する講演を行なった。

その要旨を芳賀良一が『北海道大百科事典』(北海道新聞社、一九八一)にまとめたものにより記すと、北海道に生息するエゾオオカミ、ヒグマ、クロテン、シマリス、エゾライチョウ、シマフクロウ、ケアシノスリ、クマゲラなどはサハリンと共通しているが、本州には生息していない。その一方、ツキノワグマ、カモシカ、サル、モグラ、キジ、ヤマドリなどは本州のみに見られ、北海道には生息していない。このことは、かつて北海道がサハリン、シベリアと陸つづきだったためであり、津軽海峡は重要な動物分布境界線である、と指摘したものである。その説に共鳴した地震学者ミルンは、これを「ブラキストン線」と呼ぶことを提唱し、やがてその呼称が定着した。

ちなみにシマフクロウの学名は *Ketupa blakistoni* で、ブラキストンがイギリスへ送った標本に命名されたものである。その〝ブラキストンのフクロウ〟は、いまやレッドデータブックに記載され、絶滅の危機がせまっている。

現在は第四紀氷河時代の研究がすすみ、ブラキストン線の成立要因が科学的に説明できるようになった。すなわち、いまから数万年前の氷期には海水面が一〇〇メートルほど低下したが、そのとき水深が約一三〇メートルの津軽海峡は海峡のままで陸とならなかったが、水深約四五メートルの宗谷海峡は陸橋となり、それより浅い間宮海峡もまた陸橋となった。したがってシベリア方面の動物は、陸づたいに北海道まで南下することができたが、青森までは南下することができなかったというのである。またブラキストンの時代より新しく発見され、「氷河時代の生き残り」といわれるナキウサギも、その理由で説明される(小野有五・五十嵐八枝子『北海道の自然史――氷期の森林を旅する』)。なおクマゲラはその後、白神山地など東北地方の一部でも発見されている。

北海道の動物分布はすべてブラキストン線で説明できるものではなく、ある種類は本州と共通であり、また宗谷海峡にも「八田線」と呼ばれる動物分布境界線があるなど、複雑な要素が入り交じっている。しかし、いまから百年以上も前に、北海道と本州の動物相の違いに着目したブラキストンの洞察力は、やはり高く評価されるべきである。

第二章　北海道開拓の光と影

北見国上斜里三井農場新墾地(大正初？)
北海道大学附属図書館所蔵。本書11および92頁参照

一　北海道にアメリカを見たお雇い外国人

1　ケプロンは植物から北海道の風土を判断

蝦夷地は寒くて越冬できない

明治を迎え日本の本格的な近代化が始まると、北海道はロシアの南下政策に対する「北辺の守り」として、また明治維新で生活の基盤を失った旧武士の新天地として、北海道の開拓は明治政府の重要施策に位置づけられた。一八六九(明治二)年、蝦夷地は北海道と改められ、太政官直属の機関として「開拓使」が設置された。

しかし、それまでの蝦夷地は松前や函館など道南の一部を除けば、当時の日本人にとっては手に負えないきびしい自然の地だった。例えば武蔵国の八王子同心は一八〇〇(寛政一二)年、蝦夷地の警備と開拓を兼ねて白糠《しらぬか》、勇払《ゆうふつ》に入植したが、きびしい風土に適応できず、みじめな失敗に終わってしまった。

また一八〇七(文化四)年に北辺警備を命じられた津軽藩では、一〇〇人の藩兵がオホーツク海に面する斜里で(文化五年まで)越冬した。急造の粗末な家屋に暖房設備も不十分、新鮮な野菜もないままの越冬なので、寒さがきびしくなるとともに壊血病(浮腫病)患者が続出し、水汲みや飯炊きの作業をできる者も少なくなり、毎日毎日、死者が増えていく。春になって迎えの船がきたときには、一〇〇人のうち七二人が帰らぬ人となっていた。現在、斜里町役場の裏手の町民公園には「津軽藩士殉難慰霊の碑」が建っている(図2・1)。

このような経験からして、旧来の日本人の知識、経験では北海道の本格的な開拓を進めることは困難と判断した政府は、「風土適当の国」からしかるべき指導者を招いて、開拓計画を立案、実行する必要性を認め、人材を

図2・1　蝦夷地の寒さに散った「津軽藩士殉難慰霊の碑」(斜里町)

求めるため一八七一（明治四）年、黒田清隆開拓次官を外国に派遣した。

その結果、開拓使最高顧問を引き受けたのが、当時、アメリカ合衆国農務長官の現職にあったH・ケプロンである。ケプロンは地質鉱山技師のT・アンチセル、測量建築技師のA・G・ワーフィールド、書記兼医師のS・エルドリッジの三人のアメリカ人スタッフをともない、一八七一（明治四）年に来日した。

ケプロンが来日したころ、気象観測をはじめとする北海道の自然環境に関する科学的なデータは、当然のこととして皆無に等しかった。『開拓使顧問ホラシ・ケプロン報文』（一八七九・明治一二）でケプロンは、「余がはじめて日本にくるや、当時、本島（北海道）の風土および物産などにおける憑拠《ひょうきょ》すべきの報告なく、しかして内外の人民は、一般に本島をもって多山荒瘠《こうせき》の地とし、また半寒帯の中にあるをもって、人民ほとんど住すること能わざるべしと思想せり」と報告している。

ケプロンはアメリカと同じ植物に注目

そうしたなかで北海道開拓の可能性の適否を判断するためには、優れた洞察力が要求される。ケプロンは東京に着くと自分が北海道へ行く前に、まずアンチセルとワーフィールドを北海道に向かわせ、予備的な調査を行なわせた。その調査結果を二人はケプロンにレポートしたが、北海道の風土に対する二人の認識は大きな食い違いを見せた。

まずアンチセルは、すでに開拓使によって北海道の首府と定められ、都市建設が始まっていた札幌について、

「札幌を開き開拓使の本庁を建てるの論ならんには、過多の費用はあえて厭わざる所なれども、ただその地の夏たる、暑気多からず、また久しからざれば、食物を産するに限りあり。人口多ければ冬初より五ヶ月の間、その食料みな南方に仰がざれば、生活を保存しがたき地なり。かつその近傍に一の良港なく、また冬間は氷海となりて船路を絶し、陸に尋常の馬道あれども冬間は積雪のためにほとんど通行する能わず。これみな大なる弊害なり。もしこの数点に注意することなくんば、酷寒にしてかつ永き冬間、必ず食料欠乏し人民あるいは飢餓に迫ることあるべし」(開拓使『開拓使日誌』)と反対した。また北海道の気候ではトウモロコシが成熟しないだろう、と悲観的な見通しを示した。

それに対してワーフィールドは、「蝦夷の首府となすべきほどの一大都府を建て、かつこれを永存するによろしき一大広野は、全島中央の麗しき石狩平野に過ぎるものなし。しかして所轄の開墾地もきわめて大にして、東西海岸への通路の便なる地位は、札幌府の右に出るものなし。ことにその都府は、石狩の一支流たる豊平川の岸に位し、その水力の最も大なる、島中他川の及ばざる所なり。よって製造の業も、自ら都府の繁盛とともに発展すべし」(ワルフヒールド「エジ、ワルフヒールド報文」)として、札幌の立地を積極的に推奨している。

また室蘭から苫小牧へ至る間についても、「最も肥沃にして、開墾に良好なる場所多く、家材および薪材に供すべき樹木も至近の地に繁茂し、清冷の水に乏しからず。かつ夏間大気清爽にして健康を保たしむべく、景色また最も勝れり。かく諸物あい合して移住を促すところの土地は、真に世界上まれなりというべし」と、たいへんな惚れ込みようである。

さらにワーフィールドは世界的な視野から北海道を位置づけ、「試みに世界の地図について考えるに、北緯四二度は温帯中の最も広大にして、かつ最も肥沃なる原野の中心に当たれるものなり。また札幌の北に当たれる広漠たる平原は、これを欧米およびアジア州なる同緯度の地に比し、もって考えるに、人煙稠密《ちゅうみつ》にして物産多く、日に富庶(国が富み人口が多い)に赴くべき土地たり」と、北海道の可能性に期待した。

ケプロンは二人の部下から、まったく相反する内容の復命を受けたわけであるが、この対立的な見解をどう評価し、どう判断したであろうか。実は、用意周到なケプロンは、まだアメリカにいる間に、未知の北海道の予備知識を得るため、W・P・ブレークから北海道の情報を聞き出していたのである。

ブレークは、ペリーの来航後に開港した函館で、アメリカの船へ石炭などを供給する必要が生じたため、幕府が蝦夷地の石炭や鉱山を調査するようアメリカから招いた地質技師で、一八六二（文久二）年から二年間、蝦夷地に暮らした経験があった。一八七一（明治四）年にブレークはソルトレークから、ケプロンにレポートを送った。そのなかでブレークは北海道の植物の様子について、「蝦夷地の路傍の植生は、グレイ教授が日本の植物相はアメリカ合衆国の北部の植物相と似ている、といった一般論を裏付けている」と書いている。目ざといケプロンはこのことを見逃さなかった。

ケプロンは北海道の実地を踏む前に、北海道の植物情報を集めて考えた。先の二人の予備調査に際しても、「土地天然の産物を採り用うべき場所、樹木の大小およびその多少、あるいは食料の助けとなすべき草類など」も調査することを指示していたのである。そうして得た情報から、アンチセルが主張する、夏の温度がトウモロコシの生育に十分でないという説に多少の不安を感じながらも、ワーフィールドの調査内容を信頼し、アンチセルの北海道寒冷気候説を否定した。

ケプロンはいう。「ヨーロッパ大陸中、北海道と緯度を同じくする地方の気候をもって、本島の気候を推判するは、きわめて至当のことに非ずといえども、本島はアメリカ大陸中、同緯度下に当たる、内地の気候と甚だあい似たるを見るなり」として、その植物にふれ、「ナラ、トネリコ、ブナなど、概してニューヨーク、ペンシルバニア、オハイオ三州の森林に生ずる各種の樹木は、サトウカエデも含め、北海道にたくさん生育している」と記している（サトウカエデは北海道に自生していないのでイタヤカエデを指すと思われる）。

そして、まだ北海道の実地を見ない初期の段階の結論として、北海道の「物産の永世利潤を起こすを妨げるものは、土壌に非ず、また気候にも非ずと、定見を下さざるを得ず」（前掲『開拓使顧問ホラシ・ケプロン報文』）との見解をまとめたのである。

温帯性植物を見てアメリカ式農業を導入

ケプロンが初めて実際に北海道を視察したのは、一八七二（明治五）年六〜一一月である。ここでもケプロンは植物の観察に熱心だった。七月には函館でモクレン属（ホオノキ、コブシの仲間）の花が咲いているのを見た。ケプロンが見たのはホオノキだったと思われるが、その白い大きな花はアメリカのモクレン（タイサンボク）そっくりである。ケプロンは日誌に、「モクレンおよびその他の温暖な気候の土地の植物が散見できる。とくにたくさんのクレマチスが森林樹木のてっぺんまでまといつき、白い花の房が帽子ほど大きく咲いているのを見ると、よけい暖かさを感じる。最初にこの花を見たときは、私の知らない初めての大きな花だと思ったが、それにつけてもアンチセル教授はなぜ、この島を亜寒帯と位置づけてレポートしたのか驚きである」（ケプロン『ケプロン日誌　蝦夷と江戸』）と記している。

ケプロンは純粋の植物学者ではないから、異国の地で初めて接する植物を正確に識別することはできなかったとしても、やむを得ない。ケプロンはモクレンにアメリカのタイサンボクの学名（*Magnolia grandiflora*）を当てているが、ホオノキは落葉広葉樹、タイサンボクは常緑広葉樹で、タイサンボクの方がより暖かい地方に分布する。またクレマチス（センニンソウ属）としたツル植物は、おそらくゴトウヅル（ツルアジサイ）であろう。いずれにしてもケプロンは、モクレンやその他の植物を見て、北海道の風土をそれほど寒冷ではなく、むしろ温帯であると判断したのである。

さらにケプロンは札幌に着くと、「この島の木材はたしかに大きな価値を付加する。ここではアメリカの故郷に自生する木がみな見つかり、まったく完全に似ている。ニレ、カエデ、ヤチダモ、ナラ、シーダー、マツ……」と記す。シーダー、マツというのはエゾマツやトドマツを指しているのかもしれないが、いずれにしても故郷の植物と「完全に似ている」(great perfection)としたのは、ペリーの黒船乗組員が函館の野草を見て「馴染みのもの」といった以上に、アメリカ東部と北海道の植生の類似性を感じとったものと思われる。

ケプロンは、アンチセルが北海道の夏は冷涼で、トウモロコシが成熟しないといったことを気にかけていた。そのためもあって札幌周辺ではすでに入植した農村を視察した。そのひとつに当別がある。当別には一八七二(明治五)年、伊達藩(岩出山支藩)の伊達邦直以下の士族が移住して開墾を始めていた。ケプロンは、「その作物は他と同様なりといえども、或いは西洋種を植え試みるものあり。思うに、余が本国より持ちきたれる種類にして、開拓使より付与せられしものならん。そのうちトウモロコシ、カボチャ、キュウリ、タマネギ、アスパラガスの類、よく繁殖す。トウモロコシはすでに成熟の期にあり。もって合衆国におけるが如く、当地にも能く成長するを証するに足れり」(前掲『開拓使顧問ホラシ・ケプロン報文』)と、その生育ぶりに自信を深めた。

このようにしてケプロンは、〝アメリカと同じ植物があるところではアメリカと同じ農業ができる〟ことに見通しを得た。そこで「本島を巡回し、風土を親しく観察せしに、その地味肥沃にして気候温和なるは、世間の億測する(寒い)所と大いに異にして」という実態なので、「北アメリカ州の温帯中に産する所の草木は、ことごとく本島に復生せんこと疑いを入れざるなり」(前掲『開拓使顧問ホラシ・ケプロン報文』)と、開拓使に対して西洋式農業の導入を指導したのである。

ところでケプロンが実際に北海道へきて、最初に温暖な気候だと認識したのはモクレン属を見たときである。幸か不幸かケプロンはホオノキをアメリカのタイサンボクと同一視したので、よけいに寒冷より温暖の指標と判断した。モクレン属はアジアとアメリカの温帯から熱帯にかけて分布し、あまり寒冷なところには分布していない。またヨーロッパにも分布していない。したがって、もしもヨーロッパからきたお雇い外国人だったら、モクレンを見て北海道が温暖という判断はできなかっただろう。開拓使が「風土適当の国」からお雇い外国人を求めるに際し、ヨーロッパ人でなくアメリカ人を求めたのは、結果的に正解だったといえる。

またケプロンは北海道で植物観察を熱心に行なったが、それはペリーの黒船が函館で採集した植物標本を調べたグレイが、アメリカ東部と北日本の植物相が似ているという学説を発表したことが、頭にあったからである。現在、北海道の農村景観は、道東の広々とした牧場、富良野の「丘の風景」など、西欧式農業の景観が売り物となっているが、その根源には、①ペリーの黒船による函館などでの植物採集、②その植物を調べたグレイによるアメリカ東部と北日本の植物相の類似性指摘、③グレイの学説を知ったケプロンによる北海道の植物相の観察、④〝アメリカと同じ植物があるところにはアメリカと同じ農業が可能〟と北海道へアメリカ式農業を導入、という事実が、見えない糸でつながっていたのである。いままでの北海道の歴史では、このような観点から北海道開拓の可能性が論じられたことはないが、「緑の環境史」の新しい視点である。

なお北海道の森林植物帯の位置づけを、温帯と見るか、亜寒帯と見るかについては、第三章で紹介する。

2　クラーク博士の森林観

クラークへの質問

「少年よ大志を抱け」の言葉で有名なW・S・クラーク博士は、マサチューセッツ農科大学長だったが現職のまま、ケプロンと入れ替わるように一八七六(明治九)年に来日し、札幌農学校(北海道大学の前身)の教頭となった。クラークの在日は一年だけであったが、偶然というべきか、ケプロンと同じようにモクレン属とつる性の植物を見て、北海道の気候がそれほど寒くないことを確認している。クラークは札幌の気候について、「冬が寒くないことは、札幌の植生がバージニアのそれと非常に似ているという植生の性格に明らかに示されている。ヤドリギと数種類のモクレンは、いたるところにたくさん生え、そのうえ大きな木性ツル植物が多く茂っているのは、熱

図2・2　クラーク博士の胸像(北海道大学構内)

帯を思いださせる」(開拓使編『札幌農黌《のうこう》第一年報』)と書き残している。また積雪が「柔らかき被単《ブランケット》の庇護する所となり、毫も凍結の憂いなし」と、冬の積雪が土壌凍結を防止する効果にも着目している。

そして札幌周辺の気候について、「此の辺の気候は全道中において最も和平にして、かつ合衆国内の中部諸州に生ずる所の諸収穫物の生長には最も適当なるものなり」と、アメリカ式農業が可能であることを、ケプロンと同じように結論づけた。

ケプロンにしてもクラークにしても、気象観測データがほとんどない段階で、北海道の気候を読むのに、自然植生の状態を自国アメリカの植生と対比して判断した。これは植物を「環境指標」として実用的に活用した歴史的な実例として、改めて評価されるべきことであろう。

クラークは札幌農学校で植物学や農学を講じたので、開拓使もクラークから農学に関係することなどの指導を仰いだが、そのひとつに森林保護がある。北海道の開拓が士族移民や屯田兵などによって始まり、また札幌の都市建設がすすみ住民が増加してくると、当然のこととして森林伐採も加速される。そこで開拓使は一八七七(明治一〇)年、クラークに次のことを質問した。

①山林法律および制度で標準とすべき国はどこか。また山林学校の盛大な国はどこか。
②山林保護に必要な緩急順序は何か。北海道に施すべき山林保護はどのようなものがよいか。
③山林監守人はどのような仕事をし、何人くらい必要か。
④山火事はどのように防いだらよいか。
⑤札幌付近で保護すべき樹林の種類は何か。

⑥樹木の伐採すべき年度はどのように決めるか。

これは大蔵省『開拓使事業報告』第一編に記載された一四項目の質問を、要点だけ簡略化したものである。現在の目から見るとずいぶん初歩的な質問であるが、当時の開拓使が森林保護を真剣に模索していた様子がしのばれる。それでは、これに対しクラークはどのように答えただろうか。

現今では森林保護法の必要なし

クラークの回答の要点は次のとおりである。

①森林保護政策について。イギリスでは数百年も前から王室がシカなど狩猟用動物保護の必要から森林を保護し、それが木材資源の保全にも役立っている。ヨーロッパは山林保護に熱心な国が多く、山林学校も発達している。しかし南北アメリカのように「近世開化の国においては政府保護の樹林はなはだ稀なり、合衆国中某州においては、方今大いに林木保護栽植の事に注意すといえども、このような事は総て人民に任すを政府一般の政略とす」と記し、アメリカでは森林保護が国家的な関心事になっていないことを述べている。

②③の山林保護方法について。官有林の樹木は一本でも盗伐する者があれば、「その伐木の値の二倍を弁償させることとし、監守人を置く代わりに「犯罪人を告発せし者には、その賞として罰金の半額を与え、実直の人民をことごとく隠れた監守人」とするのがよい。しかし北海道の実情は、まだ木材の商品価値が低いので、盗伐の被害も少ないだろう。したがって「現今にては、材木生育栽植に大金を費やすは良策にあらず」と思われる。この広い北海道の森林は「今より百年間はこの人民の需要に供するに足るべきなり」と、豊富な森林資源の将来を楽観視している。

④山火事対策について。「北海道現今の有様にて、火災消防の律例を設るも行われ難かるべし、火の起る時は、山林係が人民を呼集して力の及ぶだけ火勢を防ぐべし」となっている。

⑤保護すべき樹林について。「道路、河川の傍らは必要の樹木を栽植すべし」「河川はただ小川のみをもって保護すべし」など、局部的な環境保全へのアドバイスで、広い地域の森林保護については言及されていない。
⑥森林の伐採期間など。「この紙上に述べ尽くし難し」として森林経営方法には答えず、「現今にては本道山林に律例を設けること不急なり、然れども札幌農学校において、他日、山林の事務に任用すべき人物を養成すべし」と結論づけている。

こうしてみると、クラークは森林保護に対して、かなり消極的だったといわざるを得ない。しかしこの消極性は、必ずしもクラークの個人的な自然観や責任に帰せられる問題ではなく、当時のクラークの母国アメリカの森林政策が、そっくり反映されたとみなすべきである。

クラークが日本へきた当時のアメリカは、西部開拓が進展中だった。クラークが「近世開化の国においては政府保護の樹林はなはだ稀なり」「このような事は総て人民に任すを政府一般の政略とす」というとおり、西部開拓では一八六二年の土地処分法（ホームステッド法）に代表されるように、公有地をいかに移住民に払い下げ、開拓をすすめるかが優先的な課題だった。土地を入手した農民にとって、森林は伐採すべき邪魔者でしかなかった。また木材が商品価値をもつ地域では、土地を入手すると森林を伐採して木材を売り払い、後は農業を行なわないで、また新しい土地を求めて森林を伐採する〝切り逃げ〟（カット・アンド・ラン）も横行した。

アメリカの西部開拓前線（フロンティア・ライン）が消滅したのは一八九〇年とされており、その前後から広大なアメリカ大陸の自然資源も無尽蔵ではないことが意識されるようになった。森林のことは「総て人民に任すを政府一般の政略」とした結果、森林が乱伐されて環境が悪化したことを反省するとともに、「政府保護の樹林はなはだ稀なり」の政策から脱却し、国が保護林を設定できるようになったのは九一年、国有林制度が成立したのが九七年、農務省に森林局が設置されたのは一九〇五年のことである。とくにTh・ルーズベルト大統領在任中の時代（一九〇一〜〇九）には、ロッキー山脈やシエラネバダ山脈など、西部を中心とする国有林が拡大された。

したがってクラークが札幌にきていた一八七〇年代は、まだ森林保護政策に消極的なのがアメリカ人の常識だったと思われる。クラークは北海道に、アメリカ西部開拓の姿を重ねて見たのである。

しかし開拓使はクラークの指導内容に満足していなかった。江戸時代までは森林保護に見るべき政策をとっていた藩が多かったが、廃藩置県の後、明治政府の森林政策は一八七九（明治一二）年に内務省山林局ができるまでは、混乱ぎみだった。そうしたなかで開拓使は藩政時代の事例や明治政府の動向も参考にしながら、七七（明治一〇）年、札幌本庁を対象とする山林監護条令および林木斥売《せきばい》規則を定めた。これは翌七八年に内容が充実され、全道を対象とする森林監護仮条令、山林監守人規則へ発展した。開拓使はすべてお雇い外国人に盲従したわけではなく、是々非々の判断をしたのである。

3　アメリカの野牛と北海道のシカ

クラークはアメリカの西部開拓を念頭に北海道の森林保護を考えたが、ケプロンはアメリカの西部開拓を念頭に北海道の動物保護を考えた。

松浦武四郎の『東蝦夷日誌』には、日高の新冠付近の記述に、「はるか向うに三丁ばかりの間、一面赤くみゆる故に、彼は何と問う間に土人弓矢を握り走り追い行き、その音にいま一面赤く草の枯れたるかと見し処、八方に散乱するが、鹿の群れ集りしなり。その数、万を以て算うべしと思わる。土人の言に、熊は好んで陰森たる木立に住み、鹿は好んで明るき処に住む」とある。このように蝦夷地ではシカが多く、鹿皮はアイヌとの交易で松前藩の収入源のひとつとなっていた。

ところが明治になると庶民も鉄砲をもてるようになり、北海道への来訪者や移住者も増加したので、鹿皮を目当ての乱獲が始まった。明治初期には一八七五（明治八）年の七万六四二二枚をピークに、毎年、数万枚の鹿皮が産出されたことが大蔵省『開拓使事業報告』第三編に記録されている。天保(一八三〇〜四三)ころ、主産地の沙流、静内から産出した鹿皮は各三〇〇〇枚程度とされているから、明治初期はやはり乱獲である。開拓使はそのことを自覚、「鹿は北海道物産の一つにして、その利少なしとせず、然るに従来その制を立てず、妄猟乱殺、繁殖を欠くのみならず自然その種を減じ、その声価を落とし人民遂にその利を失うに至らんとす」(大蔵省『開拓使事業報告』付録 布令類聚上編)と認識して、シカの保護対策を講じようとした。

そこで黒田長官は一八七五(明治八)年、ケプロンに対しシカの保護対策を質問した。ケプロンはそれに答え、「欧州各国においては禽獣《きんじゅう》保護について律令あり。英国禽獣法は恐らく最も厳にして、往昔、国主の飼鹿を防御のため設けたる官林律に基づきたるものにして、古律においては鹿を殺す者、死刑に処せられたり。その律は今なお厳にして……」と、ヨーロッパとくにイギリスではきびしい鳥獣保護法があることを紹介した。

しかしアメリカでは「連邦政府においては、この件につき注意すること少なく、野牛、鹿、羚羊(レイヨウ)その他有益なる野獣絶種予防の儀につき、議院の設法あらず。然れども、大いに世人のこの事に注目するに至りたれば、官有地保護のため至当の律令を設けるに至らんこと疑いなし」と回答している。

ケプロンのいうとおり当時のアメリカでは、とくにバイソン(野牛、バッファロー)の減少と、その保護の是非が問題となっていた。一七〇〇年ころには全米で六〇〇〇万頭以上もいたと推定されるバイソンは、西部開拓の進展とともに、白人の毛皮業者や狩猟者による強力な武器の使用、それに大陸横断鉄道の建設など輸送力の増強ともあいまって、組織的な大量虐殺が盛んになり、一八七〇年ころには急減してしまった。そのためバイソン保護が必要となったが、バイソンはインディアンにとって重要な資源動物であり、その乱獲はインディアンの反発をまねいたので、インディアンと白人の衝突を防ぐ意味でも保護が必要と主張する立場と、むしろバイソンを保護せず、インディアンの食料資源を断って農業に従事させるべきという見解が対立し、アメリカ連邦議会では立法に至っていなかった。したがって当時はいくつかの州で、バイソン保護条例が設けられていただけだった。

その事情をケプロンは承知しており、「新たに版図《はんと》に入りたる州郡においては、その地方の議院において、猥りに野獣を猟殺せざる為、律令を設けたり。但し、その規則を守り遊猟するを許す。この規則は殊にその猟殺の期節と、その獲る所の方法にあり。余、これら各種の律令を詳細に示す能わずといえども、その事柄はよく之れを弁知せり。よって閣下の問いについて、いささか愚案を述ぶ」として、具体的な狩猟法の骨格を示した。

すなわち第一・猟殺の時限、第二・猟殺の方法、第三・猟殺を許す数を説明し、最後に「ただし方今、猟殺の割合にては鹿数速やかに減ずること明瞭なれば、若干年の間は極めて少数に定め、その効を見ること良策なるべし」(前掲『開拓使顧問ホラシ・ケプロン報文』)と回答した。

開拓使は一八七五(明治八)年に胆振・日高地方を対象とする鹿猟仮規則、翌七六年に全道を対象とする鹿猟規則を定めたが、そこでは狩猟免許制、免許者人数制限、毒矢の禁止、狩猟期間の設定などが規定されており、ケプロンの指導内容に従ったことがうかがわれる。当時の日本の狩猟規則は、銃猟の安全確保に重点がおかれ、鳥獣保護の観点が欠落していたから、開拓使の鹿猟規則は不完全とはいえ、日本における資源保続を前提とした鳥獣保護法の出発点ということができる。このようにして開拓使は、シカの生息数を維持しながらその肉の有効活用も考え、一八七八(明治一一)年には苫小牧市の美々に鹿肉の缶詰工場を設立した。

ただし鹿猟規則は残念ながら、シカの保護に有効に機能したとは思われない。鹿猟規則では、「免許鑑札なくして鹿猟を為す者は自今これを禁ず」「猟者の員は、毎年六百名を限る。満員の後請願する者は免許鑑札を与えず」としているが、実際の免許者数は、規則ができた直後の一八七六(明治九)年はわずか一二名、翌七七年も六〇〇名の定員に対して一九八名、そのうち大部分の一五七名は無税扱いの者すなわちアイヌだった。その一方、一八七七、七八年の鹿皮産出枚数は三～四万枚を数えている(前掲『開拓使事業報告』第三編)。どうやら和人は免許を受けず、密猟を重ねていたらしい。しかも七九(明治一二)年には北海道が記録的な大雪に見舞われ、シカは絶滅寸前の壊滅的な被害を受けてしまった。したがってそれ以降、鹿猟規則も鹿肉工場も、有名無実の存在となってしまったのである。

いずれにしても、クラークは西部開拓の実情を反映して森林保護に有効な助言をすることができず、ケプロンは西部開拓の実情を反映して動物保護に有効な助言をすることができたのは、興味ぶかい対照的な史実といえる。

4　オオカミを殺し尽くすため

日本人と西欧人のオオカミ観

シカは「北海道物産の一つにして、その利少なしとせず」という存在だったが、農業が進展すると農作物の被害も出てくる。『札幌区史』(札幌区役所)には明治初期の札幌での農地の状態が、「当時、移住農夫の最も苦しむ所は、熊、狼、毒蛇にあらずして鹿なりき。熊、狼の出没は常なしといえども、容易に人を害せず、却って人を見て逃げる。鹿は人を害せずといえども、常に群れをなし来りて畠圃を襲い、穀菜を食い尽くす。為に作付け地の四囲には鹿囲いなるものを作るの必要ありき」と記されている。

江戸時代の諸藩では地域の実情に応じ、狩猟が規制されていた。例えば一七世紀の前橋藩では、「猪、鹿、狼あれ候ときは随分、追い散らせ、それにても止まらず申し候わば、足軽人数を定め、下目付きの者を相添え、日切を定め打たせ申し候」とされており、その場合でも「わけもなく鳥獣打たせ申すまじく」「商売食物にも仕りまじく」と定められていた(林野庁『徳川時代に於ける林野制度の大要』)。これは生類憐みの令の影響を受けていたかもしれないが、イノシシやオオカミが出没しても「追い払う」ことが原則で、「撃つ」ことにはきびしい制限があった。

また一八世紀後半に東北地方を旅した古川古松軒は、宮城と岩手の県境に近い狼河原での見聞を、「すべて奥羽にては狼をおいぬと称して、おおかみといえば土人解せず。この辺は鹿出て田畑をあらすゆえに、狼のいるを幸いとせるゆえか、上方・中国筋のごとくには狼を恐れず。夜中、狼に合う時には、狼どの、油断なく鹿を追うて下されと、いんぎんに挨拶して通ることとなりと、土人が物語せしもおかし」（古川古松軒『東遊雑記』）と書き残している。ここでのオオカミは人間を襲う害敵ではなく、農作物を荒らすシカを追い払う、人間の味方だったのである。その一方、同じ東北地方でも、馬産地だった南部（岩手県）では、オオカミによる家畜被害を防除するため、藩がマタギに鉄砲を交付し、オオカミ一匹について一貫文の報奨を与えていたという（森嘉兵衛『日本僻地の史的研究――九戸地方史』上巻）。こうしてみると、古来の日本の農民は、馬産地などの例外を除けば、オオカミをあまり敵視せず、むしろ共存しようとした姿勢が感じられる。

ところが、西欧では古くから牧畜を営んできたこともあって、オオカミを人間の害敵と見る傾向が強かった。家畜がオオカミに襲われるのを防ぐためには、オオカミ狩りが必要となる。しかしオオカミは勇猛な動物で人間を襲うこともあるので、オオカミを狩るには知力、体力とも優れた男の腕の見せどころとなる。中世のイギリスでは、オオカミを撲滅することに尽力した者には、土地が与えられたり、男爵の位が与えられることがあった。また一定数のオオカミを殺せば、罪人の罪が許される制度さえ存在したという（藤原英司『黄昏の序曲――滅びゆく動物たちと人間と』）。これはオオカミに対する〝捕獲奨励制度〟である。西欧では「赤ずきんちゃん」「狼と子豚」など、童話の世界でもオオカミの恐ろしさが教え込まれてきた。

こうした伝統をもつ西欧人が移住した新世界のアメリカでは、人間とオオカミの関係がよりドラマティックに進行した。せっかく入植して家畜を飼っても、オオカミによる被害が続発したので、各地でオオカミの捕獲奨励金制度が設けられた。「アメリカの場合、まず第一に、オオカミの賞金は、入植したばかりの開拓民の生活をある程度、支えるものとなったこと。第二に、やがてその賞金が増えるにしたがって、それを生活の糧とするプロのオオカミ・ハンターが出現したこと」が特徴であった。さらに罠の改良が進み、またストリキニーネによる毒殺方法が普及し、オオカミ殺しが加速された。アメリカのオオカミは、もともとバイソンを餌にしていたが、開拓の進展とともにバイソンが激減したので、家畜を襲うようになったことも指摘されている。「アメリカの開拓が進むにつれて、オオカミはしだいに西と北へ追われた。しかしオオカミの減りかたより、牧畜業の発展のほうが急速だったので、オオカミによる被害は、いたるところで頻発した。そして、オオカミの被害に関する苦情が、各地から連邦政府の農林省へ寄せられるようになった」(前掲『黄昏の序曲』)ので、いっそうオオカミ殺しに拍車がかかった。

アメリカ式オオカミ駆除

そのようなアメリカから一八七二(明治五)年にB・S・ライマンが来日した。ライマンは地質学者で、幌内炭田の発見、日本最初の近代的地質図である「北海道地質要略図」の作成、日本人地質技師の養成など、多くの功績を残したが、オオカミやヒグマに対しても発言した。七四(明治七)年、道東へ地質調査に入ったとき、「熊、狼の山中に群集する(鹿よりは少なきこと万万なるも)、恐らくは牛、羊の移畜に妨害あらん。よってこの種の獣を殺し尽くさん為、他国の方法により、これを捕獲する者には賞金等を与え、尚いっそう鼓舞せられんこと緊要ならんか」(ライマン「邊士、来曼氏北海道記事」)と提言している。

開拓使ではライマンの提言に呼応するように、一八七七(明治一〇)年、「熊、狼は人民耕作物および牛馬に損害を為すこと少なからざるに付き、自今、該獣を獲る者へ手当て一匹二円ずつ支給候。右を獲る者はその両耳を添え、その筋へ届出べし」(前掲『開拓使事業報告』付録 布令類聚上編)と定めた。この賞金は、翌七八(明治一一)年にヒグマ五円、オオカミ七円に改正され、さらに八二(明治一五)年にはヒグマが三円に値下げされたのに対し、オオカミは一〇円と値上げされた。オオカミによる被害がそれだけ深刻だったからである。

北海道のオオカミによる被害が深刻となったのは、シカが激減したことと無関係ではない。一八八三(明治一六)年に弟子屈地方を視察した根室県職員は、「狼が馬を害する事件、昨年来ことに甚だしく、死傷すでに一四頭、たまたま母馬は食い殺され、その子は尻肉を喰い取られたるに逢う。その惨状ほとんど熟視するに忍びず。鹿の減少せしは、けだし馬の害せらるる甚だしき一因なりと聞く」と復命している(更科源蔵『弟子屈町史』)。アメリカではバイソンの激減がオオカミ被害を誘発し、北海道ではシカの激減がオオカミ被害を誘発したのである。

当時のアメリカ式オオカミ駆除方法が、最も典型的に実施されたのは、日高の新冠牧場である。そこで指導に当たったお雇い外国人のＥ・ダンは、次のように回想している。

北海道の狼は、手に負えない獣ではあるが、目標になる獲物がある限り人間にとって危険はない。その当時、冬の数ヵ月間、彼らは専ら非常に豊富にいた鹿を喰って生きていた。

……われわれがたくさんの馬を一つの囲いの中に集めたということが、遠近さまざまな地方から狼を誘い寄せたに相違ない。彼らは、かけ離れた放牧地の中で、子馬を殺してしまってから間もなく、今度は親馬の方を殺し始めた。情勢があまり深刻になってきたので、われわれは狼を絶やしてしまうか、新冠における馬の育成事業を打ち切ってしまうか、どちらかに決めなくてはならなくなった。

……東京と横浜へ手に入るだけのストリキニーネを全部送るように注文し、更に、これだけではわれわれの目的には不十分かも知れないことを恐れて、サンフランシスコにも追加注文をした。……ついには狼は一掃されてしまった。(高倉新一郎編『エドウィン・ダン――日本における半世紀の回想』)

北海道のオオカミは一八九七(明治三〇)年前後に絶滅してしまったという。結果的には遅かれ早かれ絶滅をまぬがれなかったかもしれないが、北海道のオオカミは、アメリカ西部開拓時代のアメリカ的な自然観によって、絶滅への道が加速されたといえよう。

北海道の自然資源は眠れる美女

北海道のオオカミやヒグマを「殺し尽くさん為」に捕獲奨励金の創設を提言したライマンは、一八七五(明治八)年の正月、お雇い外国人から開拓使への新年の贈り物として、西洋昔物語「森中睡美女」をプレゼントした。これはペローの童話「眠りの森の美女」で、今日ではポピュラーなストーリーとなっており、大人の社会でのプレゼントにふさわしくないが、明治初期の日本では目新しいものだったのだろう。ライマンはその童話に「本文謹んで開拓使の参考に供す」と添え書きし、さらに物語の最後には、「眠る美しき女は日本で、二〇年前、起こす王子は亜米利加でございます」と付記した(高倉新一郎編『犀川会資料』)。ちなみにブレークも北海道を「恰も深閨の処女の如し」と形容した(ブレーキ「博士ブレーキ報文摘要」)。これらは未開の大地、北海道に対する、お雇い外国人の開発への期待にほかならない。

また開拓使最高顧問だったケプロンは、一八七二(明治五)年に初めて北海道の地を踏み、札幌へ向かう道中で自然を観察しながら、「何と驚くべきことだろうか。この豊かな美しい土地が、世界で最も古く、人口稠密な国の財産で、しかも、こんな近い所に位置し、多くの港があって、どこからでも船で行けるのに、これほど長い間、人も住まず、アフリカの砂漠のように知られずにいたとは」(前掲『ケプロン日誌　蝦夷と江戸』)と驚いている。これも未開の大地に対する開発の期待である。

こうしたお雇い外国人の指導を得て、北海道の開拓は始められた。それから一三〇〜一四〇年を経過した今日、眠れる美女の北海道は、いっそう美しさを増すことができたか、それとも美しさが衰えてしまったのか、検証が必要な時期になっている。

二　開拓の進展と土地の荒廃

1　明治の国策として北海道を開く

北海道開拓初期の基礎事業

一八六九(明治二)年、開拓使が設置され、北海道の開拓は国家の重要施策のひとつに位置づけられた。しかし江戸時代までの日本人の知識や経験では、寒冷で広大な未開地を開拓することに自信がなく、技術指導を外国人に仰ぐこととなった。その要請に応えて開拓使最高顧問となったアメリカ農務長官のH・ケプロンは、七一(明治四)年に来日し、北海道の実地を視察した結果、開拓の可能性に希望を抱いた。

ケプロンは「本島の実価たるや天然の物産に富み、漁猟あり、鉱属あり、地味沃饒《よくじょう》、気候清和にして、且つ木材あり。加うるに佳港、良河ありて他国と交通するに便なり。これを以て開拓の法その宜しきを得ば、世界中最上の部に位せんこと必せり」と期待しながらも、ただし開拓使の「事務の体裁たる、なお旧慣によりて煩雑《はんざつ》を免れず」と、人員過剰と非能率的な仕事ぶりや予算の浪費にも苦言を呈し、改革の必要性を強調した(ケプロン『開拓使顧問ホラシ・ケプロン報文』)。

そのうえで、開拓着手に際しての重要事項として、①地形・地質調査、気象観測、三角測量の実施、②移住者を招きやすい土地処分方法の決定、③主要地間の道路整備、④本州と連絡する船運賃の低廉化、⑤鉱山の開発、⑥木挽き器械の整備による木材生産、⑦漁業の振興、⑧東京および道内へ養樹園(農業試験場)の開設、⑨農業試験場での欧米式農法の実験と普及、⑩日本式家屋の寒地向け改良、日本式米飯食から欧米式食物への転換、⑪運河と水路の新設、⑫学校の設立と教育の振興、などを提言した。

明治政府は、一八七二（明治五）年以降の一〇年間、毎年一〇〇〇万両（一〇〇〇万円）の予算を北海道開拓に投入する方針を決めた。そこで開拓使はケプロンの構想をとりいれ、またお雇い外国人の技術的援助を得ながら、測量の実施、道路や鉄道の建設、通信施設の整備、鉱山の開発、欧米式農業の導入、官営工場の設立などの事業に着手し、本州からの移民を奨励した。北海道の開拓は、一大国家プロジェクトだったといえる。

本州方面では江戸時代以前から、全国の津々浦々で、それぞれの土地の条件に応じた人々の暮らしの伝統があったが、北海道では道南の一部を除きゼロからの出発であり、またお雇い外国人からの指導もあった。したがって、北海道開拓の初期に行なわれた施策には、日本の近代化にとって先駆的な役割を果たした事業が多い。

例えば三角測量は、J・ワッソン、M・S・デーの指導を得ながら日本人技術者が養成され、勇払原野に基線を設け、一八七三（明治六）年から七六年にかけて、全道の約三分の一に三角点を設置して概測、全道の約一五分の一を精測した。また沿岸測量を完了し、一部の河川測量を行なった。その成果として七五（明治八）年に「三角術測量　北海道之図」と五〇万分一の「北海道実測図」が刊行された。日本での三角測量の始まりは七二（明治五）年の東京とされているが、それは小規模なものであり、広域に実施されたのは北海道が最初とされている。「北海道三角測量事業は、わが国測量史上先駆的な役割を占めるものであり、その結果生まれた図も、またわが国地図史のうえで重要な地位を占めるものであることが理解されよう。さらに内務省が実際に三角測量を開始したのは、一八七七（明治一〇）年北海道三角測量の最高地位にあった荒井郁之助が地理局に入ってからのことであり、北海道で錬磨された技術が、全国のそれに役立ったのである」（北海道『新北海道史』第三巻）。

また地質調査は、B・S・ライマンの指導により各地の炭田などで行なわれ、日本人技術者も実地訓練を重ねながら鍛えられた。その調査の「総決算というべきものは『北海道地質総論』である。同書においてライマンは本道の地質をだいたい七つに分類し、①新沈積層、②古沈積層、③新火山石層、④登志別層、⑤古火山石層、⑥

幌向層、⑦神居古潭石層としている。後にこの分類は粗雑な点があり、訂正を要すべきものがあろうとの批判もあったが、しかし従来まったく知られていない区域をこれだけに区分し終えたというのは、画期的な事業として特筆されるべきであろう」とされ、炭田などの地質図は「本邦最初の地質図として諸外国にも示された」（前掲『新北海道史』第三巻）と紹介されている。このうち④登志別層は新第三紀堆積岩に相当、⑥幌向層は白亜系と古第三系で石炭を含み、⑦神居古潭石層は神居古潭変成帯と日高変成帯を含む地域に相当するものとされている。

一八七一（明治四）年、東京に官園（農業試験場）が設けられたが、これは欧米式農業を北海道へ導入するに際し、その作物が日本の風土に適応するか否かを試験する目的だった。ＪＲ渋谷駅から宮益坂をあがった現在の青山学院大学の敷地は、開拓使第一号官園（旧松平左京邸）、青山通りを挟んで向かい側、現在の国連大学などの敷地は第二号官園（旧稲葉長門邸）、広尾の日赤病院や聖心女子大学のある敷地は第三号官園（旧堀田備中邸）だった（図2・3）。これらの土地には、当時の日本ではまだ珍しい欧米の野菜、雑穀、果樹、花卉《かき》、家畜などが栽培、飼育され、また一般市民に公開され、収穫物も販売されていた。『日本園芸発達史』（日本園芸中央会）には、「我が国で温室建築の最初は、開拓使青山第一号官園で、明治五年のことで、以降漸次発達した」「明治六年に開拓使第一号官園から出版された本邦最初の種苗目録を見ると……」といった文面が目をひく。

開拓使の東京出張所（事実上の本庁）は芝増上寺の方丈跡にあった。「増上寺開拓使出張所の裏手なる同使の博物場は、十囲の喬木が生え茂り、リンゴあり、ブドウあり、種々の奇卉香草を植え付け、盆栽の花は四囲に紅白の花氈を敷きつめたるが如く、真に一個の小公園なり。獣類は大なる赤牛一頭、綿羊五、六頭、熊二匹、その園内に小博物館の設けあり」（『横浜毎日新聞』一八七六・五・三二）というように、当時の北海道開拓と欧米式農業をＰＲする植物園兼博物館も整備されていた。その敷地は、現在の東京プリンスホテルの場所に当たる。

東京のこうした土地が、明治初期には北海道ゆかりの場所であり、日本における近代農業、近代園芸の発祥の地のひとつだったことは、ほとんど知られていない。なお東京での官園と併行して、北海道内では七重官園、札

図 2•3　東京にあった開拓使の官園
上：第 1 号官園のガラス屋根の温室
中：第 2 号官園の北海道産動物飼育小屋
下：第 3 号官園の表門
（いずれも北海道大学附属図書館所蔵）

幌官園（偕楽園）（二一七頁の図４・16参照）、根室官園などを設け、外国産あるいは本州産の農作物や果樹、養蚕、家畜などが、北海道の風土に適するかどうかの試験が行なわれた。

ところで北海道の開拓は、すべてが外国人や官庁主導で行なわれたわけではなく、草の根魂があったことも見逃せない。開拓使のお雇い外国人は北海道での米づくりを抑制し、欧米式食生活へ転換することを奨励していた。ケプロンは「日本に於いて、食糧に充べき物産を改正するの緊要なるは、ほとんど疑いを容れざるべし。何となれば、日本第一の物産なる米は培養の費用最も多く、その養分に至りては他の雑穀に劣るを以てなり」（前掲『開拓使顧問ホラシ・ケプロン報文』）と主張した。札幌農学校の教頭として来日したクラークも欧米式農業を教えた。そのクラークは一八七七（明治一〇）年、任務を終えて帰国するとき、見送りにきた学生たちと島松（北広島市）で別れたが、そこで有名な「少年よ大志を抱け」の言葉を残した。島松にはクラークの記念碑が建っている。

クラークが学生と別れるとき休んだのは、中山久蔵の家だった。中山は篤農家として知られ、米づくりに挑戦、苦労の末に寒地でも育つ稲を育成することに成功した。その種モミを中山は石狩、空知、上川の農家に無償で配付し、道央での米づくりの基礎を築いた。お雇い外国人に米づくりを否定されても、日本人は米食から離れられなかったのである。クラークの記念碑のとなりには、中山を顕彰する「寒地稲作この地に始まる」の記念碑が建っている（図２・４）。欧米農法の象徴と草の根の米づくりの対照が同じ土地に見られるのは、まことに皮肉な巡り合わせである。なお、北海道での米づくりが行政により奨励さ

図2・4　中山久蔵の顕彰碑「寒地稲作この地に始まる」(北広島市島松)

れるようになったのは、一八九二（明治二五）年、『米作新論』の著書がある酒匂常明が北海道庁へ着任してから後である。

開拓使時代から道庁時代への転換

北海道開拓の当初、移住者の主力となったのは旧士族および屯田兵だった。戊辰戦争のとき幕府側についた会津藩、仙台藩などは戦いに敗れ、会津藩は領地を失って下北半島の斗南藩（青森県）に移転、仙台藩は六二万石から二八万石に削減されるなど、生活に困る士族が数多く発生した。そうした士族の一部は自ら望み、あるいは苦渋の判断の結果、新天地を北海道に求めた。仙台藩亘理の伊達邦成は伊達市、仙台藩岩出山の伊達邦直は当別町、仙台藩白石の片倉邦憲は登別市、仙台藩角田の石川邦光は室蘭市、徳島藩淡路の稲田邦植は静内町に活路を求め、旧城主と家臣がともども団結して移住した。また余市町や瀬棚町（現・せたな町）には会津藩士が、札幌市白石区には仙台藩白石の藩士が入植した。

一方、「北辺の守り」を兼ねながら開拓に従事する屯田兵は、一八七四（明治七）年に制度化された。当初は士族を対象として、札幌の琴似、発寒、山鼻をはじめ、江別、野幌（江別市）、和田（根室市）、輪西（室蘭市）、太田（厚岸町）などに入植した。また九一（明治二四）年以降は士族だけでなく平民も対象となり、美唄、光珠内（美唄市）、永山（旭川市）、野付牛（北見市）、剣淵（剣淵町）、士別（士別市）などに入植した。

そのほか名古屋藩主・徳川慶勝の遊楽部《ゆうらっぷ》（八雲町）、山口藩主・毛利元徳の大江（仁木町）、金沢藩主・前田利嗣の前田（共和町）など大農場経営への参加、あるいは日高（浦河町）に入った赤心社、帯広に入った晩成社、野幌（江別市）に入った北越殖民社など、民間による団体移住も有名であるが、開拓使の移民招致政策によって各地に入植した無名の人々が、苦労しながらそれぞれの地域で開拓の先覚者となった事例も多い。

開拓使は一八八二（明治一五）年に廃止され、北海道は函館、札幌、根室の三県に分割されたが、八六（明治一九）

年に北海道庁(現在の地方自治体の北海道とは異なり内務省の出先機関)が設置された。開拓使時代は国が直接にかかわる開拓事業が多く、移民の保護も手厚かったが、北海道庁ができると、折から日本が資本主義国へ移行しつつあった時代を反映し、民間活力を助長する開拓政策へ転換した。初代の北海道庁長官に就任した岩村通俊は、「自今、移住は、貧民を殖えずして富民を殖えん。これを極言すれば、人民の移住を求めずして、資本の移住を是れ求めんと欲す」と施政方針演説を行なった。その政策の具体的な現われが、国有未開地処分の制度改正と土地選定の便宜向上であり、また幌内炭鉱と幌内鉄道の払い下げ(北海道炭礦鉄道会社設立)などである。これらによって北海道の開拓は大きな進展期を迎えた。

北海道国有未開地処分法

土地処分の方法は、開拓使時代に一人一〇万坪(約三三ヘクタール)を限度とする北海道土地売貸規則があったが、一八八六(明治一九)年に北海道土地払下規則を制定、「土地払下の面積は一人十万坪を限度とす。但し盛大の事業にしてこの制限外の土地を要し、その目的確実なりと認むるものあるときは、特にその払下をなすことあるべし」とし、土地代は一〇〇〇坪一円とした。実は開拓使時代の規則でも、一〇万坪の限度を超える大面積処分が例外的に運用されることはあったが、新しい規則では「資本の移住」を求める「盛大の事業」への明確な道が開かれた。これによって北海道開拓にはずみがつくと、政界や財界の有力者などが北海道開拓に着目し、いっそう有利な土地処分法を求める声が高まり、九七(明治三〇)年に北海道国有未開地処分法が成立した。

この新しい土地処分法では、従来は一〇〇〇坪一円だったのを、「開墾牧畜もしくは植樹等に供せんとする土地は、無償にて貸付し、全部成功の後、無償にて付与すべし」と無償で土地を入手できるようにした。「全部成功」のための期限は、開墾・牧畜で一〇年、植樹で二〇年である。またその限度面積は一人一〇万坪だったものが、開墾用は一五〇万坪(四九六ヘクタール)、牧畜用は二五〇万坪(八二六ヘクタール)、植樹用は二〇〇万坪(六六一ヘクタール）に拡大し、さらに「会社または組合に対しては、その二倍までを貸付することを得」と大幅に緩和された。一般の個人であれば、原始林を切り拓いて農地にするには、当時は機械力もなかったから、いくら頑張っても一人一〇万坪には遠く及ばず、一万五〇〇〇坪（五町歩、約五ヘクタール）がせいぜいのところである。したがって北海道国有未開地処分法は資本家や有力者に有利で、「資本の移住を是れ求めんと欲す」の政策を具現化したものだった。

その結果、北海道の土地政策は、真面目に開拓にとりくむ個人にとっても有利となったが、それ以上に土地を投機の対象と見る企業者に有利となった。国有未開地処分面積の実績を見ると、開拓使から三県時代の一八七二（明治五）年から八六（明治一九）年までの一五年間は、約三万五〇〇〇町歩（一町歩は約　ヘクタール）だったものが、北海道土地払下規則時代の八六（明治一九）年から九六（明治二九）までの一一年間は約四〇万五〇〇〇町歩となった。さらに北海道国有未開地処分法が発効した九七（明治三〇）年から一九〇八（明治四一）年までの一二年間は、約一四二万五〇〇〇町歩と飛躍的に増大した（北海道『新北海道史』第四巻）。現在の北海道の農地面積が約一一八万ヘクタール（約一一八万町歩）だから、北海道国有未開地処分法による土地処分がいかに大きかったかが分かる。

といっても、この土地処分が「全部成功」したわけではない。北海道国有未開地処分法による一四二万五〇〇〇町歩のうち三九・五％に当たる五六万三〇〇〇町歩は、土地返還および取り消し処分を受けた。また「事業成功後無償付与」を受けたのは二八・五％だったという。これは貸付と付与の時間的なずれがあるので厳密な数字とはいえないが、「小面積のものは成功の率が高く、大面積のものはその逆であった」とされ、また「資本家や土地企業家の誘致には成功したかもしれないが、その反面一般の開墾の進捗を妨げる結果を生んだ」（前掲『新北海道史』第四巻）とされている。その実態は後記するように土地の荒廃をまねいたが、その批判と反省もあって、北海道国有未開地処分法は一九〇八（明治四一）年、大面積処分を有償とするなどの改正が行なわれた。この法律は第二次世界大戦が終了する四五（昭和二〇）年まで存続したが、北海道への開拓移住のピークは、明治後半から大正中期で終わりを告げ、その後は大がかりな土地処分は行なわれなかった。

旧土人保護法とアイヌ文化振興法

ところで北海道国有未開地処分法と同時並行的に、北海道旧土人保護法が一八九九（明治三二）年に成立したことも見逃せない。これは、「明治の新政府なるや北海道全土の土地を挙げて国有となし、これを開拓するに内地移民を以てしたる結果、とみに人口の増加をきたし、天然資源もまた随って激減し、これがために同族（アイヌ）は著しく生活上の窮乏を告ぐるに至れり。ここに於いて政府は、従来漁猟の民たりし同族をして、農牧の民に転向せしめ、以てその生活の安定を図らん」という目的で、「北海道旧土人にして農業に従事する者又は従事せんと欲する者には、一戸につき土地一万五千坪以内を限り無償下付することを得」を第一条とし、アイヌ民族への農業や教育の奨励、貧困と病気からの救済を内容とする全一三条の法律だった。

これは明治初期からの「アイヌ民族の日本人化政策の完成を目指す」もので、「狩猟や漁労を主として独自の高い文化を保持してきたアイヌ民族を、この地上からなくす政策だった。たしかに名目はアイヌ民族の「保護」であったが、確実にアイヌはその民族性を失っていった。そこに、アイヌ民族としての苦悩と怒りが醸成されていった」（田端宏・桑原真人監修『アイヌ民族の歴史と文化――教育指導の手引き』）とされている。

その苦悩と怒りの一端は、北海道ウタリ協会理事長だった野村義一による「今なぜアイヌ新法なのか」（一九九三）という次の講演にも現われている。

（明治政府は北海道を）「主のない土地」と、こうしたんです。皆さん、アイヌにとっては何百年、何千年、生活の場所であった。アイヌモシリであったんですよ。生活を営んでおったんですよ。そこを主の無い土地だということで、明治政府は全部それを官有地にしてしまったんです。

……もうひとつ、明治政府はアイヌに同化政策をやったんです。お前らの持っているアイヌ語をやめれ。

お前らの生活習慣、あるいは文化、あるいは信仰というものを一切やめれ。やめて今度は日本のことを覚えて、日本の生活様式を全部覚えれ。ということをずっと強制したわけなんです。……帝国議会の壇上で法律の趣旨説明にだよ、「無知蒙昧《もうまい》な人種」と、……狩猟、漁労、採集民族であったと。……そしてこの法律ができたんです。そして法律に曰く、今までアイヌの民族は狩猟、漁労、採集民族であったと。これからそれらの人はそれをさせない。彼らに土地を与えて、農業で安定生活をさせる、と言っています。言葉を聞いたらなかなかうまいことを言っているでしょう。……そしてその当時の五町歩、今でいうと五ヘクタールの土地を与えたんです。どういう土地を与えたかというと、私、白老町、白老に行くとポロトコタンという観光地がありますね。あのすぐそばに四〇〇町歩くらいの山があるんです。それを私どものコタンにくれたんですね。アイヌに五町歩ずつ割って、分筆して。白老のアイヌ、それを貰ったからといって、畑にできない、水田にもできない。今ならブルドーザがあるから、機械があるから、山ひとつ貰っても時間をかければ、水田にも畑にもなります。明治の時代の農業といったら、皆さん知っているかどうか分からないけれど、鍬一挺の農業ですよ。その時に山を貰って、谷底貰って、湿地帯貰って、急傾斜地貰って、どうして皆さん農業で安定生活できますか。それを明治政府がやったんです。

こうした事実を踏まえ、多くの関係者がアイヌ新法の制定を求めた。野村は言葉をつづける。「一番最初に訴えたのは、我々の人権を重んじる日本社会をつくって欲しいという訴えなんです。……私どもの先祖がアイヌモシリで何百年、何千年、自分たちの生活の場としてきた先住の権利があるではないかと。これの保障の一端として、この「アイヌ新法」をつくるべきだという唱え方をしようということで、政府に「アイヌ新法」の求め方に、その文言を使っているんです」(前掲「今なぜアイヌ新法なのか」)。

一九九二(平成四年)年は国連の「世界の先住民の国際年」で、アイヌを含む世界各地の先住民の権利などがクローズアップされた。同年、アイヌ民族出身の萱野茂が参議院選挙に出馬し、九四年に繰り上げ当選した。そして九七年には「アイヌ文化振興法」（アイヌ文化の振興並びにアイヌの伝統等に関する知識の普及及び啓発に関する法律）が成立し、北海道旧土人保護法は廃止された。ただしこの新法では、アイヌの人々が望んでいた先住民族の「権利」は認められていない。最近は、アイヌ民族の伝統的な生活空間「イオル」の再生、すなわち、アイヌ民族が生活基盤としてきた山や川などの自然環境を再生し、自然から採取、狩猟した収穫物の処理や、文化伝承などにかかわる施設を整備する「基本計画」が決まり（『北海道新聞』二〇〇五・四・二〇）、事業が具体化される方向にある。

殖民地区画の進展と農村景観の成立

北海道国有未開地処分法とあいまって、開拓移住者に便宜を与えたのが、一八八〇年代後半から九〇年代（明治二〇～三〇年代）に行なわれた殖民地選定、およびそれにつづく殖民地区画である。

北海道への移民を奨励する場合、移住希望者が勝手に土地を選定すれば、開拓不適地に入ったり、周辺の社会基盤整備の状況が分からなかったりして、失敗することが懸念される。本庄陸男《むつお》の『石狩川』は、明治初期に当別へ入植した伊達藩士の姿を題材とした小説であるが、厚田のシップから当別の適地を見つけるまでの苦労が、生き生きと描写されている。北海道庁では、アイヌに対しては前記の野村の講演のように立地条件のよくない土地を与えることがあったが、和人に対しては、そのような苦労を繰り返すことがないよう、あらかじめ道庁側が開拓適地を選定して道路を整備するなど、効率的な土地利用ができるような農村計画を立てたのである。

その具体的な方法は、①農牧に適する土地、②五〇万坪以上の土地、③傾斜が二〇度以下の土地、④標高が二〇〇メートル以下の土地を選定することが基本とされた。農家一戸あたりの面積は五町歩（一万五〇〇〇坪、約五ヘクタール）で、それが三〇〇ないし五〇〇戸で一つの村となるように考え、原則として直角に交差する道路によって大・中・小区画を設けた。大区画は縦横各九〇〇間（一六三六メートル）で、それを九等分した縦横各三〇〇間（五四五メートル）が中区画となり、さらに中区画を六分割した間口一〇〇間・奥行一五〇間が小区画で各戸に配分される。そして一村のまとまりごとに市街地、官公署施設および共有地、学校・病院敷地、神社・寺院敷地、公園予定地、墓地・火葬場、保有林、薪炭林・草刈場などが、地域の特性に応じて設けられることになっていた。

石狩、空知、上川、十勝、釧路、根室、網走などの農村部は、この殖民地選定と殖民地区画によって開拓されたところが多い。これらの農村部では現在でも「○号線」といった直線道路で区切られているが、それは中区画に相当する。また耕地防風林の多くも殖民地区画当時の遺産である。殖民地区画当時の農家一戸あたりの面積は五町歩(約五ヘクタール)だったが、その後の農業の進展にともなう再編により、現在は全道平均で一七ヘクタールとなっており、とくに道東では二〇〜四〇ヘクタールとなっているところが多い。なお全国の農家一戸あたりの耕地面積は平均一・二ヘクタールだから、北海道の農地の広大さが知れる。いずれにしても、碁盤目状に規則的に区切られ、散居集落を形成する、広々した北海道の農村景観の基本は、こうして成立した。

図 2•5　殖民地区画図(1905・明治 38)。現在の恵庭市北島付近

殖民地区画の方法は、アメリカの西部開拓で行なわれたタウンシップ制に類似している。タウンシップ制は、原則として六マイルごとに東西に直交する道路を設けて一タウンシップ(大区画)とし、それを三六等分して一セクション(中区画)、さらに一セ

クションを四等分して一農家に与えた（小区画）。農家一戸あたり一六〇エーカー（六五ヘクタール）となる。北海道の小区画五ヘクタールに比べれば、アメリカの小区画は一三倍の広さであるが、基本的な考え方は同じである。

このタウンシップ制はすでに明治初期、ケプロンが開拓使からの質問に対し、「公地を測量し、之を庶民に分与し、その他、之を処分する方法」として、「一邑は広さ方六英里にして、三六区よりなる。一区は方一英里の広さなり。一邑の地面は二万三千四十五エーカー、一区は六百四十エーカーなり。また一区を小別し、半、四分一、八分一とす」（前掲『開拓使顧問ホラシ・ケプロン報文』）と回答している。北海道庁が殖民地区画を計画する際に、タウンシップ制をモデルとしたことは間違いないだろう。

アメリカの西部開拓では、フロンティア前線が東から西へ移動したが、北海道の開拓前線は、南部から北部と東部へ向かう線と、沿岸から山麓へ向かう線の、二方向が認められる。すなわち明治以前は渡島半島の沿岸部が開け、明治初期は石狩平野だけが内陸で、あとは海上交通に便のある後志、日高、釧路、網走などの沿岸部が開けた。それは明治中期に羊蹄山麓、空知平野、上川平野、十勝平野、網走平野などに及び、明治末期になると山麓に向かって拡大した。図２・６は井黒弥太郎による北海道開拓の進展図であるが、図の白い部分は山岳の森林地帯で、国有林や道有林となったところである。

北海道の明治・大正期の人口は、開拓使の置かれた一八六九（明治二）年は五万八〇〇〇人だったが、第一回国勢調査が行なわれた一九二〇（大正九）年には二三五万九〇〇〇人に増大していた。これを一〇年ごとの増加で見ると、開拓使時代の一八六九（明治二）年から七九（明治一二）年まで一〇年間で約一五万人増、それにつづく七九（明治一二）年から八九（明治二二）年までが約一八万人増だった。ところが北海道庁時代に入ると、八九（明治二二）年から九九（明治三二）年の一〇年間は約五三万人増、九九（明治三二）年から一九〇九（明治四二）年は約六二万人増、〇九（明治四二）年から一九（大正八）年は約七一万人増と、飛躍的に多くなった。

しかし大正中期以降の一九一九（大正八）年から二九（昭和四）年は三一万人増と、増加傾向が鈍化した。これは明

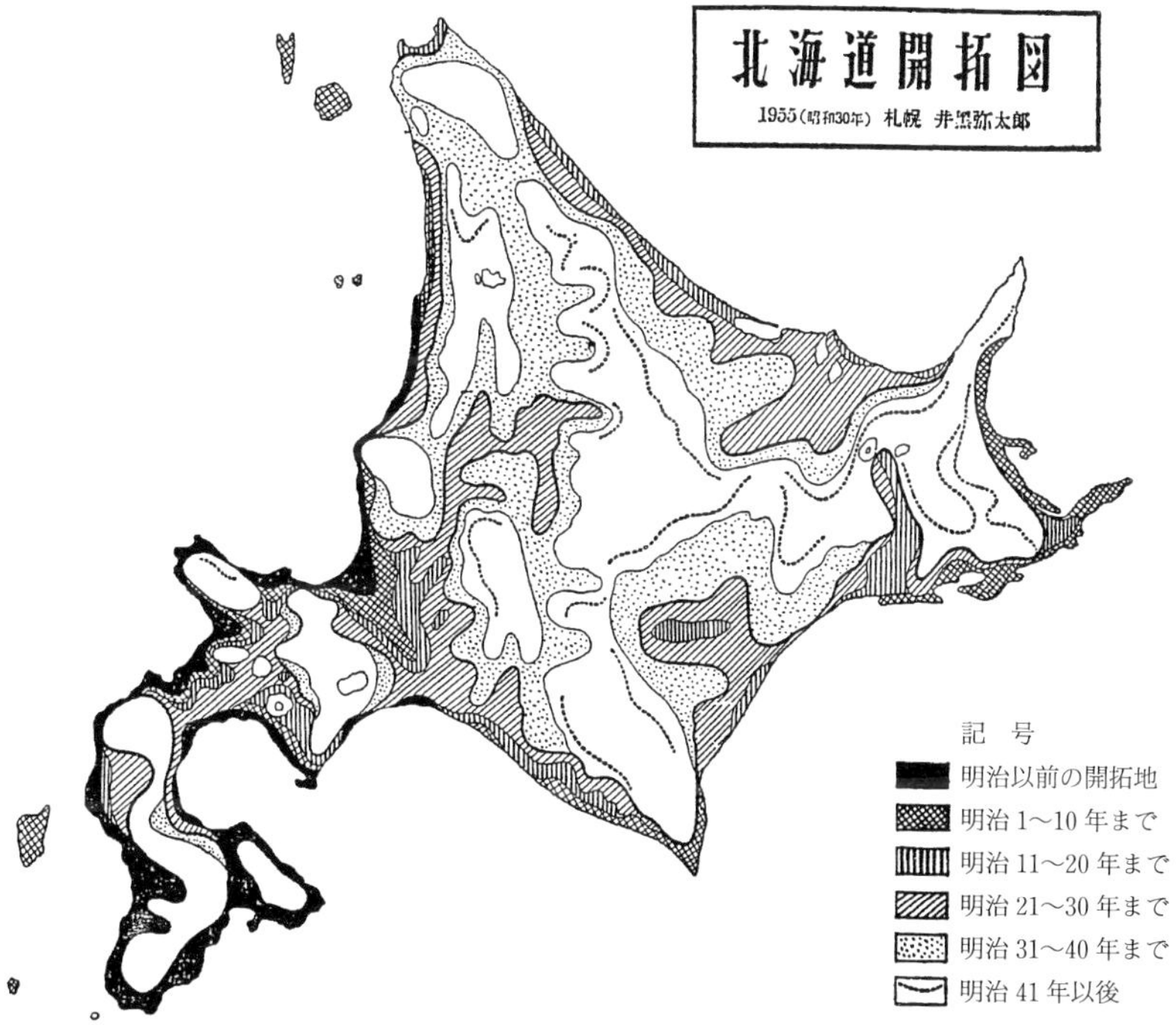

図 2・6 北海道の開拓進展図(井黒弥太郎「開拓進行過程の図化について」)。開拓は南から北へ，沿岸から内陸へすすんだ

治から大正中期までのほぼ半世紀の間に、北海道の国有未開地の大部分が処分され、新開地が少なくなった結果の反映である。また当時の日本が、日清戦争後に台湾を、日露戦争後に南樺太を領有し、さらに朝鮮を併合して新しい殖民地が拡大したり、ハワイや南米への移民が増加したことも、北海道移民の頭打ちと無縁ではないだろう。

ちなみに一九九五(平成七)年の国勢調査による北海道の人口は五六九万二〇〇〇人、二〇〇五(平成一七)年のそれは五六二万七〇〇〇人で、いまは減少傾向に転じている。

なお明治・大正期の北海道移住者の出身地は、東北地方、北陸地方が多かったが、四国地方が多い時期もあり、文字どおり全国からの移民が北海道に集まった。図2・7は大正なかころにまとめられた『北海道百番附』のなかの「府県来住番附」で、一九一六（大正五）年までの一〇年間に北海道へ来住した人の出身県別ランキングである。これを見ると宮城と青森が横綱、富山と新潟が大関、秋田と石川が関脇、福島と岩手が小結となっている。この一〇年間の来住者総数は六九万人であるが、北海道開拓期の一断面を示す数字である。アメリカは「合衆国」といわれるが、北海道もまた合衆国なのである。

府縣來住番附
（大正五年迄十年間）

横綱	七一、三三六人	宮城縣
大關	五七、九一六人	富山縣
關脇	五五、三三五人	秋田縣
小結	四一、四三三人	福島縣
前頭	三九、〇一四人	山形縣
同	二〇、二二五人	岐阜縣
前頭	一四、五六〇人	東京府
同	一〇、七五五人	愛媛縣
同	七、三九二人	山梨縣
同	七、〇九〇人	鳥取縣
同	六、〇六六人	茨城縣
同	五、六八四人	高知縣
同	五、一一三人	岡山縣
同	四、七八一人	栃木縣
前頭	四、一一五人	静岡縣
同	三、九一〇人	群馬縣
同	三、五七九人	福岡縣
同	三、二六四人	大阪府
同	三、〇二七人	山口縣
同	二、五七五人	京都府
同	一、九二七人	大分縣
同	一、六七四人	鹿兒島縣

後見	六九一、一〇三人	最近十年間本道來住者
行司	九八人	朝鮮
	四人	臺灣
勸進元	三〇人	沖繩縣
	三〇人	樺太廳

横綱	六二、二二三人	青森縣
大關	五五、五二八人	新潟縣
關脇	四一、五五一人	石川縣
小結	三九、七二五人	岩手縣
前頭	二四、四二九人	福井縣
同	一八、一四四人	德島縣
前頭	一二、六一八人	香川縣
同	九、七八四人	廣島縣
同	七、三六一人	愛知縣
同	七、〇三〇人	兵庫縣
同	五、九〇五人	滋賀縣
同	五、三三三人	奈良縣
同	五、〇四四人	長野縣
同	四、五一三人	三重縣
前頭	四、〇六九人	和歌山縣
同	三、六二八人	千葉縣
同	三、三九四人	神奈川縣
同	三、二一〇人	埼玉縣
同	三、〇二一人	熊本縣
同	二、三七八人	長崎縣
同	一、七八五人	佐賀縣

図2・7　北海道への移住者の出身地（1907（明治40）年から1916（大正5）年までの10年間の分）（矢谷重芳編『北海道百番附』）

殖民地選定と殖民地区画の進展、移住者の入植は、その地域への到達手段の利便性と密接なかかわりがあった。当時は道路が整備されつつあったが、まだ自動車はなく馬か徒歩の時代である。そうしたなか岩見沢〜滝川、旭川〜網走、釧路〜標茶などの道路は囚人の手によって開削され、多くの悲話が伝えられている。

そのころの開拓の進展に大きな影響を与えたのは鉄道の建設である。北海道の鉄道は、幌内炭鉱の石炭を小樽港へ輸送する目的で、開拓使が幌内鉄道を一八八二（明治一五）年に完成させたのが始まりだった。北海道庁が設置され「資本の移住」が求められると、幌内鉄道は民営化され北海道炭礦鉄道会社の手に移り、同社は空知炭鉱を結ぶ岩見沢～滝川、岩見沢～苫小牧～室蘭の鉄道を一八九〇年代に新設した。それ以降、明治時代のうちに、北海道鉄道会社が函館～小樽を、また官営鉄道が、滝川～旭川～名寄、旭川～富良野～帯広～釧路、池田～網走の鉄道を建設した。これらの鉄道は沿線の開拓を促進し、また物資の輸送に貢献した。

近衛篤麿は貴族院議員として北海道開拓に関心をもち、一八九〇年代の北海道国有未開地処分法の成立や、北海道の鉄道建設計画に大きな影響力をもっていた。その近衛の『北海道私見』は、鉄道開通にともなう沿線の開発効果として、例えば上川線（滝川～旭川）は一八九八（明治三一）年に開通したが、開通前の九七年の沿線人口は八万二〇〇〇人だったのに対し、開通後三年をへた一九〇一（明治三四）年には一四万三〇〇〇人に増加、耕地は一万四〇〇〇町歩から六万五〇〇〇町歩に拡大したこと、また天塩線（旭川～名寄）は〇三（明治三六）年に開通したが、一八九七（明治三〇）年の沿線人口二万二〇〇〇人だったのに対し、全通前、部分開通の〇一（明治三四）年の時点ですでに五万人に増加し、耕地はゼロから一八町歩が既墾地（その他は開墾途上）となった事例を紹介している。

明治の文豪、徳冨蘆花（健次郎）は一九一〇（明治四三）年、開通したばかりの網走線（旧国鉄池北線・ちほく高原鉄道ふるさと銀河線、二〇〇六（平成一八）年廃止）の陸別を訪ねた。『みみずのたはこと』には、「北海道十勝の池田駅で乗換えた汽車は、秋雨寂しい利別川の谷を、北へ北へまた北へ北へと走って、夕の四時、陸別駅に着いた。明治四十三年九月二十四日、網走線が陸別まで開通した開通式の翌々日である。今にはじめぬ鉄道の幻術、この正月まで草葺の小屋一軒しかなかったと聞く陸別に、最早人家が百戸近く、旅館の三軒、料理屋が大小五軒も出来ている」「夕食に鮪の刺身がつく。十年ぶりに海魚の刺身を食う、と片山さんが嘆息する。汽車の御馳走だ。要するに斗満《トマム》も開けたのである」と、鉄道開通効果が書かれている。

鉄道が開通すれば、それまでは輸送手段がなく、商品価値もなかった木材が商品となるので、沿線の森林伐採も加速する。

2　荒っぽい開拓の仕方とその反省

未開地の無償処分による土地の荒廃

北海道は「至る所、山林ならざるはなし」(大蔵省『開拓使事業報告』第一編)というように、原始林でおおわれている地域が多かったから、開拓移住者はまず樹林を伐採することから仕事を始めた。

北海道庁は本州からの移民を奨励するため、あるいは開拓の実情を紹介するため、各種の手引書をつくったが、そのひとつ『第二拓地殖民要録』(一九〇六・明治三九)には次のように記されている。「樹林地の開墾は、先ず立木を伐採するのを例とし、概ね冬期農閑の際これを行い、土地の状況により薪炭角材、鉄道枕木となして売却すれども、土地僻陬《へきすう》にして交通不便の地にありては、伐倒したる樹木を、七、八尺の長さに切断し、一定の場所に集積し、枝梢を交えて之れを焼却す。また伐木の暇なき時に於いては立木の基部を切り廻し、樹皮を輪状に剝ぎ取り、自然に枯死せしめ、日光の透射を良好ならしめて耕作し、農閑を見て伐採す」。また『北海道移住手引草』(一九一二・明治四五)(図2・8)には、「概して開墾地は府県の田畑に於けるが如く丁寧に失せんよりは、寧ろ粗放にして広く耕し、播種の期を誤らざるを利とす」と記されている。

交通の便がよく、伐採した樹木が鉄道枕木などとして売れる場合はいいが、樹木に商品価値がなければ、「伐倒したる樹木を、七、八尺の長さに切断し、一定の場所に集積」というような丁寧な手間をかけるのはたいへんである。そこで伐木を職業として請け負う人も出てくる。『北海道開拓秘録』(若林功著・加納一郎改定)には、「伐木の方は専門の請負人を入れた。彼らは何十本の大木に切り目を入れておいてから、風上の一本を切り倒す。するとそれが次の木に寄り木となってこれを倒し、順次に将棋だおしになる。大樹が一斉にひきさけ倒れる音はすごかった。その倒木の枝打ちをして積みあげ、火をはなって焼き払うのも、北海道でなければ見られない、ものす

図2•8 開拓移民のための案内小冊子(『北海道移住手引草 第13』1912・明治45)。表紙には夢を誘うような農地,牧場,市街地,水産物,農産物が描かれている

ごい景観。まことに天をこがす原始の火光だった」と、石狩沼田での事例が語られている。

ところが木材輸送の手段がある地域では、農業よりも伐木がうま味を発揮する場合があった。天塩川の河口付近に発達した港町の天塩もそのひとつである。『新編天塩町史』(天塩町)には「木を食う農業」として次のように書かれている。

天塩の農業開拓は、原野が解放された明治三〇年代に始まる。しかし、天塩材が脚光を浴びるなかで「伐木目的の農場」が横行し、農業は二の次であった。それは、一般の農業移民の場合も同様である。貸下げ地の立木は木材商の垂涎の的であり、男はまず杣夫《そまふ》として働いた。また利尻のニシン場へ送る薪炭の需要も多く、婦女子もこれに動員された。……「農作よりも木材」の時代は大正半ばまで続く。その間、天塩の農業は〝木を食う〟体質から容易に抜け出せなかった。……伐木のみが目当てで土地の貸下げを申請する者も多かった。官林の樹林のみの払下げをうけると非常に高くつくのに対し、土地の貸下げは無償であり、伐木はタダで手に入った。これが目当てで大地積の貸下げをうける者が多かったのである。

しかし天塩の木材はやがて衰退期を迎える。同町史には、「天塩の木材輸出高は明治四〇年代に四〇~五〇万石を数え、天塩材の隆盛期を迎えていた。……出材石数の統計はないが、大正初期が四〇万石、中期が二五万石、後期になると一〇万石におち、末期は五万石をきる状態であったとみられる」とある。資源の掠奪的利用の末路である。

これは天塩だけの問題ではなく、鉄道が開通した沿線の各地で見られた。勧業銀行副総裁だった志村源太郎は、「鉄道線路に沿う良好なる地域は、彼の機敏なる山師・運動屋のために占領せられ、実際上、拓殖の進歩を妨害する憂いあり。……甲の名義で五町歩、乙の名義でさらに五町歩、その他種々の名義を利用して一手に数十町歩の良好なる森林を真っ先に占領し、その樹木を伐採して売出し、もともと無償下付を受けたるものなれば、相場の高安上下の如きは深く問わず、しかして最初より開墾を目的とせずして森林の伐採売出しを目的とするものなれば、木を切り尽くすや、直ちに影をくらまして逸し去るのみ」（北海道『北海道農地改革史』上）と批判している。

牧場の場合にも同様の現象が見られた。道北の雄武《おうむ》町の例を見てみよう。

牧場名義で国有未開地の払下げを受け、その土地の立木を伐採して売り出す風習が至るところにあらわれてきた。すなわちはじめから真面目に牧場を経営する意思はなく、単にその上の立木を獲得することを唯一の目的として牧場の払下げを受けるのであって、これを世間では〝木切り牧場〟と呼んでいた。前記の田口・苫米地両人などはその代表的なもので、なかでも田口のごときは、二里四方の土地払下げを受け、その大部分を切り尽くしてしまった。もとより、牧場の場合には成功検査を受け、これに合格しないときは返地しなければならないわけであるが、検査の場合には目につき易い所に形式的な牧柵を設け、放牧馬は他より借りてきて頭数をそろえるといった奸智をめぐらしていた。（津村昌一編『北海道山林史餘録』）

これも雄武だけの問題ではなかった。北海タイムス社理事だった阿部宇之助は、「明治三八（一九〇五）年末現在の牧場貸付地は三七万八千町歩なり。大概、牧場企業の設計は一万坪に牛もしくは馬一頭を容れんとするを普通とするが故に、三七万八千町歩の牧場貸付地がことごとく成功せらるるものとせば、今後一〇年間に一一万三千頭の牛馬を必要とし、毎年一年間に一万二千頭を収容せざるべからず。然れども、この如きは果たして可能事なりや。現時、北海道に存在する牛馬の総数は一一万頭、このうち大牧場の貸付地内に収容せられたもの五千頭に過ぎず。三七万八千町歩の牧場貸付地に対し、五千頭の牛馬はあまりに少なきに失せずや。現在における牧場目的の貸付地が、多くは売買譲与の目的をもって取得され、真に牧場として利用せらるるもの甚だ少なきは、この一事をもってするも推測に余りあるにあらずや」(前掲『北海道農地改革史』上)と批判している。

もちろん大多数の移住者は真面目な開拓者として、一戸あたり五町歩の土地を耕した。ところが、そこにも落とし穴があった。原始林が永年にわたって培った土壌は肥沃だったので、伐採跡地は肥料がなくても作物がよく育った。しかし、やがて地力の減退をまねくのである。先の『北海道移住手引草』には、「肥沃なる新墾地においては三年ないし五年間は肥料を施さずして十分収穫あり。然れども、之れに慣れて施肥を怠るときは、ついに地力衰えて再び恢復すること難しきが故に、未だ地力の衰えざるうちより、施肥に注意すること大切なり」と注意を喚起している。自分の土地を取得した移住者は、地力の減退にも気を配るだろうが、他人の土地なら地力が減退しても、また新しい土地に移ればよい。

大面積の土地取得者は、自ら開墾することができないので小作人を置く。戦前の北海道農業では小作の割合が必然的に高くなり、小作率は四〇~五〇%に達していた。前掲の『北海道開拓秘録』には、「小作人は肥料を入れずに、ただまきつけて耕作するだけだったから、地力は次第に減少する一方である。掠奪耕作である。収穫が減るのはあたりまえ。したがって生活は苦しくなる。将来の希望ももてない。そのうちに、だれかが、どこかの農場の耳寄りの話を聞いてくる。条件のよい小作地があると、すぐそっちに飛びついていく。開墾地から開墾地へ渡り歩く農民が、北海道にはたくさんできた」と、小作の実態が紹介されている。これは小作の問題もあるが、同時に地主の責任であり、土地政策の責任でもある。

掠奪して補充せず、憂うべきにあらずや

　このような国有未開地の処分と土地の荒廃は、北海道庁の施策と深くかかわっていた。しかし当時の北海道庁は内務省の出先機関で、長官をはじめ道庁の主要幹部は国の人事で短期間のうちに異動するので、根本的な改善策を考えず、ことなかれ主義に陥りやすい。また、ときには利益誘導型の政治家や資本家のいいなりの言動をする。一方、実務担当者は問題点を意識しても口に出しにくい雰囲気がある。そうしたなかで一九〇二（明治三五）年、園田安賢北海道庁長官に「建言書」を提出した道庁職員がいた。河野常吉である。

　河野は「北海道庁事業手」という肩書きであるが、開拓事務や『殖民公報』の編集にたずさわっていた実務家だった。その建言書では、まず北海道庁の長官や幹部が、①人事の公平ならざること、②北海道の事情に通ぜざること、③部下の監督が周到ならざること、④部下を薫陶《くんとう》せざること、という一般論を挙げ、これが「官吏腐敗の原因」であると指摘し、「国家のため公平無私、断じて改革するところあれ」と長官に求めた。その「腐敗」の指摘は政策全般にわたるが、とくに国有未開地処分に重点がおかれていた。

　具体的にはまず、

①移民事務は、移民を迎えるまでは、「開拓事業の有利なるを説き、移民を誘導し、汽車・汽船賃の割引をなし」と世話をするが、「すでに移住したる後はほとんど捨てて顧みず」なので、「彼等は移住して予想の如き土地を発見するに苦しみ」、それが「既墾地の放棄せられて再び荒廃するもの漸次増加せり」という実態に結びついている。

②未開地処分は、「国家が人に与うべき地にして、その処分は最も公明正大」であるべきなのに、「これを秘密の間に解除して随意の人に貸与し、しかも貸与を受くる所の者の多くは、いわゆる土地師、いわゆる政治家、もしくはその斡旋する所」で、彼らは「ただ土地または樹木を売却して利を博せんとするもの」である。これでは「道庁は賄賂《わいろ》的、恩恵的に国家の土地を私貸す」と批判されても、「道庁は恐らく弁解の辞に苦しむ」

ところで、しかも「数多《あまた》の細民はその恵に浴する能わずして怨嗟《えんさ》せり」という実態である。
③林務は、「殖民に適せざる山林も、往往にして殖民適地の名のもとに解除、貸与せられ、その鬱蒼《うっそう》たる森林は売買せられて、山師やからの弄する所となり、山林の豊富をもって聞こえたる本道も、前途はなはだ豊富ならざるに至れり」となった。しかも道庁は「森林を乱伐するも之れを顧みず、野火の延焼するも之れが取締を厳にせず。しかして山林の保護、植樹の奨励等に至りては蓋《けだ》し怠れり」という実態である。
④農務は、「民間農業の実況を見るに、肥料を用いず多年耕作するが故に、地味漸く瘠せて収穫を減じ、作物はいたずらに流行を追い、乱作して往往価格の暴落をきたし、作物の品質は漸次退化して粗悪となり、病害虫は増すとも減ずることなく、牧畜業はその進歩はなはだ遅く」というだけでなく、「小作人はますます増加して土着心を薄からしむる」実態なのに、道庁の「農政に冷淡なる多言を費やさずして明らか」と指摘した。

そのほかにもいろいろあるが、このような「弊政の一日も捨て置き難きものは、断然ただちに之れを改め、急に決行する能わざるものは、機をみて之れを改めよ」と北海道庁長官に訴えた（高倉新一郎編『犀川会資料』）。これはまことに問題点を鋭くえぐった直言である。しかし役所の体質は昔も今も、一職員の意見書などに左右されることはなく、改革はさっぱりすすまない。そこで河野常吉は同じような趣旨の「建言書」を翌一九〇三（明治三六）年、再び北海道庁長官に提出した。そこには次のように記されている（前掲『北海道農地改革史』上）。

近年この貴重なる国有未開地の大部分は、山師やからの為に蚕食せられ、虚華者の手に翻弄《ほんろう》せられ居れり。……数多のいわゆる土地食い虫なる者の食い荒らす勢いは、実にその凄まじさをさわめ居れり。彼等は土地を荒らし、山林を荒らすのみならず、またあえて細民の血をすすれり。……既墾地は年々荒廃せり。これ移民の足らざるによるなり。牧場は年々荒廃せり。これ新たに土地を占領せんが為、既成牧場の牛馬を新貸付地に移すによるなり。未開地は限りありて山師の欲は限りなし。今日の勢いをもってせば、未開地の尽くる迄はこの弊害は停止せざるべし。しかして山師やからの食い荒らしたるその結果は、いかなる状を呈すべきや。本道の農業は天然の地味を荒らしつつあるのみ。牧畜業は天然の草を荒らしつつあるのみ。天然の良林は不経済的に伐り荒らされ、河海の魚類も漸次減少の傾向あり。年々掠奪して補充せず、また憂うべきにあらずや。

ここで問題提起されたことは、農業も、牧畜業も、林業も、生物を相手とする仕事である。植物も動物も、生物は人間が「育てて増やす」ことができる資源だから、育てて増やしながら使えば「目減り」がしない。ところが育てて増やす視点を欠いて乱獲すれば、資源の枯渇や荒廃をまねく。「年々掠奪して補充せず、また憂うべきにあらずや」というのは、そのことを指している。現在の地球環境問題では「持続可能な開発」が重要なキーワードとなっている。「年々掠奪して補充せず、また憂うべきにあらずや」という問題提起は、まさに「持続可能な開発」を提言したのである。河野常吉の「建言書」は卓見であった。

なお後年の河野常吉は「北海道の生き字引」として、郷土史などの分野で多くの業績を残した。一九一四(大正三)年に発行された『北海道人名辞書』(金子郡平・高野隆之)には、河野が、「信州東筑摩郡島内村の人。……現に北海道庁嘱託たり。人となり剛直、好んで書を読み、政治、経済、歴史、地理、教育、農芸、気象、鉱物、統計等通ぜざるなく、なかんずく本道の歴史地理に於てすこぶる博通せり。……幾多の著書あり。また北海道庁の出版に係わる北海道殖民報文、北海道拓殖要覧、北海道拓殖の進歩、北海道名勝誌、北海道旧土人等あり。現に北海道庁殖民公報編纂主任なり」と紹介されている。

大正中期に北海道は「開道五〇年」を迎えたので、北海道庁ではその記念として『北海道史』の刊行を計画し、河野は学識経験をかわれて編集主任に任命された。しかし『北海道史』は江戸時代までを扱った一巻が出た(一九一八・大正七)だけで、肝心の明治時代を扱った続巻は幻のものとなった。河野の原稿内容が、北海道庁幹部の気にいらなかったので、中止させられたのだという。おそらくその原稿には、国有未開地処分の「腐敗」などの記述も含まれていたのだろう。

3 北海道の農産物──百年の変遷

北海道農業の模索

北海道の開拓は国有未開地処分に連動して、一八九〇(明治二三)年ころから急速に進展した。開拓者は入植後しばらくは自家用食料の生産に追われるが、やがて落ち着けば商品作物の栽培ができるようになる。当時の農作物は、明治中期は米、麦類、そば、大豆、小豆、あわ、馬鈴薯、玉蜀黍《とうもろこし》などが多かったが、明治後期から大正にかけては、菜豆(いんげん豆、金時豆など)、豌豆《えんどう》、馬鈴薯(澱粉加工用)、亜麻、それに除虫菊、薄荷《はっか》などの商品作物が急増してきた。また麦類のうち飼料用の燕麦《えんばく》は、軍用馬の増大にともなって生産が拡大した。亜麻も軍服の原料として軍隊の需要が大きかった。

北海道の産業別の生産額は図2・9のように、明治初期から中期は水産業が第一位だったが、明治後期から大正中期には農業生産額がトップの座を占めた。なお大正後期には農業生産額が工業生産額に追い抜かれるが、工業生産額には、苫小牧の製紙や室蘭の製鉄など近代的大工場による産額のほかに、ビールや酒、味噌などの醸造、馬鈴薯澱粉を含む製粉、亜麻の製麻など、農産物を加工する地場産業のシェアも大きかったことを見逃せない。

ところで、第一次世界大戦ではヨーロッパの農産物需給の構造が急変したので、北海道の農産物もその余波を受け、菜豆、豌豆、馬鈴薯澱粉などは海外輸出量が急増し、価格も高騰した。一九一二(大正元)年の輸出額を一〇〇とすると、一五〜一七(大正四〜六)年の輸出額は、菜豆が四一三一、澱粉が六六八五という急増ぶりである。それにともなって作付面積も急増する。また他の農作物にも好況が波及する。豆類は十勝・網走地方が栽培の中心だったが、馬鈴薯は全道各地で栽培され、澱粉加工場も小規模なものが各地にたくさんあった(一九一六〜一八

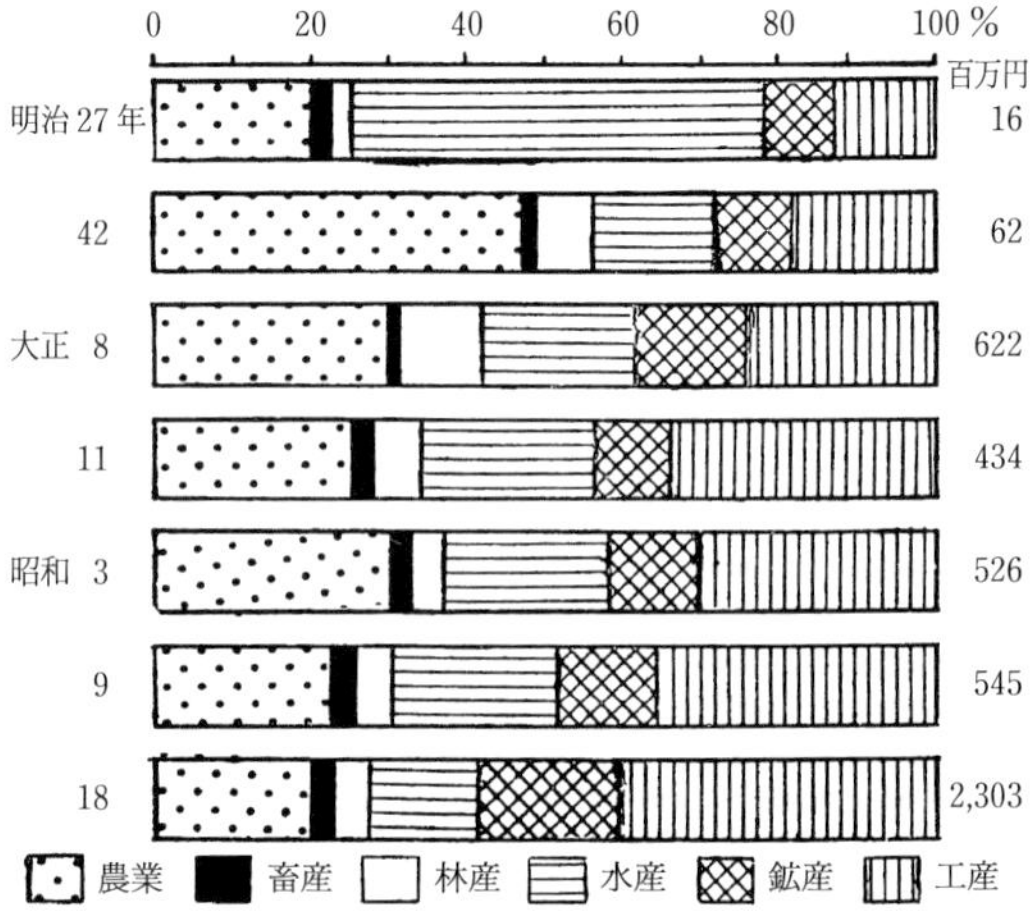

図2•9　北海道開拓期の産業別生産額のシェア（日本地理風俗大系編集委員会編『日本地理風俗大系第1巻　北海道』）。明治前半は水産，明治後半は農産，大正中期以降は工業が首位

（大正五～七）年ころは約二万戸）。そうした地方では「豆成金」「澱粉成金」が続出した。

しかし、豆成金や澱粉成金などの栄華は長くはつづかなかった。全道的に、開拓当初からの無肥料耕作、掠奪農業のツケが回ってきたのである。「人々がひとときの繁栄を十分享受する間もなく、土地は急速にその地力を失っていった。識者は大戦の初期すでに、地力の消耗をきたす、いわゆる掠奪農業の弊を説いている。……日露戦争期から第一次大戦とつづく農業生産拡大のかげで、地力の低下はすすんだ。その結果は、収量の減退、病害虫の多発などとなってあらわれた」（北海道『新北海道史』第四巻）。

そこで地力を回復し、地力を維持するため、施肥や土地改良、有畜農業、輪作などをとりいれる農業へ転換する模索が始まった。『北海道移住手引草』が移民に教えた、「開墾地は府県の田畑に於けるが如く丁寧に失せんよりは、寧ろ粗放にして広く耕し、播種の期を誤らざるを利とす」という「粗放」から、「集約」の方向へ転換するのである。そのためにモデルとしたのは、「府県の田畑に於けるが如く丁寧」な方法ではなく、デンマークやドイツの北ヨーロッパ的な、耕種と養畜を組み合わせた「混同農業」（混合農業、北欧式農牧混同制）である。家畜の糞尿《ふんにょう》は堆肥づくりに有効となる。大正時代の後半、道庁では農業関係者をヨーロッパに派遣し、またデンマークやドイツから模範農家を北海道に招いて、モデル的な営農生活をさせた。

その一方、道庁は製糖工場を北海道に誘致し、甜菜《てんさい》の導入を積極的に奨励した。甜菜は北国向きの作物であるし、その栽培は深く耕し、輪作にも組み入れられるので、地力増進が期待できるからである。さらに水田の拡充も奨励した。水田は灌漑《かんがい》用水が養分を含むので、連作しても地力減退をきたさない。そして何よりも農民は米づくりに愛着をもっている。そのため各地に「土功組合」ができ、用水路の整備や土地改良がすすめられた。また耐寒性の品種改良も重ねられた。こうして北国の米づくりは急速に伸び、一九二〇年代には北は宗谷、東は網走・釧路支庁管内まで稲作が拡大した（図2・10）。

このように北海道農業の先行きは模索がつづけられたが、一九三〇年代の初頭（昭和六、七年）には記録的な冷害、凶作に見舞われ、大きな打撃を受けた。そのため北海道の農業は全道一律ではなく、各地域の自然的条件などに応じた、より北国にふさわしい「適地適作」の農業地帯区分が考えられ、導入された。その区分の概略は、①道南地方や石狩、空知、上川などを穀菽《こくしゅく》（穀物と大豆）地帯、②胆振、日高、十勝、網走などを混同農業地帯、③釧路、根室、網走、宗谷などを主畜農業地帯とするものである。したがって稲作の限界地帯だった宗谷や釧路は、米づくりから後退を始めた。この地帯区分は、現在の北海道農業の姿の原型をなすものだった。

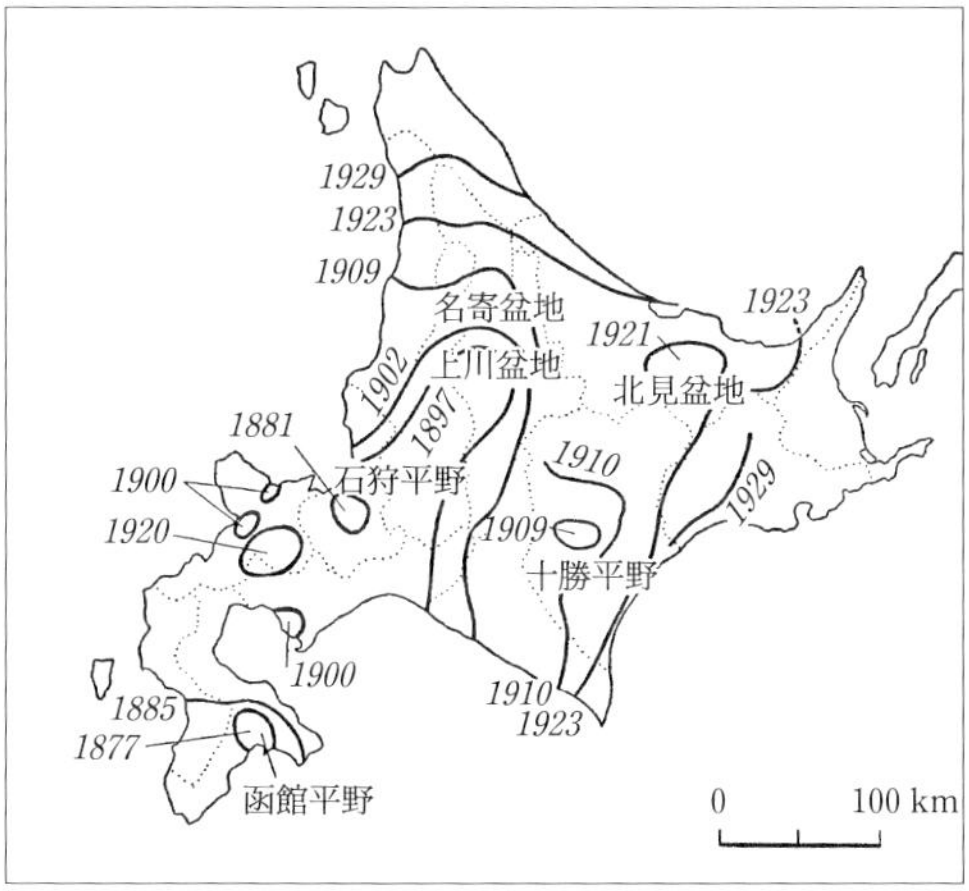

図2・10　北海道の米作の進行（地方史研究協議会編『日本産業史大系２　北海道地方篇』東京大学出版会，1960）

図2・11の農作物は、昭和戦前（戦時中を除く）と戦後の高度経済成長期以前の、北海道農業を特徴づけた作物で、図中の数字は一九五〇年代の全国シェアを示している。このうち現在でも同じ傾向がつづいているのは、甜菜と豆類であり、その主産地はいずれも十勝・網走地方だった。また馬鈴薯は上川、網走、十勝、後志などが主産地で、現在は全国シェアが

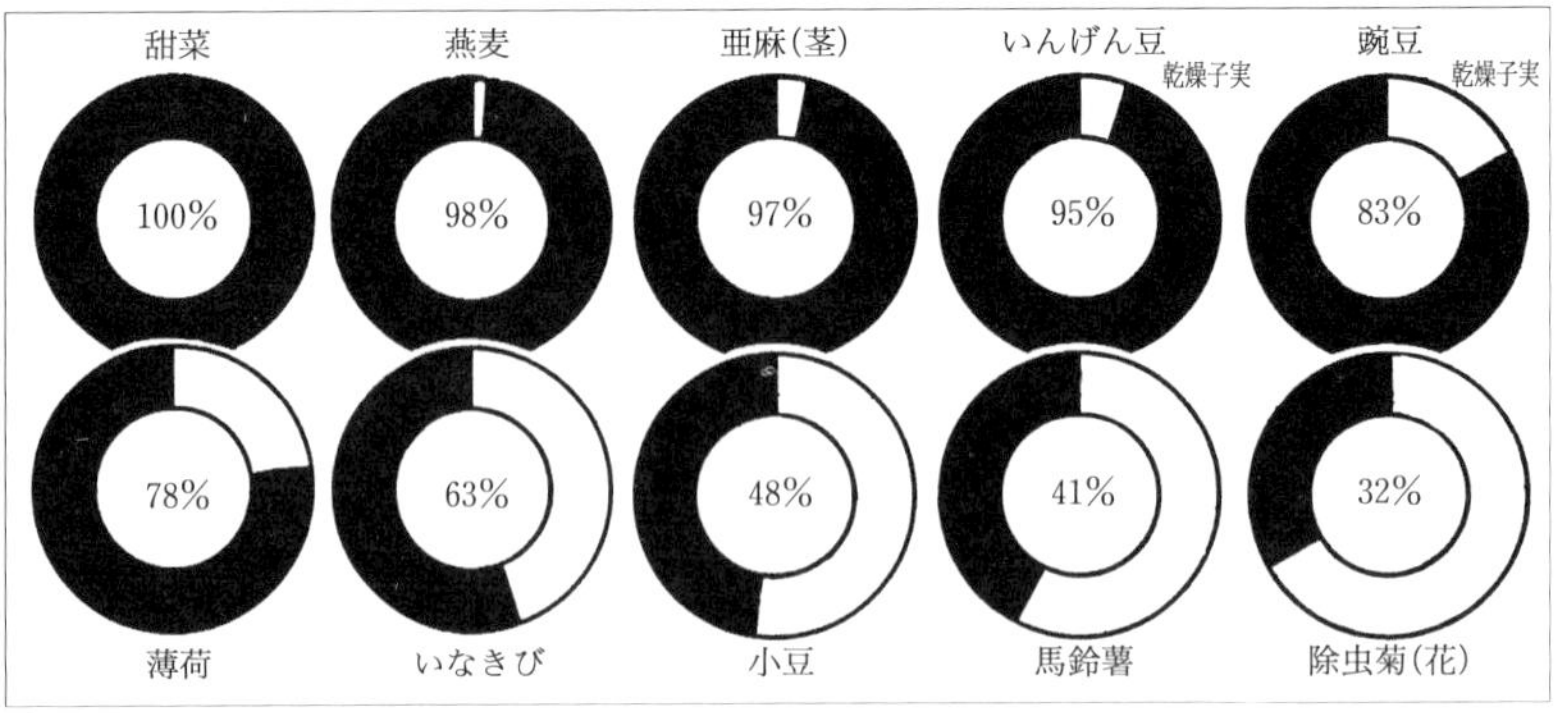

図2•11　1955(昭和30)年ころの北海道農産物の全国シェア(前掲『日本地理風俗大系第1巻　北海道』)

さらに高まり七五%以上となっている。

その一方、燕麦(カラスムギ)は、石狩、空知、後志、網走などが主産地で、軍用馬の飼料として拡大したが、戦後は農耕・運搬用馬の飼料として命脈を保ち、やがて消滅した。亜麻も軍隊の需要が大きく、十勝、網走などが主産地で、戦後しばらくは製麻工場とともに生き残ったが、化学繊維の普及で姿を消した。薄荷は香料の原料となり海外輸出が多く、網走(北見地方)が主産地だったが、化学香料に押されて衰退した。また除虫菊は、害虫駆除剤や蚊取線香の原料で、やはり海外輸出が多く、上川が主産地だったが、化学合成殺虫剤の開発で姿を消した。

第二次世界大戦後は、農地改革で小作農が自作農となり、海外からの引揚者の緊急入植などもあり、やがて高度経済成長時代を迎えると、農業の構造改善事業が始まって、経営規模の拡大や農業機械の導入がすすんだ。とくに北海道の酪農の発展は著しいものがあった。また北海道の米づくりは、作付面積で全国一となり、収穫量も全国一、二を争った時期もあるが、いまは減反政策によって漸減している。また化学肥料の多用、殺虫剤・殺菌剤・除草剤など農薬の多用がすすみ、多収化、省力化などに貢献したが、その反面で農薬中毒、食物汚染、土壌劣化、動植物など生態系への悪影響なども顕在化し、環境保全や食料の安全確保などの問題が起こった。

そうしたなかで近年は、堆肥など有機物による土づくりに努め、化学肥料や農薬の使用量を最小限にとどめ、あるいは使用しないなど、農業の自然循環機能を維持増進させ、環境との調和に配慮した、安全・安心で、品質の高い農産物の生産をめざす有機農業、クリーン農業を実践する人々が増加してきている。

北海道は日本の食料生産基地

近年の日本農業は「戦後農政からの脱却」が課題となっている。すなわち、戦後日本の農政は農地改革による自作農創設、米を中心とする食料増産から出発し、「農業の生産性が向上すること及び農業従事者が所得を増大して他産業従事者と均衡する生活を営むこと」(農業基本法第一条)を基本とした、農業・農家への保護政策がとられてきた。しかし高度経済成長期以降、日本の農業は縮小、衰退する傾向を否めず、一九六〇(昭和三五)年に九・〇%だった対GDP農業生産額は二〇〇〇(平成一二)年には一・二%に低下、農業の就業人口も一九六〇年の二六・八%から二〇〇〇年には四・六%に低下した。

そのようななかで世界的に貿易の自由化がすすみ、世界貿易機関(WTO)などで合意される国際的貿易ルールに従い、輸入農産物に対する関税や輸入数量制限などの撤廃が強く求められている。そのため農業政策は転換を余儀なくされ、「農業基本法」は一九九九(平成一一)年に「食料・農業・農村基本法」に抜本改正され、①食料の安定供給の確保、②農業の多面的機能の発揮、③農業の持続的発展、④農村の振興を基本理念としてすすめられることになった。具体的には「食料自給率の目標」(カロリーベース四〇%を四五%に)などを明示する「食料・農業・農村基本計画」を策定しているが、国際競争力強化のためには、経営規模が大きく生産性の高い「担い手農家」を重点支援することが課題とされている。そうした観点から、経営規模の大きい北海道農業への期待が高まっているが、それは同時に、グローバリゼーションのなかでの生き残りの試練が課せられていることにもなる。ただし同時に、経営規模は小さくても、環境との調和に配慮した品質の高い農産物を、有機農業、クリーン農業で生産する人々を支援することも忘れられてはならない。

ちなみに、北海道以外の都府県の農家一戸あたりの経営面積は、一九七〇（昭和四五）年の〇・八ヘクタールが、その後の農業構造改善事業などにより二〇〇〇（平成一二）年には一・二ヘクタールへと拡大したが、その間に北海道では五・四ヘクタールから一七・二ヘクタールと大きく拡大した。また主業農家（農家所得の五〇%以上が農業所得で、六五歳未満の農業従事六〇日以上の者がいる農家）の割合は、都府県では一八・九%にすぎないが、北海道では七二・六%を占めている。その反対に副業的農家（農業以外の所得が五〇%以上で、六五歳未満の農業従事六〇日以上の者がいない農家）の割合は、都府県では五六・七%を占めるが、北海道では二〇・二%にとどまっており、北海道では主業農家の多いことが特徴となっている。

このように経営規模の大きい農業が営まれる基盤は、北海道開拓時代の歴史的背景が深くかかわっている。北

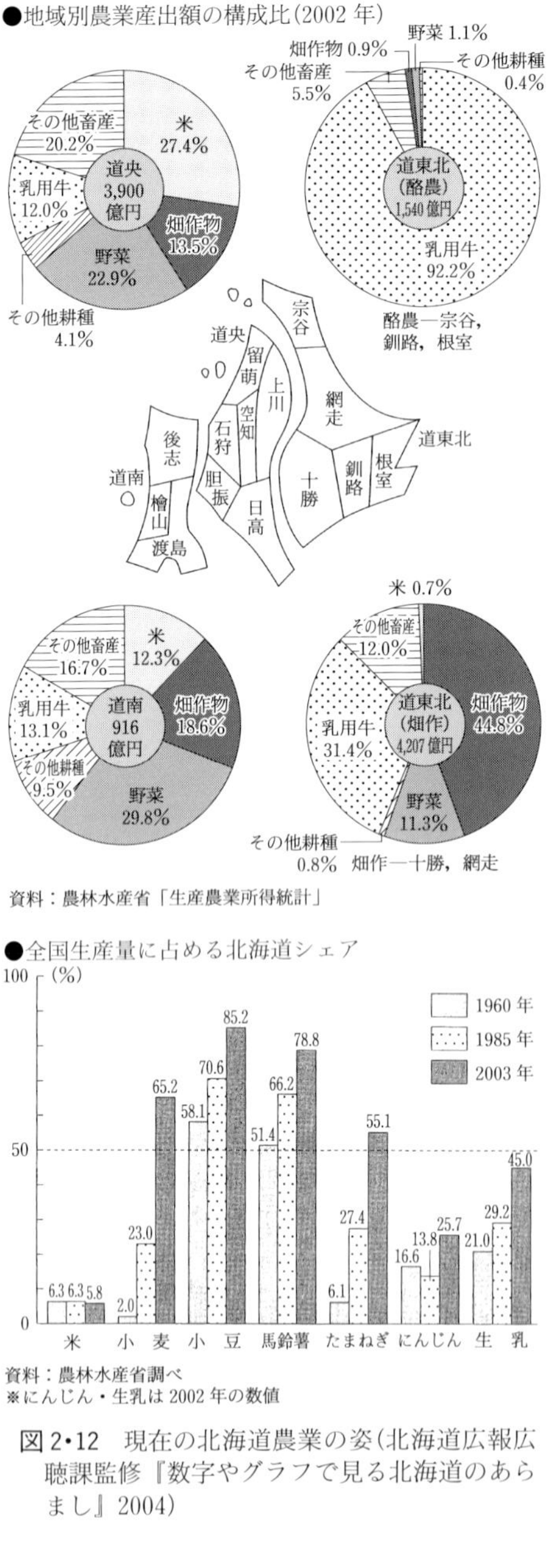

資料：農林水産省調べ
※にんじん・生乳は2002年の数値

図2・12　現在の北海道農業の姿（北海道広報広聴課監修『数字やグラフで見る北海道のあらまし』2004）

海道の農業は開拓時代の遺産を背負って発展してきたといえるが、近年(二〇〇二・平成一四)の北海道の農業生産額は約一兆五〇〇億円で、全国の一一・八%のシェアを占め全国一、小麦、小豆、馬鈴薯、甜菜、たまねぎ、かぼちゃ、スイートコーン、生乳、牛肉など、多くの農畜産物が全国一の生産量となっている。北海道は、日本における重要な食料生産基地なのである。

（付記）　国連が「先住民族の権利宣言」を採択

本章第二節で「アイヌ文化振興法」が一九九七(平成九)年に成立したこと、ただし「この新法では、アイヌの人々が望んでいた先住民族の「権利」は認められていない」ことを紹介した(八六頁)。ところがこれに関連し二〇〇七年(平成一九)年、国連総会で「先住民族の権利に関する国連宣言」が採択されるという重要な動きがあった。

世界では七十数ヵ国に、約三億七〇〇〇万人の先住民族がいるといわれているが、この宣言は、「先住民族はとりわけ、植民地化と土地・領土・資源を奪われたことにより、発展する権利を妨げられ、歴史的な不正義に苦しんできた」ことを憂慮したうえで、先住民族の政治的自決権や土地・資源に関する権利、文化を復興し発展させる権利などを掲げ、各国政府がその達成をめざすことを求めている(『北海道新聞』二〇〇七・九・一四)。

日本政府は従来からアイヌ民族を「先住民族」とは認めていない。しかしアイヌ文化振興法が成立した同じ一九九七(平成九)年、二風谷ダム(平取町)の建設にともなって、アイヌの地権者が「聖地」とする土地が強制収用されたことをめぐる裁判で、札幌地方裁判所は「アイヌ民族は先住少数民族で、独自の文化に最大限の配慮が必要」で、その配慮を欠いた土地収用は「違法」とする判決を下している。今回の国連宣言は法的拘束力をもたないとはいえ、改めて北海道開拓の歴史とアイヌ民族の関係を見直し、アイヌ民族の復権のためにはどのような施策が現実的に可能なのか、論議・検討を深める必要があるといえよう。

第三章　森林資源の利用と管理

昭和初期のエゾマツ伐採
『日本地理風俗大系第 14 巻北海道・樺太篇』1930。
本書 149 頁参照

一　北方林の位置づけを探った先人たち

北海道は日本列島の最北端に位置し、その自然環境は本州方面と異なった多くの特徴をもっている。したがって北海道の森林資源を利用し管理する場合は、まずその森林の特徴を把握する必要がある。それは個々の樹木の特徴もさることながら、植物の集団が自然地理的環境とどのような関係にあるか、森林植物帯の位置づけを明らかにすることも、たいへん重要である。ここでは明治以来の先人たちが、どのように北方林の位置づけを探ったのか、その系譜をたどってみたい。

1　森林植物調査の先駆者、田中壌

天然変換の原因は数種類あり

自然林の外観は、大きく見れば森林が成立する地域の気候環境に左右されて変化する。例えば、熱帯地方で降雨の多い地域では熱帯雨林が成立し、気温は高くても乾燥する地域ではサバンナや砂漠となり森林が成立しない。日本は南から北まで降雨量に恵まれているので、大局的に見れば気候帯区分（とくに温度環境）に呼応するように、どこでも森林が成立し、暖温帯林（常緑広葉樹林）、冷温帯林（落葉広葉樹林）、亜寒帯林（常緑針葉樹林）などの森林植物帯が区分されている。

そのような日本の森林植物帯区分を最初に試みたのは田中壌で、その『校正　大日本植物帯調査報告』（一八八七・明治二〇）はこの分野での古典とされている。頭に「校正」とあるのは改訂版の意味で、一八八五（明治一八）年に出た初版を充実させたものである。田中は一八五八（安政五）年、但馬国（兵庫県）に生まれ、絵画の才能があり、植物に詳しかったが、当時はまだ専門教育制度が十分に整っていなかったので、植物学や林学の専門教育を受ける機会はなかった。しかし植物知識を買われ、明治一〇年代に農商務省山林局に籍を置き、高島得三とともに本州、四国、九州の主要な森林地域を苦労しながら現地調査した（高島は途中で海外留学したので後半は田中ひとり）。またドイツから来日した森林植物学者H・マイルを、北海道を含む日本各地に案内する機会にも恵まれた。

こうして田中は、日本の森林植物帯を水平分布と垂直分布も考慮しながら、南から北に向かって第一帯（アコウ帯）、第二帯（クロマツ帯）、第三帯（ブナ帯）、第四帯（シラベ帯）、第五帯（ハイマツ帯）に区分した。その報告書および添付の図表類を見ると、交通が不便で情報も不足していた明治初期に、よくもこれだけ広範なフィールドワークができたと感心させられ、また鋭い独自の観察眼をもっていたことに驚かされる。

例えば現在の高校の生物教科書にも必ず出てくる「遷移」（裸の土地に植物が侵入して群落ができてくる過程と、それに付随する群落の時間的変化）の考え方は、沼田真『植物生態学論考』によれば、コウルス（一八九九）やクレメンツ（一九〇五・一九一六）の植生遷移説によって確立されたとされている。しかし田中は独自の観察から遷移を「樹種の変換」としてとらえ、すでにこの報告書のなかで言及している。

すなわち田中は「天然変換の原因は数種類あり」として、①火山噴火の跡地、②風雪および落雷などの被害跡地、③土石崩壊の跡地、④山抜けや洪水による森林の埋没跡地を挙げ、時間的な変化を第一段階から第四段階に区分した。

その時間的変化の要点を記すと、第一段階は「各帯とも雑草および灌木を生ず」と初期の植生を観察し、第二段階は、「第一第二両帯にはヌルデ、ヤシャブシ、ヤマハンノキ、アカメガシワの類を生ず、而して第三帯はヌルデ、アカメガシワを生ずるは稀にして、第四帯以上はミヤマハンノキの類を生ず」とした。そして第三段階は、「第一帯はシデ、コナラ、クヌギ、マツ、カシワの類を生じ、第三帯はシラカンバ、ウダイカンバ、またはハコヤナギ、カシワ、アカマツの類を生じ、第四帯以上はダケカンバ、ナナカマド等の闊葉樹《かつよう》を生ず」とし、最後の第四段階は、「この期に及んでは旧林の樹種に復するもの多し、即ち第二帯にてはカシ、シイ等の常緑闊葉樹、第三帯にてはミズナラ、ブナ、イタヤカエデの類なり、第四帯以上また各その定在樹種となる」と極盛相を観察した。それればかりでなく、「樹種変換の際、しばしば伐木その他の障害を加うるときは、旧林に復する能わずして永く松樹もしくは旧林に異なる樹種の専領する処となるべし」ともつけ加えた。

この考察は、そのころ新しく興ろうとしていた欧米の植物生態学と比べても、先端をいく卓見だったといえよう。ただし残念ながら『校正 大日本植物帯調査報告』は、本州、四国、九州を対象としたもので、北海道は調査対象外だった。したがって北海道の植物を扱った専門書でも、「田中は北海道についてとくに触れていない」と書かれているものがある。すなわち田中が北海道の森林植物帯をどう考えていたかは、植物の専門家の間でもほとんど知られていないのである。

田中は北海道を第三帯（ブナ帯）とした

ところが田中は、一八九三（明治二六）年に北海道庁の林務課長に就任し、北海道の森林植物帯についても重要な見解を発表していた。

田中は『校正 大日本植物帯調査報告』をまとめるとき、主な樹木の分布状況を「定在樹種」として明らかにしながら、その地域の森林植物帯の位置づけを考えた豊富な実務経験があった。したがって北海道に着任すると、交通不便な時代にもかかわらず、道内各地の森林樹木の分布状況などを精力的に調べた。それは道南はもちろん、北は稚内、利尻・礼文から、東は網走、根室、さらにクナシリ・エトロフ島まで及んだ。さすがに大雪山や日高などの山岳には及ばなかったが、それでも北海道と南千島の平地の森林の特徴を、大局的につかむことができた。

その結果を田中は一八九七（明治三〇）年の『大日本山林会報』（第一六九～一七一号および第一七三～一七六号）に「北

海道森林所見」として連載した。また札幌の北大植物園内の博物館で「北海道植物帯に就て」の講演を行ない、その記録も同誌(第二〇九号、一九〇〇)に載せた。

田中による主要樹木の分布状況調査の結果を要約すると、本州から北上してくる冷温帯的な樹木のうち、①渡島までで分布が止まるのはサワグルミ、②渡島・後志の半ばまで分布するのはブナ、③石狩南部まで分布するのはトチノキ、④日高まで分布するのはクリ、コナラ、⑤十勝南部まで分布するのはアカシデ、⑥根室まで分布するのは、メイゲツカエデ、コブシ、アサダ、オニグルミ、イヌエンジュなど、⑦クナシリ島まで分布するのは、カシワ、ハンノキ、カツラ、ヤチダモ、シナノキ、ハルニレなどで、⑧エトロフ島にあるのは冷温帯的ではなく亜寒帯的な、トドマツ、エゾマツ、ダケカンバ、ミヤマハンノキなどが多い。このように冷温帯的な樹木は道南から道東へ分布を広げる間に種類が半減し、ついにクナシリ島でほとんど跡を断つ、というものである。

この分布状況は、現在から見れば微修正を要するものがあるだろうが、一〇〇年以上も前、交通不便のなかにあって、北海道の森林を大局的によく把握したといえよう。この調査の過程で田中は当然のこととして、北海道庁林務課で過去に蓄積された情報を活用したり、札幌農学校の植物学教授だった宮部金吾から植物分布情報を得ていた。

例えば北海道庁の蓄積としては、梠山清利『北海道樹木志料』(一八九〇・明治二三)があった。梠山は道庁林務課の技手で植物に詳しく、この『志料』は北海道内の一七九種類の樹木について、名称、学名、形状、産地、効用などを簡潔にまとめたものであるが、ブナの分布については「胆振国山越郡、後志国寿都《すっつ》郡以南の地一円に之れを産す」とある。すなわち当時すでに、ブナは道南にしか分布しないことが認識されていたのである。また宮部は植物全般に詳しく、当時は『千島植物誌』(英文)をまとめた後なので、田中がクナシリ・エトロフ島の樹木を調べるのに有益だったに違いない。

さらに宮部の研究室を卒業したばかりの川上滝弥は植物に詳しかったので、田中は川上とも交遊した。川上は

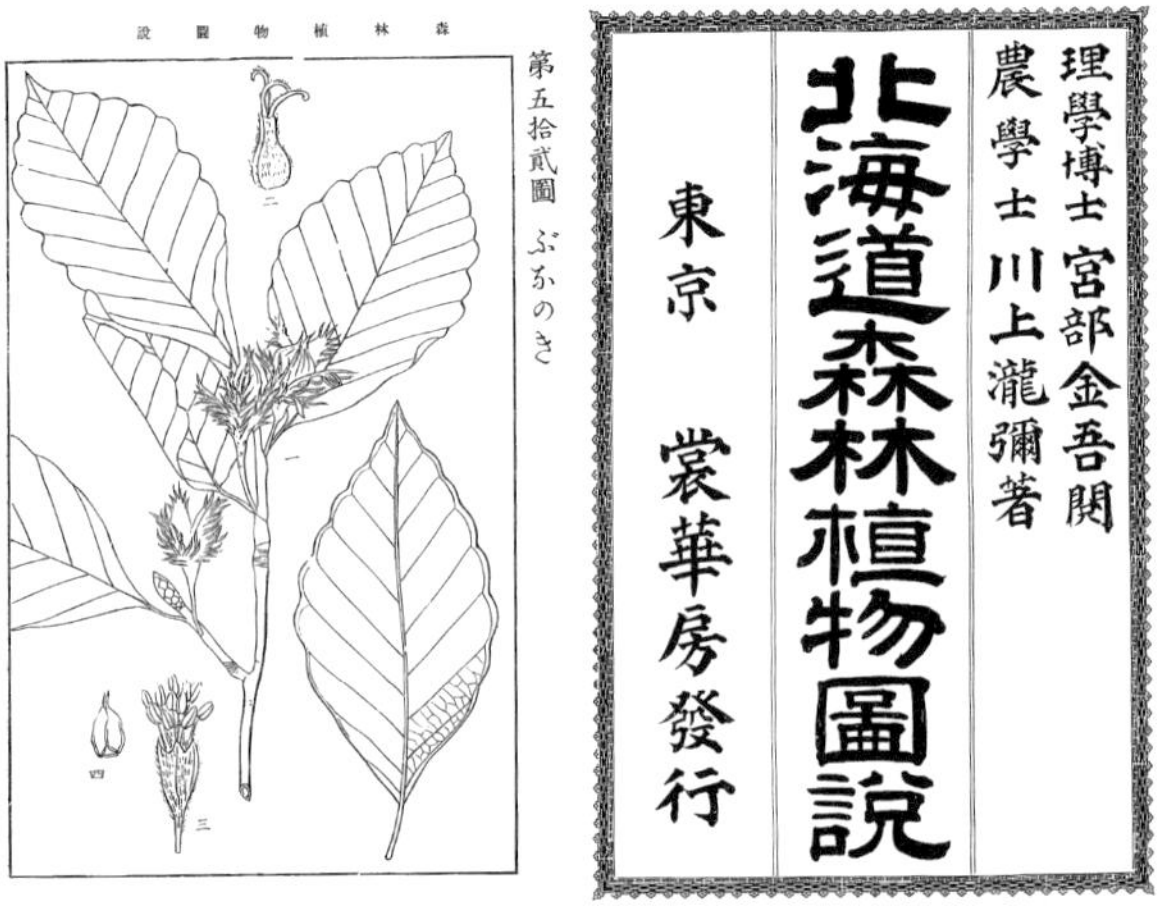

図3•1　川上滝弥『北海道森林植物図説』。左側はブナの図

宮部の校閲を得て『北海道森林植物図説』(一九〇二・明治三五)(図3・1)を公刊したが、これは川上が道庁嘱託として調査した「北海道森林樹種調査報告」を増訂したものである。その調査はおそらく、田中が川上の能力を見込んで、北海道の主要な森林植物の情報を整理するのに役立てたいと依頼したのだろう。ここでは六五種類の樹木について『志料』より詳しい情報と、図が載せられており、北海道で最初の樹木図鑑だったといえる。ちなみに川上は一八九八(明治三一)年、阿寒湖で珍しい藻を見つけ、それにマリモと名づけた命名者としても名高い。

このようにして北海道内の樹木分布情報を総合した結果、田中は北海道の森林植物帯を『大日本山林会報』一七三号(一八九七・明治三〇)で次のようにまとめた。

前述のとおり、植物の分布および生育の景況において、各地に異同を生ずるの所以を知るべく、したがって北海道の植物帯界を定めるを得ん。よって試みに之れを定めれば、大約左の如し。ただし山岳は登上せざるを以て次に述べる所は平面の植物帯に止むべし。

第三帯　北海道本島内部および国後島の南部平地みなこの帯に属す。

第四帯　国後島の南部北緯四四度前より択捉島四五度余に至るの平地この帯に属す。

第五帯　択捉島北緯およそ四五度半より以北この帯に属す。

ただし田中は、「北海道の植物帯を調査するは、之れを府県地方に比すれば困難なる事由がある」として、「第三帯の定在樹種なるブナの後志国に於いてにわかに絶えた」ことを第一にあげ、ついで「第四帯の定在樹種なるシラベが〔北海道には〕欠ける」ことを挙げている。すなわち田中は本州などの調査で、冷温帯に相当する第三帯の代表はブナと認定し、ブナ帯としたのに、北海道ではブナが後志以南にしかない、果たして北海道全域を第三帯としてよいのだろうか、と悩みながらも、本州でブナと共存する冷温帯的な樹種が根室まで出現することから、北海道全域を第三帯と区分したのである。また第四帯は本州の山岳地の垂直分布でシラベ（シラビソ）を指標としたのに、同属のトドマツを第四帯の指標とすれば、渡島にもトドマツが分布するので、水平分布の判断は垂直分布の判断よりむずかしいと悩んだ。

そのため北海道全域を第三帯の冷温帯としながらも、ブナの多い道南を第一区、冷温帯性の樹種がしだいに減少する石狩、空知、日高、十勝の一部までを第二区、それ以北の道北、道東を第三区に小区分した。また根室海岸や利尻・礼文の一部はトドマツがかなり多いことや、農作物の実りがよくないことを勘案して、第四帯に属するとも言及している。

この田中による森林植物帯区分は、後に紹介する吉良竜夫や舘脇操の考え方に共通する部分があり注目すべき内容であるが、次項の本多静六の森林植物帯区分が発表されると、その圧倒的な影響力により、田中の説は影が薄くなってしまった。

2　本多静六の森林植物帯区分

西を温帯、東を寒帯と位置づけ

田中の森林植物帯区分は先駆的なものだったが、より大きな影響力をもったのは、本多静六による区分だった。本多は東京山林学校・東京農林学校（東京大学農学部の前身）をへてドイツに留学して帰国後、一八九二（明治二五）年から東大農学部で造林学を講じた。東大は周知のように富良野に広大な演習林をもっているが、その演習林取得のために尽力したのも本多だった。「明治三二年、北海道に演習林設置の当時は、北海道の森林は、未だ交通が甚だ不便であって、殆ど無価値のところが多かったが、私は将来大いに有望なるを認め、早く広大な演習林をもらっておく必要を感じた」という本多は、一八九九（明治三二）年、東京大学総長の名で北海道庁長官あて、次のような要請文を出した。

……（北海道の森林は）わが国森林の宝庫と称するも過言にあらざるべし。さきに農科大学教官をして北海道に出張せしめ林況を視察せしめたるに、風土もとより内地と趣を異にし、森林も内地において見るべからざる樹種をもって形成せられ、研究上まったく特殊の方法を要するもの多く、加うるに、その成立は古来の天然林にして、造林・利用に関しては、何人もいまだ完全なる経験的知識を有せざるをもって、これが調査上はなはだ困難なるを認めたり。故に北海道に適応すべき林学を発達せしめ、宝庫の名をして空しからざらしめんには、よろしくその内部に一つの試験林を設置し、専門教官管理の下に各種試験を施さざるべからず。

……（北海道『北海道山林史』）

本多は北海道に演習林を求めた同じ一八九九（明治三二）年、『東洋学芸雑誌』に「日本の植物帯殊に森林帯に就て」を発表、つづいて一九〇〇（明治三三）年、『大日本山林会報』に「日本森林植物帯論」を連載した。本多はそこで、田中の『校正 大日本植物帯調査報告』を「その調査もっとも周到、材料また豊富にして、吾人森林家に裨益する所きわめて多しといえども、惜しむらくはその調査は林学上の知識を欠く」と批判した。またドイツのマイルがドイツの学術雑誌に載せた「日本の森林」は、「林学上の学理に合するものありといえども、日本の言語を了解するに困難なりし結果、恨むべくはその調査不完全」と批判した。そして本多は、田中やマイルの成果を土台として利用しつつも、独自の森林植物帯区分を試みた。

さらにそれを補強したのが『改正 日本森林植物帯論』（一九一二・明治四五）である。これは当時の大日本帝国を

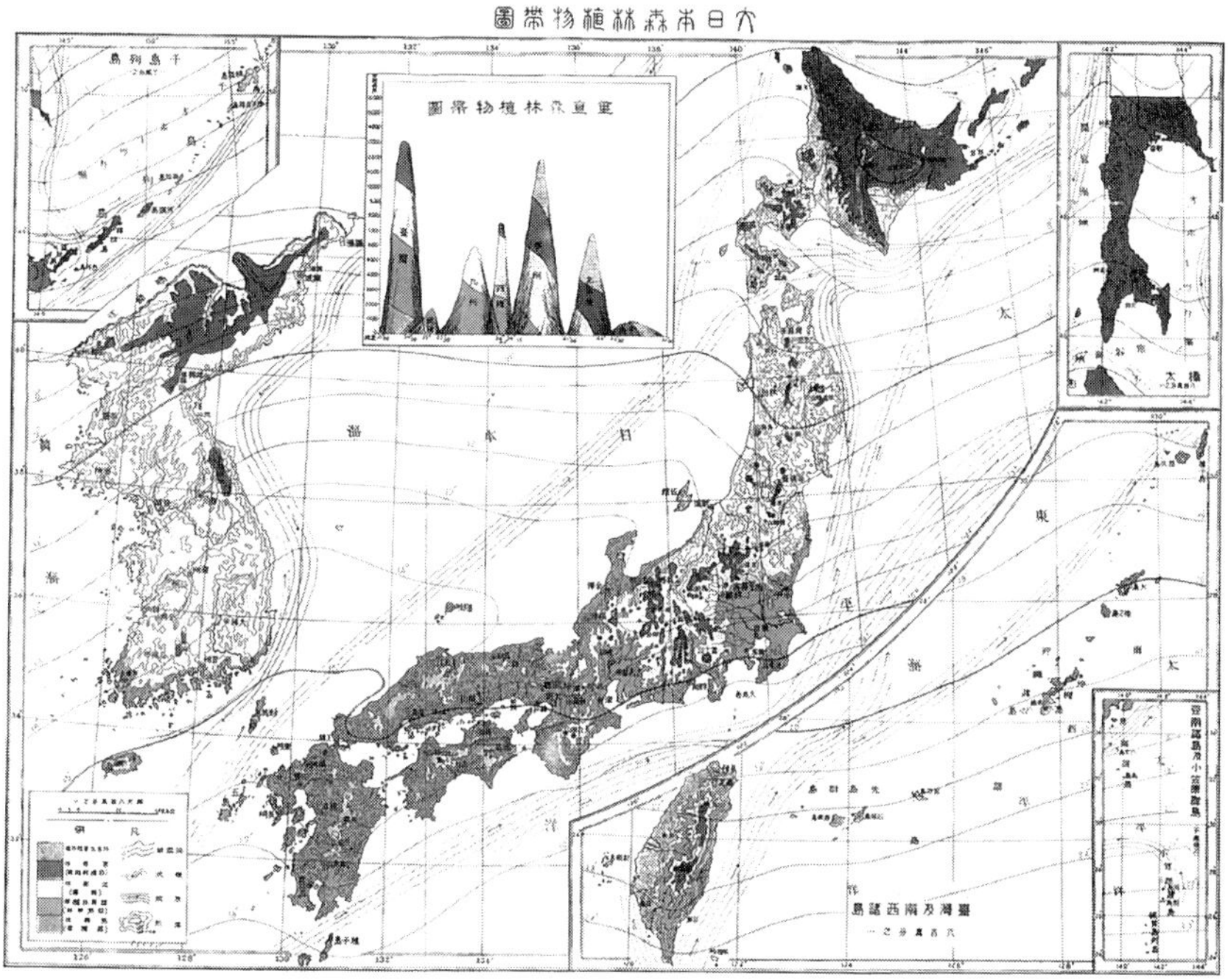

図3・2　本多静六による「大日本森林植物帯図」(本多静六『改正 日本森林植物帯論』)

反映し、千島列島、樺太南部、朝鮮、台湾も含まれているが、今日の私たちにとっては領土の帰属の如何にかかわらず、現在の日本ばかりでなく、日本の近隣地域も含めて、当時の森林状態や、森と人とのかかわりの一端をうかがい知ることができる、貴重な存在である(図3・2)。

ここで本多は日本の森林植物帯を①熱帯林、②暖帯林、③温帯林、④寒帯林に区分したが、その要点(現在の日本領土部分の要点)は次のとおりである。

①熱帯林(ガジュマル帯)は、年平均気温が二一℃以上の地域で、霜がおりず、アコウやガジュマルなどが主体となる。琉球列島南部が該当する。

②暖帯林(カシ帯)は、年平均気温が一三～二一℃の範囲の地域で、カシ、シイなどの常緑広葉樹が主体となり、沿岸部ではクロマツを生じる。琉球中部以北から九州、四国をへて、本州西南部と、東海、

北陸、関東の低地が該当し、沿岸部ではやや北上する。

③温帯林(ブナ帯)は、年平均気温が六〜一三℃の範囲の地域で、ブナ、ミズナラ、トチノキなどの落葉広葉樹が主体となる。九州、四国、本州南部の山地と、中部山岳、上信越の山岳地帯から東北地方、北海道の西部および十勝平野が該当する。

④寒帯林(シラベ・トドマツ帯)は、年平均気温が六℃以下の地域で、本州の山岳ではシラベ、オオシラビソ、北海道ではエゾマツ、トドマツの常緑針葉樹が主体となる。本州中部以北と北海道西部の山岳地、それに十勝平野を除く東北海道が該当する。

この本多による森林植物帯区分は、大筋では現在も支持されており、植物や森林の参考書などに紹介されることが多い。ただし本多が使った熱帯林、寒帯林の用語は、現在では使われず、次のように言い換えられることが多い。①熱帯林→亜熱帯林、亜熱帯多雨林(熱帯林は熱帯地域に対応する用語で日本には該当しない)、②暖帯林→暖温帯林、照葉樹林、常緑広葉樹林、③温帯林→冷温帯林、夏緑樹林、落葉広葉樹林、④寒帯林→亜寒帯林、常緑針葉樹林(寒帯では森林が成立せず寒帯ツンドラとなる。垂直分布では高山植物帯に対応する)。

いずれにしても田中や本多が、まだ原始的環境をとどめていた明治時代の日本の森林を詳細に観察するとともに、大局的な見地から森林植物帯をまとめたことは、高く評価されなくてはならない。

むずかしい北海道の森林植物帯区分——田中と本多の違い

ここで本多の森林植物帯区分のうち、北海道に関する部分をもう少し詳しく見てみよう(図3・3)。本多は、ほぼ天塩川河口から襟裳《えりも》岬に南下する線で北海道を東西に分け、西側および十勝平野を温帯林(現在は冷温帯林)、東側を寒帯林(現在は亜寒帯林)とした。

そして冷温帯林はブナを中心として、クリ、カエデ類、ミズナラ、ハルニレ、ヤチダモ、ハンノキ、シラカンバ、シナノキ、エゾヤマザクラ、カツラ、ドロノキなどの落葉広葉樹が多いが、「温帯の主木たるブナ林」は、渡島半島のつけ根の付近で姿を消し、「石狩平原の如きも全くブナを認めること能わざるを以て、一見吾人をしてブナ帯のすでに終われるかの観あらしむ」と疑問に思い、「北海道においてはブナ帯の終りを定むることすこぶる困難なるものあり」と困惑した。しかしブナ帯に生ずる他の落葉広葉樹は道央などにも分布しているので、石狩平野は「地勢平坦にして風強く、古来野火のしばしば入りしが為に、野火に弱きブナ及びトドマツ、エゾマツの類は全く消滅して、互いにその故郷、殊に野火の入らざる山岳に退き、その跡地に野火に強きカシワ、ミズナラ、カツラの類のみを生ぜしものなるべし」と考え、北海道西部および十勝平野を冷温帯林とした。

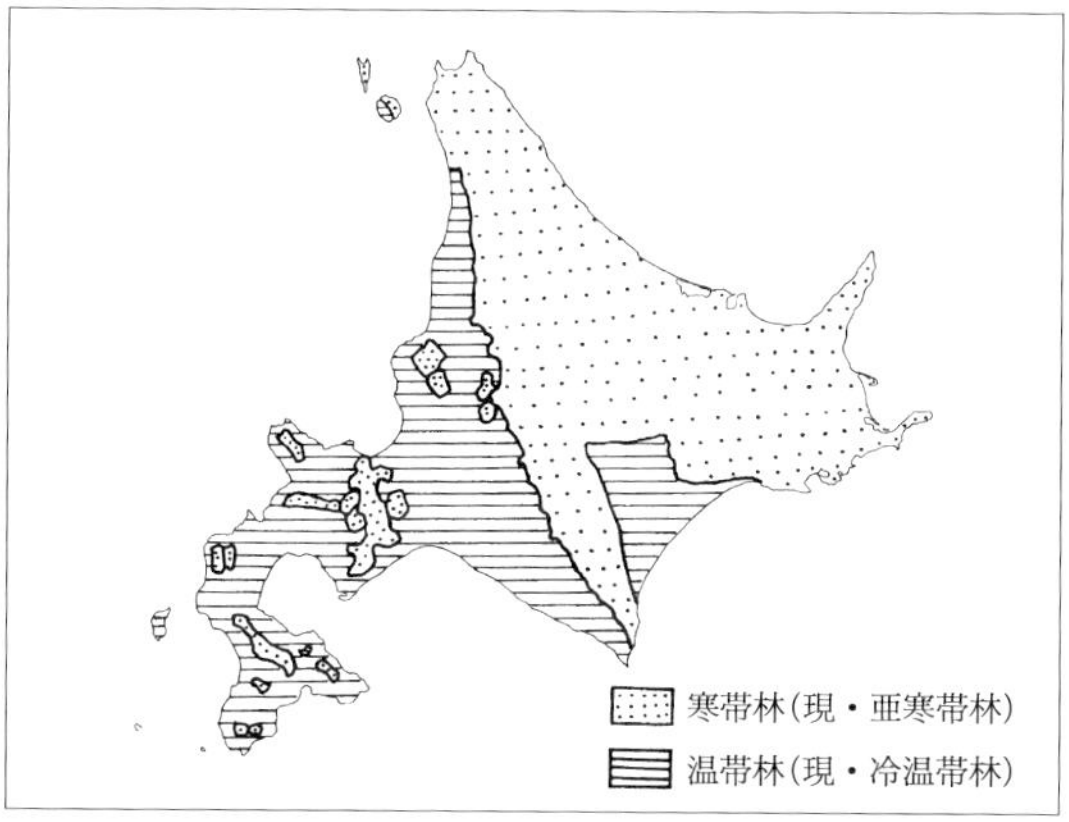

図3･3　本多静六による北海道の森林植物帯区分(1912・明治45)(伊藤浩司編『北海道の植生』北海道大学図書刊行会，1987)

ただし石狩平野にブナがないのは山火事で消滅したという本多の説は現在は否定されており、またエゾマツ、トドマツが石狩平野に分布するのも周知の事実である。ブナがなぜ黒松内低地帯で姿を消すのかは大きな謎であり、多くの先人がその謎解きにせまった。そのことは北海道林務部編『北限のブナ林』で渡邊定元が、①山火事説、②種子分布歴史的沿革説、③羊蹄火山群阻害説、④降水量制約説、⑤気候特性反映植生配置説、⑥ニッチ境界説として紹介し、また渡邊定元の『樹木社会学』にも紹介されているので、参照していただきたい。

一方、東北海道(十勝平野を除く)は、「北方より来る寒冷なる潮流の為に、針葉樹の繁殖に適する寒冷な霧を生ずる」ので、「北海道における寒帯林はトドマツ、エゾマツ、アカエゾマツ、イチイよりなる」と本多は考えた。そして火山噴火・雪崩などの天変地異や伐採や山火事などで針葉樹林が失われた場所には、「陽樹にして飛散し易き種子を有し繁殖に容易なる」シラカンバ、ダケカンバ、ミヤマハンノキ林などが生ずるが、しかし「永くこれを自然に放置するときは、その間より前記針葉樹を生じ、ついに広葉樹を圧して固有の針葉樹林となるべきもの」と考え、亜寒帯林と位置づけた。なおここにも田中と同様に、「遷移」に関する先見的な視点が示されている。

以上のように田中は北海道の全域を冷温帯（第三帯、ブナ帯）としたのに対し、本多は北海道の西半分を冷温帯、ほぼ東半分を亜寒帯（シラベ・トドマツ帯、田中の第四帯）としており、田中と本多の森林植物帯区分は大きく食い違った。川上滝弥は『北海道森林植物図説』でマイルの森林帯区分にも言及したうえで、「諸氏の論ずるところ、第三帯、第四帯の分界において相一致せず、余は大体に於て田中氏に賛し」と述べ、田中説を支持している。

本多から「林学上の知識を欠く」と批判された田中は、実は本多が北海道の森林植物帯調査に入ったとき、同行して案内したのだった。本多はドイツに留学して林学を学んだエリート、しかも新進の東大助教授（当時）であり、一方の田中は林学の専門教育を受ける機会はなかったが、日本中で森林調査の場数を踏んだベテランである。ふたりは北海道の森林を見て歩きながら、いろいろ意見を交換し論議を戦わせた。

田中は札幌での「北海道植物帯に就て」の講演のなかで、本多と田中の意見交換の内容を紹介している。それによると、本多ははじめ北海道の冷温帯（田中の第三帯）はブナの尽きる渡島半島までとし、それ以北を亜寒帯（田中の第四帯）とする説を主張したが、田中は「しかし私は遂に（本多）氏の説に降伏は致しませんでした」と反対した。さらに後になると本多が「日高国を以て界となすべき意を漏らせり」と自説を譲ってきたが、田中は「なお之れにも服従しませんでした」と意見が合わなかった。しかし「このごろ（本多）氏の著書を見るに日高国を限界とするの説を少しく改めて、第三帯の界を一方は十勝・釧路辺に進め、一方は天塩川に入ると定められた」と語っている。すなわち本多はブナを欠く冷温帯の範囲を定める判断に迷い、しだいに田中説の方へ近づいたのが実態だったらしいのである。

また田中は第五帯（ハイマツ帯）まで設けたのに対して、本多は亜寒帯（シラベ・トドマツ帯）までの四区分で、高山植物帯を区分しなかった。その主な理由を本多は「林業上関係ない」ので、ハイマツ帯はシラベ・トドマツ帯に含めてもよいとした、というのである。それに対し田中は、「私の考えは違います。その理由は第一、植物帯ということを森林家の専有物とせば、なおこの説に幾分かの値あるも、決して森林家の専有物ではない、さすれば林業上に関係ないとて省くことは無理かと思います。……（林業だけでなく、植物を広く見れば）独り樹木のみならず、草本も調査するを得べく、したがって帯位を定むることがいっそう確実です」と反論している。これは公平に見て、田中の言い分に軍配があがるだろう。

田中は本多から「林学上の知識を欠く」と批判されたことを、「実にごもっとも千万にして、ご承知の無学者なれど」と謙遜しながらも、本多に対して一歩も譲らず、逆に本多の方が自説の修正を重ねたらしい。このように北海道ではブナの分布が道南で止まっているので、北海道の冷温帯をどう考えるか、むずかしい問題を含んでいる。

そうしたこともあって、本多としても『改正　日本森林植物帯論』が出版されたとき、森林植物帯区分に絶対の自信をもっているわけではなかった。いずれ機会があれば、その内容を再検討し、より充実したものにしたいと考えていた。たまたま私の手元にある同書は初版であるが、タイトルの頭に「未定稿」と明記されている。また序文には、「余自身といえども、之れを以て決して完全なりと信ずるものにあらず、故に余の此の世にあらん限りは、幾回にても訂正増補して以てこれが完全を期する者なれば……」とある。これが本多の本心だったのだろう。しかし本多は売れっ子の東大教授（一九〇〇（明治三三）年に教授に昇格）である。だから未定稿は改訂されぬまま、『改正　日本森林植物帯論』はつぎつぎと版を重ねてしまった。

また本多は売れっ子なだけに、乞われるままにたくさんの教科書類を執筆した。例えば一般社会人向けの「帝国百科全書」の一冊として出した『提要　造林学』（一八九九・明治三二）、あるいは農業学校の教科書として出した

『実用森林学』上・下（一九〇二・明治三五）などで、日本の森林植物帯区分を自説に沿って簡潔に解説した。さらに東大で本多の講義を聞いた卒業生は、社会に出て林業方面の有力な指導者となったが、彼らも森林植物帯を語るときは、当然のように本多の説を引用した。したがって本多の森林植物帯論は社会的な影響力が大きかった。それとは対照的に、田中の説は影が薄く（田中が一九〇三（明治三六）年に没したこともあり）、いつしか忘れ去られてしまったのである。

3　吉良竜夫が「暖かさの指数」を提唱

暖かさの指数

第二次世界大戦後、日本の森林植物帯についての新しい考え方が生まれてきた。その代表的なものに吉良竜夫の『日本の森林帯』（一九四九）がある。吉良は京都大学出身の植物生態学者で、樹木の分布と温度環境の関係に興味をもった。農業分野には「積算温度」という考え方がある。それはある作物がよく成熟するためには、生育期間の毎日の平均気温を加算した数値が、例えば馬鈴薯では一〇〇〇℃以上、春まき小麦は一六〇〇℃以上、玉蜀黍では二〇〇〇℃以上が必要とされる、というような考え方である。

吉良はこれを樹木に応用しようと考え、毎日の平均気温の代わりに、月平均気温を採用することを試みた。そして月平均気温が五℃以下の場合は一般に樹木の生理活動が不活発なので、月平均気温から五を差し引いた数値を用いた。例えばある土地の三月の平均気温が五℃に満たなければゼロ、四月が六・三℃なら一・三、五月が一一・五℃なら六・五、六月が一五・九℃なら一〇・九という値を年間を通じて求め、1.3＋6.5＋10.9＋……と一年分を加算するのである。

その結果は、例えば根室では四五、屋久島の平地では一八〇となるが、これを「暖かさの指数」（温量指数）とした。なお吉良は当然のこととして一九四〇年代の気象データを用いたが、より新しい気象データでは指数が少し変わってくる。例えば札幌の暖かさの指数は、吉良は六二・一としたが、山中二男『日本の森林植生』(一九七九)では六七・八となっている。とくに都市部では温暖化傾向が顕著である。ちなみに根室は、吉良も山中も四五である(四五は後記するように重要な意味を含んでいるが、一九七一～二〇〇〇年の三〇年間の平均値は四六・八となっている)。山中の数値で道内の他の地域も示すと、帯広五八・〇、旭川六二・六、函館六六・五である。

一方、日本の主な樹木の全国の分布状況を調べ、それに対応する土地の暖かさの指数を関係づけてみると、はっきりした傾向が出てくる。例えば常緑広葉樹のカシ類、タブ、ツバキなどはおよそ八五以上に分布しており、また落葉広葉樹のブナ、ミズナラなどは八五以下にしか分布していない。しかし中部地方のカシ類などは八五以上あっても分布せず、一〇〇くらいで止まっている。これは冬の寒さが制限要因となっていると考えた吉良は、月平均気温が五℃以下の平均気温と、五℃との差を加算して「寒さの指数」を求めたところ、カシ類などは寒さの指数がマイナス一〇～一五で制限要因となっていることが分かった。また常緑針葉樹のシラビソやトドマツなどは、暖かさの指数五五ないし四五～一五の範囲に分布している。

こうして得られた結果を総合した結果、吉良は日本の森林帯を、

①照葉樹林帯(暖温帯林)、暖かさの指数一八〇～八五
②暖帯落葉樹林帯(中間温帯林)、暖かさの指数八五以上で寒さの指数マイナス一〇～一五
③温帯落葉樹林帯(冷温帯林)、暖かさの指数八五～五五ないし四五
④常緑針葉樹林帯(亜寒帯林)、暖かさの指数五五ないし四五～一五

とまとめた。なお『日本の森林帯』が出版された一九四九(昭和二四)年当時の沖縄は、アメリカ軍の占領下にあったためか、沖縄の亜熱帯林には言及されていない。

ところで吉良は、北海道に関係する常緑針葉樹林帯(亜寒帯林)と温帯落葉樹林帯(冷温帯林)の境界を、「五五ない

し四五」と幅をもたせ、断定をさけている。これは本多静六が「北海道においてはブナ帯の終りを定むることすこぶる困難なるものあり」といったことに共通する。『日本の森林帯』の最後の部分は、「何より残念なのは、北海道に関する部分がひどく手うすなことである。今西錦司博士の流れをくむ私の方法では、いちばん重要なのは、ひとつひとつの樹種の分布帯を細かく調べあげることである。……私も北海道の山を歩いて、自分でデータを集めてみたいとおもうが、ひとりでは何程のこともできまい。幸いにこの本がどなたかの興味をひいて、同じような立場から北海道の森林帯の分析を試みてくださったなら、私の喜びはこれにすぎるものがない」という言葉で結ばれている。

冷温帯と亜寒帯の境界は四五か五五か

吉良の『日本の森林帯』は、林業解説シリーズという冊子で公表されたのであるが、実はこのシリーズを編集、発行していたのは札幌に在住する加納一郎だった。加納は北大農学部で林学を学び、若いときから南極探検に情熱を燃やすジャーナリストだったが、京都出身なので関西人脈にも顔が広く、吉良に『日本の森林帯』の執筆を依頼したのである。だから吉良の、「北海道の部分がひどく手うす」なので、「どなたかの興味をひいて、同じような立場から北海道の森林帯の分析を試みてくださったなら」という言葉は、明らかに北海道の読者を意識したメッセージである。

したがって吉良の「暖かさの指数」の考え方は、北海道内では学者だけでなく、林業関係の実務家にも注目された。吉良が『日本の森林帯』で論じたのは、日本を巨視的に見た水平分布の立場だったが、林業の実務家にとっては山岳地の垂直分布に応用できる。

例えば国有林を管理する札幌営林局（現・北海道森林管理局）では、現場技術者の手引きとして編集した『森林施業法の実際』（一九七〇）で、次のように述べている。「森林施業を進める上で重要なことは、植物の生活作用が温度によって左右されることから、植物の生育期間を基準とした吉良博士の温量指数を用いることによって、〔札幌営林局〕管内の森林を生態的に分類して、天然林の施業を進めることが最も合理的である」。

そのため山岳地の気象観測データのない場所では、平地の気温を基準として標高一〇〇メートルにつき〇・六℃低下するように補正し、三〇ヵ所以上の地点の、標高一〇〇メートルごとの暖かさの指数を算出して一覧表にした。それを参照すれば、それぞれの地点で、標高が何メートルなら暖かさの指数がどのくらいか、見当をつけることができる。それによると、例えば、定山渓の山地では標高四一〇メートルで暖かさの指数が五五となり、標高七〇〇メートルで四五となるが、苫小牧では、標高一〇〇メートルで五五となり、標高三〇〇メートルで四五となるなど、内陸部と沿岸部(とくに太平洋側)ではかなり違いのあることが明らかになった。

そして、それぞれの地点の標高ごとの樹木の分布を調べてみると、暖かさの指数がおよそ六五から五五の範囲では、ミズナラ、シナノキ、センノキ、アサダ(山火事跡地ではシラカンバが多い)などの落葉広葉樹に、トドマツを交えた針広混交林が多く、エゾマツは少ない。しかし、およそ五五から四五の範囲になると、アサダは姿を消し、トドマツもしだいに少なくなって、エゾマツの多い針広混交林となる。さらに、およそ四五から一五の範囲になると、多くの落葉広葉樹が姿を消し、ダケカンバが多くなり、ダケカンバとエゾマツの混交林や、エゾマツとトドマツの亜寒帯性常緑針葉樹林となる。そして、およそ一五以下になると森林限界で、ハイマツを交える高山植物帯が出現する。ただし樽前山のような活火山では森林限界が下降し、四五と一五の範囲にミヤマハンノキ林が見られる。

その状態を模式的に表わした図を『森林施業法の実際(増補改訂版)』(一九七五)から引用する(図3・4)。こうしてみると、吉良が判断に迷った暖かさの指数、四五と五五は、札幌付近の山の垂直分布から判断すれば、およそ四五以下が亜寒帯(亜高山帯)で、およそ五五以上がエゾマツをほとんど交えぬ冷温帯となり、それぞれに意味がある指数といえるが、冷温帯林と亜寒帯林を区分する指数としては、五五より四五がより有効ということになる。

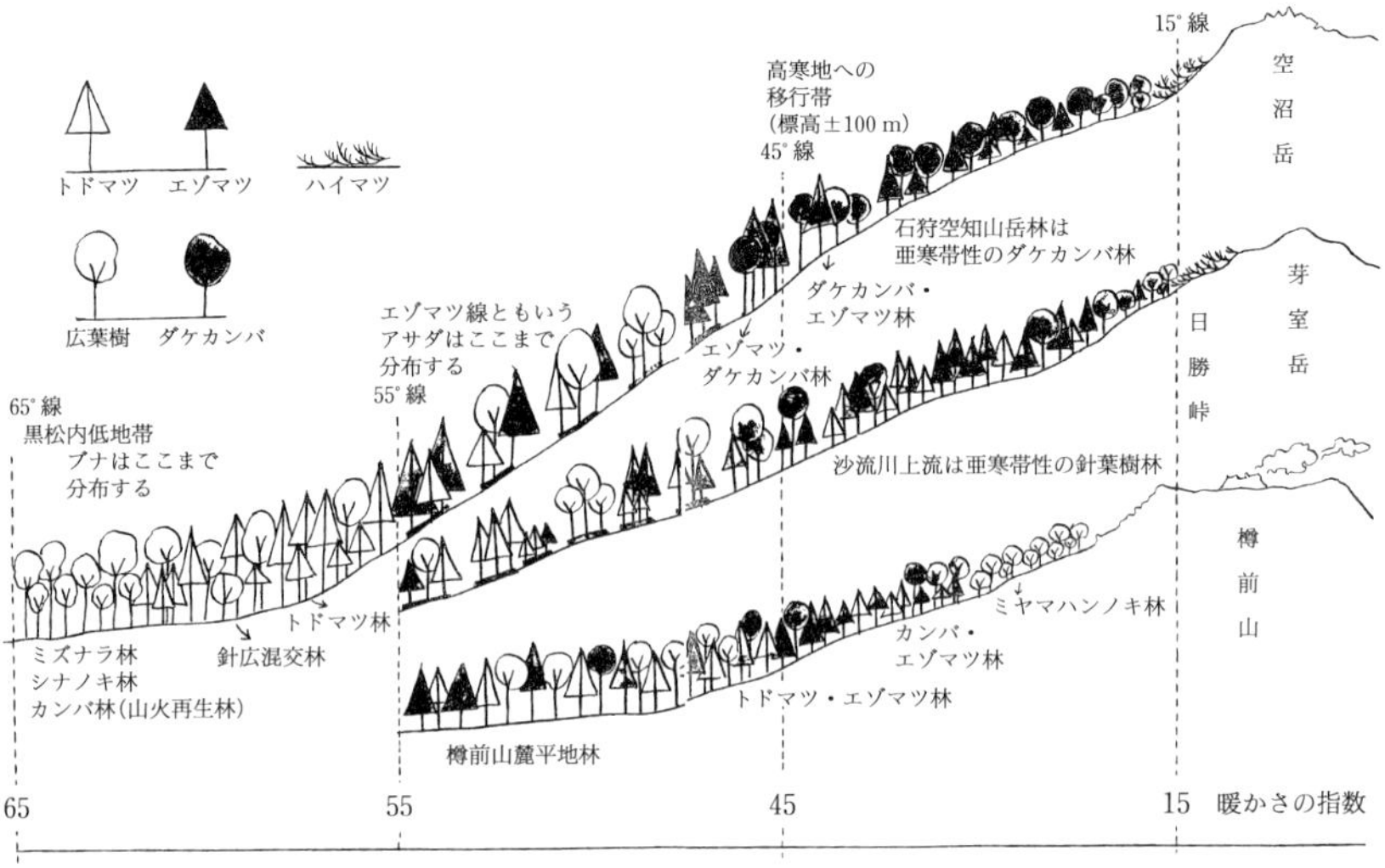

図3•4　札幌付近の山岳の森林分布と暖かさの指数との関係(札幌営林局監査課『森林施業法の実際(増補改訂版)』)

また植物の専門家からも五五より四五の方が合理的と指摘する声が多くなった。そうした意見も踏まえ、吉良竜夫は四手井綱英・沼田真・依田恭二と共著の「日本の植生」(一九七六)を『科学』誌上でまとめ、そのなかで「亜寒帯林の限界の温度条件」は四五付近が適当と結論づけている。

ところで、近年は日本の国土を一キロメートル四方のメッシュに区画した地理情報システムがあり、それに気象庁による月平均気温データと、環境省による植生群落区分データを組み合わせることが可能になったので、野上道夫・大場秀章はやはり『科学』誌上に「暖かさの指数からみた日本の植生」(一九九一)をまとめた。それによると、北海道のエゾイタヤ・シナノキ群落とブナ群落は、ともに暖かさの指数六〇付近で最大面積を占め、一方、エゾマツ・トドマツ群落は三六付近で最大面積を占めており、この両者が競合するのが四五付近となっている(図3・5)。こうした点でも冷温帯と亜寒帯の区分は、四五付近と見ることが適切とされている。

4　舘脇操が「北海道は移行帯」と提唱

汎針広混交林帯

吉良の『日本の森林帯』が出版される前から、「いちばん重要なのは、ひとつひとつの樹種の分布帯を細かく調べあげること」と深く認識し、それを実行しながら、東北海道の平地は、本当に本多静六のいうような亜寒帯林（本多の表現は寒帯林）に位置づけられるのだろうか、と強い疑問を抱いたのは舘脇操である。舘脇は北大農学部で宮部金吾、工藤祐舜に植物学を学んだ。宮部や工藤は以前から、千島列島やサハリンの植物を調査した業績を蓄積しているので、舘脇はその伝統を引き継ぎ、一九二〇年代以降、北大で植物学を講じながら、北海道内はもとより、千島列島、サハリン、中国、北欧などの北方圏を踏査した。舘脇は古希を迎えた記念に『北方植物の旅』（一九七一）を書いたが、若いころ道東を訪れたときの印象を次のように回想している。

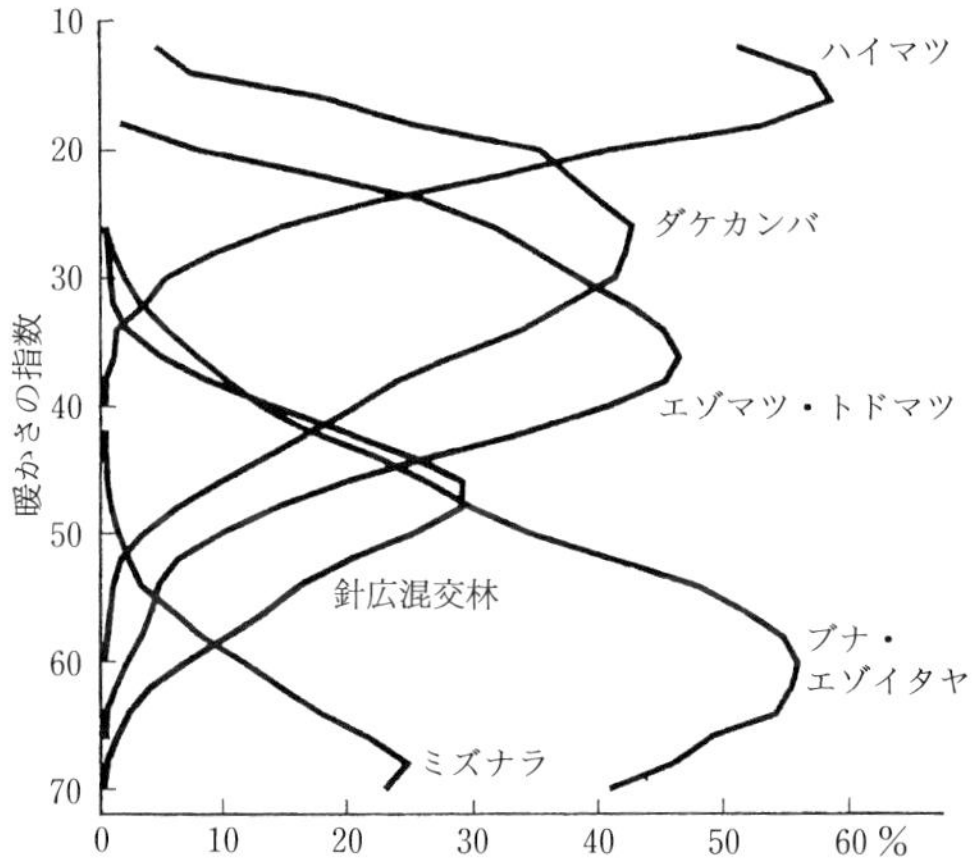

図3•5　暖かさの指数ごとに見た北海道内の主要樹林群落の占有面積（野上道夫・大場秀章「暖かさの指数からみた日本の植生」）

　阿寒湖畔に立っても、針葉樹の純林はなく、オニグルミ、ウダイカンバ、ミズナラ、ハルニレ、オヒョウ、カツラ、アズキナシ、エゾイタヤ、ベニイタヤ、シナノキ、センノキ、ヤチダモなどの温帯性の広葉樹がどこにも見られた。阿寒をひたすら歩いているうちに、エゾマツ、アカエゾマツ、トドマツからなる針葉樹林は、どこにあるかと調べてみたら、雄阿寒岳では五〇〇～一〇〇〇メートル、雌阿寒岳では五、六〇〇～一〇〇〇メートル(時に一〇〇〇メートルを超える)の間にあった。

……根室半島からその付近、または厚岸半島になると、海岸線近くまでトドマツ林があらわれるところもあり、湿原にはアカエゾマツ林があらわれたが、そのあたりにも隣合わせのようにミズナラ林が見られた。そしてまた湿性地に登場してくるヤチダモ林なども、どだい亜寒帯的なシロモノではなく温帯林である。

……こうして一九四〇年代に、北海道東部〔平地〕は決して亜寒帯と呼んではならないことが、よく分かりだした。

北海道の東部は亜寒帯ではなく温帯的だとする考え方は、明治時代の田中壌の判断と共通している。それでは冷温帯の北限はどうだろうか。舘脇はブナの北限地帯に目を向け、その調査を重ねるうち「黒松内低地帯」の重要性に気づいた。『北方植物の旅』には次のように書かれている。

「最も重要なことは、この線〔黒松内低地帯〕から南にブナ林とヒバ林がりっぱに存在し、しかも両者の群落型は東北地方と全く同じである。それに高山の垂直分布の上からも、ブナ林がハイマツ群落に接する、いわゆる日本海型なのである。そのうえ次の木本はこの線を北上しない。ヒノキアスナロ、サワグルミ、ブナ、マツブサ、ミツバアケビ、マルバマンサク、ケンポナシ、……」、すなわち舘脇は、黒松内低地帯より南が、東北地方から北上する純粋の冷温帯と認識したのである。

一方、舘脇は恩師の宮部・工藤が調査した遺産を受け継ぎながら、自らも実地踏査を重ね、「シュミット線」と「宮部線」の重要性をクローズアップさせた。シュミット線は、サハリン中部の幌内川に沿う低地帯で、それより南側では北海道と同じようなミズナラ、ハルニレ、エゾヤマザクラ、イタヤカエデ、シナノキなどの樹木や、チシマザサ、クマイザサが分布するが、シュミット線以北ではそれらが姿を消し、グイマツを中心とする針葉樹林が多くなる。

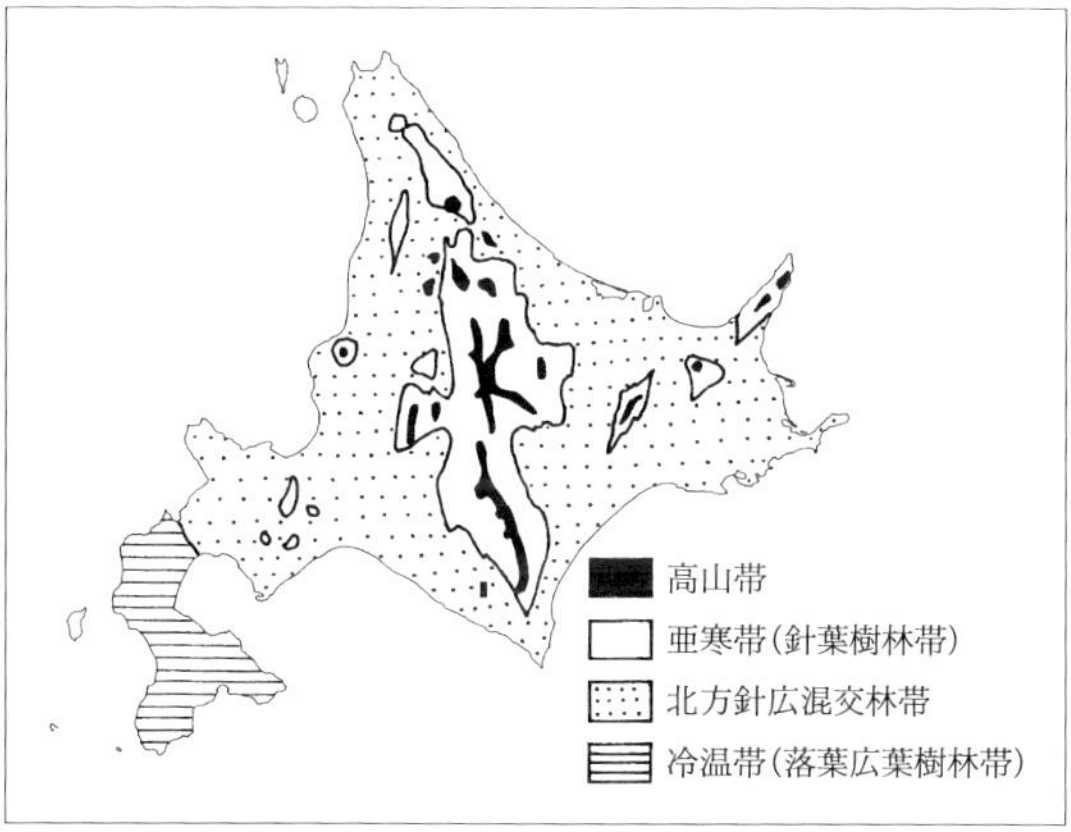

図3・6　舘脇操による北海道の森林植物帯(1958)
（吉岡邦二原図）（前掲『北海道の植生』）

また宮部線は、千島列島のエトロフ島とウルップ島の間（エトロフ海峡）で、エトロフ島までは北海道と同じようなトドマツ、エゾマツ、ドロノキ、シラカンバ、ミズナラ、イタヤカエデ、ノリウツギなどが分布するが、ウルップ島以北の中部千島ではそれらが姿を消し、シベリアやカムチャツカと共通する植物が多く出現するようになる。

こうしたことから舘脇は、北海道の平地では黒松内低地帯より南の渡島半島部分が冷温帯（ブナ帯）であり、その他の札幌や旭川、帯広などを含む平野部分は、冷温帯でも亜寒帯でもない、両方の要素が入り交じった中間的な移行帯（北方針広混交林帯）ではないかと考えた（図3・6）。すなわち、あるところでは冷温帯的樹木が純林をつくり、またあるところでは亜寒帯的樹木が純林となるが、多くのところでは双方が入り交じった混交林となっており、両要素がモザイク状に分布するのである。そのような移行帯はスウェーデン南部（ストックホルム付近）でも知られているので北欧の現地調査も行なった。そうした結果を踏まえ舘脇は英文の「北太平洋諸島の森林生態」(Forest Ecology of the Islands of the North Pacific Ocean, 1958)をまとめた。

そこでは北海道の森林植生を東アジア（中国東北部、シベリア、サハリン、千島列島）を含む視野から見つめて、北海道の黒松内低地帯以北、エトロフ海峡（宮部線）以南、サハリン中部（シュミット線）以南を結ぶ線から、シベリア、中国東北部、朝鮮半島北部の各一部を含む範囲が、同じような移行帯であるとして、これを汎針広混交林帯と位置づけ、また、後に自らそれをタテワキアと名づけた（図3・7）。「汎」は広く全体にわたる意味で、広く世界的

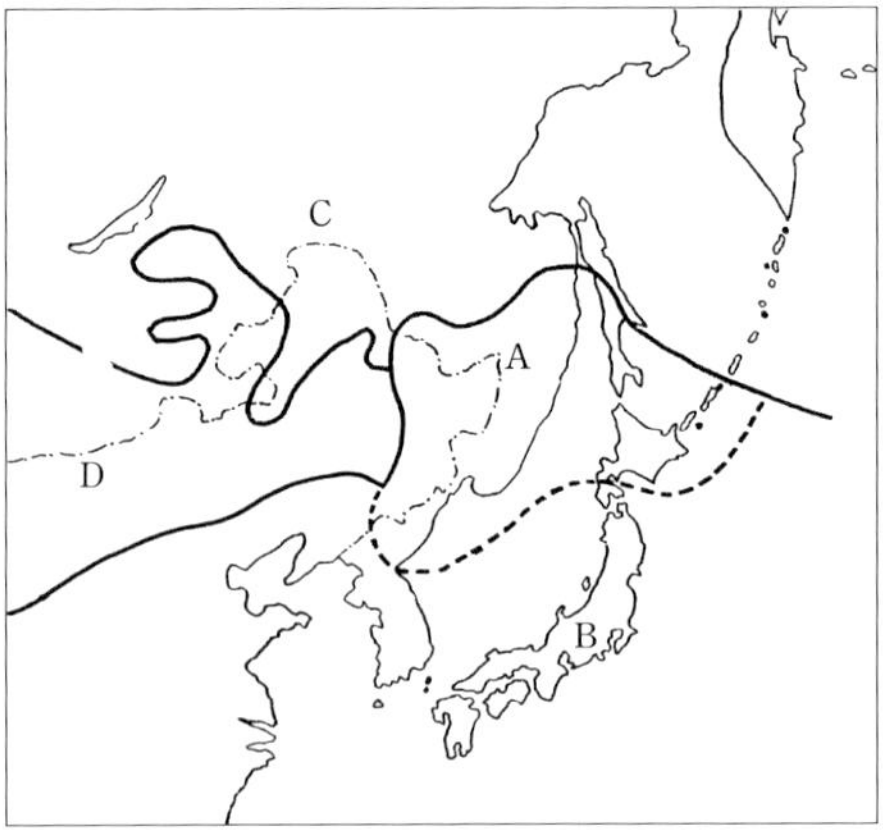

図 3･7　汎針広混交林帯の範囲（Tatewaki, Forest Ecology of the Islands of the North Pacific Ocean）
A　汎針広混交林帯
B　東亜温帯　　C　針葉樹林帯
D　中央アジア・ステップ帯

に見れば、同じような移行帯は北欧や北米などにも存在することを意識した命名である。

　現在、舘脇の提唱した汎針広混交林（北方針広混交林）帯は、多くの研究者によって支持されている。

幻に終わった舘脇による原生林の記録

　北海道の森林といえば、「エゾマツ・トドマツの原生林」というイメージに結びつきやすいが、このような純粋の亜寒帯の森林は、夕張山系、大雪・日高山系、阿寒地方などの山地を中心に分布している。しかし若き日の舘脇が調査した原生林は、ときとともに道路などの開発や森林施業の伐採の手が入り、変貌した。たまたま私の手元には晩年の舘脇からいただいた手紙（一九七四（昭和四九）年二月一五日付け）が残されているが、次のように記されている。

　今の日本と、欧州やアメリカの自然公園とを比較してみると、日本の観光行政と現実の有様は、いつも私の血圧をあげています。殊に森林に関する限り無知ですね。

　美しい自然がこわされゆく。私に何ができるのだろう。もうあきらめて、ただ自分のベストを記録づくりに捧げているばかりです。しかし植生的研究はメチャクチャであり、その間に原生林が姿を消してしまった。僕は原生林に限りない愛着をもっている。この記録は何としてもまとめたい。「僕は僕の形式で、これは滅亡した北海道の讃歌でなければならない」と考えているのです。息のあるうちにと、執念のような火が僕の心に燃えています。

晩年の舘脇は、北海道の原生林に関する総まとめを考えていたようであるが、その志が実を結ぶ前に、残念ながら病気となり、この手紙から二年後の一九七六(昭和五一)年、帰らぬ人となった。なお舘脇の最後の仕事は、五十嵐恒夫と協働した『阿寒国立公園の植生』(一九七七)で、ここには阿寒の原生林の姿が記録されているが、この報告書が活字となる前に舘脇は亡くなった。もし舘脇がもう少し元気でいれば「北海道の原生林の総まとめ」の片鱗でも、この報告書に盛り込まれたであろうが、それもかなわなかったことが惜しまれる。

それでは舘脇が「限りない愛着」をもっていた原生林を含む北海道の森林環境は、どのような変貌をとげたのだろうか。国有林を中心に、北海道林業の百年の軌跡を展望してみよう。

（付記）　**日本の針葉樹林帯は亜寒帯か**

この節の冒頭で田中壌が『校正　大日本植物帯調査報告』で日本の森林植物帯を五帯に区分し、その第四帯(シラベ帯)は亜寒帯・亜高山帯に相当し、第五帯(ハイマツ帯)は高山帯に相当することを紹介した。この区分の考え方は現在の日本で広く受け入れられている。しかし近年は、中国、シベリア、カムチャツカなどとの植生対比から見て、日本で亜寒帯といっている針葉樹林帯はむしろ広い意味の温帯(寒温帯)に相当し、ハイマツ帯は亜寒帯・亜高山帯に相当するのではないかという指摘がされるようになっている(例えば田端英雄「日本の植生帯区分はまちがっている——日本の針葉樹林帯は亜寒帯か」(二〇〇〇)、沖津進『北方植生の生態学』(二〇〇二)など)。

したがって今後は国際的な視野からの「物差し」によって、日本の植生帯区分の修正が必要となる日がくるかもしれない。その動向を注目したい。

二　北海道の林業──百年の軌跡

1　北海道の国有林・道有林などの成立

日本の森林面積は国土の六七％を占める二五一五万ヘクタール（二〇〇三年現在）であるが、その六九％は民有林で、国有林は三一％にすぎない。しかし北海道だけについてみると、森林が五五八万ヘクタール、そのうち五七％が国有林、そのほかに道有林が一一％ある。すなわち北海道の森林は、国有林・道有林が六八％を占めており、それをどのように利用し管理するかは、北海道の緑の環境と深くかかわっている。北海道に国有林や道有林が多い理由は、開拓時代からの歴史的背景に由来しているので、まず森林の所有区分が成立した経緯を探ってみよう（なお先の数字の日本全体の統計では、道有林は民有林に含まれており、また国有林には国立大学の演習林も含まれている）。

明治を迎えたころの北海道は、「本道至るところ山林ならざるはなし」（大蔵省『開拓使事業報告』第一編）というように、ほとんど全域が森林におおわれていた。そのうち平野部を中心とする国有未開地が開拓移住者に払い下げられ、伐採されて農耕地に変化していった様子は第二章で見たとおりである。

しかし北海道は広大であり、開拓の対象とならない森林をどのように管理するかは、大きな課題だった。明治前半の時代には、例えば第二章で紹介したように一八七七（明治一〇）年の山林監護条例の制定など、主として伐採を制限する法令の整備や、国有林として固定する地域の明確化などの努力がなされたが、当時はまだ木材を遠距離へ運搬する手段がなく、商品価値がほとんどなかった。また商品価値があったとしても、それは開拓対象地で邪魔になる木材が多量に産出されたので、「林業」が成熟する気運はなかった。

そうしたなか二〇世紀を迎えるころから、森林を林業として管理する方向がしだいに強く意識されるようになってきた。すなわち一八九七(明治三〇)年に森林法が成立して北海道には保安林の条項が準用され、また同年に北海道国有未開地処分法も成立した。それを受けて北海道庁は、九九(明治三二)年に「北海道官林種別調査規程」、一九〇八(明治四一)年に「国有林整理綱領」を定めて、実行に移した。

前者の「官林種別調査」は、①将来とも永く国有林として保存経営すべき第一種官林、②将来は公有林として経営すべき第二種官林、③将来は私有林として経営すべき第三種官林、④将来は森林として経営する必要のない第四種官林に区分するものである。このうち第一種官林は、森林蓄積が豊富で社会公衆に広く木材を供給できる箇所、および保安林として必要な箇所を対象として、約二〇〇万ヘクタールを予定した。また将来は公有林として経営すべき第二種官林は約四五万ヘクタール、将来は森林として必要のない第四種官林は、約一九〇万ヘクタール以下と見込んだ。しかし実地にのぞんでみると地形が複雑で広大なため、測量・調査は思うようにはかどらないので、図上で概略の林種区分を行ない、国有林とすべき第一種官林を約二二八万ヘクタール、国有未開地として開拓地などに処分する第四種官林を約一一七万ヘクタールなどとした。

後者の「国有林整理綱領」は、国有林の境界を実測・確定し、それぞれの森林の実態を調査し、その地域にふさわしい利用・伐採、更新・植林などのあり方の基本を「施業案」として、順次にまとめていくものだった。

なお国有林は、本州方面では農商務省山林局の所管だったが、北海道の国有林は内務省の出先機関としての北海道庁が所管した。また北海道庁では、森林を合理的に管理するためには各種の試験研究が必要であるとして、一九〇八(明治四一)年、野幌(江別市)に林業試験場を設けた。

このような森林地域の確定に先立って、宮内省では、森林経営から得られる収益を皇室財政の基盤のひとつにしたいとの考えから、大日本帝国憲法が公布された一八八九(明治二二)年前後、全国的に「御料林」を設けたが、とくに北海道では九〇年に約二〇〇万ヘクタールという広大な御料林が設定された。二〇〇万ヘクタールという

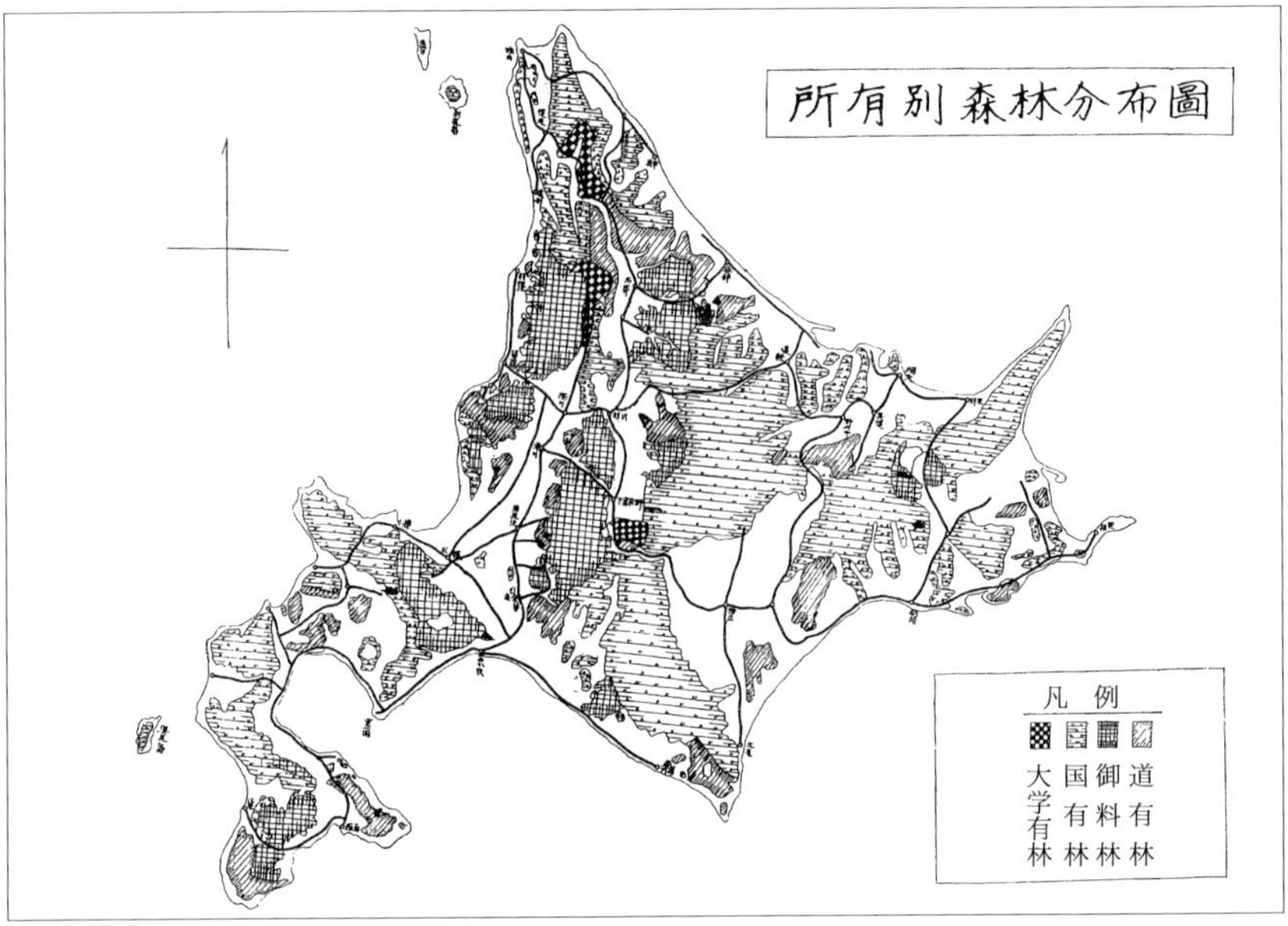

図３•８　昭和戦前期の森林所有区分図（北海道『北海道山林史』）

のはたいへんな規模であり、いかに皇室のこととはいえ、これでは発展途上にある北海道の開拓に支障をきたすという世論の反発が起こり、九四(明治二七)年には六三万ヘクタールに縮小されることになった。ただし六三万ヘクタールというのは図上の概測であり、実測の結果は九〇万ヘクタール以上だったという、いかにも北海道の開拓時代らしい余話も伝わっている。

また公有林となるべき第二種官林は、地域に対して森林経営の模範を示す「模範林」として一九〇六(明治三九)年に約一九万ヘクタールが、町村の財政を支援するための「公有林」として一一(明治四四)年から二一(大正一〇)年の間に、約四五万ヘクタールが設定された。これらは北海道庁の「地方費林」として経営された。

一方、東京大学や北海道大学では、実地に応じた森林学の教育・実習・実験・研究のため大学演習林が必要であるとして、東大は一八九九(明治三二)年に富良野に三万ヘクタール(一一四頁参照)、北大は一九〇一(明治三四)年から一二(大正元)年にかけ、雨竜、天塩（第一・第二）、苫小牧に、合計六万八〇〇〇ヘクタールの演習林を設定した。

なお私有林は、北海道国有未開地処分法による植樹地（第三種官林）、あるいは第四種官林として区分された不要国有林を母体として形成され、昭和戦前までに約一四〇万ヘクタールに達していた。

以上のような経緯で、北海道の約七〇％を占める森林の、第二次世界大戦前の所有別大枠が決まったが、その配置は図3・8のとおりである。なおこの森林分布図と、第二章の開拓進展図（図2・6、八九頁）を見比べていただきたい。森林が分布しているところは、開拓進展図で開拓の及ばなかった部分であり、このふたつの図は、一方の黒いところが他方の白いところに該当し、写真でいえばネガとポジに相当する。北海道の森林分布は、開拓の進展と裏腹の関係にあったことがよく理解できるだろう。

この森林の所有別大枠が第二次世界大戦後に大きく変動したのは国有林関係で、それは一九四七（昭和二二）年に行なわれた「林政統一」による。すなわち戦後は内務省が廃止され、その出先機関としての北海道庁は地方自治体としての北海道となった。また大日本帝国憲法が廃止され新憲法となって皇室のあり方が変わり、御料林は廃止された。そこで、①旧農林省所管の本州・四国・九州の国有林、②旧北海道庁所管の北海道国有林、③旧宮内省所管の本州および北海道の御料林、の三種類の国有林を統一的に管理する組織として、農林省に林野局（一九四九（昭和二四）年に林野庁）が新設された。これが林政統一といわれるものである。また森林経営の会計制度は、収益の黒字を見込み、その黒字を森林整備にあてるという目論みのもと、独立採算制の特別会計が導入された。

林政統一のうち北海道に関係するのは、②の二四五万ヘクタール、③のうち八八万ヘクタールで、北海道の新しい国有林は三三三万ヘクタールとなった。それを管理するため、札幌、旭川、北見、帯広、函館に営林局が設けられた。なお現在の北海道の国有林は設立当初より少し減って三一九万ヘクタールで、北海道森林管理局（札幌）のほか、旭川、北見、帯広、函館に分局（二〇〇四（平成一六）年から分局を廃止し事務所）が置かれているが、北海道の国有林は全国の国有林の四一％と、きわめて重要な地位を占めている。また旧地方費林だった六四万ヘクタールの公有林は、北海道所管の道有林となり、現在は六一万ヘクタールであるが、全国の都道府県有林は一二〇万ヘクタールなので、道有林はその五一％を占める飛び抜けた広さとなっている。なお道有林は二〇〇二（平成一四）年から木材生産目的の経営を廃止し、もっぱら公益的機能を発揮する方向に転換した。

2　天然資源を掠奪的に利用した開拓期の林業

森林の施業案

『広辞苑』で「林業」をひくと、「土地に林木を仕立て培養し、これを経済的に利用することを目的とする生産業」とある。これが林業に対する社会通念であろう。しかし北海道開拓期の林業は、この説明にまったく当てはまらないものだった。なぜなら「土地に林木を仕立て培養し、これを経済的に利用」するためには、数十年の歳月を必要とするが、北海道には「培養」しなくても、目の前に無尽蔵と思える天然の木材資源が存在していた。第二章で紹介したように、札幌農学校のクラーク博士も北海道の森林を見て、「現今にては、材木生育栽植に大金を費やすは良策にあらず」「今より百年間はこの人民の需要に供するに足るべきなり」と、森林資源の将来を楽観視して開拓使を指導した。

それでは天然に生育した森林を経済的に利用する場合は、「培養」をどう考えたらよいのだろうか。前項で「国有林整理綱領」にもとづき各地域の森林ごとに「施業案」が立案されるようになったことを記したが、北海道庁はその施業案をつくる基本を、次のように解説していた。

北海道国有林の如き広大な原始林を経営するには、二つの目的がある。一は、〝永遠の保続〟を目的とするもので、すなわち現在および将来の林力を調査し、その蓄積を「資本」、年々の成長量を「利子」とみなし、毎年、伐採利用する材積は、前途永遠にその利子を減じない範囲で之れを定めるのである。二は、〝林相の改良〟を目的とするもので、すなわち現在天然の原始林は善悪の樹種が混生し、その土地に対して最善の林相をなすものではないから、之れを伐採利用するに当たりては、なるべく悪樹・不適樹を減じて、善樹・適樹を繁生することを努むべきである。（北海道『北海道山林史』）

これは林業にたずさわる者の良心として当然のことである。しかし現実に「経済的に利用」される場合は、施業案の考え方に逆行することが多かった。北海道に生育する天然林の木材利用は、エゾマツ、トドマツをはじめ、イチイ、ナラ類、シナノキ、カエデ類、ハリギリ、カンバ類、ヤチダモ、キハダ、ホオノキ、ハルニレ、オニグルミ、ブナ、ヤマナラシなど、多様なものがあるが、開拓時代における実態をいくつか例示してみよう。

マッチの軸木（ヤマナラシ、ドロノキ）

北海道開拓期の木材利用で、「年を追って長足の進歩をとげ、林産物利用上に一新生面を開いた」（前掲『北海道山林史』）のは、マッチの軸木生産だった。マッチは明治の文明開化とともに日本に普及したが、当初は輸入品にたより、やがて国産されるようになった。北海道では、明治初期に函館の監獄にいた一囚人がマッチ製造を試み、これに成功すると、開拓使では囚人の作業用にマッチ工場を設けたという。しかしマッチ工場の主力は本州、とくに兵庫県を中心とする阪神地方で、軸木は東北地方のヤマナラシを使っていた。ところが東北地方の原木が不足してきたので、一八八〇年代（明治二〇年前後）から北海道のヤマナラシ、ドロノキが注目されるようになった。マッチ工業は海外への輸出産業として急成長し、明治末期には生産量の約八割（約七〇万トン）が輸出用だったという。

北海道のマッチ軸木生産は、一八九八（明治三一）年には六八工場を数える盛況ぶりだったが、その多くは機械力をもたない人力作業だった。したがって「各工場は、付近の白楊樹を伐採し終れば、他に移動し或いは廃業し、また一方には新たな地方に工場が新設されるというが如き、まことに目まぐるしい変化を示した」（前掲『北海道山

図3•9　明治中期，マッチの軸木としてヤマナラシ30万本伐採の区域図（網走湖から濤沸湖への一帯。下側がオホーツク海）（前掲『北海道山林史』）

林史』）という。

やがて蒸気や水力の近代的機械を備えた規模の大きい工場も出現してくるが、そのひとつに、北見地方を本拠とする工場が「官林木御払下」を出願した記録が残っている。それによると、オホーツク沿岸の網走から小清水の止別《やんべつ》まで、網走湖、藻琴《もこと》湖、濤《とう》沸《ふつ》湖を含む付近一帯で「生存の白楊樹をしてマッチ軸木製造用に供するため、一ヵ年およそ三万本伐採の見込みにつき、相当の代金を以て、向う十ヵ年間、御払下」を申請し、それを調査した役所では、申請地は「至る所として該樹の生立せざるはなく」という状態で、「自今十ヵ年間伐採しても、森林保護上いささかも障害と認める点も無之候」として許可書を交付した（前掲『北海道山林史』）。しかし申請書に添付された位置図は簡単な絵図（図3・9）で、その範囲は漠然としており、手当たり次第に伐りまくることができるのが実態だったと思われる。

北海道のヤマナラシの産地は、北見を第一とし、十勝、天塩、釧路の順で、ドロノキの産地は十勝を第一とし、北見、釧路の順に多かった。こうして北海道のマッチ軸木生産は一九〇七(明治四〇)年ころピークに達したが、「その後しだいに原材料の欠乏をつげ、全道各地にその資源をあさったが、大正の初期には著しき欠乏をきたし、とうてい北海道において、わが国マッチ製造の原料供給を持続することができなくなり、大正七(一九一八)年前後より、沿海州地方の白楊樹に着目し、之れが輸入をはかるに至った」(前掲『北海道山林史』)という。これは〝永遠の保続〟とはほど遠い実態だった。

鉄砲の銃床(オニグルミ)

日本の旧陸軍には「三八式歩兵銃」という鉄砲があった。三八というのは明治三八(一九〇五)年、すなわち日露戦争に際して採用された銃であるが、第二次世界大戦のときも現役だった。私も中学生(旧制)のとき軍事教練で担がされた思い出がある。その銃の木の部分(銃床)にはオニグルミが使われ、主産地は北海道だった。オニグルミの材は堅くて狂いがなく、しかも鉄砲の手入れで油が浸みても磨けばよく黒光りするという利点があった。最初は東北地方の原木が使われていたが、やがて資源が枯渇し、北海道のオニグルミが注目された。

陸軍では銃床に使える材料をブナ材その他でも試作したが、オニグルミが優れているというので、政府はオニグルミは軍専用とし、一般の伐採を禁止した。そして陸軍の証明書をもつ者のみが伐採し、軍に納入できたが、それも最初は山中の現場で〝割り採り〟(どの部分を銃として使えるか見当をつけて伐る)で、山奥の一本木でもよい木を探し出し、背負い出したが、しだいに資源が減少し、選り好みできなくなったという。最初の主産地は羊蹄山麓地方だったが、しだいに各地に広がり、なかでも主な地域は「天塩の小平《おびら》、次いで北見の紋別地方へと移り、北見を最後の出材地として終焉を告げた」「東北地方は早く尽き、北海道からも出なくなった後の陸軍では、方面を変えて満州に資源を求め、年々、吉林地方から供給を受けているが、満州は蓄積も多く、質もしごく立派なものであるという」(須永欣夫『北海道材話』)。これも〝永遠の保続〟とは無縁の話だった。

鉄道枕木からインチ材へ（ミズナラその他）

日本の伝統的な建築や家具材には、スギ、ヒノキ、マツ、キリ、ケヤキ、サクラ、カシなどが多く使われ、ナラはそれほど重要視されず、薪炭にされるのが普通だったという。それが明治になって鉄道が建設されると、枕木として注目されるようになった。

北海道のミズナラも鉄道枕木に使われたが、北海道の森林にはミズナラがたくさん生えている。あるとき外国からオーク材の照会があったが、当時の英和辞典には oak がカシと訳されており、木材を扱う貿易会社では、日本のカシは輸出するほど多産しないので断ったという。ところがオークはカシではなく、ナラを指すことが分かったので、それ以降、北海道のミズナラがクローズアップされたという（前掲『北海道材話』）。ちなみにカシ類もナラ類もコナラ属に含まれるが、カシ類は常緑広葉樹、ナラ類は落葉広葉樹で、ともにオークと呼ばれる。ところがイギリスには常緑のカシがないので、英語のオークをカシと訳すと誤訳になるが、アメリカには常緑のカシと落葉のナラの両方があるので、アメリカ英語のオークは、場面に応じてカシとナラを使い分ける必要があるという。

それはそれとして、北海道のミズナラは明治の中期から昭和の戦前まで、中国を中心とし、ある時期にはメキシコなども含み、鉄道枕木として、木材輸出の首位の座を占めつづけてきた。枕木にはそのほか、シナノキ、ハリギリ、カツラ、クリなども使われたが、ミズナラが圧倒的に多かった。ところで中国に輸出されたミズナラの枕木の一部は、枕木として使われず家具材とされたり、イギリスの商人によって密かにイギリスへ転送されたことが分かってきた。それはイギリスを含むヨーロッパではオークが最高の家具材となるので、北海道から安く輸入されたミズナラ枕木のうち、品質のよいものを家具材として、高くイギリスへ転売したのだという。

そうした事情が明らかになったので、一九〇八（明治四一）年ころから、北海道のミズナラを中心とするインチ材の輸出が始まった。インチ材とは製材がインチの規格で仕上げられたものである。北海道のインチ材は高級家

図3・10「北海道輸出界のホープ」と書かれた『最近の吋材事情』

具材として、欧米で高い評価を得ることができ、イギリス、フランス、ベルギー、ドイツ、デンマーク、ノルウェー、スウェーデン、イタリア、アメリカ、カナダ、アルゼンチン、オーストラリア、ニュージーランド、エジプト、イギリス領南アフリカ（当時）、オランダ領東アフリカ（当時）など、世界各地に輸出され、戦前の北海道からの木材輸出の花形となった。

意外と思われるかもしれないが、インチ材の輸出は、第二次世界大戦後の北海道の経済復興にも、なにがしかの貢献をした。いま私の手元には『最近の吋材事情』（旭川営林局、一九五一）という冊子があるが、その表紙には「北海道輸出界のホープ」と書かれている（図3・10）。ちなみに『北海道年鑑』一九五一年版（北海道新聞社）の「貿易」の項を見ると、「林産物のうちインチ材は戦前の約三分の一以上の実績をあげ、ひとり万丈の気を吐いているが、枕木や丸太がまったく輸出されなくなっており」と解説されている。

日中戦争が始まったころに書かれた前掲『北海道材話』（一九三八・昭和一三）には、ミズナラについて、「乱伐時代を通過してきた現在の（ミズナラの）蓄積が、なお三億石以上もある所から推測すると、開拓初期の頃には幾億石あったものか、そしてその中には、如何に見事な巨樹大木が多くあったものか、今からではとうてい見当も想像もつかぬ」と記述されている。三億石は五四〇〇万立方メートルに相当するが、現在の北海道の自然林にもミズナラは多く生育し、その蓄積は約四七〇〇万立方メートルとされており、激減したとはいえない。しかし老大木はほとんど見かけない。『北海道材話』から七〇年を経過した現在の私たちにとっては、「如何に見事な巨樹大木が多くあったものか、今からではとうてい見当も想像もつかぬ」という思いが、いっそう強くなっている。

これも「施業案」がめざした〝林相の改良〟に逆行した現実と思われるが、当時の林業関係者は、エゾマツ・トドマツが有用木で、それ以外の広葉樹は雑木とする価値観が支配的だったから、林相の改良には、広葉樹を育成、保存するという考え方がなかったかもしれない。それではエゾマツ、トドマツはどうだったのか、うまく育っただろうか。

エゾマツ・トドマツの原生林

北海道の森林といえば、エゾマツやトドマツの原生林が連想されるが、豊富に産するエゾマツやトドマツは、北海道における建築、器具、包装、荷造りをはじめ、パルプ、坑木、漁場用材など、万能の木材として利用された。天塩川河口付近の木材(アカエゾマツ)の資源の消長は第二章で見たとおりであるが、鉄道や船運の発達によって遠路への木材輸送が可能になると、北海道内の需要だけでなく、移出、輸出も盛んになった。もっとも本州方面にはスギ、ヒノキなどの優れた木材があったので、その補完的な役割を担ったが、木材の乏しい中国などでは重用されたという。

とくに一九〇〇年以降(明治三〇〜四〇年代)、釧路、苫小牧、江別などに製紙工場が設立され、また砂川や小樽などに木材を扱う大手の会社が出現するようになると、伐採が加速された。第二章で見たように北海道庁の開拓政策は、「貧民を殖えずして富民を殖えん。……資本の移住を是れ求めんと欲す」を基本として土地処分を行なってきたから、林産物の処分も、当然のようにそれに同調した。具体的には、製紙のパルプ、マッチの軸木、鉄道枕木など、木材資源を利用する大手で、道庁長官が定めた資格を有する者に対しては、長官が随意契約で「年期特売」することができるというものである。王子製紙、富士製紙、三井物産、新宮商行、札幌木材、秋田木材、山田製軸(マッチ)などが、明治・大正期の年期特売に名を連ねていた。

この年期特売は、一定範囲の、かなり広い国有林内で一〇年以内の期間(更新可能)にわたり、目的とする林産物を払い下げるもので、払い下げを受けた業者は、必然的に目的にかなう「良木」だけを選んで伐採する。そこには「施業案」がめざすような、「現在天然の原始林は善悪の樹種が混生し、その土地に対して最善の林相をなすものではないから、之れを伐採利用するに当たりては、なるべく悪樹・不適樹を減じ、善樹・適樹を繁生することを努むべきである」という〝林相の改良〟に反する現実が生まれる。また天然林の施業は、次の世代を担う幼木(後継樹)を効率的に育てることが重要であるが、目的にかなう「良木」だけを奥地から選び出せば、その伐採や搬出で幼木が痛めつけられる度合いも高くなる。そのような後継樹が失われれば施業案でいう〝永遠の保続〟もできなくなる。これは年期特売だけでなく、小口の払い下げでも似たような実態だった。

そのころ、北海道庁で施業案に関係した技術者たちの間では、天然林の施業方法は「択伐」がいいか「傘伐《さんばつ》」がいいかで激論がかわされていた。択伐は、適度な抜き伐りをしながら、幼樹の発生や岩木の生育をうながすものであり、傘伐は、あらかじめ幼樹を発生させ、後継樹が確実に育った段階で、傘のような親木を伐採するものである。ところで現実はどうだったか。明治末期から昭和戦前まで北海道の林業にたずさわった林常夫は、「いまでいう上丸太のようなエゾマツの良大材、とくに選んだもののみが売れ、すなわち(択伐ではなく)選伐されたのである。……しかし伐られる木、すなわち売れる木は点々で、結局、点状択伐は今日まで続いている。……北海道のような大木の点状択伐であったら、それと同時にたいへんな懸木(支障木)のための枯損木が生ずる。また自然に平衡をえた原始林樹冠が、突然の伐木で点状に大穴ができると、北海道特有の浅根性の残立木は風に打たれ、虫害に弱り、思いの外の大枯損が併発するのであった。……これに原因する森林蓄積の減耗は実に夥しいものがあった」(林常夫『北海林話』)と回想している。

明治の文豪、徳冨蘆花(健次郎)が一九一〇(明治四三)年に、開通したばかりの網走線(旧国鉄池北線・ちほく高原鉄道ふるさと銀河線、二〇〇六(平成一八)年廃止)を訪ねたことは、第二章でも紹介したが、その『みみずのたはこと』には、次のような描写がある。「大勢の足音がする。見れば、巨鋸《おやのこ》や嚢《ふくろ》を背負い薬罐《やかん》を提げた男女が幾組も幾組も西へ通る。三井の伐木隊である。富源の開発も結構だが、楢の木はオークの代用に輸出され、エゾ松は紙にされ、胡桃《くるみ》は銃床に、ドロはマッチの軸木となり、樹木の豊富を誇る北海道の山も、今に裸になりはせぬかと、余は一種猜忌《さいき》の目を以て彼らを見送った」。

『日本の林業　北海道編』(札幌林政研究会、一九七二)は、「要するに、この時代の北海道では、典型的な掠奪的採取林業が行われた」と総括しているが、このようにして北海道の森林は、量的、質的な劣化がもたらされたのである。

3　育てる林業への転換、そして拡大造林へ

掠奪林業への反省

北海道の農業が、開拓以来ほぼ半世紀にわたり「掠奪農業」を行なった結果、地力の減退をきたし、大正なかころ以降、地力の回復・維持のため、農業政策が大きく転換したことは、第二章で見たとおりである。偶然というべきか林業政策でも同じ大正なかころ以降は「掠奪林業」への反省と、育てる林業への転換が起こった。そのひとつは「官行斫伐《かんこうしゃくばつ》」であり、もうひとつは「森林予算の増額」であった。

「官行斫伐」とは、国有林の伐採を民間主導にまかせると、前項で記したように良木の掠奪的な選択伐採が行なわれ、後継樹もうまく育たないので、これを是正し、北海道庁が自ら伐採を行なおうとしたものである。官行斫伐の利点は、①施業案に沿った計画的な伐採ができる、②良木だけでなく、天然林の林相を改良するために伐る木なども、一括して伐採し運搬するので、集約的な利用ができる、③誤伐や盗伐を防ぎ、伐採のため生ずる損傷木を減らすことができる、④地元住民の雇用の機会が増大し、愛林思想も普及できる、などというものだった。

それに対して主として木材業界からは、①民業圧迫である、②官は非能率で経費も高くつく、③市況を敏感に反映した木材の供給ができない、④本州で行なわれている官行斫伐は完備した貯木場を備えているが、北海道にはないので、品質保持に問題を生ずる、などという反対論もあった。

そうしたことから北海道庁では、官行斫伐の全面的な実施ではなく、民間主導と両立させながら、一九一九(大正八)年から官行斫伐を導入した。また次に記す森林予算の増額もあって、官による森林軌道の布設や林道の開削、天然更新の生態や森林土壌の研究、天然更新に対する補助作業の導入などもすすめられた。この官行斫伐は第二次世界大戦中まで継続されたが、それまでの掠奪林業を脱して天然林施業の改善に向かったというプラスと、お役所仕事の非効率というマイナスの、両面を備えていたといえよう。

「森林予算の増額」とは、掠奪林業時代は伐採する樹木はタダで育ったという思いもあって林業予算が少なく、伐採で得られた収入の多くが道路や橋などの公共事業費(拓殖費)に回されていた。例えば北海道庁が開道七〇年を記念してまとめた『開道七十年』には、「(第一期拓殖計画の期間を通じて)国有林より伐採された木材は五千五百五十二万石に達し、その他諸収入を合計して(森林収入は)五千三百七十一万余円を示し、支出は二千六百二十七万余円になるを以て、差引き二千七百四十四万円は、拓殖計画の財源となりしものである」と記録されている。

その第一期拓殖計画は一九一〇(明治四三)年から一五年間にわたり、「総額七千万円を以て、殖民、産業、道路、橋梁、土地改良、河川港湾の修築など、拓殖上重要なる各種施設の充実を企画した」(前掲『開道七十年』)という総合開発計画だった。これは最終的には一億円以上の規模に膨らむが、七〇〇〇万円のうち二千数百万円は森林収入から得ようというのだから、森林を「打出の小槌」のように見る、たいへんな計画だった。

しかし、これでは森林は金を生み出す道具であって、森林環境が悪化するばかりだ、育てる林業には金がかかるのだ、という林業関係者の主張がやっと理解され、大正半ば以降は林業予算も「拓殖費」に編入され、少しではあるが、森林整備費が増額されるようになった。その結果、先に記した天然林施業の改善へ経費が回っただけでなく、民間の造林に対しても補助の道が開かれたのである。

北海道の造林の歴史をたどると、道南の一部では江戸時代から植林された先例があり、また開拓使では、例えば札幌の円山養樹園などで苗木を養成して民間に下付したり、北海道庁では、北海道国有未開地処分法による「植樹地」への苗木下付などが行なわれたりもした。なお本章第一節「北方林の位置づけを探った先人たち」に登場した田中壌は、道庁退職後に北海道造林株式会社を設立し、造林事業を実行した先覚者でもあった。しかし大勢としては掠奪林業で、造林が積極的に行なわれることは少なかった。そうしたなか森林が失われたことの悪影響が、西海岸のニシン漁業の不振に現われたことをきっかけとして、一九一三（大正二）年に「魚付林造成補助金下付規程」が設けられ、部分的ではあるが海岸緑化が始まった。

しかし内陸部の森林では、乱伐や山火事跡の無立木地・荒廃地が広がっていた。国有林や道有林は天然林の「択伐」が主流だったが、私有林は人里に近い立地のこともあって、すべて伐採する「皆伐」や、掠奪的な過伐が多く行なわれ、荒廃地が随所に出現した。そのため一九二〇（大正九）年に「荒廃地造林補助規程」が設けられ、農山村地域の植林が奨励されるようになった。そうした民間の造林費への補助は、大正後半から昭和にかけ、多少の浮沈はあったものの、「樹苗無償補助」「特殊樹種造林補助」「耕地防風林造成補助」など、しだいに拡充されていった。

このようにして大正後半から昭和初期にかけ、育てる林業への転換期が訪れた。

戦中戦後の異常な伐採

しかし育てる林業が十分に育たないうち、日本は戦時態勢に入った。戦時中の『北海タイムス』（北海道新聞の前身）一九四一（昭和一六）年六月二四日付けには、「阿寒・大雪山にも木材生産の斧／当局施業案作成へ」という見出しで、「国立公園内の資源開発は、犠牲《いけにえ》国策の進展によって逐次開発の触手を伸ばされ、風致、美観維持上禁断となっていた秘境も有力な企業対象となり、……阿寒・大雪山の千古斧鉞《ふえつ》を知らぬ原始林も木材増産に呼応して伐採されることになり、本年、道庁で施業案作成に着手した」と報じられている。この記事の「犠牲国策」とか「触手」という表現には、新聞記者の戦争に対する抵抗姿勢が現われているが、やがてそのような批判も許されなくなる。

とくに太平洋戦争末期には、「兵力伐採」「針葉油伐採」「坑木供出」などがいっそう強力に、強制的に行なわれた。「兵力伐採」は、例えば、本土決戦がさけられない情勢となり、根室、釧路、十勝、日高などの沿岸で、敵の上陸作戦に備え、長大な濠を掘り、さらに銃砲座を築くため、その構築材料として沿岸の森林が軍隊によって伐採されたもので、これは防風・防霧保安林などに大きなダメージを与えた。沿岸だけでなく、内陸部でも軍隊による伐採が行なわれた。また「針葉油伐採」は、ガソリン燃料の代用として、本州では松根油が採られ、北海道ではエゾマツ・トドマツの生枝葉を蒸留することになり、老大木だけでなく天然更新の後継樹など、成長旺盛な多くの若木が犠牲となったが、その主な対象地は官行斫伐地だったという(津村昌一編『北海道山林史餘録』)。

「坑木供出」は、石炭の増産にともなう、炭坑用の坑木の供出であるが、これは戦時中だけでなく、戦後復興の石炭増産にも尾をひいた。また戦後は、復員軍人や海外からの引揚者の「緊急開拓」が重要な国策となり、北海道各地に多くの緊急入植者が入り、森林が伐採された。例えば、一九六〇～七〇(昭和三五～四五)年ころまで、野幌森林公園の国有林の真ん中に開拓農地があったし、知床国立公園の岩尾別付近にも広大な開拓農地があった。野幌では跡地が森林公園用地として買収されて緑化がすすみ、知床では跡地が「知床百平方メートル運動」の対象地となっている。

こうした戦中戦後の異常な伐採の全体像は記録に残されておらず、断片的な語り伝えがあるだけである。例えば植物学者の舘脇操は、次のように記している。

昭和十八年から昭和二十二年まで、私は阿寒に足を入れなかった。というより入れなかったのである。

……（昭和二三年になってやっと）阿寒を訪れて、このときくらい惨めな感情を与えられたことはない。釧路からの道はあられもなく凹凸となり、かって詩情を与えてくれたルベシベのあたりは緊急開拓のため、丸裸となり、ピリカネップへの道路はさんざんな伐採ぶりである。しかも、それから湖畔への道筋で、大木らしい大木はほとんど姿を消してしまった。昔恋しいと叫んでみても仕方がない。……湖畔までの景観は、国立公園を脱して、もはや支庁公園の線にまで転落していた。（舘脇操『阿寒国立公園に想う』）

同じ舘脇は、支笏湖の樽前山のエゾマツ林について、次のように書き残した。

エゾマツがここほど沢山あった山はなく、またその森林が壮麗だったことも天下に冠たる山であった。エゾマツの林、ことにその純林というものは、きわめて部分的であり、樽前のように中腹一帯から裾野にかけてが、この林で埋もれていたなどという景観は、おそらく世界にもその類例が少ないものであったであろう。シシャモナイと呼ばれる支笏湖の西南端の平坦に近いゆるい斜面など、その代表的なものであった。……私がこの林に入った昭和十年ころでも、択伐されたために端麗な五〇メートル平方の〝原始的林床景観〟はもはや（記録を）とれなかったが、さらに戦時伐採の影響によって、原生林のゆかしさはまったく失われた。支笏湖畔から黒々とみえる森林も、近くに寄ると、すでに痛々しい〝過伐の跡地〟だらけである。樽前山の森林の過去を知る者にとって、この現実はなんという悪夢であろう。（前掲『北海道山林史餘録』）

洞爺丸台風の風倒木

舘脇が「なんという悪夢であろう」といった樽前山のエゾマツ林は、それでも「支笏湖畔から黒々とみえる」状態だった。ところが国立公園レンジャーとして一九五六（昭和三一）年に支笏湖畔に赴任した私が見た樽前山は、「黒々」ではなく「赤茶けた山肌」だった。エゾマツ林のすべてが、洞爺丸台風で失われていたのである。私が見ることができたのは、エゾマツの「なきがら」をイカダに組み、毎日、毎日、支笏湖の湖上をボートで引っ

図3•11　風倒木が山積みにされた土場（大雪山国立公園内・十勝三股，1957・昭和32）

張ってくる光景だった。支笏湖畔には広大な木材の置場（土場）があり、風倒木が山積みされていた。これこそ「なんという悪夢であろう」のほかに言葉がない。

一九五四（昭和二九）年九月の洞爺丸台風は、青函連絡船洞爺丸などを沈没させて千数百名の犠牲者を出し、あるいは岩内町に大火を発生させたり、農作物を痛めるなど、大きな被害をもたらしたが、北海道各地の森林にも猛威をふるい、莫大な風倒木を発生させた。この年には五月にも暴風による森林被害があり、両方を合わせると、二六八八万立方メートル（当時の単位で九六六〇万石）に達し、その八五％が国有林内の被害だった。台風の前の年（一九五三・昭和二八）の北海道内の総伐採量は七六五万立方メートルだったから、洞爺丸台風などの被害は、当時の三・五年分、国有林だけでいえば四・五年分の伐採に相当する林木が、一瞬のうちに失われたのである（北海道山林史戦後編編集者会議『北海道山林史　戦後編』）。ちなみに近年（二〇〇二・平成一四）の北海道の森林の伐採量は二四五万立方メートルだから、いまなら七〜八年分に相当する。洞爺丸台風によるダメージがいかに大きかったか理解されよう。

そのなかでも、とくに被害が集中したのは、大雪山、天塩岳、夕張岳、支笏湖周辺などの森林だった。そうした山岳地帯の森林には、掠奪林業時代にも人手の入らなかった原生林があった。例えば石狩川源流の原生林について、大島亮吉は一九二〇（大正九）年の紀行「石狩岳より石狩川に沿うて」で、次のように描写している。

　この大森林の中を通って行った印象を長く自分は忘るることはない。鬱蒼《うっそう》とした樹葉の密団を浸透してくる光は極めてかすかで、その陰湿さは下生えの雑木の生育を許さず、わずかの好陰性の植物や羊歯、蘚苔類のみが生い茂って歩みは意外に速い。限りなく巨幹は巨幹と続いてそこには無限と思わるる寂寥《せきりょう》があった。しかし同時に同じ紀行文には、「広々とした川床の全部を蔽いつくして、なお遠い傾斜地まで、そこには打ち倒れた巨木が累々と折れ重なり、横たわり、半ば倒れかかり相い互いによりかかりつつ、刺々しい樹枝を空しげに突き立てている」という、風倒木の情景も描写されていた。（大島亮吉『山――研究と随想』）

この原生林に科学的な総合調査を行なうべきことを提案し、実行の中心的な役割を果たしたのは舘脇操である。一九五二〜五三（昭和二七〜二八）年にわたり、植生、土壌、地質、気象、森林病虫害、森林施業など各専門分野の研究者が共同して、この原生林の現状をつぶさに調査し、特性を明らかにしようとした。舘脇はこの調査が終わった翌五四年、ヨーロッパに行き、石狩川源流の原生林を紹介した。

私がデンマークで開催された国際自然保護連合の大会で、石狩川上流の原生林の一例として、ドロノキとエゾマツの天然林の写真の引伸ばしを見せたところ、人々は等しく驚嘆した。そして口を揃えて「日本にはまだこんな美しい林があるのか」と讃嘆した。原生林は欧米文化人にとって、自然郷愁をそそるものである。実に石狩川源流の奥山盆地の森林こそは、世界にだしても恥ずかしくない国土の誇りであった。（舘脇操「植生随想」）

このときの調査結果は『石狩川源流原生林総合調査報告』（石狩川源流原生林総合調査団編、一九五五）という、四〇〇頁もある分厚い報告書にまとめられた。しかし報告書が世に出たとき、肝心の原生林はこの世になかった。報告書の序文には、「不幸にして昨昭和二九年、二回にわたる猛烈な台風により、この原生林が壊滅的損害を受けるに至ったことは、まことに痛惜にたえない」と記されている。また舘脇は先の文章につづけて、「しかし痛ましいかな、一九五四年の台風は、これに対して全壊に近い憂き目を見させてしまった」と書いている。これまた「なんという悪夢であろう」としかいいようがない。

このような莫大な風倒木が全道的に、突発的に発生したため、一九五〇年代後半の北海道林業界にとっては、この風倒木をいかに早く効率的に処理するかということが、最大の緊急課題となった。風倒木をそのままにしておけば、針葉樹は腐朽が早く、あたら資源を無駄にすることとなり、また山火事や病虫害が大発生する恐れもあった。大島亮吉が大正時代に描写したような、風倒木を放置しておくことは時代が許さなかった。

そこで生の立木の伐採を少なく抑え、風倒地帯に緊急の林道を開削し、トラックによって風倒木を早期に搬出することとなった。それまでの造材は、冬期に伐採し(第三章扉頁の写真参照)、雪道を馬そりで運搬するのが一般的だったが、風倒木処理を契機に、そのような造材風景は昔語りとなり、夏期に動力鋸(チェンソー)を使い、トラクターで集材し、病虫害を防除するためヘリコプターで薬剤散布をする、機械化林業が一般化した。林業が一挙に近代化したのである。また風倒跡地で植林の可能な場所には、トドマツ、カラマツなどが積極的に造林された。

風倒木の処理が一段落するまで数年間を要したが、この間に林道はめざましく整備された。道内の国有林の林道は、一九五五(昭和三〇)年には一七〇八キロメートルだったが、風倒木処理後の六〇(昭和三五)年には三九三七キロメートルと倍以上となり、一方で森林軌道は九一二キロメートルから五六六キロメートルと半分近くに減少した。風倒木の激甚地帯だった石狩川源流部では、山奥の支流のすみずみまで樹木の小枝のように林道が延びた(図3・12)。そうした林道の一部はその後、国道などに変身した。例えば、層雲峡から石北峠を越え留辺蘂《るべしべ》へ至る国道三九号、層雲峡から三国峠を越えて糠平に至る国道二七三号、支笏湖から美笛峠を越えて大滝に至る国道二七六号などは、峠越えの部分を除き、風倒木処理の林道がその原型をなしていた。また新得からトムラウシ温泉に至る道道、定山渓から朝里峠を越えて朝里に至る道道なども、林道が先導役を果たした。それだけでなく風倒木処理にともなう林道整備や木材搬出法の改善などは、後に記す「拡大造林」の考え方に大きな影響を及ぼすことになる。

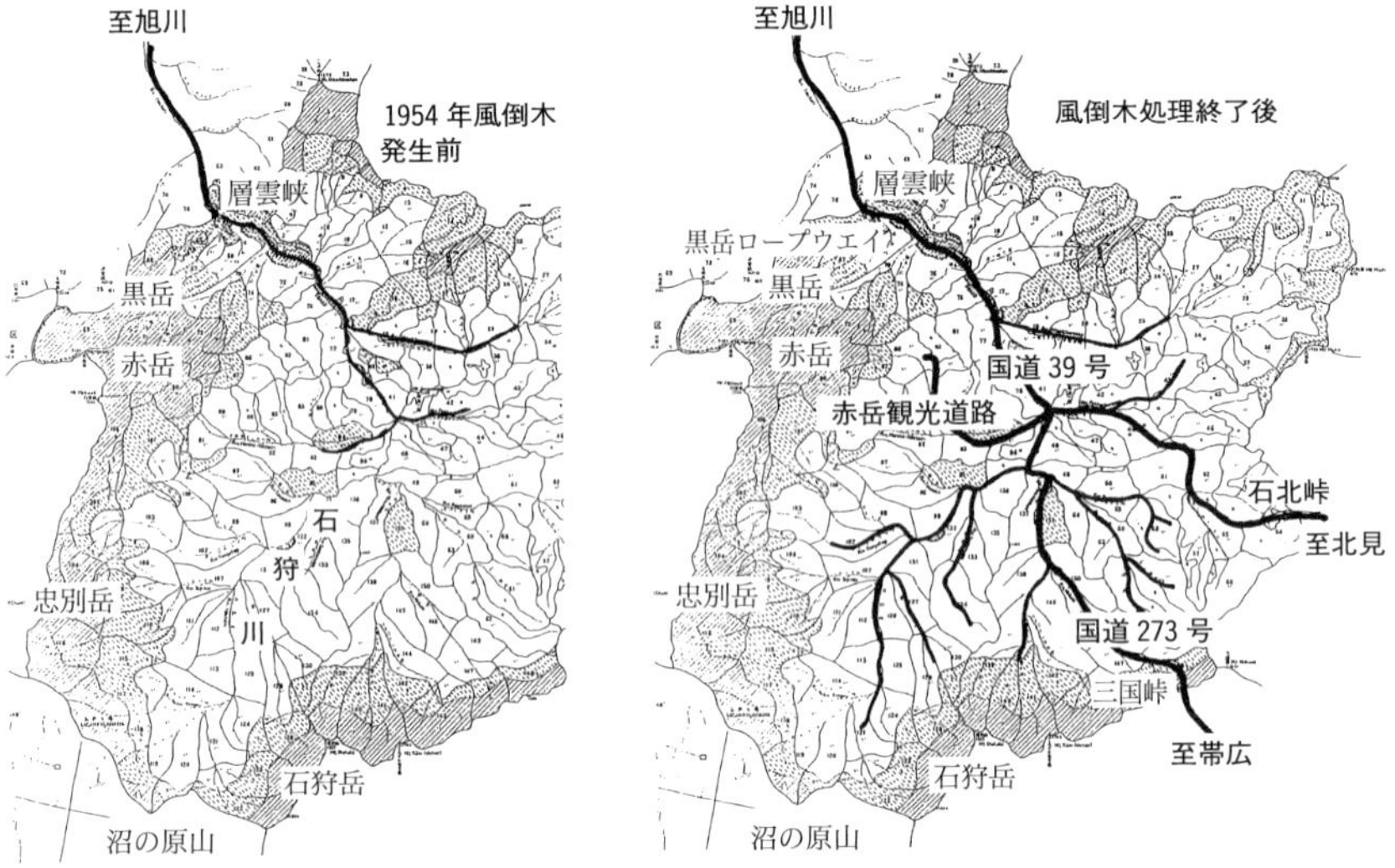

図3・12　石狩川源流地域の風倒木処理後の道路網(左は風倒木発生前，右は風倒木処理後)。国道39号(石北峠)と国道273号(三国峠)が開通し，石狩川源流の支脈に林道が開削された

ところで石狩川源流の風倒木の跡地は、その後どうなっただろうか。幸いにも、例えば『石狩川源流森林総合調査報告(第二次)』(旭川営林局、一九七七)、「石狩川源流地域における風倒後三四年間の森林植生の変化」(豊岡洪他、一九九二)、『森林復興の軌跡――洞爺丸台風から四〇年』(よみがえった森林記念事業実行委員会、一九九五)など、いくつかの記録が残されている。これらの報告書によると、風害前はエゾマツ・トドマツの純林に近い原生林が大部分だったが、風倒跡地は、エゾマツ・トドマツの若木が育っている部分もあるが、それは風害前にすでに幼木がめばえていたものが成長したのが大部分で、ほかの多くの部分ではヤナギ類、カンバ類を主とする落葉広葉樹林となり、またササが繁茂し森林の成立が思わしくない部分もある。全体にエゾマツはきわめて少なくなった。また植林したものは、高地・寒冷の裸地への植林だったので、消失したものが多いという。石狩川源流に昔のような豊かな森林が戻るのは、まだはるかに先の話である。

近年は「自然再生推進法」が成立し、自然再生事業がクローズアップされている。これは道路やダム建設など、従来型の公共事業への風当たりが強く先細りなので、「過去に損なわれた生態系その他の自然環境を取り戻す」(自然再生推進法第二条)事業なら、社会の理解を得やすいだろうと、新時代の公共事業の受皿を期待し、行政が発想したものである。しかし石狩川源流の自然再生は、わずかな人手とゆっくりした長い時間をかけ、自然の力で回復しつつある。自然環境を再生するには、ブルドーザやダンプカーが主役となって積極的に人手を加える大型公共事業はなじまない。それだけではない。森林を育成するにも「大きいことはいいことだ」が通用しない。拡大造林の場合を見てみよう。

拡大造林と木材増産計画

洞爺丸台風は、北海道の森林にきわめて大きなダメージを与えたが、その風倒木処理の過程で、木材関連の林産業が盛んになった。これらの業界からは風倒木処理終了後にも、引きつづき木材の供給を望む声が当然のように起こった。折から日本経済は、「もはや戦後ではない」(『経済白書』一九五六年版)という時代になり、「神武景気」が訪れ、やがて高度経済成長が始まろうとしていた。各種の産業が盛んになり、人々の生活が安定してくれば、建築・器具などの用材、紙のパルプ材など、薪炭材を除いて軒並み木材需要が大きくなることが、確実に予想された。しかし当時は、木材輸入に大きく期待することはできない社会・経済情勢だった。

それにもかかわらず北海道の天然林は洞爺丸台風で量的、質的な劣化をきたし、需要に追いつけるだけの成長が期待できない。天然林と植林された人工林を比べれば、人工林の方が成長量が大きい。そうした背景のもと林野庁では一九五七(昭和三二)年、全国的な視野から、一般には「拡大造林」と呼ばれる「国有林生産力増強計画」を立案した。これは全国計画ではあるが「重点は特に北海道に対して指向された計画であった」(前掲『北海道山林史　戦後編』)とされ、翌五八年から実施された。

森林を木材生産という観点から見ると、ある面積の森林が、常に健全な状態にあって、毎年、その森林の成長量に見合う分だけ木材として伐りつづけても、その森林の成長量は年々最高となり得るような状態を保ちつづけられることが理想である。このような森林を「法正林」といい、ドイツの林学で発達した概念であるが、明治以来の日本の森林の経営は、この法正林をひとつの理想として追い求めてきたのである。先に記したように、北海道庁でも「施業案」の基本を、「その蓄積を「資本」、年々の成長量を「利子」とみなし、毎年、伐採利用する材積は、前途永遠にその利子を減じない範囲で之れを定める」としたのは、そのひとつの現われである。

ところが「拡大造林」は、この法正林を真っ向から否定する立場をとった。林野庁でこの計画をすすめた小沢今朝芳は『新しい国有林経営計画』(一九五七)で、「つまり目標は法正林ではなく、おおきくいえば国民経済への寄与であり、……いわゆる需要というものに密着した計画をさす。これまた産業としての林業、あるいは間に合う林業のめざす当然の結論だともいえよう」といっている。その結果、生産性が低いとされる奥地の天然林を大面積に「皆伐」し、植林の可能なところは、すべて人工林に転換する方針が打ち出された。すなわち「育てる林業」への大々的な転換である。

北海道の国有林では、一九五七(昭和三二)年の人工林一四万ヘクタールを、その四〇年後には一一三万ヘクタールとすることが目標となり、それまでの皆伐と択伐の比率、一八対八二を、四〇対六〇とし、短期間で伐採を期待できるカラマツ(二五～三〇年)を三〇～四〇%くらい、成長に時間のかかるトドマツ(五〇～六〇年)やエゾマツ(六〇～七〇年)を六〇～七〇%くらい導入することとした。この計画には聖域がなく、国立・国定公園内の天然林にも当然のように及んだ。また道有林もほぼ国有林の方針に従った。

国有林の森林を、どの程度まで伐採してよいかの指針となる標準伐採量は、「国有林野経営規程」によって、「成長量を基準として」定められることになっていた。すなわち法正林の考え方に従っていた。ところが一九五八(昭和三三)年、林相を改良する(人工林にする)ためには、将来の、「計画期間終了後における成長量の増加の程度を勘案して」定めることができるように改正された。いわゆる成長量の先食いが始められたのである。そればかりではない。六一(昭和三六)年には「木材増産計画」が樹立された。それは拡大造林の計画より、さらに伐採量を一八%、六六(昭和四一)年以降は二〇%以上も増加させ、人工造林地をさらに拡大させようとしたのである。

シマフクロウやクマゲラが営巣するような老木、あるいはヒグマやリスの餌となるドングリを実らすミズナラの大木など、多様な樹種を含む針広混交林は、野生鳥獣の住みかとしては価値があるが、林業的には成長量が小さく価値が低い、また老齢過熟の大木はいずれ朽ちはてるものだから、早期に伐採して、その後には成長の早いカラマツを植えることの方が、将来のためになる、という思想である。

この拡大造林政策に対しては、計画当初から学識経験者の間で疑問視され、批判があった。例えば北海道大学で造林学を担当した武藤憲由は『拡大造林の問題点』(一九五八)で、「一ヶ所の皆伐面積をせまくすれば、霜や風の害を緩和することができる。しかし年々三万ヘクタールの皆伐跡地がつくられ、……どうしても大面積の皆伐跡地ができることは避けられなくなる。だから霜に弱いトドマツが凍害箇所に、風に弱いカラマツが風衝地に植えられるようなことが絶対にないとは、おそらく誰も保証はできないであろう。ここに大きな不安がある」「大面積の皆伐跡地ができるとすれば、出水の時期が早められ、出水の量がふえることは当然であり、大雨による惨害が目にうかぶような気がする」と指摘した。

また四手井綱英は『造林技術のあり方——拡大造林計画を批判して』(一九五八)で、森林生態を重視する立場から択伐方式の利点を挙げ、「賛成しかねるのは、皆伐人工造林至上主義を打ち出して、これのみが育成林業であるといいきった点である」「寒冷な北海道の成長の遅遅たる針葉樹林、あるいは海抜の高い山岳林で、どうして皆伐が最良の手段といえるか」「私が反対するのは画一化である。複雑で多様な山岳林業で、一作業法だけに重点をおいて、いままでの造林学の研究が決して推奨していない作業法を強行することに不満をもつ」と批判した。

そうしたなかで、拡大造林・木材増産計画は実行された。果たして結果はどうだったのだろう。前掲の『日本の林業 北海道編』は、北海道の国有林では、「(成長量の先食いによる)保続計算から誘導される標準伐採量はいっきょに四四三万立方メートルから六六六万立方メートルに引上げられたが、それでも収穫量は標準伐採量を大きく上回り」「大面積に植栽されたカラマツ造林地に対する先枯病の大発生、トドマツ造林地に対する気象害の発生、天然更新不良による択伐林分の内容の悪化などにより、もはやそのままでは所期の目標を達成することは困難になった」と記述している。また前掲の『北海道山林史　戦後編』は、「（造林地が拡大し）経過は順調に見えたが、造林地において既にこのころから、野ネズミの大発生や、カラマツ先枯病などの、不測の事態が進行中であった。木材増産計画の実施は、国有林に対していっそうの負担を強いるものであり、資源内容の悪化を加速する原因となった」と評価している。

すなわち、高度経済成長の需要に合わせて成長量も増大させようと始めた、大面積の皆伐、一斉造林は、その計画の背景は理解できなくもないが、「大きいことはいいことだ」が自然環境に通用せず、まず木材生産の林業として失敗したのである。ちなみにカラマツは二五〜三〇年の短伐期が期待されていたが、実際に木材として使ってみると品質が悪く、その後は、長伐期の扱い（五〇〜八〇年）に変更された。木材生産としての失敗だけではない。高度経済成長時代を支えてきた「働き蜂」が、緑の環境に憩いを求めようとしても「美しい森林風景」が各地で失われていた。東北地方や北海道の南部ではブナの原生林がつぎつぎと姿を消した。さらにエコロジー思想の普及とともに、野生鳥獣が生息する森林環境が失われたと指摘する声が大きくなった。そうしたことを背景として一九七〇（昭和四五）年ころから、「国有林は伐りすぎ」という国民的な世論が高まった。そのため国有林の政策は七三（昭和四八）年以降、拡大造林の路線から撤退し、「国有林における新たな森林施業」に転換した。これは「大きいことはいいことだ」から「小さいことはいいことだ」への転換である。

ところで先に記したように、一九五八（昭和三三）年に拡大造林がめざした人工林の拡大は、四〇年後の九八年には一一三万ヘクタールとなる予定であった。その九八（平成一〇）年はすでに過ぎ去ったが、現実の人工林面積は六九万ヘクタールだった。ただし、その前の七二（昭和四七）年に拡大造林は終わっていたから、七二年で見ると四三万ヘクタールだった。拡大造林の期間中、北海道の国有林では毎年、約三万ヘクタールずつ新植人工林が増え、五八年から七二年までの一五年間の新植造林地の累積は四四万ヘクタールとなっている（北海道『北海道林業統計　時系列版』二〇〇〇）。拡大造林着手前の人工林は一四万ヘクタール存在していたから、本来は四四プラス一四で七二年には五八万ヘクタールとなるべきなのに、現実には四三万ヘクタールしかなかった。ということは差し引き一五万ヘクタールは、新植されたが造林地面積には計上されず、消滅したり同じ場所に再造林された、不成績造林地（図3・13）だったという疑いが出てくる。

ただし、現実に不成績かどうかは造林直後に現われるとは限らないので、統計数字には時間的なずれが生ずるが、二〇％くらい不成績造林地が生じたというのは、多くの関係者が認めるところである。例えば全林野労働組合の『緑はよみがえるか』（一九八二）も「戦後、国有林が（全国で）造林した二一五万ヘクタールの二割にあたる四〇万ヘクタールが、こうした不良造林地とみられます。……「手入れ不足で成林の見込みなし」として、せっかく植えた山を天然林に編入したところもあります」と指摘している。

図3•13　不成績造林地。「国有林」の標識（上の黒い部分）は腐食，植栽記録は消え樹皮が食い込んでいる（旭川営林支局管内，1987・昭和62）

近年（二〇〇〇・平成一二）の国有林の新植造林地はわずか一一八ヘクタールである。拡大造林時代の三万ヘクタールと比べると、きわめて小さい。それでは「小さいことはいいことだ」の実態はどうなっているのだろうか。

4　新たな森林施業、そして赤字経営

収穫量の減少が経営を圧迫

国有林の政策は一九七三(昭和四八)年から「新たな森林施業」に転換した。その要点は、①皆伐対象地を減らし、択伐対象地を増やす、②皆伐箇所はなるべく分散する、③伐採面積はなるべく小さくする、④必要な場合は保護樹帯を設け、有用な幼樹は(エゾマツ、トドマツ以外でも)保残する、などというものである。要するに拡大造林政策の失敗を反省し、自然に逆らわない林業をめざしたわけである。

このことを北海道の国有林関係者は、「とくに北海道の国有林にとっては、(昭和)三三年の生産力増強計画、三六年の木材増産計画、つまり人工林の積極的拡大から、一転して天然林施業に回帰したわけである。この結果、保健休養など国民の福祉のための森林が増加し、森林からの収穫量は目にみえて減少するようになった」(前掲『北海道山林史　戦後編』)ととらえている。どのくらい伐採量が減少したのか、またそれと並行して新植の造林面積がどのくらい減少したかは、図３・14を見ていただければ一目瞭然である。

「収穫量は目にみえて減少するようになった」のは、国有林関係者にとってはたいへんなことである。なぜなら国有林は独立採算の特別会計制度をとっているので、収穫量が減れば、当然のこととして特別会計の収入減となる。

戦前の国有林は一般会計で、北海道では先に第一期拓殖計画の事業費で見たように、森林収入が他の事業の財源に回されていたが、本州方面の国有林でも同様の傾向があった。また戦前の「御料林」の収入は皇室財政を支えていたが、それが国有林に編入されればドル箱の宝の山となる。だから「林政統一」当時の国有林関係者にとって、森林収入を自らの森林整備に使える独立採算制は、魅力があった。また大蔵省は、戦時中に荒廃した森

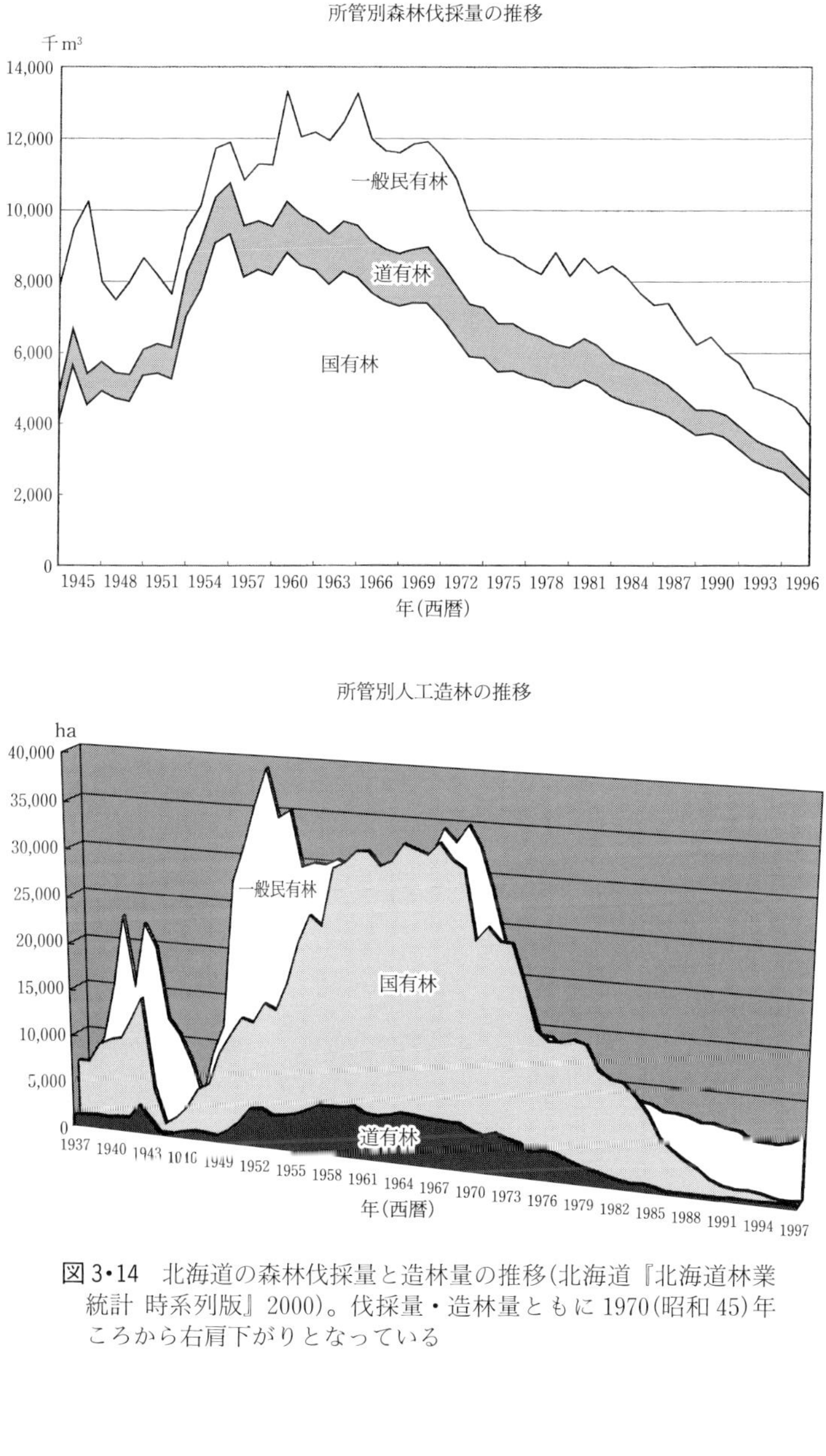

図3•14　北海道の森林伐採量と造林量の推移(北海道『北海道林業統計 時系列版』2000)。伐採量・造林量ともに1970(昭和45)年ころから右肩下がりとなっている

林の復旧に一般会計の予算を使わなくてすめば、苦しい戦後の財政にとってプラスになるという判断があった。こうしたことから独立採算制が導入されたという（日本林政ジャーナリストの会編『わたしたちの森――国有林を考える』）。また道有林も特別会計制度を導入した。

こうして発足した国有林の特別会計は、戦後復興の一時期を除き、ほとんどの年は順調に黒字を計上した。そして益金の一部は一般会計に繰り入れられ、治山事業費、農林漁業金融公庫、森林開発公団などの経費にも使われた。

そのように経営状態が良好であれば、職員の人件費に対しても柔軟に対応できた。拡大造林などで事業量が拡大すれば、それにかかわる雇用も多くなる。戦前の北海道の国有林では官行斫伐が行なわれたことを先に記したが、戦後の国有林では「直営生産」というシステムを導入し「直雇」したので、多数の臨時作業員が生まれた。その他の部門でも臨時作業員を必要とする場面が多かった。こうして雇用された側は、働く者の権利として雇用条件の改善を求めるのは、時代の流れの必然だったので、国有林の労働組合では、公務員の定数確保が組合運動の大きな目標のひとつとなった。一九五五（昭和三〇）年の林野庁の定員内職員は一万九〇〇〇人だったが、六五（昭和四〇）年には三万七〇〇〇人に増加し、そのほかに常勤、常用、定期の定員外職員を合わせると八万八〇〇〇人規模となった。また、この定員外職員の一部は七八（昭和五三）年に、二万人規模の「限りなく定員内職員に近い」基幹作業職員という林野庁独特の公務員となった。

元林野庁長官の田中恒寿は、各地の営林署長や営林局長を歴任したが、「要員確保の闘争が続きまして、営林署長の悩みは、要員の肥大化をいかに抑えるかでありますが、組合は要員問題は作業の安全にかかわるということで、安全を前面にだして、要員の確保という闘争を続けてきました。（昭和）五三年までずっと（営林局の）現場におりましたけれども、そのときの感じからすれば、連戦連敗しているような気がしていました。組合側からみますと連戦連勝ということになり、非常に意気さかんになり、こちらは意気消沈するということもありました」（前掲『わたしたちの森』）と回想している。

しかし人件費の増大は、伐採量の減少にともなう収入減の国有林経営を圧迫する、大きな要因となった。そればかりでなく、林業経営をとりまく環境は日々にきびしさを加えていた。

林業が不振となる要因

新たな森林施業になり「収穫量は目にみえて減少するようになった」にもかかわらず、日本社会からは「木材が足りない、もっと伐れ」という声はまったく出てこなかった。なぜなら日本には、多量の木材が外国から輸入されていたからである。拡大造林政策が始まったころ、木材の需要が大きければ国内の森林を伐って対処するというのが原則で、外国から大量に輸入するという情勢にはなかった。ところが一九六〇年代から木材輸入が急増するようになった。

木材の自給率は、一九六〇（昭和三五）年は八七％だったが、七〇（昭和四五）年は四五％、八〇（昭和五五）年は三二％と低下し、近年（二〇〇〇年・平成一二）はわずか一八％である。なお八〇年代から現在までの日本の木材需要量は、毎年九〇〇〇万～一億一〇〇〇万立方メートル程度に推移し、その七〇～八〇％程度が外材だから輸入量は七〇〇〇～九〇〇〇万立方メートル程度である。このように輸入材が増えてくると、木材は山からではなく海から採る時代であるから木材の価格は港についた木材価格が標準となる。そうしたなかで円高が進行すれば、輸入材も安くなり、安くなればまた輸入量が増えるという傾向が顕著となる。日本の山で手間ひまかけて木を育てても、それに見合うだけの生産原価は認められない。輸入材の安値に引っ張られて国産材も安く抑えられる。

例えば図3・15は、日本の林業生産をとりまくいくつかの項目について、一九八〇（昭和五五）年を一〇〇とした場合の、九九（平成一一）年の指数を表わしたものであるが、それによれば、スギ中丸太の価格は四九に下落したのに、伐り出す賃金は一四八、苗木代は一六八と上昇している。これでは林業は産業として成りたたなくなる。

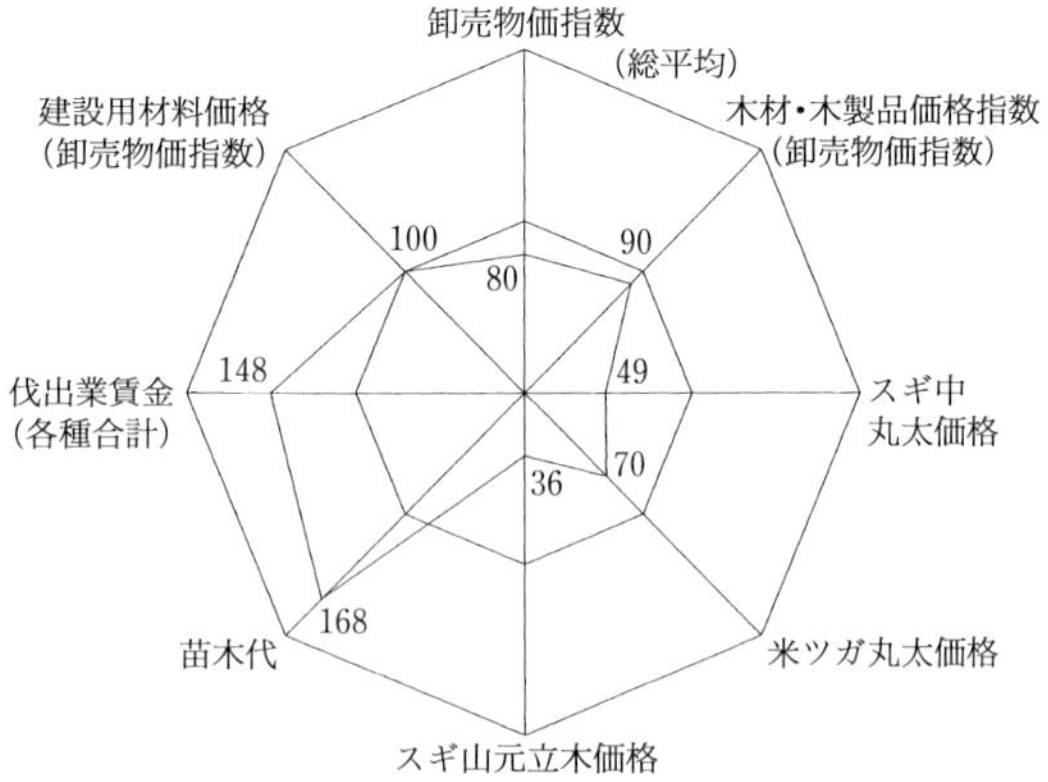

図 3・15　林業生産をとりまく諸因子の変化。1980(昭和 55)年を 100 としたときの 1999(平成 11)年の数値。木材価格は値下がり，苗木代などは値上がり(日本銀行「卸売物価指数時系列データ」，農林水産省「木材価格」，㈶日本不動産研究所「山林素地及び山元立木価格調べ」，厚生労働省「林業労働者職種別賃金調査」，林野庁業務資料より)

　造林は、本来はもうかる産業であった。北海道林業試験場長だった服部正相は戦時中に『北方農村の林業』(一九四三)を著わし、植林を勧めているが、その「造林の収支予想」は、カラマツの平均利回りが一割八厘五毛、トドマツの平均利回りが八分一厘七毛と計算している。山に投資することは、銀行金利の高かった当時でも、どんな銀行の定期預金よりも有利だったのである。近年の銀行金利は低迷しているが、林業はそれ以上に低迷している。ちなみに『林業白書』(一九九六年版)では、本州でスギを造林した場合の利回りは、一九六五(昭和四〇)年には六・〇%だったが、九二(平成四)年には〇・九%に低下したと紹介している。北海道の林業は本州よりもさらに条件が悪い。

　そうなると林業意欲がそがれ、山の手入れが不十分となる。例えば植林木の間伐(抜き伐り)がおろそかとなる。すると造林された木は過密で「モヤシ状」になり、ちょっと風が吹けば倒れてしまい、山が荒れる原因となる。また、間伐した細い丸太はほとんど売れないから、さらに間伐が遅れるという悪循環に陥る。拡大造林で拡大された造林地は育ち盛りの年代を迎えているが、間伐が遅れれば元気に育たない。

　国有林の場合は、そのほかにも悪条件が重なっている。それは木材生産を主目的としない、公益的機能を発揮する森林を国有林は大面積にかかえているが、その森林も特別会計の枠のなかで維持管理しているからである。

全国の国有林面積は約七六一万ヘクタールであるが、その五二％に当たる三九七万ヘクタールは保安林である。また日本の国立公園面積は約二〇五万ヘクタールであるが、その六一％、一二五万ヘクタールは国有地(大部分が国有林)である。そのほかに国定公園、鳥獣保護区などにも多くの国有林が含まれている。これらの大部分は保安林と重複しているが、このような公益的機能を発揮する森林では、木材生産より環境保全を優先させるべきなので、収益は低く(またはゼロで)、逆に支出はかさみ、特別会計になじまない。公益的機能の受益者は国民一般だから、本来は一般会計で負担すべき性質のものである。

さらに前項で記した人件費が重くのしかかり、また役所仕事の非能率、硬直化が赤字体質に加担した。そうした要因が重なり、国有林の特別会計は一九七〇年代に入ると赤字が目立ち、とくに七五(昭和五〇)年以降は恒常的な赤字に転落した。なお北海道の国有林では、それ以前の六〇年代から赤字つづきだったが、全国の収支バランスに支えられ、あまり問題視されることがなかった。

ところで、木材が足りなければ輸入すればよいと考えるのは、地球環境時代にふさわしくない。日本の木材輸入は、一九六〇年代は東南アジアのラワン材が大部分を占めていた。それが七〇年代になると北米(アメリカ、カナダ)の針葉樹材が増え、ソ連(ロシア)も加わり、東南アジアのシェアは小さくなった。しかし全体の輸入量は拡大しているから、東南アジアでの伐採量はそれほど減っていない。その間に輸入相手国は、フィリッピンからマレーシア、そしてインドネシアへと変遷していくが、それは、それぞれの国の資源枯渇と無縁ではなかった。日本が「アジアの木食い虫」といわれるゆえんである。またこれらの国々は資源の枯渇や国内産業振興の観点から、つぎつぎと木材輸出の規制を強めているので、その将来は楽観視できない。

それと同時に現地の人々にとっては、自分の国の森林が日本への木材輸出によって裸山にされた、という思いがあれば、対日感情が悪くなる。マレーシアのボルネオの熱帯林では、主に日本が買いつける木材の伐採に反対する住民が、「木材会社のトラックは木材だけでなく、私たちの生活の糧まですべて持ち去ってしまう」と生活環境の破壊に抗議し、林道を「人間バリケード」で封鎖するできごとも起こった（地球の環境と開発を考える会『破壊される熱帯林――森を追われる住民たち』）。

私たちは、木材やその関連製品を使ったり見たりするとき、地球温暖化の問題ばかりでなく、こうした木材輸出国の背景にも思いをはせなくてはならない。

失敗した経営改善計画

国有林の特別会計は前述のように、一九七五（昭和五〇）年以降は恒常的な赤字に転落した。その赤字は一時的な景気の変動によるものではなく、構造的な要因にもとづくことが明らかだったので、七八（昭和五三）年に国有林野事業改善特別措置法を制定し、「国有林野事業の改善に関する計画」がスタートした。これはその後、何回か改定されたが、ひとことでいえば最大限の収入を得る一方、支出は最小限に抑えながら、適切な森林施業を行ない、二〇年ほどで（一九九七年までに）収支の均衡をはかろうとするものだった。

しかし、これは言うにやさしく行なうにむずかしい机上の計画で、結果的には収支の均衡どころか、累積赤字の増大をもたらしてしまった。そればかりでなく、①伐採の増大と森林の手入れの減少、②リゾート開発や土地売り払いの促進、③組織・人員の削減による業務の減退など、緑の環境にも悪い影響を与えた。

①伐採の増大と森林の手入れの減少

国有林として「最大限の収入」を得るためには、伐採を加速させるのが当然の道である。北海道の森林伐採量は前出のように「新たな森林施業」以降、右肩下がりに減少しているが、そのなかで最大限の収入を得るためには、拡大造林の対象となった地域よりさらに奥地に入って、優良木を伐採しなければならない。私は以前、釧路から札幌へ向かう航空機に乗り、夕張岳付近の上空にさしかかったとき、眼下に広がる夕張岳中腹の黒々とした原始林の光景を見て、大感激したことがある。それ以来、札幌～釧路の航空機に乗るときは窓側に席をとり、夕張岳を眺めるのを楽しみにしていたが、あるとき、かつての黒々とした原始林が薄くなり、すけて見えることに気づき、国有林の伐採はここにも及んでいるのかと、がっかりしたことがある。

一九八〇年代半ば、知床森林伐採問題が起こったことは、第六章で紹介するが、そのときの営林局側の説明は、成長の衰えた老木を伐採し若木の成長をうながすことが、森の若返り、活性化のため不可欠な「適切な森林施業」で、伐採木は自然保護のため林道をつくらずヘリコプターで搬出する、現に斜里にはその先行的モデルがある、というものだった。しかし当時の『林業白書』(一九八五年版)は、斜里営林署が「高品質材の生産による収入の確保」のために、「奥地にある優良木のヘリコプター集材による搬出」を行なったが、それは「創意工夫をこらした経営改善への取組」の「優良事例」だとして、誇らしげに紹介している。「成長の衰えた老木」は実は「高品質の木材」であり、林道をつけないのは、林道整備よりヘリ搬出の方が安くつく「創意工夫」だった。知床森林伐採は、赤字解消のための手段だったのであり、森の若返りというのは、自然保護世論の逆風を防ぐ口実だったことが露呈した。

天然林の森の若返りのため、後継樹が育つよう適切な人手を加えることは、「適切な森林施業」のため必要なことである。国有林では天然林の更新(親木から落下した種子が発芽、成長する)について、天然下種Ⅰ類と天然下種Ⅱ類の扱いに分けている。天然下種Ⅰ類は、確実に後継樹を育てるため、ササを刈ったり、種子が発芽しやすいよう地表をかき起こしたり、苗木を植え込んだりする補助作業を行なうものであり、天然下種Ⅱ類は、まったく人手を加えず、自然の力で更新をはかろうとするものである。

知床の森林伐採では、天然林施業は人手を加えることが不可欠と主張した営林局ではあるが、北海道の国有林では、天然下種Ⅰ類の取り扱いが減少し、天然下種Ⅱ類、すなわち人手を加えず自然に放置する扱いが増加しているという。「支出は最小限」に抑えるためには、人手をかけていられないのが実態なのである。広大な面積を占める北海道の天然林の将来のためにも、知床など厳正な自然保護を求められる地域を除き、天然下種Ⅰ類は必要な管理であるのに、それが手抜きされているのは憂慮すべきことである。なお造林地の間伐が遅れているのは、前に記したとおりである。

②リゾート開発や土地売り払いの促進

「最大限の収入」を得るため森林伐採に限度があれば、次に考えられるのは、国有林をリゾート開発に提供したり、土地を売り払うことである。

日本の国有林では長い間、「木材生産第一」という考え方が主流だったが、一九六〇〜七〇(昭和三五〜四五)年ころから、しだいに「森林の多目的利用」が理解されるようになり、国土保全、水源かん養、鳥獣保護、保健休養などに果たす森林の役割も重視されるようになった。そのうち保健休養に役立てるため、「レクリエーションの森」が国有林内に設けられるようになったが、それは国設野営場の名で代表されるように、キャンプ場、スキー場、山小屋などを、国が自ら設置し管理する形態が多かった。しかし、国有林が赤字を背負えばそれを継続することが困難となり、しだいに民間主導に変わっていった。

そうしたなか一九八七(昭和六二)年にリゾート法(総合保養地域整備法)が制定され、リゾートブームが訪れようとしていた。そこで国有林では八七年から「森林空間総合利用整備」という政策をすすめ、「国有林野の活用」をはかることとなった。これは通称「ヒューマン・グリーン・プラン」といわれるもので、国有林内に積極的にリゾート開発を呼び込もうとするものである。それまでゴルフ場は国有林内には原則不可だったのが、ヒューマン・グリーン・プランでは認められることとなった。さらに八九(平成元)年には「森林の保健機能の増進に関する特別措置法」を成立させ、「森林保健施設」に該当する開発は、林地開発の許可が不要となり、保安林の規制も緩和するという特別措置をとった。

ちなみに一九八九(平成元)年における北海道内のヒューマン・グリーン・プランの候補地は図３・16のとおりだった。このなかには星の降る里(芦別営林署)、赤井川キロロ(余市営林署)、石勝高原トマム(幾寅営林署)、狩勝高原サホロ（清水営林署）など、有名なリゾート開発地が含まれており、これらはバブル経済の崩壊とともに負の遺産となり、地域振興の足を引っ張ったことは周知のとおりである。

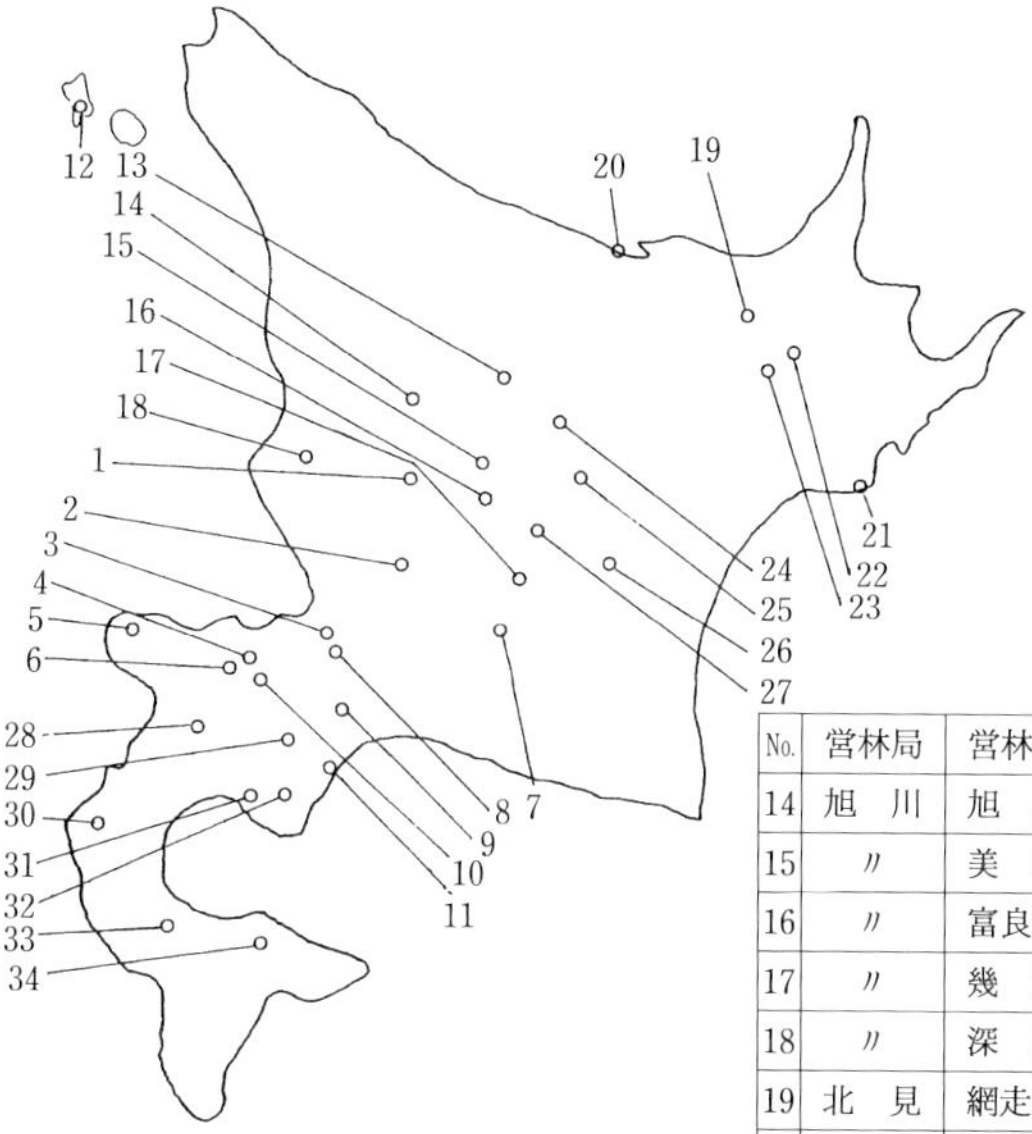

No.	営林局	営林署	候　補　地　域　名
1	北海道	芦　別	星の降る里ワールド
2	〃	岩見沢	桂沢湖畔の森
3	〃	札　幌	昭和の森野幌
4	〃	定山渓	朝里岳
5	〃	余　市	積丹町リゾート
6	〃	〃	赤井川村リゾート
7	〃	日　高	日高自然の森
8	〃	札　幌	広島町創造の森
9	〃	恵庭外	支笏湖周辺
10	〃	定山渓	無意根山
11	〃	白　老	ポロト
12	旭　川	稚　内	礼文島
13	〃	上　川	陸万・大雪
14	旭　川	旭　川	旭川・神居市民の森林
15	〃	美　瑛	ジャパンヘルシーゾーン
16	〃	富良野	ニングルの森林
17	〃	幾　寅	石勝高原
18	〃	深　川	恵岱大自然ふれあいリゾート
19	北　見	網走外	藻琴山周辺
20	〃	佐呂間	サロマ湖畔周辺
21	帯　広	釧　路	昆布森シレパ
22	〃	弟子屈	摩周
23	〃	〃	弟子屈
24	〃	上士幌	十勝三股
25	〃	〃	糠平
26	〃	帯　広	国見山
27	〃	清　水	狩勝高原
28	函　館	倶知安	ニセコ・神仙沼
29	〃	室　蘭	大滝高原
30	〃	黒松内	島牧
31	〃	室　蘭	有珠山・洞爺中島
32	〃	〃	オロフレ
33	〃	八　雲	サランベふれあいの森
34	〃	森	大沼・駒ヶ岳

図3•16　国有林のヒューマン・グリーン・プラン候補地（1989・平成元）（北海道営林局資料）

国有林関係の事務所や施設は、都市の一等地に所在するものも多かった。そうした土地の多くは「最大限の収入」を得るため、一九八〇年代に民間などに払い下げられた。東京都港区六本木の林野庁用地を払い下げたときは、当時のバブル経済の地価高騰の傾向に拍車をかける高値の処分だと、社会的な批判が巻き起こった。札幌でも旧札幌営林局の跡地（北二条西一丁目）にはホテルが建ち、旧札幌営林局の共済宿舎跡地（北一条西一一丁目）にもホテルが建っている。こうした土地処分は、市民生活に直接の影響があるわけではない。しかし市民が利用する公的な場所だと話が変わってくる。

小樽市西部の長橋には、「なえぼ」という旧国有林の苗畑があり、そこには苗木ばかりでなく、サクラも植えられ自然林もあり、小樽市民が花見や野外レクリエーションを楽しむ絶好の場所だった。苗畑は役所用語では苗圃《びょうほ》というが、市民にはそんな呼び方は分からないので、苗圃《なえぼ》と呼んで親しまれた。また旭川市に隣接する嵐山には、旧国有林の北邦野草園があり、自然の樹林のなかにさまざまな野草が植えられ、旭川市民ばかりでなく、多くの道民が季節の野草を愛《め》で、自然に親しむ快適な場所だった。

これらの土地は、国有林が国民に親しまれ、市民と国有林を結ぶ、絶好の「ショーウインドー」の役割を果たしてきた。「国有林野の活用」を本来の意味に考えれば、国有林が自らの存在を国民に示す場所として、これほど「活用」すべき価値のある場所は少ない。しかし惜し気もなく、これを地方自治体に押しつけるようにして売却してしまった。ひとむかし前、地方公務員が中央の国家公務員を税金でもてなす「官官接待」が批判されたが、これは「官官売買」である。なぜ地方自治体が国の土地を買わなければならないのか、地方自治体にそんな予算があるなら、国有地でなく、自然破壊の危機がせまっている民有地をこそ公有化すべきで、税金の使い方としても疑問が残る。林野庁がここまで追い詰められている実態は、寒々とした政治風景を見る思いがした。

③組織・人員の削減による業務の減退

林野庁の職員は、先に記したように最大時は八万八〇〇〇人規模だったが、赤字となってからは減少し、国有林の改善計画がスタートした一九七八(昭和五三)年は、定員内職員と定員外職員を合わせ六万五〇〇〇人だった。その後、この職員数に削減の大鉈がふるわれた。ひとつは退職者の不補充、もうひとつは他の部門への配置転換で、林野庁の人事は「十欠一補」(一〇人欠員が出れば一人補充)といわれた。

その結果、一九七八(昭和五三)年の六万五〇〇〇人は、八三(昭和五八)年に五万三〇〇〇人、八八(昭和六三)年に三万七〇〇〇人、九三(平成五)年に二万二〇〇〇人、九八(平成一〇)年に一万五〇〇〇人と、坂道をころげ落ちるように激減した。また営林局・営林署・森林事務所(旧担当区事務所)などの組織の廃止・縮小もあいついだ。営林局は全国に一四ヵ所あり、北海道には札幌、旭川、北見、帯広、函館の五営林局があったが、札幌営林局が北海道営林局に、旭川以下の営林局は営林支局となった。営林署や森林事務所も統廃合で激減した。

このように組織・人員が削減されると、当然のこととして業務の量も減少し、質も劣化してくる。『北海道新聞』(一九九七・一一・二八)は、「ずさん国有林管理　道営林局／計画と伐採にズレ／道央調査の六割　合理化で人不足」という見出しで、次のような記事を掲げている。

北海道内の国有林で、森林の現状把握が要員不足などから十分に行われないまま、施業管理計画が立てられ、結局、計画していた伐採ができなくなる例が起こっていることが、道営林局の道央を対象にした調査で明らかになった。

……道営林局が今年七月に、石狩・空知管内の六営林署、百二十九ヵ所を抽出、一九九三年度以降について、施業管理計画に基づく予定伐採量と、実際に伐採した量の隔たりの状況を調べた。その結果、木がどれだけあるかを示す「蓄積」が足りなかったり、木の成長が十分でないなどの理由で、実際の伐採量が計画を下回ったのは五十三ヵ所あった。……「伐採できる太い木がない」「全体的に木がまばら」であることに、伐採の段階になって気づいたのが実態だった。逆に計画以上に蓄積があり、予定伐採量を超えて伐採した箇所も二十七ヵ所あり、計画と実態がかけ離れていた箇所は全体の六四%の八十三ヵ所に上った。

施業管理計画は、林道整備や伐採・造林について総合的に定めるもので、五年ごとの策定に先立ち現地調査を行う。しかし、森林管理の出先である森林事務所が統廃合され「手が回らない」のが実態で、以前のデータをもとに、減少分と成長量から機械的に算出した例もあったとの証言もある。……

「適切な森林施業」を行なうためには、適切な施業管理計画が立案されることが不可欠である。しかしこの新聞記事のような実態が、「適切な森林施業」をめざした「国有林野事業の改善に関する計画」の末路だった。この経営改善計画は、二一世紀に向け日本の（北海道の）森林を維持管理するためには何が必要か、そのためには何をすべきか、という視点がまったく欠如しており、ただ赤字を解消するためには何が必要か、という視点だけから、組織を減らし、人を減らし、奥地の優良木を伐採し、森林管理の手抜きをし、国有地を手放し、リゾート開発に幻想を抱かせるなどの結果をもたらした。しかも、その間に赤字は増える一方だったのである。

5 「国民の森林」に脱皮

赤字は増える一方

一九七八（昭和五三）年に発足した「国有林野事業の改善に関する計画」は、当初の予定では二〇年後の一九九七年に、赤字をなくして収支の均衡をはかることにしていた。現実に九七（平成九）年を迎えたころ、実態はどうだったのだろうか。

一九七五（昭和五〇）年以降、恒常的な赤字に転落してから、収支の均衡をはかるため外部からの借入金を導入し、経営の改善をめざした。それは財政投融資資金からの長期借入であるが、その金利は五〜八％の高金利だった。だから必然的に利子の支払額も大きくなる。表3・1は、林野庁の監修により発行される『林野時報』の九七年一〇月号に掲載された「国有林野事業の収支状況」である。これで九六（平成八）年度の収支を見ると、五五

表 3・1　1996（平成 8 ）年の国有林野事業の収支状況。収入の半分以上が借入金で支出の半分以上が償還金

（単位：億円）

	科　　目	平成8年度	平成7年度	前年度との差
収入	業務収入	886	934	△ 48
	林野等売払代	600	563	37
	雑収入	122	124	△ 1
	一般会計より受入	569	573	△ 4
	事業施設費等財源受入	339	393	△ 54
	利子等財源受入	230	180	50
	治山勘定より受入	159	159	0
	借入金	3,145	2,969	176
	合　　計	5,482	5,322	160
支出	給与経費等	1,850	2,014	△163
	事業費	264	290	△ 26
	事業施設費	336	443	△108
	償還金・支払利子	3,019	2,836	183
	その他の経費	86	92	△ 5
	合　　計	5,555	5,675	△120
収　支　差		△ 74	△353	280

『林野時報』1997 年 10 月号

〇〇億円規模の予算のうち、本来は収入の主体となるべき業務収入は八八六億円（一六％）にすぎず、借入金が二一四五億円もあり、収入の半分以上（五七％）を占めている。一方、支出を見ると、本来は主体となるべき事業費は二六四億円（五％）にすぎず、支出の半分以上の三〇一九億円（五四％）は償還金・支払利子である。人件費は一八五〇億円（三三％）であるが、これは六万五〇〇〇人規模から一万五〇〇〇人規模に削減された結果の数字である。

これで明らかなように、収支の均衡をはかるとして、二〇年間を目標としてスタートした経営改善計画の二〇年後の姿は、収入の半分以上（五七％）を借入金にたより、支出の半分以上（五四％）を借入金の償還・利子支払いに当てなくてはならないという「サラ金地獄」だった。その間、累積債務は増大する一方で、スタート一〇年後の一九八八（昭和六三）年は一兆九〇〇〇億円、九五（平成七）年に三兆三〇〇〇億円、九八（平成一〇）年に三兆八〇〇〇億円となった。これでは、いくら国有林当局が組織・人員を縮小し、奥地の優良木を伐採し、土地を売り、といった自助努力をしても焼け石に水であり、経営が改善されない根本原因は、高金利の借入金という構造にあった。借金を返すため借金をするという悪循環は、どこかで断ち切らなければならない。

国有林の経営が黒字を生み出していた当時は、益金の一部は一般会計に回されていた。しかし赤字が発生すると、一般会計からの支援はわずかで、基本的には高金利の借入金による自助努力が求められた。その間に日本の、

そして北海道の森林の環境は悪くなる一方だった。このようなことは林野庁だけの責任でなく、国土の森林の将来像を描き、そのために何が必要かの視点を欠落させていた、政治の責任である。

そのため国有林の抜本的な改革を求める新聞論調などが目立つようになり、またその世論も高まった。

国有林の抜本的改革

以上のように国有林の経営改善計画が事実上の破綻をきたしたことを受け、また改革を求める世論に応えて、林政審議会、行政改革会議、財政構造改革会議などで、将来の国有林のあり方が論議された。その結果、一九九七(平成九)年一二月、政府は国有林の抜本的改革の方針を閣議決定し、九八(平成一〇)年はそれにともなう関係法令を整え、九九(平成一一)年度からスタートさせた。その要点は、①国有林は「国民の森林」とする、②木材生産重視から公益的機能重視に転換する、③営林局・署を森林管理局・署に再編する、④公益的機能を発揮する森林の管理などには一般会計を導入する、⑤累積債務の大部分は一般会計から返済する、などというものである(長江恭博「新たな国有林野事業の展開に向けて」)。これは戦後の「林政統一」とそれにともなう「特別会計」の導入以来、半世紀ぶりの大改革である。その内容を具体的に見てみよう。

①の「国民の森林」は、従来の国有林はともすると役所のもの、という面のあったことを否定できないが、今後は国民共通の財産であることを明確にし、国民の参加により「国民のために」管理経営する、というものである。

②の「公益的機能重視への転換」は、従来は国有林の五四%を占めていた木材生産林を二〇%程度に減少させ、公益的機能の発揮を第一とする森林を、従来の四六%から八〇%程度に拡大させるものである。より具体的には、水源かん養や土砂崩れの防止などに役立つ「水土保全林」を約五〇%、野生動植物の生息・生育環境を守ったり、自然休養に役立つ「森林と人との共生林」を約三〇%、木材を繰り返し生産する「資源の循環利用林」を約二

○％にしようとしている。

③の「営林局・署の再編」は、国が行なう業務は、森林の保全・管理、森林計画の策定、治山などに縮小し、従来は直営で行なわれることもあった伐採・造林などの業務は、全面的に民間へ委託するとともに、従来の営林局・営林署の組織は森林管理局・森林管理署に再編するもので、これは一九九九（平成一一）年四月からスタートした。これにともない全国で一四あった営林（支）局は七の森林管理局に、二二九あった営林署は九八の森林管理署などに縮小・再編された。

④の「一般会計の導入」は、保安林など公益的機能を発揮する森林の管理、森林計画に要する経費、林道の開設、植栽・保育などに要する経費には、一般会計を導入するというものである。

最後に⑤の「累積債務の返済」は、一九九八（平成一〇）年までに三兆八〇〇〇億円に達した累積債務のうち、二兆八〇〇〇億円は一般会計から返済し、残る一兆円は、国有林の自助努力で今後五〇年以内に返済するというものである。

この抜本的な改革により、国有林は「サラ金地獄」から脱出することができた。しかし組織・人員は縮小され、一般会計からの導入といっても、現状では潤沢な予算の投入は期待できない。また一兆円の返済義務も残っている。国有林は本当に「国民の森林」となることができるのか、北海道が誇る豊かな森林は健全な姿をとり戻すことができるのか、これからが正念場である。

百年先を見据えた森づくり

国有林の抜本的な改革と連動するように、林業基本法も抜本的に改正された。林業基本法は一九六四（昭和三九）年、当時の高度経済成長時代を背景に制定されたが、その第二条「政策の目標」には、「林業総生産の増大を期するとともに、他産業との格差が是正されるように林業の生産性を向上させることを目途として林業の安定的な発展を図り、……」と記され、「林業総生産の増大」を最大の目標としていた。しかしその後の社会経済の進展にともない、林業に求められる役割は大きく変化し、林業基本法は事実上、空文化していた。

そのため二〇〇一(平成一三)年、林業基本法は抜本的に改正された。これは改正というより制定というべき内容の大変革である。そもそも林業は先に『広辞苑』の説明を紹介したように、木材生産業である。しかし現在および将来の日本の森林に求められているのは、木材生産ばかりではない。そこで法律の名称が「森林・林業基本法」と改められた。旧林業基本法の第二条は前記のとおりであるが、森林・林業基本法の第二条は「森林の有する多面的機能の発揮」となり、「森林については、その有する国土の保全、水源のかん養、自然環境の保全、公衆の保健、地球温暖化の防止、林産物の供給等の多面にわたる機能が持続的に発揮されることが、国民生活及び国民経済の安定に欠くことのできないものであることにかんがみ、将来にわたって、その適正な整備及び保全が図られなければならない」と改められた。

また旧林業基本法の第四条は「国有林野の管理及び経営の事業」として、「国有林野を重要な林産物の持続的供給源として、その需要及び価格の安定に貢献させるとともに、奥地未開発林野の開発等を促進して林業総生産の増大に寄与するほか、……」と規定されていた。しかし森林・林業基本法では、第五条が「国有林野の管理及び経営の事業」で、「国土の保全その他国有林野の有する公益的機能の維持増進を図るとともに、あわせて、林産物を持続的かつ計画的に供給し、……」と改められた。国有林の役割は基本法のなかでも、木材生産と公益的機能の位置づけが逆転したのである。

ところで日本の森林面積は二五一五万ヘクタール、そのうち北海道の森林は五五八万ヘクタールで、全国の二二％を占める。北海道は間違いなく森林王国である。そこで森林・林業基本法の制定を受け、北海道では二〇〇二(平成一四)年に「北海道森林づくり条例」を制定し、また北海道知事と北海道森林管理局長は、「北海道の森林づくりに関する覚書」を交わした。その覚書の前文には次のとおり記されている。

北海道の森林は、二酸化炭素の吸収や水源のかん養など、多様な公益的機能を有することはもとより、北海道らしい美しく雄大な景観の形成や、豊かな野生生物の生息にも寄与するなど、全国に誇る貴重な財産である。

また、北海道の森林は、道民の生活環境の向上や、地域経済の振興、雇用の場の創出など、様々な形で北海道の発展に寄与しており、特に森林の五五％を占める国有林、一一％を占める道有林の果たしている役割は大きい。

このため、「環境の世紀」ともいわれる二一世紀の初頭に当たり、流域を単位とした民有林、道有林、国有林の連携により、「道民の財産」として一〇〇年後を見据えた多様で豊かな森林づくりを進めていくこととし、以下のとおり覚書を締結する。

この覚書では、①公益的機能を発揮するため、機能の低下している森林の再生に取り組む、②森林作業による雇用の創出と地域振興をはかる、③道民の理解を得るため情報提供などをすすめ、道民参加を促進する、④関係者間の連絡調整を緊密にする、などが盛り込まれている。

また北海道は二〇〇三（平成一五）年に、百年先を見据えた「北海道森林づくり基本計画」をスタートさせた。そのなかでは、例えば道有林の全域六一万ヘクタールについて、「今後は、木材生産を目的とする皆伐、択伐を廃止し、複層林化や下層木の育成を目的として行う受光伐を導入するなど、公益性を全面的に重視した道有林の整備」をすすめることを宣言している。ここに出てくる「複層林化」とは、人工的な造林地では、同じ種類の同じ年齢の同じ大きさの木がそろっているが、そのような林の下に小さな木を育てて「二段林」とし、さらに複数の種類の、大、中、小の木が交じった「複層林」に導こうというもので、人工林でありながら天然林に近い姿をめざすものである。なお複層林化をすすめるためには、薄暗い林のなかに太陽光のさしこむ部分をつくり、種子の発芽や若木の成長をうながす必要があるが、光を入れるための伐採が「受光伐」である。

これを漢字にたとえれば、「林」から「森」に移行させようというのである。「林」は同じ大きさの木が横に並ぶ人工林のような単層林で、「森」は大小の木が上下にある天然林のような複層林とみなせる。このようにして道有林は、全面的に公益的機能重視の森林経営に転換したのである。

以上、北海道の森林の中枢を占める国有林を中心に、森林王国北海道の百年あまりの林業の軌跡をたどってみた。なかでも第二次世界大戦後の半世紀にわたって繰り広げられた、拡大造林、新たな森林施業、経営改善計画が、残念ながらいずれも失敗したことは、現在の北海道の緑の環境に深く関係している。道有林についてはふれなかったが、大筋でいえば、国有林と大同小異の道を歩んだ。

その過程で、国有林や道有林は役所のもの、国民・道民は余計な口を出すな、という態度がしばしば見られたし、また国有林の経営改善計画は、赤字解消の手段だけが先行し、緑の環境はいかにあるべきかの発想は絶無の実態だった。そうした事実は、過去のできごととして葬り去るのではなく、将来への教訓として記憶されなくてはならない。また、その反省があったからこそ、国有林は「国民の森林」に脱皮したのである。

百年先を見据えた「北海道森林づくり基本計画」や、北海道知事と北海道森林管理局長が結んだ「北海道の森林づくりに関する覚書」は、開発の世紀と呼ばれた二〇世紀から、環境の世紀と呼ばれる二一世紀への画期的な転換である。北海道森林づくり条例の前文では、二〇世紀から二一世紀への転換を、「これまで森林には、木材を供給する役割に重きを置かれてきたため、徐々に貴重な天然林資源が減少し、その豊かさが損なわれてきた面もあった」ので、これからは「〔道民と〕協働して、北海道にふさわしい豊かな生態系をはぐくむ森林を守り、育て、将来の世代に引き継がなければならない」としている。

しかし、この転換はまだ「総論」の段階である。これからの「各論」が、その真価を問われようとしている。

なお、日本の、そして北海道の森林は、公益的機能を重視し、木材生産を縮小する方向に転換したが、木材需要が減少したわけではない。その足りない分は輸入木材にたよることになるが、それが将来とも安定的に供給されるのか、また、とくに発展途上国の緑の環境が損なわれることがないのか、地域の人々が日本への木材輸出にどのような感情を抱いているのか、といった地球規模での緑の環境にも思いをいたさなくてはならない。

（付記）　国有林の過剰伐採はもうやめて！

この原稿を書き終わった後の国有林経営の近況を付記する。『森林・林業白書』（二〇〇四年版）には抜本改革された後の国有林の財務状況として、「借入金」は「平成一一年度には約六五〇億円であったが、その後着実に減少させ、平成一六年度予算では新規借入金が計上されなくなるに至った」と記述されている。これは財務状況が好転したことを示すもので喜ばしいことに思えるが、実はその裏には、収入を確保するため国有林の宝というべき豊かな天然林が、各地で乱伐されている実態が隠されていたのだという。

それは河野昭一京都大学名誉教授（植物生態学）が、二〇〇五（平成一七）年に北海道、青森県、長野県などの伐採現場を検証した結果、明らかになったもので、河野は「この状態がさらに続けられると、日本列島に自生する数多くの第三紀起源の森林並びに森林帯の構成要素である日本列島を中心とする北東アジアに固有な植物相、並びにそこに生息する豊かな動物相の多くが失われてしまう、極めて危機的な状況に直面している」として、〇六（平成一八）年三月、内閣総理大臣・農林水産大臣・環境大臣あて「日本の林野行政機構・改革の緊急性、重要性に関する意見書」を提出した。

その具体的な内容は、「危機に瀕した日本の天然林——今、日本が世界に誇る天然林は、無定見な林野行政によって壊滅に直面している」（『北海道自然保護協会誌』第四四号、二〇〇六）として全文が紹介されている。また「天然林伐採　国民の共有財産を切るな」（『朝日新聞』二〇〇六・七・二八）および「「森」を売り飛ばすな」（『諸君！』二〇〇六年八月号）には要点が記されている。

国有林は「国民の森林」に抜本改革されたが、今後五〇年以内に一兆円の債務を返済しなくてはならないことになっており、林野庁は、財務省から「新規借入金なし」を至上命令のように課せられているため、「虎の子の天然林伐採」によって「収支均衡」をはかっているのが実態だという。これでは「林野庁という一省庁の生き残りのために、国民の共有財産をことごとく収奪するという、異常な事態」で、抜本改革前の国有林へ逆戻りしたことになってしまう。政治の責任者はこのような実態をよく認識し、早急に改善することが、生物多様性条約締結国としての日本政府の責務である。

第四章　都市林の保全と公園づくりの原点

昭和初期の札幌・大通公園（右手の建物は旧北海道拓殖銀行本店で，その先が札幌駅前通り）
出典は第三章扉に同じ。本書 202 頁参照

一　身近な森林の公益的機能を自覚

朝夕に眺める緑——札幌の円山・藻岩山

札幌市街の西側には円山・藻岩山の山並みが間近にせまっている。大都市に隣接して、このような豊かな緑の環境が「天然記念物」として存在していることは、全国的にも珍しい。都市に隣接した自然林で天然記念物になっている例として、仙台の青葉山、奈良の春日山、鹿児島の城山があるが、仙台と鹿児島は藩政時代の城と一体となって残ったもの、奈良は宗教的理由で残ったものである。しかし円山・藻岩山の自然林が残ったのは、札幌の町づくりの初期の段階から、先人が身近な緑の風致・景観に価値を見いだし、残してくれたものである。

札幌農学校教頭のクラークは、「現今では森林保護法の必要なし」と開拓使を指導した（第二章参照）。しかし開拓使は森林保護法の必要性を認め、一八七七（明治一〇）年に札幌本庁を対象とする山林監護条例を制定し、さらに翌年には全道を対象とする森林監護仮条例を設けた。それは森林を官林と私林に分け、官林は木材を伐採できる森林、伐採を禁止する森林などに区分して管理しようとするものだった。札幌では、円山、野幌、厚別、簾舞《みすまい》、発寒などが官林とされたが、とくに円山（藻岩山を含む）は、札幌市民が朝夕に眺めて風致を楽しみ、気分を安らげる役割が重視され「禁伐林」となった。

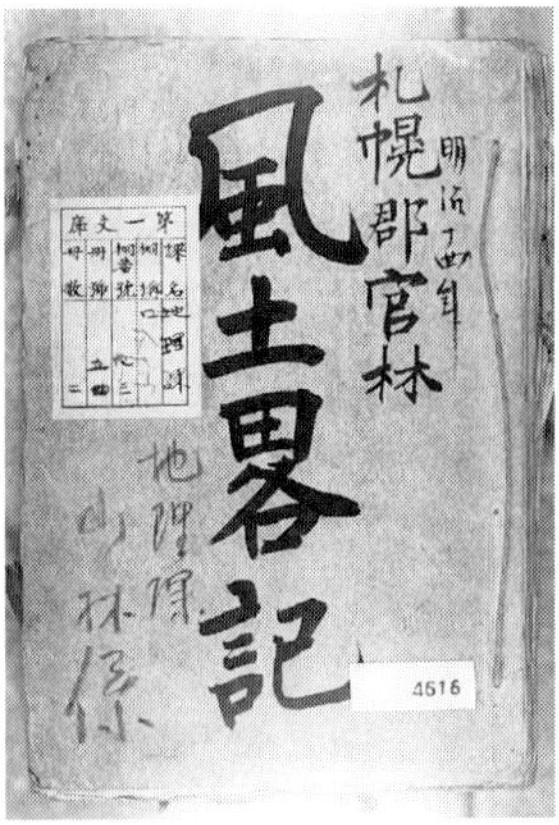

図4・1　開拓使地理課『札幌郡官林風土畧記』（北海道立文書館所蔵）

一八八一（明治一四）年に札幌付近の官林を調査した『札幌郡官林風土畧記』（開拓使地理課）（図4・1）の「円山禁伐林」には、

次のとおり記録されている。「札幌市街より西に望む山岳あり、総称して円山という。春は千種の花美麗にして、夏は緑陰麗を極め、秋は紅葉錦をなし、冬は連山雪を頂き玉の如し。四時の景趣欠くるものなし。朝夕この風致を見るもの自ずから胸襟《きょうきん》を快爽ならしめ、閔鬱《びんうつ》を掃わざるなし。之れ禁伐令のよって起る所以にして、官民これを守りて斧を入れず。その風致依然たり。その山脈中最も高きものを字「エンカルシベ」と云う」。

「エンカルシベ」とはアイヌ語で「眺望するところ」を意味し、藻岩山のことである。たしかに藻岩山にしても円山にしても山頂からの眺望はすばらしい。円山・藻岩山は山麓から眺める山であり、同時に山頂から眺める山なのである。当時の札幌は、無人の原野に開かれた新市街で、一八八二(明治一五)年の人口は約九〇〇〇人だったが、八六(明治一九)年には約一万五〇〇〇人と急増中だった。建築材料を遠いところから運搬できない時代だったから、都市建設のための木材や石材を近くから求める需要も大きかった。開拓使では木材を伐採する山として手稲山を指定した。また円山の山頂付近では石材が採掘されていた。しかし円山・藻岩山は風致を大切にすべき山である。『札幌郡官林風土畧記』は先の記述につづき、「該山林中の札幌に面する地に一の採石場あり。今之れを禁ぜざれば、風致を損ずるの患あるべし」と記述している。おそらくその指摘により、採石は中止されたのだろう。現在、円山の山頂には「山神」の石碑があるが、それは当時の採石に従事した人が、作業の安全と山への感謝を込めて建てたものと伝えられている。

図 4・2　藻岩山山頂から北方，円山と札幌市街地を望む

クラークは森林保護法には消極的だったが、都市の風致を維持する樹木の保存には気を配ったようである。『札幌区史』(札幌区役所)には、「ケプロン、クラーク氏等は、札幌にニレの多きを以て、故国ニューイングランドの風景に似たりとなし、大いにその保護を説くことありしと見え、他の樹木の多く伐切されるに比し、ニレのみは今に残れり。実に札幌はニレの町と称して可なるべし」と記されている。

明治初年に在日オーストリア公使館員だったH・シーボルトは、大隈重信大蔵卿の依頼を受け、一八七八(明治一一)年、札幌を視察した。このH・シーボルトは、江戸時代に長崎にいた高名なP・F・シーボルトの息子であるが、歴史の古いヨーロッパからきた人の目には、札幌の新開地が、樹木を大切にしない殺風景な街と映った。「札幌を巡視するに、家屋構造のために土地を分割せし所には悉く樹林を斬伐し、一株をも残さざるなり。ただし従前は随分樹木の鬱蒼《うっそう》たりし所なるべし。樹木は蔭をなしては炎熱を遮り、雨を招いて土地を潤す等、すべて人身健康のためにも、耕種のためにも、その用、鮮少ならざるは世のよく知る所なり。然り而して殊に大都会、人馬輻輳《ふくそう》の地に在りては力の及ぶ所これを保存し、その長大過ぎて町中商業の妨害とならざりしよりは、慎んでこれを斬伐する少なかるべし。何れの国にても昔人の樹木を軽率にして斬伐せし所には、今なお稚樹の種芸するを見る」(原田一典「外人の見た開拓見聞録」)と報告している。ここには都市林の公益的機能が要領よく記されている。

これらの指摘に呼応するように、開拓使は何回も樹林保護の注意を札幌市民に呼びかけた。『札幌区史』には、「当時、禁伐および野火の戒厳は幾度となく令せし所なりしも、野火、乱伐あい続き、枯損木は無代払下げをなすを以て、特に放火して焼損木をつくり、以てその無償払下げを出願する者あるに至れり。よって(明治)十一年ついに払下規則を改正して、枯損木もまた有価払下げとなしたりき。殊に円山およびインカルシベ山等は、実にこの黒田長官の電令によりて禁伐林となりし者なるも、北海道庁時代に至り、初めて個人に貸下げ、伐採したるものたり」とある。

円山と藻岩山の森林は、山麓の沢状の部分にはカツラの大木をはじめ、オヒョウなどが見られ、斜面から尾根にかけては、シナノキ、イタヤカエデ、ミズナラなどの落葉広葉樹林に占められ、トドマツはわずかしかない。しかし『札幌郡官林風土畧記』には「この林中カツラその他良樹多し。……全官林中椴《トド》は三分一にして」とある。そうしてみると「北海道庁時代に至り、初めて個人に貸下げ、伐採したるものたり」というとおり、山麓の一部は私有地となり、また山中のトドマツも一部は伐採されたり、自然に衰退したものがあったのだろう。

一八七九(明治一二)年の藻岩山・円山の官林面積は一一九三町であるが、一九一五(大正四)年のそれは四一〇町と半減以下になっている。したがって私有地となったり伐採されたのは、官林から解除された部分であり、円山と藻岩山の核心部は、明治のはじめからそれほど大きくは改変されず、やがて天然記念物に指定されたと見てよいだろう。円山・藻岩山の天然記念物指定については、第五章で説明するが、この身近な緑の環境が、明治初期から、札幌市民が朝夕に眺めて心を安らげる対象だったことは、今後の札幌の町づくりにも「貴重な緑の遺産」として引き継がれなくてはならない(本章第二節「都市公園の事始め」二二四頁参照)。

誤解されて伐られた根室の都市林

明治のはじめ札幌を訪れたシーボルトは、前項に記したように都市林の効用を説いたが、シーボルトに指摘されるまでもなく、当時の有識者は都市林の効用を認識していた。根室は江戸時代から東蝦夷地の交易基地のひとつとなっていたが、明治になってから都市として市街地が発展した。一八七五(明治八)年、開拓使根室支庁は次のように根室の都市林の重要性を認識し、身近な森林の伐採禁止令を出した。

根室は気象条件がきびしく樹木の生育に不利なことを、「当道の如きは冱寒《ごかん》積雪の地にして、樹木の成立ほとんど幾十年を過ぎるも、他道数年にして繁盛するの比にあらず」と認識し、「山林は人民産業の基本にして、みだりに伐木候ては国家の盛衰に関係し、往々その例少なからず候につき、今後村落のため要害(防備)に相成るべき地方伐木候ては、それがため人民健康の害を生じ、或は河畔崩壊し水防の要を失し、道路圃園(畑)を損害するに立至るべきにつき、後に害に相成り候地方に於いて伐木禁止候」（大蔵省『開拓使事業報告』付録 布令類聚上編）と命令した。

この伐採禁止命令は、具体的にどの場所を伐採禁止にするという地域指定ではなく、実効性が薄いので、やがて伐採禁止地域を定めた。しかし「伐木拒否の区域を定め、或いは乱伐および放火を禁ずといえども、……之を厳制する能はず」という状態がつづき、「山林に害を加うるは野火より惨烈なるはなし、根室県に於いてはその取締の方法未だ充分ならず」（北海道庁殖民部『北海道殖民状況報文　根室国』）という実態だった。根室を含む道東は、夏に濃霧があって冷夏となりやすい地方である。当時の住民は、根室に海霧が発生、滞留するのは、海岸に森林があることが原因ではないかと誤解し、周辺の海岸林を伐採してしまった。また伐採木を処理する手間を省くため火をつけたので、野火もしばしば発生した。

一八九五（明治二八）年に根室を訪れた北海道庁林務課長の田中壌は、「聞く、市街の背後すなわち市街の南部は、往年樹木森鬱《しんうつ》、花咲湾に接せしに、開拓使の末に於いて、根室市街の濃霧はこの樹林あるが為なりと謬想《びゅうそう》（間違って考える）し、広大なる森林を一時に尽く伐り去りしかば、却ってその害は風力の強烈を加えたるのみならず、濃霧はますます深濃となり、これに加えて井水汚濁、飲用に堪えるもの甚だ少なきに至りしという。南西より来る濃霧は森林の為に遮りしを、一朝の謬見知るべし、濃霧の通路を開きていっそう深濃を加えたりとは、真に哄《こう》笑《しょう》（大声で笑う）に堪えたり」（長池敏弘「明治期における北海道の森林状況」）と慨嘆している。ここに出てくる田中壌は、「北方林の位置づけを探った先人たち」（第三章第一節）に登場した森林の専門家である。

「要するに山林は年々荒廃するの傾向あり、殊に根室半島の如きは、昔時、針葉樹も少なからざりしに、今は一良材を得る能はざるに至れり」となっている。その一方で開拓者は多くなり、また漁民が魚粕を製造するのに木材を要し、しかも「居住民は概して森林を愛護するの念が薄き」ため、「開拓の業と森林の保護と相い衝突するは、今日免るべからざる勢いなり、然れどもその衝突をある程度に制限してその弊を防ぎ、予め完全なる計画を立て、之れが取締を厳にし、永久必要の森林を養護保存するは、一大急務といわざるを得ず」(前掲『北海道殖民状況報文　根室国』)という事態に陥ってしまった。

同じ身近な都市林でありながら、札幌の円山・藻岩山と根室の海岸林は、明治の開拓初期に明暗を分けてしまったのである。

水源をかん養する野幌原始林

札幌市郊外の野幌森林公園(札幌市、江別市、北広島市)は、低い丘陵の平地林で面積約二〇〇〇ヘクタール、都市近郊林としては日本に類例のない広さを誇り、豊かな自然性が残された地域である。農業国日本の伝統では都市近郊に平地林があれば、まず伐採して田圃か畑にし、後でしだいに市街地化していく傾向をたどった。近郊に森林が残る場合は、山地・傾斜地で農耕地にならないところ、あるいは神社・仏閣の所領地または城郭で、自由な土地利用ができない土地だった。したがって大面積に都市近郊の平地林が残ることはなかった。

ところが野幌の森林の場合は、明らかに水源かん養などの公益的機能に着目されたことが、森林を保全する契機となって伐採をまぬがれた。しかもその公益的機能は「官」ではなく「民」から提唱されたのである。

札幌の円山・藻岩山の項で『札幌郡官林風土畧記』を紹介したが、そこには「野津幌官林」も出てくる。ここは「山尖りたるに非ず、嶮なるに非ず、広大なるが故に俗語野津幌と称するも又信ずるものあり」と平地林の特徴が記されている。ちなみに「俗語野津幌」はアイヌ語地名の当時の解釈、「岬のように突きでた広大なところ」を指しているが、現在はヌプ・オル・オ・ペツ(野の中の川)とする文献が多い。いずれにしても野津幌(以下、野幌)は平地林で周辺に河川があるから、伐採や搬出に便利な立地で、森林が伐られるのは自然の勢いだった。

開拓使はこの森林を当初は保護林とする考えだったが、まもなく方針転換した。「斧鉞《ふえつ》を禁ずるといえども、近来人民の繁殖に従い需要少なからず、これを以て昨秋より必需のものは伐採を許せり。今や実地を目撃するに、大樹は明治の始め官用に伐採せし事、実に過多にして〔官林に〕選定したる当時と今日と林相衰廃を想像せば、大いに改観すというべし」と伐採の手が入り、林相が悪化したことが記されている。しかし野幌は広大である。伐採はその心臓部には及ばなかったであろう。

なお当時の林相は、「椴《トド》は全山の五分一にして、他の良木も五分一なり。残り五分三は雑樹なり。而して良木には槐《エンジュ》、桂、オンコ、蝦夷松、桑、栓《セン》等なり。雑樹は赤ダモ、榿《ハンノキ》等なり」という針広混交林だった。

一八八〇～九〇年代になると、野幌の周辺にも屯田兵の入植（一八八五年）や、新潟県からの北越殖民社の集団入植（八八年、九〇年）などが見られるようになっていた。そうしたなか、大日本帝国憲法が発布された翌年の九〇（明治二三）年、北海道内には二〇〇〇万ヘクタールにわたる皇室財産としての御料林が設定され、それが九四（明治二七）年には六三万ヘクタールに減少したことは、第三章で説明したとおりである。野幌の官林もこのときいったん御料林へ編入され、後に解除された。この動向は、とくに北越殖民社の人々にとって無関心ではいられなかった。なぜなら、北越殖民社の入植者は農業を営むため、野幌の森林が養う水源から湧き出す水に、恩恵を受けていたからである。

皇室財産の御料林なら、伐採されて裸山になる心配はないが、御料林が解除されれば裸山になる恐れがある。そこで北越殖民社の指導者、関矢孫左衛門は、野幌の森は「樹林鬱蒼《うっそう》、水理を涵養《かんよう》し、暴風を防御し、かつ石狩全国の気候乾湿調和し、その関係するところ最も大」とし、もし御料林が解除され一般の官林に組み込まれれば、「種々の口実をもって分裂払下となすこと免るべからざるべし、その時に際せば、如何様の命令を下すも童山赫《どうざんかく》地《ち》となるは掌を見るが如し」と、御料局長官に対して意見書を提出した。

そのため野幌の森林は御料林から官林に編入されるに際し、一八九五（明治二八）年に伐木停止林とされた。しかし九九（明治三二）年になると情勢が一変し、関矢が恐れていたことが現実となった。野幌周辺の札幌区総代人と、江別、白石、広島の集落の代表者が北海道庁に呼ばれ、園田安賢長官から、「町村制がまもなく施行されるから、野幌の森林を関係町村の基本財産として分割・払い下げる」と通達されたのである。当時は町村制となっても、税収は少なく、学校や道路を整備する財源に乏しい。そこで町村の基本財産として森林を与え、その森林収入を財源の一部に当てようとする目論みだった。

このことを電報で知った関矢孫左衛門は、さっそく札幌に向かい、仲間とともに道庁で担当の事務官、支庁長、長官と順次に面会し、野幌の森林の分割・払い下げを撤回していただきたいと陳情した。野幌に入植した北越殖民社の人々は、ここが御料林だった時代から「すでに百二〇町歩余りの用水溜め池の敷地を拝借し、二五以上の溜め池を築き、そこから数百町歩の水田に灌漑《かんがい》」し、さらに拡張計画ももっていた。その「深林を町村基本財産に下げ渡さるる時は、水源枯渇して溜め池は用をなさず、水田荒蕪に付すべし」と心配される、「樹林伐採せらるるは捨て置き難き一大事なり」と訴えた。しかし役所は「官の命令は遵守せざるべからず」と、いったん決めたことは決して覆そうとしない。

そこで関矢とその仲間はいったん江別に帰り、野幌だけでなく広島なども含む関係者を集めて報告集会を開いた。そこでの空気は、「長官が反省せざる以上は、各部落人民より直接に上願するの外なし」というもので、一八九九(明治三二)年四月七日早朝、地元民およそ五〇人が道庁長官宅を訪れ、面会を求めた。しかし秘書から「長官は本日上京につき、面会致し難し」と断られた。それでは札幌駅で陳情しようと駅に向かったが、すでに厳重な警備網が張られて「憲兵、巡査等控所に満ち」、長官は汽車に乗り込んでしまい、ここでも目的を達せられない。やむを得ず地元代表者数名は、急場の決断で汽車に同乗し、長官を追うことにした。当時は小樽経由の函館本線がまだ開通していなかったので、札幌から上京する場合は、岩見沢・苫小牧経由で室蘭に向かい、室蘭から函館まで船を利用した。地元代表は室蘭での機会をとらえようとしたが、ここでも目的を果たせない。そこで函館まで足を延ばし、長官が旅館で休憩している場をとらえ、やっと面会することができた。

長官は「左様なこと、当地まで来るとは何事ぞ」と、はじめは「怒気満面」だったが、地元代表の「札幌より

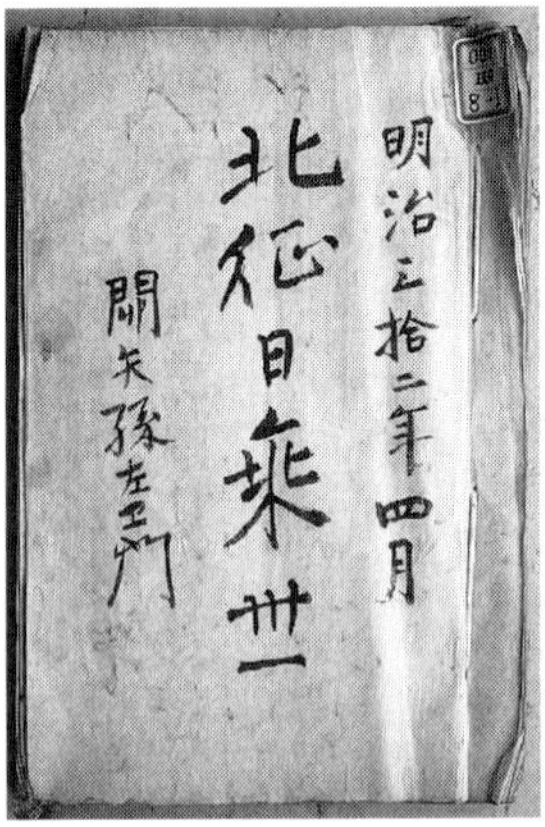

図4•3　関矢孫左衛門の日記『北征日乗』(北海道立図書館所蔵)

お会いを願って機会を得ず、ついにここに至る」という異常な熱意に動かされ、話を聞いてくれた。その結果、とうとう長官も根負けしたのか、あるいは森林保護の重要性を悟ったのか、「そのような難しい問題があるなら、私が悪かった、森林の分割はやめる、水源涵養のことも安心せよ、村に帰って村民に報告せよ」といって、分割・払い下げ計画を撤回したという。その経緯は、関矢孫左衛門が自らの日誌『北征日乗』(図4・3)に詳しく書き残しており、関矢マリ子『野幌部落史』にも紹介されている。

野幌の森林はその後に林業試験場の付属林となり、また一部は「原始林」として天然記念物に指定され、一九六八(昭和四三)年、北海道百年を記念して「野幌森林公園」となった。その間に森林環境は多くの変貌があったが、この地域が現在まで継承された原点には、関矢孫左衛門を中心とする住民の森林保護運動があったことを忘れてはならない。

二　都市公園の事始め

1　北海道の公園はゼロからの出発

日本の公園は遺産の活用から始まった

多くの人は「公園」と聞いて、どんな公園を連想するだろうか。ある人はブランコや滑り台のある身近な児童公園を連想するかもしれない。その児童公園は近年の少子高齢化を反映して街区公園と呼ばれるようになり、施設や利用実態が変容しつつある。またある人は都心部に位置する、花壇や噴水のある大公園を連想するかもしれない。そうした大公園は「都市の顔」となっている場合が多く、その街の印象と深く結びついている。例えば札幌の大通公園、弘前の弘前公園、盛岡の岩手公園、秋田の千秋公園、仙台の青葉山公園、東京の上野公園、名古屋の名城公園、京都の円山公園、大阪の大阪城公園、高知の高知公園、熊本の熊本城公園といったところである。

ところで「公園」は、明治になってから制度化されたもので、江戸時代には「公園」がなかった。しかしここに例示した東京の上野公園は、江戸時代から有名な花見の名所で、庶民の行楽に使われていた。ここは寛永寺の境内だったが、事実上の公園の役割を果たしていたのである。また京都の円山公園も、もとは八坂神社の境内で、江戸時代から庶民のレクリエーション利用が許されてきた。そのほかの弘前、盛岡、秋田などの公園は、旧藩主の城跡で、江戸時代には庶民が近づくことはできなかったが、緑の空間としては江戸時代から存在しており、明治以降に公園用地が新しく造成されたものではない。

すなわち、ここに例示した公園は札幌の大通公園を除き、いずれも江戸時代からの歴史的遺産を、明治になってから公園に活用したのである。だから「公園」となっても、ただちに大規模な公園整備工事を行なう必要はなく、散策路にベンチなどの設置、樹木の補植などを行なえば、公園としての体裁が整ったのである。

日本の都市公園の始まりは、一八七三(明治六)年の公園に関する太政官布達にもとづいている。その布達の内容は、東京、京都、大阪をはじめ「人民輻輳《ふくそう》の地にして、古来の勝区、名人の旧跡等、是まで群衆遊観の場所」で、従来から課税の対象とならない国有地として扱われていた「高外除地」については、今後は「永く万人偕楽の地とし、公園と相定める」こととするので、各府県では公園候補地を選び、大蔵省へ伺いでるように指示したものである。その「是まで群衆遊観の場所」の具体的な例として、東京は浅草の浅草寺境内、上野の寛永寺境内、京都は八坂神社の境内、清水寺の境内、嵐山が示されていた。

そして太政官布達が出された一八七三(明治六)年のその年のうちに、東京府の上野公園、浅草公園、芝公園、深川公園、飛鳥山公園、大阪府の住吉公園、浜寺公園、山形県の鶴岡公園、日和山公園、茨城県の水戸偕楽園、千葉県の鋸山公園、新潟県の白山公園、広島県の厳島公園、高知県の高知公園、大分県の春日山公園など、全国で二五の公園が誕生した。それ以降も、福島県の信夫山公園、富山県の高岡公園、石川県の兼六園、長野県の高島公園、香川県の栗林公園、長崎県の長崎公園、京都府の円山公園などが続々と公園になり、八七(明治二〇)年までに、三二道府県で八一の公園が生まれていた(佐藤昌『日本公園緑地発達史』)。

なお最初に例示した公園には旧藩主の城跡公園が多い。城は江戸時代からの「是まで群衆遊観の場所」ではなく、庶民は近づけない場所だったが、明治維新とともに無用の長物となってしまった。例えば熊本藩知事(県知事)は一八七〇(明治三)年、熊本城は無用なのでとり壊し、時代に合った役に立つ施設を整備したいと考え、「願わくは天下の大体により、熊本城を廃堕《はいだ》し、以て臣民一心の微を致し、かつ以て無用を省き実備を尽さん、伏して乞う、速やかに明断を垂れよ」と太政官に陳情した(明治ニュース事典編纂委員会『明治ニュース事典』第一巻)。

新しい開発のためには惜し気もなく歴史的文化財を壊す風潮は、早くも明治維新のころから出ているが、城下町は城を中心に発展したから城は都心にあり、緑の空間も広く、公園に変身するには絶好の場所である。ということで一八七三(明治六)年の高知城(図４・４)の公園化を皮切りに、各地の城下町では城跡の公園化が始まった。ただし明治になって軍隊が創設されると、城跡は軍隊の拠点としても絶好の場所である。したがって例えば仙台、名古屋、大阪、広島など、多くの都市では城跡が陸軍の司令部などに使われた。そうした都市では城跡を公園にできず、できたとしても面積が狭く、広い公園として整備されるようになったのは、軍隊が消滅した第二次世界大戦後のことである。

なお東京は江戸城の城下町である。江戸城の核心部は現役の皇居として使われているから公園とはなっていないが、東京都心に存在する緑の環境として貴重なものであり、江戸城のうち皇居外苑、皇居東御苑、北の丸公園

図4・4　1873(明治6)年に城跡公園第1号となった高知城とその公園の由来を記す「公園記」の碑

の部分は、第二次世界大戦後に公園として開放されている。このうち、いま日本武道館などのある北の丸公園は、旧近衛師団司令部などのあった場所である。

明治期の日本の公園の大部分は、このように歴史的遺産が公園化されたものだった。新しい公園が計画的、本格的に造成されるのは、一九〇三(明治三六)年の東京・日比谷公園の出現を待たなければならない。日比谷公園を設計したのは本多静六であるが、本多については釧路と室蘭の公園のところで紹介する。

北海道では遺産の公園化ができない

ところで北海道は、明治になって開拓が始まったから、松前城、函館・五稜郭を除き、城跡が公園となる素地はなかった。また江戸時代からの「是まで群衆遊観の場所」としての神社仏閣の境内もなかった。したがって北海道の公園は、本州方面のように歴史的遺産を活用することができない。公園をつくるにはゼロから出発しなければならなかったのである。それでは北海道の公園は、どのようにして誕生したのだろうか。

一九一一(明治四四)年の北海道庁殖民部『殖民公報』(第六〇号)には、「現今、本道に於いて公園と称すべきもの七箇所あり、左の如し」として、札幌の中島公園、円山公園、函館の函館公園、松前の福山公園、小樽の手宮公園、花園公園(現・小樽公園)、それに大沼公園予定地が記されている。このうち大沼は自然公園で、現在は大沼国

表4･1　北海道の公園のうち明治〜大正〜昭和20年に成立したもの

設置年		都市名	公園名	面　積 (1960)	設置年		都市名	公園名	面　積 (1960)
1879	明 12	函館市	函館公園	4.8 ha	1927	昭　2	函館市	見晴公園	43.4 ha
87	20	札幌市	中島公園	22.1	29	4	帯広市	緑ヶ丘公園	42.5
93	26	小樽市	小樽公園	23.5	30	5	名寄市	名寄公園	10.7
1900	33	小樽市	手宮公園	11.9	36	11	富良野市	鳥沼公園	4.0
09	42	札幌市	円山公園	57.9	37	12	函館市	住吉児童公園	0.62
09	42	旭川市	常磐公園	11.2	37	12	函館市	新川児童公園	1.12
13	大　2	函館市	五稜郭公園	25.2	39	14	函館市	大森公園	3.6
14	3	旭川市	神楽岡公園	33.2	40	15	旭川市	近文公園	16.4
14	3	余市町	円山公園	3.4	42	17	帯広市	中島児童公園	0.18
18	7	倶知安町	旭ヶ丘公園	55.2	45	20	網走市	モヨロ公園	2.2
23	12	滝上町	滝上公園	7.8	合　計		11市町	21公園	

注：「設置年」は開園と一致するものが多いが，一部の公園では用地取得・整備開始の年が設置年とされている

北海道住宅都市部都市施設課監修『北海道の公園緑地』

定公園となっている。

北海道の都市公園のうち、明治〜大正〜昭和戦前にできた公園は表4･1のとおり、一一市町の二一公園にすぎなかった。ただし、これは北海道住宅都市部都市施設課の一九七八(昭和五三)年当時の「都市公園台帳」で確認できたもののみが記載されたものである。昭和戦前はまだ都市公園法がなく、公園は行政的にも社会的にも弱い存在だったので、例えば札幌市の大通公園、釧路市の春採公園のように事実上は公園であっても、都市公園台帳に記載されなかったものや、廃止されてしまったものもあるので、実態はもう少し多かったと考えられる。

都市公園が質量ともに充実するのは、北海道でも本州でも、第二次世界大戦後のことであるが、「ものの始め考」を大切にする本書の趣旨から、北海道の都市公園のうち、歴史の古い公園はどのようにして成立したのか、表4･1の公園を中心としながら、その公園成立の原点を探ってみよう。そこには今後の都市の緑の環境のあり方を考えるうえで、示唆に富む点が多く含まれているに違いない。

2　明治初期に住民がつくった函館公園

公園は役所がつくってくれるもの、というのが現在の日本人の常

識である。しかし近ごろは住民参加や、行政と地域住民が「協働」することが、行政の各分野で求められるようになってきた。ところが函館山の山麓にある函館公園は、明治のはじめ、住民参加というより住民主導で整備された、日本の公園のなかでもきわめて特異な歴史を誇っている。

一八七八(明治一一)年の春から秋にかけて、多くの函館市民が、近隣、商店街、職場、寺の信者などの単位で公園づくりに労力奉仕し、モッコを担いで土を運び、築山を築いたり、木を植えたりした。その一端を当時の『函館新聞』から拾ってみよう。「昨日、公園地築山にでかけたのは、十六大区三小区で五百人ばかりであったという」(一八七八・一〇・六)。連日のように住民が熱心に公園づくりに参加すれば、役人もだまっていられなくなる。開拓使函館支庁でも、「官員方も、我々も遊ぶ公園地なれば、人民にばかり働かして、官員だから懐手という訳にも行くまい。幸い明日は日曜の休日ゆえ、我々も一同でかけて土担ぎをしようと、是れも御評議が決したる由」(一八七八・一〇・二六)ということになる。

このときは函館支庁長の時任為基も率先して参加した。お役人のトップが参加したことは、住民参加をさらに加速させる効果を生み、「願乗寺が檀家百七十人余を引き連れて、饅頭二千個を自費にて働き人に贈り、また大町よりも百三十人ほど出掛けて同町木村玄郎より煎餅一円を差出し、また一昨日は能量寺にてこれも檀家千二百人を引き連れ、握り飯二千個を出せしに引き足らず、なお二俵を炊き出し、……明日は蓬來町、台町の芸娼妓《げいしょうぎ》残らずが出かけるという」(一八七八・一一・二)というほどの盛況ぶりとなる。

なぜ函館公園では、これほどの住民参加が可能となったのだろう。それには、当時の函館ならではの、いくつかの要因が重なっていた(俵浩三「函館公園の成立事情とその公園史上の特異性」)。

公園の始まりと開港場函館の特殊性

日本の公園制度は先に紹介したように、一八七三(明治六)年の太政官布達で始まった。それは古くからの社寺

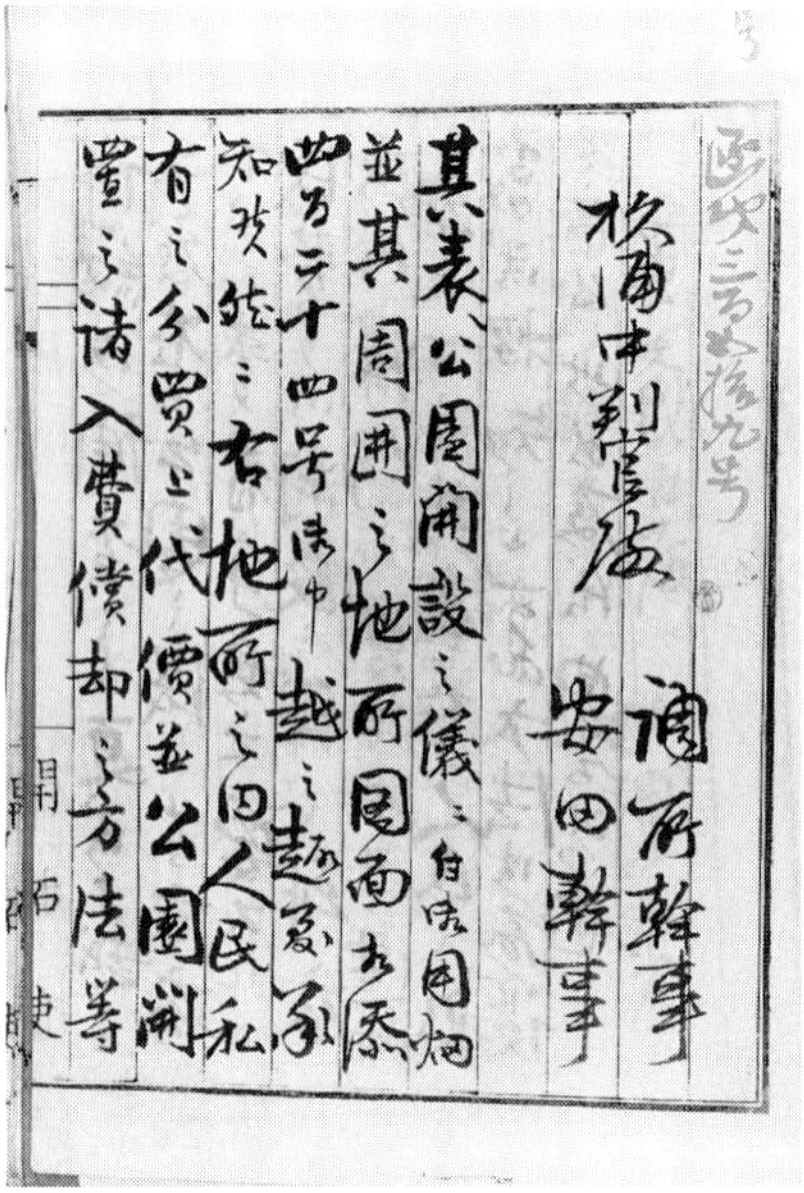

図4･5　1874(明治7)年，開拓使東京出張所から開拓使函館支庁に対し，函館公園予定の私有地買収の予算要求を却下した書類(北海道立文書館所蔵)

境内や城跡などが、文明開化の「公園」に変身したもので、新しく公園が造成されたものではなかった。ところが北海道の都市には公園に変身できるような遺産がない。そこで開拓使函館支庁では将来を見越して七四(明治七)年、函館山山麓の苗畑に公園予定地を確保した。しかし面積が狭いので周辺の私有地を買収したいと、東京出張所(事実上の本庁)に予算要求をした。図4・5は、その要求に対する東京出張所からの回答の一部であるが、そこには、東京府の公園の例を見てもまだ整備されていない実情だから、函館の公園づくりは時期尚早とあり、予算要求を却下した。開拓使の東京出張所は芝公園のなかにあったから、東京の公園は「公園」と名がついても、まだ何も整備されていない実態を知っていたのである。

ところで横浜や神戸は新しく開港され、多くの外国人が居留するようになったが、外国人はその生活習慣から身近な公園を必要とするので、公園の整備を日本政府に要求した。横浜や神戸も「是まで群衆遊観の場所」がなく、そのため開港条約により日本政府が公園を整備(外国人居留地は用地提供)する義務を負い、横浜の山手公園や横浜公園、神戸の東遊園が整備された。山手公園は外国人専用だったが、横浜公園は外国人と日本人が共用できるので「彼我《ひが》公園」と呼ばれた。しかし函館は開港されても、横浜や神戸ほど多くの居留外国人がいなかったので、日本政府は公園整備の義務を負わなかった。函館の居留外国人にとってはそれが不満である。そこで函館駐在イギリス領事のR・ユースデンは、函館の豪商、渡辺熊四郎など有力者に対し、立派な都市には立派な公園が必要なことを力説し、市民が協力して公園をつくることを勧め、ユースデン自身も若干の資金を寄付し、夫人は園芸草花の栽培指導に当たることを約束した。

ユースデン夫妻から熱心な働きかけを受けた渡辺熊四郎は、「この原意を謝絶するに忍びず」と当時としては大金の一〇〇〇円を寄付するとともに、有志で公園世話係を組織し、周辺の人々にも公園整備に協力するように呼びかけた。すると造園技能に優れる浅田清次郎が現場監督の奉仕に名乗りをあげ、公園予定地に隣接する土地所有者は土地の寄付を申し出るなど、市民みんなで公園をつくろうという輪はたちまち大きく広がった。そうなると函館支庁も、公園整備予算を「出港税」から捻出することに知恵をしぼった。

こうして一八七八～七九（明治一一～一二）年、住民主導の公園整備が行なわれ、七九年に完成したのが函館公園である。函館公園の開園式のとき公園世話係が読んだ祝辞には、「之れを為すに当たって、上は有司（役人）より下は庶民に至るまで、集まり来りて之れをなす。……紳士、学士、巨商、僧侶、来り、モッコを担ってその後れることを恥じるもの、我が公園の如きあるか。官吏その俸を割き、庶民は金もしくは私有地を納め、その工を助く、我が公園の如きあるか。およそ此の種のものは天下の公園をあまねくするも、その比なきを知らん。……各人初めに労働し、後に（公園で）娯楽す」という一節がある。まさに〝おらが公園〟である。当時の日本の公園は「天下をあまねくするも」、太政官布達による遺産の公園化が主流だから、住民主導による「我が公園の如き」は、生まれる素地がなかったのである。

なお公園整備費は、ボランティア参加の人件費を除いて総計約一万五〇〇〇円、そのうち「官庫」から出たもの五六〇〇円、「人民」から出たもの四九〇〇円と報告されている。

函館市民の進取の気象

明治の初期、函館は北海道第一の都市であり、札幌は新開地にすぎなかった。一八七七（明治一〇）年の札幌の人口は三〇〇〇人に満たなかったが、函館ではすでに二万八〇〇〇人の人口を有していた。渡辺熊四郎は、その大都会で事業を成功させた実業家のひとりだった。北海道指定有形文化財で観光名所にもなっている「旧金森洋物店」(函館市末広町)は、渡辺熊四郎の本拠である。

函館の有力者は、開港場の性格から欧米人と接する機会が多く、居留外国人から市民自身によるコミュニティ建設の理念を教えられた。函館公園の場合もそうだった。そのほかにも例えば、渡辺熊四郎は窮民子弟の学校(鶴岡学校)を設立したが、それにはユースデンも出資している。窮民子弟の学校などという社会施設は、外国人の示唆がなければ当時の日本人では発想できなかっただろう。渡辺は、公園ばかりでなく、学校、病院、水道、海岸の植林事業など、公共的施設の整備に対して積極的に資金を提供した。これは渡辺にとどまらず、函館公園の公園世話係を買ってでた今井市右衛門、平塚時蔵など、みな進取の気象に富んでおり、社会貢献に協力を惜しまなかったことが知られている。

そのことは、外国人からコミュニティ建設の理念を教えられたばかりでなく、北海道の開拓が北海道の入り口函館を飛び越えて、内陸の札幌などに偏ったことも無関係ではないだろう。すなわち札幌および内陸部には、役所の潤沢な予算が注ぎ込まれるが、函館へは予算のまわりが少ない。そのため札幌および内陸部では、すべて役所にまかせておけば社会基盤整備をしてくれるので、公共事業依存体質ができてしまった。ところが函館では、役所の予算が少ないので自分たちが整備しなければならない、という自主の精神が育った。一九一一(明治四四)年に発行された『函館区史』(函館区役所)には、「開拓使時代に至りては、区民進んで種々の施設をなし、官の施設と相まちて良く公共事業に尽くし、以て区の基礎を固め、且つ一種の美風を作りて之を後に伝えたり。すなわち区民の活躍せると、公共事業の興れるは、当時代の一特色とすべし」とある。

函館の湯の川温泉の近くに見晴公園がある(表４・１参照)。その公園の主要部は「旧岩船氏庭園」(香雪園)で、北海道では唯一の文化庁指定の名勝庭園となっている。これは明治の豪商、岩船峯次郎が明治なかころから末期にかけ、自らの別荘の庭として築造したが、岩船はこれを私せず市民にも開放した。実は岩船峯次郎は函館公園の世話係に名を連ねており、公園に深い関心をもっていた。一九〇七(明治四〇)年発行の『最新函館案内』には、「庭園よりも寧ろ公園と称する方、至当ならんか、公開もって衆人の観覧に供す」(上平幸好『香雪園の四季と樹木』)とある。

多くの人々の住民参加によってつくられた公園が函館公園であるのに対し、ひとりの豪商がつくって多くの住民に開放した公園が見晴公園である。函館公園と見晴公園は、そうした意味で対照的な存在であるが、双方とも、函館に生まれるべくして生まれた、ユニークな公園ということができる。

函館公園は歴史的文化財

函館公園内には文明開化の雰囲気を伝える小さな博物館が残されている(北海道指定有形文化財)。この博物館も函館公園と似た性格をもっていた。というのは、明治初期に東京や京都にできた博物館は、江戸時代からの古いコレクションが博物館に変身したもので、これはヨーロッパ型の博物館といえる。江戸時代までの古蹟名勝が公園に変身したのと同じ類型である。ところが函館博物館は、建物とコレクションが同時にゼロから出発し、「北海道に産する天造人工の物」を展示し、地域の自然的、社会的情報を伝え、地域の発展を先導するアメリカ型の博物館だった。有名なT・W・ブラキストンやE・S・モース(東京の大森貝塚の発見者)も、この博物館に標本を寄付した記録が残っている。函館公園もゼロから出発したもので、しかも当初から博物館とともに歩む、カルチャーパークの先駆けであった。

一八七九(明治一二)年に開園した函館公園は、洋風デザインの入り口のロータリー型花壇、その背後の住民が土を担いで築きあげた明治山、あるいは周回園路など、基本的なレイアウトは変更されることなく現在に継承されている。もっとも細部を見ると、ロータリー型花壇の中心部は現在は噴水となっているが、開園当時は大きな

図4•6　函館公園全図(1882(明治15)年の木版画，函館市中央図書館所蔵)。ロータリー型花壇は当時としてはモダンな洋式デザイン，ただし中心部は石灯籠のある和風デザイン(現在は噴水)。ロータリー右上の摺り鉢状の山は住民が築いた明治山。ロータリー左上の建物は函館博物館(現存し，北海道指定有形文化財)

石灯籠が据えられ「見越しの松」のような不整形のマツが植えられた和洋折衷であり、また開園当時の明治山は当然のこととして裸山だったが、現在はうっそうと樹木やツツジの花木におおわれている。なお現存はしていないが、開園当時は、開拓使のマークである星型にデザインされた洋式花壇があり、そこには黒田清隆長官から寄付された珍しいバラが植えられていた(現・旧函館博物館二号館の場所)。函館公園は、東京などの遺産の公園化よりはるかにモダンで、時代の先端を歩んでいたのである。

同じ開港場として明治初期にできた横浜公園の現在の姿は、野球場が公園の半分を占め、「彼我公園」と呼ばれた当時の面影は残っていない。また神戸の東遊園は神戸市役所が建つなど、すっかり縮小されてしまった(一部はフラワーロード)。明治初期につくられた公園で、当初の骨組みをいまに伝える例は全国的にも珍しく、住民主導でできたユニークさも含め、函館公園は、それ自体が歴史的文化財であるといえる。

現在の函館公園は、面積五ヘクタール、園内には博物館、図書館も立地する総合公園であり、見晴公園は面積四六ヘクタール、道南らしい多数の樹木が見られる総合公園である。

なお表4・1には、一九三七（昭和一二）年から児童公園など三ヵ所の公園が函館に新設されたことが記されているが、これは三四（昭和九）年の函館大火の復興に際し、市街地のなかの広場（オープンスペース）は避難場所として役立つことの教訓が生かされてつくられた公園である。表4・1に出てくる公園は、函館市が最も多く、函館は公園づくりの先発地だったということができる。

3　開拓時代の町づくりと公園――名寄公園など

計画的な町づくり

北海道では、沿岸部の港町および道南地方の一部を除き、都市の発生時点から計画的な町づくりが行なわれてきた。この点は本州の内陸諸都市が、城下町、宿場町、門前町、市場町などとして発展したものが多いのと対照的である。大鳥圭介は榎本武揚などとともに五稜郭で戦った旧幕臣として有名であるが、その後、開拓使の職員となり、明治のはじめ、欧米に出張を命じられた。その際、都市計画のあり方にも関心を払い、「新規に都市村落を開き候には、最初より市街の割付け方、必要のこととして、必ず碁盤の目方に割付け、十分に町中を広くし、下水の付け方に注意し、高所を撰び、飲料水の貯処を作ること大切と存じ候。欧米にても、古き都市は町幅狭く、割り方悪しく、今に至り容易に之れを改正し難く、諸人難渋致し候」（北海道庁『新撰北海道史』第三巻）と報告している。

北海道内陸部に計画的に造成された大都市としては、札幌をはじめ旭川、帯広があり、農村地帯の中心をなすべき計画的な市街地としては、名寄、北見(野付牛)、中標津などがある。これらの計画都市で、公園はどのように位置づけられただろうか。

先に説明したように、日本の公園の始まりは一八七三(明治六)年の太政官布達によって基礎づけられたが、それは新しく公園をつくろうというものではなく、社寺境内など「是まで群衆遊観の場所」や、城跡を公園としたものだった。しかし無人の原野に町づくりが始まった北海道では古蹟名勝も社寺も城もなく、公園に変身できる要素がなかった。

そこで北海道庁では一八九四(明治二七)年、内務省に対して次のように照会し、内務省はこれを了承した。「元来公園地は、なるべく古蹟または名勝の地区を卜《ぼく》して之れを設置するは勿論なりといえども、北海道の如き新開の地に在りては、必ずしも古蹟名勝の地に限り公園地と定むるが如きは望むべからざる所に之れあり。然るに遠来の移民をして永住の念慮を深からしめ、まさに旺盛ならんとするの市街をして、ますます発達せしめんとするには、自ら彼等の心目を喜ばしめ、旅情を慰むるに足る公園を予定し置き、漸次これを新設するは必要の一手段と存じ候」(北海道庁拓殖部『拓殖法規』)。

こうして内務省からお墨付きを得た北海道庁では、第二章で紹介した殖民地区画のなかに「公園予定地」を設けることにした。その公園予定地が最も典型的な形で確認でき、それが現在も公園として機能しているのは、名寄公園である。

名寄公園

二〇世紀を迎えたころの旭川以北は「人民未だ殖せず」という、ほとんど無人の原野だったが、第二章で紹介したように天塩線(旭川～名寄)の鉄道建設が始まるとともに、この付近は急速に開けた。名寄は農村の中心市街地と想定され、一九〇一(明治三四)年に殖民地が区画された。それは南北九一八間、東西六〇九間で、「縦横区画し、その整正なること碁盤の目の如し。而して市街の中央を貫きて交差する二条の大通りを設け、道幅各々二〇間」という計画都市で、市街予定地は「みな草原にして、ただ闊葉《かつよう》樹の点々散生するを見るのみ。地面凹凸少なく概ね平坦にして土地乾燥せり」（北海道庁殖民部『殖民公報』第九号）という状況だったが、これは現在の名寄市街の骨格となっている。

翌年の一九〇二（明治三五）年、市街地の一八一三区画を競売に付したところ、入札数は一万七〇〇〇以上もあり、一〇倍近い競争率だったという。当時の人々の新天地開拓に対する意気込み、あるいは将来に対する投機性が感じられる。

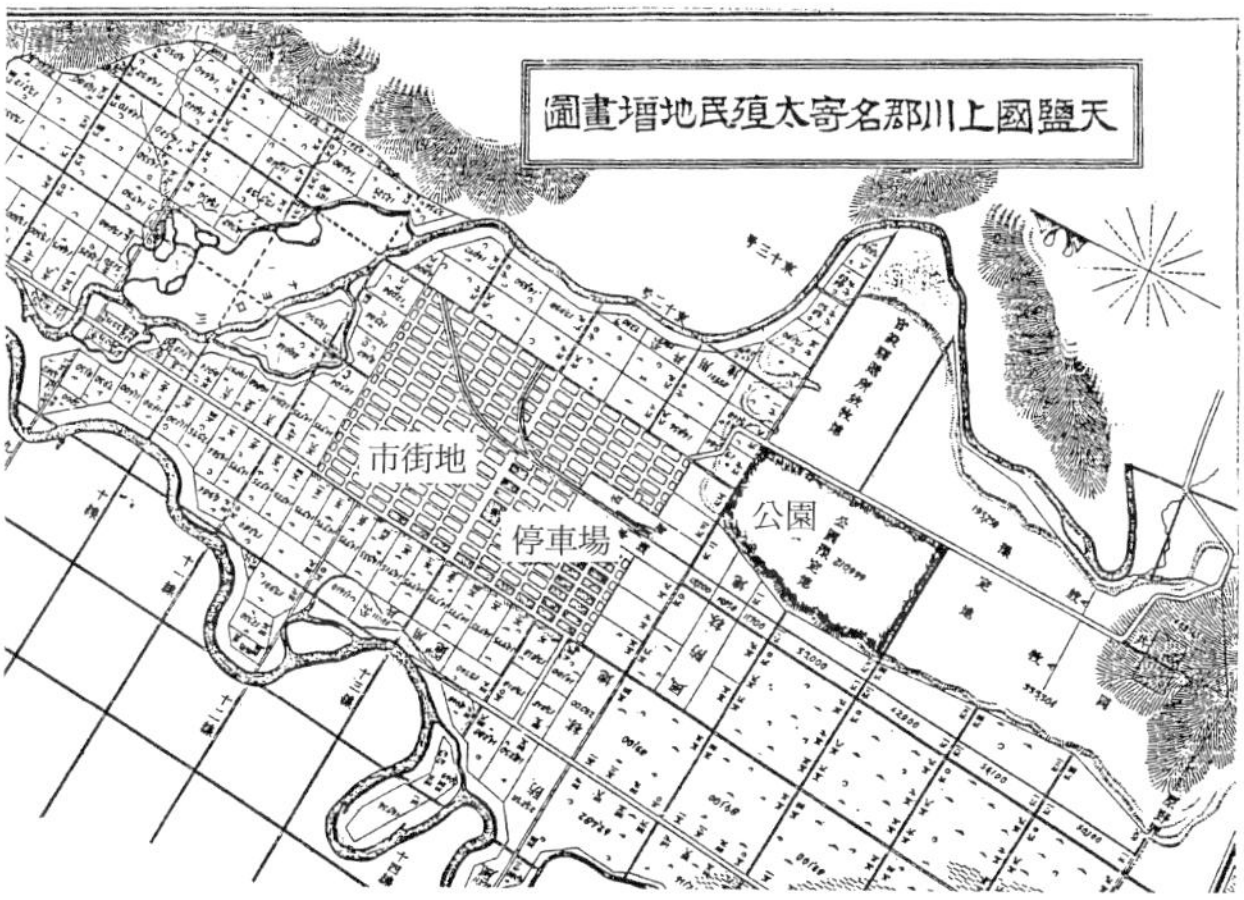

図 4•7　名寄の殖民地区画図（1901・明治 34）

ところで名寄市街予定地には、東南方に隣接して二一万坪（約六九ヘクタール）の「公園」予定地が設けられていた。これは市街地面積の五六万坪（約一八五ヘクタール）に対して、三七％というきわめて高い公園緑地率である。名寄市街はその後、一九〇三（明治三六）年に鉄道が開通すると続々と転住者が入るようになり、〇七（明治四〇）年には戸数一九七五戸、人口七五二二人を数え、医院、旅館、各種商店が軒を並べ、ほぼ現在の中心市街地が形成されたという。

このように急速に発展した名寄市街に隣接する公園予定地は、その後も留保されていたが、一九二二（大正一一）年に土地が名寄町に払い下げられると、その一角に管理人が入植して、クワ、カマ、リヤカーで独力による公園づくりを始め、また町民の有志や在郷軍人なども労力奉仕を惜しまなかった。そして「公園」と

図4•8　名寄市・名寄公園の入り口付近

なったのは表4・1のように三〇(昭和五)年である。公園予定地の一部にはその後に名寄神社、農業高校なども立地し、当初の予定よりは狭くなっているが、現在は二〇ヘクタール、野球場、池などを備えた総合公園で、地方都市としては輝かしい来歴をもつ公園といえる。

倶知安、網走などの公園予定地

殖民地区画で計画された「公園予定地」の敷地は土地処分がされず、地元から公園整備の意思表示があった段階で土地が払い下げられる。名寄公園の場合も一九〇一(明治三四)年に公園予定地とされ、土地払い下げが行なわれたのは二二(大正一一)年だった。だから殖民地区画で公園が予定されても、地元にその意思がなければ、やがて公園予定地は他の土地利用に回され、公園予定地は消滅してしまう。また逆に、公園予定地が区画されていなくても、地元から公園整備の意思表示があれば、防風林などとして留保されていた土地が公園となる場合もあった。殖民地区画当時の公共的な土地利用は、弾力的に運用されていたらしい。

後方羊蹄《しりべし》山麓の倶知安《くっちゃん》町の旭ヶ丘公園(現在四六ヘクタール)は、殖民地区画の際に公園予定地とされたものではないが、官林として留保されていた。一九〇四~〇五(明治三七~三八)年ころ、この官林が解放されることとなり、土地貸し下げ希望者が殺到したが、当時この官林の管理者であった岩内支庁長の山田有斌は、現地を見て、「この地帯は将来、公園となるべきところだから、村有地としておいた方がよいだろう。日露戦争の記念植樹とあわせ、公園予定地の標識を建てるとよい」と村の理事者を指導し、その結果、土地は村有地となり、やがて公園として整備されたという(倶知安町『倶知安町史』)。なお山田有斌は小樽の手宮公園の用地も地元に確保させた、公園に理解のある行政官だった。

網走の桂ヶ岡公園（現在五ヘクタール）は、ユニークな郷土博物館のあることで知られる風致公園であるが、一九一二（明治四五）年の『北見繁栄要覧』（菊地純二郎）には、「公園地は、今なお予定地にして、公園たるの設備されず、面積数万坪にして、市街南通りに接する高丘なり」と記されている。この公園予定地は一九〇〇（明治三三）年以前に網走町が無償貸付を受けて公園予定地としたもので、町の予算に公園費が計上されたのは二九（昭和四）年からであるという（網走市『網走市史』下巻）。

北見（野付牛）は、一八九七（明治三〇）年に屯田兵が配置されたことが町の開基とされているが、一九〇八（明治四一）年には、やがて鉄道が開通することを見越して（北見駅の開駅は一九一二（明治四四）年）、市街地区画が行なわれた。その際に市街中心部の役場予定地の隣に開村記念碑広場を設けることとした（北見市『北見市史』）。これは現在でも市役所前の小公園として、市民の憩いの場となっている。

このように北海道では、町づくりの初期の段階で公園が意識されることが多かった。それは先に紹介した、「元来公園地は、なるべく古蹟または名勝の地区を卜して之れを設置するは勿論なりといえども、北海道の如き新開の地に在りては、必ずしも古蹟名勝の地に限り公園地と定むるが如きは望むべからざる所に之れあり。然るに遠来の移民をして永住の念慮を深からしめ、まさに旺盛ならんとするの市街をして、ますます発達せしめんとするには、自ら彼等の心目を喜ばしめ、旅情を慰むるに足る公園を予定し置き、漸次これを新設するは必要の一手段と存じ候」という方針が効果を奏した結果といえよう。ただし実際に公園が実現したか、あるいは公園予定地が消滅してしまったかの分かれ道は、地元関係者の意識の有無にかかっていたことを忘れてはならない。

４　札幌都心部の公園は明治の遺産

表４・１からは先に記した函館のほか、札幌、小樽、旭川で、明治時代に公園ができたことが読みとれるが、こうした北海道の中核的都市の主な公園の成立事情を展望してみよう。

大通公園

札幌都心部の公園として名高い大通公園は、町づくりの初期から用地が確保されたオープンスペースであるが、それは公園というより、防火帯としての役割が期待された。札幌の町並みは大通りを起点として、北○条、南○条と分かれているが、町づくりの初期は、大通りより北側は官庁街、南側は商店・住宅街とされた。そのため南側の町家から出火しても、北側の官庁には類焼しないよう配慮された分離帯だったのである。

しかし都心部の空地なので、実質的には中央公園としての役割を果たすようになった。『札幌区史』（札幌区役所）には、「明治七年、東京青山試験場（第二章参照）より、西洋草花七十五種を札幌官園に移植せしに、皆よく風土に適せしを以て、翌八年、之れを所々に分移し、また希望者に下付し、翌九年、大通二ヵ所、三丁目四丁目角に各一千九百四十七坪を開き、各種の花草を移植し、以て衆庶の縦覧に供したり」とある。この東京から札幌へ移された西洋草花のなかには、ルピナス、パンジー、ペチュニア、フロックス、ビジョザクラなどが含まれていたが、こうした西洋草花が公園に植えられたのは、全国的に見ても早期の事例と思われる。札幌市民はモダンな草花を身近に愛でることができたのである。

その後も「大通り火防線は、開拓使以来、或いは花園となし、或いは林檎園となり、（明治）二九年、松、桜、柳等を植え、また牧草を播種する等、種々の変遷を経たるが」と、しだいに公園らしくなってきた。

ところで、先に記したように東京などの初期の公園は遺産の公園化が多かったが、やがて公園内の改造や新しい公園づくりも始まり、公園設計のプランナーが育ってきた。その東京の公園づくりの第一人者だった長岡安平は、明治中期から大正へかけて、青森の合浦《がっぽ》公園、秋田の千秋公園、盛岡の岩手公園、広島の比治山公園、高知の高知公園など、全国各地の公園新設や改造設計を依頼されるようになった（長岡安平顕彰事業実行委員会編『祖庭長岡安平』）。北海道でも長岡が、大通公園、中島公園、円山公園、小樽公園の設計を手がけたとの記録がある。

『札幌区史』には、大通公園が「（明治）四二年度より四四年度に亘り、同じく長岡安平の設計により、金千九百三十余円を支出し、西四丁目より九丁目に至る各区画に、イタヤ、マツ、オンコ等植樹をなし、牧草を播種し、その間に適当の通路を設けて逍遥地となし」と記録されている。いま残されている長岡の設計図を見ると、西三丁目から西五丁目までの三区画は芝生広場に整形の園路と花壇、西六丁目と七丁目の二区画は和風の不整形な園路に花壇となっている。大通公園はこうして充実したのである。

ただし第二次世界大戦後までの大通公園は「逍遥地」で、道路として扱われたので表4・1の公園には名前がない。大通公園は前身が道路だったことを反映してか「特殊公園」とされている。第二次世界大戦中の大通公園はイモ畑に変身したというが、現在は面積八ヘクタール、芝生と花壇が美しく、雪祭りや「よさこいソーラン祭り」の会場ともなり、四季を通じて札幌の顔となる公園である。

図4・9　札幌・大通公園

なお全国的に見ると、大都市の中心部に大通公園をもつ例として、名古屋の久屋大通、横浜の大通公園（JR関内駅西方）があるが、名古屋は第二次世界大戦後の戦災復興事業にともなって実現したもの（テレビ塔もあり札幌と似ている）、横浜は旧吉田川運河を埋め一九七八（昭和五三）年に実現したもので、札幌の大通公園は大先輩ということになる。

中島公園

現在の中島公園は札幌の市街地に囲まれているが、明治の初期は、伐採した木材を貯留する古池がある町外れの場所だった。しかし豊平川に沿う平坦地で湧き水の流れにも恵まれ、植物がよく繁茂し、藻岩山の眺望もよいので、一八八二（明治一五）年ころ地域住民の代表が公園予定地とすることを陳情し、八七（明治二〇）年の北海道物産共進会場となったのを機会に、札幌市街からの到達道路が整備され、公園的な体裁を少し整えた。

当初の中島公園は公園でなく「遊園地」と呼ばれたが、その理由は、都市公園法以前の公園行政は予算が乏しかったので、公園内に飲食店や遊楽施設などの出店を認め、その土地使用料を公園の維持管理費に充てたためと思われる。東京その他の公園でも、公園内に民間施設を認め、その地代を公園管理費に充てた例が多く知られている。ちなみに現在の中島公園の面積は二一ヘクタールであるが、当初は五八ヘクタールで豊平川まで接していた。いまはホテルやマンションが並ぶ豊平川に沿う部分も、以前は遊園地の財源を生み出す部分だったが、結果的には借地権が強くなり、公園区域を解除せざるを得なくなってしまったようである。

中島公園も長岡安平によってマスタープランがつくられたが、『札幌区史』には「（明治）四三年度に於いて、金六千三百七十円を以て、その設計中、枢要地域の設営を了し、始めて公園と公称し大いに面目を改めたり」とある。ちなみに長岡は、中島公園は利水の便があるので池泉回遊式の自然の風致を中心とし、一部に花園を配し、豊平川まで接するように設計した。長岡は円山公園も同時に設計したので、円山の方は中島と対照的に、山地風の樹林風景とスポーツも楽しめる方向づけを行なった。

中島公園は札幌市街地に近く、物産館などの跡地を活用できる広場があったので、伝統的に博覧会などに使わ

図 4•10　1901(明治 34)年ころの中島遊園地(「札幌市街之図」自治堂，1901)

れることが多かった。その代表的なものに、一九一八(大正七)年の開道五〇年記念の北海道博覧会、五八(昭和三三)年の北海道大博覧会がある。そうした大きなイベントを機会に、あるいはその跡地利用により、中島公園は公園としていっそう施設が充実した。例えば開道五〇年博覧会では芝生広場が造成され、博覧会施設の跡地に中島野球場ができた。また子供の国は北海道大博覧会の関連施設で、後に子供の遊園地として拡充された。

その後の中島公園では、豊平館が大通公園から移築(移築後に国の重要文化財)、日本庭園の整備、八窓庵(江戸時代の茶室、国の重要文化財)が市内から移築と文化的要素が強まった。さらに近年は道立文学館の新築開館(一九九五・平成七)やKitara(札幌コンサートホール)の新築開館(一九九七・平成九)があいついだ。その一方で中島野球場やスポーツセンターの廃止、子供の国の円山公園への移築と、活動的な施設が姿を消し、静かに文化的な雰囲気を楽しむ公園へと性格を変えつつある。

円山公園

円山は先に紹介したように「朝夕に眺める山」だったが、その山麓には一八七一(明治四)年に北海道神宮(当時は札幌神社）ができ、境内にエゾヤマザクラ、スギ、サワラなどが植えられた。そのため円山は鎮守の森の性格も帯び、やがて花見の名所に成長する。また八〇（明治一三）年には山麓に「養樹園」ができ、本州や外国産の樹木が、北海道の風土に適応するか否かを試すため植えられた。養樹園は一九〇一（明治三四）年に役割を終えたが、現在でも円山公園内にはスギ林をはじめ、道南のブナ、外国産のユリノキ、ヒッコリーなど、札幌に自生しない種類の大木が残っている。

その後、養樹園の跡地は札幌区に払い下げられ、公園予定地となった。一九〇九（明治四二）年発行の『最近之札幌』（佐々木鉄之助編）には、「約一万円を投じ、相当の設備をなす予定なりしも、時あたかも日露戦役に際し、経費緊縮とともに中止せしが、……現当局者においては中島遊園地と共に長岡東京市嘱託技師に設計せしめたるに、経費約四万円を投ずるにおいては、規模広大なる公園たるに至るべし」と記録されている。

長岡は先に記したように、円山公園を山地の樹林を味わえるとともに、スポーツのできる公園として方向づけた。そのプランはそのまま実現されたわけではないが、円山公園は明治末期からしだいに「公園」として整備されるようになり、とくに昭和戦前には、陸上競技場、野球場、大倉山シャンツェなどができ、スポーツ公園の側面が充実された。北海道で初めての動物園として円山動物園が開園したのは第二次世界大戦後の一九五一（昭和二六）年のことである。現在の円山公園は面積六八・七ヘクタールの総合公園で、国指定の天然記念物原始林の円山（標高二二六メートル）とあいまって、自然観察のよいフィールドとなり、また花見の名所でもある。

5　原野の都市——旭川と帯広の公園

旭川と帯広は、上川平野と十勝平野を開拓する内陸の中心都市として、旭川は一八八九（明治二二）年、帯広は九二（明治二五）年に、それぞれ殖民地区画がされた。その町づくりには、双方ともアメリカ型の都市計画の影響が見られたが、公園については旭川の方が積極的にとり入れようとし、帯広は消極的な反応だった。しかし近年の帯広はユニークな「帯広の森」整備をすすめている。

旭川の幻の公園と常磐公園

旭川の殖民地区画は、ニューヨーク大学で工学を学んだ時任静一によって立案された。旭川は、石狩川とその支流である牛朱別《うししゅべつ》川、忠別川、美瑛川の合流点に立地するが、時任はその合流付近の平地を利用して第一、第二、第三市街地を碁盤目状に区画し、第一市街地の横（現・台場）には三五万坪の広大な遊園地を予定した（北海道庁『新撰北海道史』第四巻）。時任はアメリカで見聞した開拓地の都市計画を、北海道に再現する夢を抱いたらしい。しかし時任はまもなく職を去ったので、現実の旭川は第三市街地を中心に町づくりが始められ、広大な公園構想は幻と化し、農耕地となってしまった。

図4･11　旭川市・常磐公園内の旭川開村記念碑

旭川が都市として飛躍するのは、鉄道の開通（一八九八・明治三一）および陸軍第七師団の設置（一八九九・明治三二）以降である。これによって人口も急増し、一九〇〇（明治三三）年、旭川村は旭川町へ移行することとなった。その際、町村制実施準備委員会では公園を熱望する声が高まり、候補地を物色したが、第七師団の司令部台用地を適地と認め、陸軍に用地の提供を要望した（旭川市『旭川市史稿』上巻）。この要望は実現せず幻となったが、陸軍の中枢機能を担う用地を、公園に譲ってほしいと要望した旭川市民の意識は、かなり高いものがあったといえよう。

結局、旭川で最初に実現したのは常磐公園で、一九一〇（明治四三）年に整備された。二五（大正一四）年発行の『北海道鉄道各駅要覧』（札幌鉄道局）には、常磐公園が、「〔駅の〕北約十四丁、市街の北端、石狩川と牛朱別川とを以て相抱かれた中島にあるので、或いは中島公園とも呼ぶ。地積約四万九千坪。運動場を設け、植樹を行い、その他着々施設経営中である」と紹介されている。当時は「市街の北端」だったが、現在は「市街の中央」となり、面積一六ヘクタール、池や広場を中心に、図書館、美術館、青少年科学館なども備えた総合公園となっている。

その次に整備されたのは忠別川に臨む丘陵を利用した神楽岡公園で、一九一四（大正三）年の開園。現在の面積は四三ヘクタール、樹林の豊かな総合公園である。

帯広の鈴蘭公園と緑ヶ丘公園

十勝川とその支流である札内川、帯広川の合流点に立地する帯広は、一八八三（明治一六）年の晩成社の入植に始まるが、九二（明治二五）年から行なわれた殖民地区画は、碁盤目状の道路のほかに斜交路（防火線）が設けられたことが特徴である。これはワシントンの都市計画が参考にされたと伝えられるが、公園の考え方は導入されていない。すなわちワシントンはモールと呼ばれる大緑地帯を中心として、国会議事堂をはじめとする主要な建物が有機的に配置され、斜交路と十字路の交点はサークルやスクエアと呼ばれる小公園となり、全体として緑豊かな都市景観が形成されているが、残念ながら帯広には、そのような大小の公園緑地は配置されていない。

帯広の発展の大きな要因は、一九〇五（明治三八）年に帯広〜釧路間（釧路線）、〇七（明治四〇）年に帯広〜旭川間（十勝線）の鉄道が完成し、札幌、函館まで鉄路で結ばれたことと、大正初期の豆類の高騰（第二章参照）による十勝地方の農村の好況だった。

その間、一九〇四（明治三七）年の帯広の市街図には公園の表示が見いだせないが、一五（大正四）年の市街図では帯広川右岸（現・帯広柏葉高校付近）に「公園予定地」が現われる。しかし公園として最初に実現したのは、その公園ではなく、十勝川左岸丘陵の鈴蘭公園で、二六（大正一五）年のことだった。ただしここは帯広市内ではなく、音更町内なので、一二（大正一一）年に両町村（当時は帯広町と音更村）が「公園組合」をつくって国有地を取得し、公園らしく整備したという。『日本案内記　北海道編』（鉄道省）には、鈴蘭公園が、「（帯広）駅の北約三キロメートル、千野市街にある。十勝川に臨める一帯の高丘で、面積約十ヘクタール、馬頭観音堂、松浦判官歌碑などがあり、帯広の市街を一望に収められる。一面に密生していた鈴蘭は採り尽くされた」と紹介されている。鈴蘭公園の名前の由来となったスズランが「採り尽くされた」のは寂しい。現在の鈴蘭公園は面積一七ヘクタールの総合公園である。

帯広市南西部にある緑ヶ丘公園は、もと十勝監獄の用地だったが、一九二三（大正一二）年に帯広町が「公園その他の目的」で国有地の払い下げを申請した。しかし国（大蔵省）からは「帯広の町ぜんたいが公園のようなものだから、そんなに要るまい」と渋られたので、水道水源の確保の理由を前面に出したら、今度は会計検査院から「用地には植林していないが水源確保に反しないか」と詰問されたという（帯広市『帯広市史』）。当時の公園が社会的に弱い存在だったことを示すエピソードである。

図 4･12　帯広・音更の鈴蘭公園内カシワの樹林

そうしたことを反映して、この用地では市民参加による積極的な植林が行なわれ、公園らしくなって一九二九（昭和四）年に開園した。第二次世界大戦中には公園が飛行場に変身したが、現在の緑ヶ丘公園は面積五〇ヘクタール、園内には動物園、帯広百年記念館、美術館、児童会館などを備える、緑豊かな総合公園である。

ユニークな「帯広の森」

「帯広の森」は明治・大正期の公園ではないが、日本では類例のないユニークな緑の空間なので、ここに紹介する。一般に日本の都市では人口が増大し、市街地が外延的に拡大することが、町の発展とみなされてきた。しかし多くの場合は市街地が無秩序に広がるスプロール現象で、都市計画としては望ましいことではない。そのため欧米の都市では、ロンドンのグリーンベルト、ウィーンの森など、都市の周辺を公園・農地・森林などで囲い、スプロールを防ぐ都市政策がとられているところが多い。実は東京都でも第二次世界大戦後の戦災復興に際して、市街地の膨張を抑制するため、当時の市街地の外周を緑地とするグリーンベルト計画が立案された。しかし緊縮財政のなかで実現せず、また農地所有者は市街化促進を望み、幻の計画となってしまった。

帯広では一九七〇年代、吉村博市長(当時)が「都市は量より質」と田園都市づくりを構想、人口は二〇万人程度に抑え、街の周辺をグリーンベルトで囲む「帯広の森」を提案した。具体的には、市街化区域の南側と西側にベルト状の公園・緑地を設け、北側は十勝川、東側は札内川の河川緑地で区切り、ほぼ町全体を緑と水で包み込もうという計画である。そして七五(昭和五〇)年に着工された。

この森の実現には、運動公園など公共事業で整備される部分もあるが、春の「市民植樹祭」による植樹がすでに三〇年以上の伝統として根づき、また植えた木の成長に合わせ、枝払い、間伐などの手入れをする秋の「市民育樹祭」も行なわれるようになり、市民参加が大きな役割を果たしている。「帯広の森」の対象公園面積は四〇六ヘクタールで、現在はそのうち二五四ヘクタールが供用されている。

6　港湾都市——小樽と釧路の公園

旭川や帯広は、ほとんど無人の原野にフリーハンドで都市を計画することができたが、小樽や釧路は背後に丘陵を背負う港町で、初期の町並みは自然発生的に形成された。鉄道も道路も不十分な開拓初期は、人も物も情報も船による運輸が最も有効な手段だったから、港町では公園も、なにがしかの外国の影響を受けている。その典型的な例は函館公園で見たとおりであるが、小樽や釧路ではどうだったのだろうか。

小樽公園と手宮公園

小樽の繁華街、花園町の小樽市役所の背後の丘陵には、小樽公園(旧称花園公園)が広がっている。面積一三・五ヘクタール、年代を感じさせる樹林の広がりのなかに、日本庭園、野球場、グラウンド、市民会館などがあり、小樽第一の総合公園である。

小樽公園が生まれるきっかけには、意外なエピソードが隠されていた。明治のはじめ、イギリスの軍艦数隻が小樽に来港した。当時はロシアの勢力南下が日本にとっても懸案だったが、イギリス軍はロシアの南進を牽制する意味での足がかりがほしいとして、現在の小樽公園付近の借地を申し込んできた。これは小樽の役人(小樽御用所)が判断する権限を超えた外交問題なので、開拓使に判断を仰いだところ、開拓使からは「欧米諸国では公園は不可侵権があるので、それを理由に要求を拒絶せよ」と指示してきたので、イギリス軍の要求を拒絶したという(小樽市『小樽市史稿本』第五冊)。

この理由づけは苦肉の策だったかもしれないが、とにかく関係者に将来の公園予定地という意識を植えつけた。そのため明治一〇年代には公園を要望する声もあったが、公園問題は「不急」として一部は開墾地とされた。しかし入植者が開墾を怠っていたため、一八九〇(明治二三)年に小樽の町総代人などが、この一帯を公園予定地とするよう道庁に要望し、九三(明治二六)年、共同遊園地として土地が払い下げられた。

公園でなく「共同遊園地」ということは、公園の整備予算は行政が出さず地元でまかなえ、ということである。そこで地元関係者は寄付金を集め、また有志による自費改修や、荷馬車組合による土砂運搬の無料奉仕もあり、明治三〇年代に公園として一応の整備がなされた。その後は札幌の公園のところで紹介した長岡安平によるマスープランができ、いっそう充実した公園となった。

手宮公園は小樽市の北部、港を見下ろす高台にあり、面積一九・八ヘクタール、温帯性要素のクリの樹林が多い総合公園である。クリは単木的には石狩平野から日高地方にも分布しているが、まとまった樹林としては手宮公園のものが北限地帯とされている。『手宮公園史』（小樽市）には、「公園設定以前は国有未開地であって、栗、楢その他雑木、クマザサなどが密生し、野獣の巣窟であったが、明治三二年、時の支庁長代理、道庁属山田有斌は〔小樽の〕総代会に諮問して、その同意を求め、……〔道庁は翌年〕共同遊園地として無償付与した。これが手宮公園の起源である」と記されている。山田は倶知安の旭ヶ丘公園にも登場した、公園に理解のある行政官だった。

小樽公園も手宮公園も、当初は公園でなく共同遊園地とされたが、これは公園行政が確立される前の、公園の立場の弱さを物語っている。

釧路の春採公園

釧路は東北海道の良港のひとつであるが、初代の釧路郡長となった宮本千万樹は、釧路郡の人口が二〇〇〇人に満たない一八八五～八六（明治一八～一九）年の段階で、公園を構想した。すなわち将来の釧路は輸出入を主とする商港都市に発展することを予見し、先進諸外国の港湾都市に範をとり、「春採湖の水はテームズ川に通ずる」として、外来船員の休養のために春採湖を中心とする大自然公園の構想を立て、国有地の払い下げを要望した（釧路市『新釧路市史』第一巻）。このような発想は、内陸部の開拓地では着想できない、港町ならではのグローバルな視点だった。

その大構想も当時は実行不可能な夢にすぎなかったが、鉄道の開通（一九〇一・明治三四）や釧路築港の充実（明治四〇年代）にともなって釧路町が発展し、大正に入ると「釧路区」の実現が目前にせまってきた。そこで釧路町では国有地の払い下げを要望するとともに、一九一六（大正五）年、本多静六に春採公園のマスタープランづくりを依頼した。

本多は第三章第一節「北方林の位置づけを探った先人たち」に登場した東大教授であるが、ドイツ留学中に洋式の造園も学んだので、日本で最初の近代的公園として一九〇三(明治三六)年に開園の、東京の日比谷公園を設計した。といっても本多は、「自分も初めてなので、僅かに西洋の公園を見てきて、公園に関する本を数冊もっているだけだから心細かったが、とにかく日本に専門家がないとすると、これから努力する人が勝つのだ、……噴水のある池はドイツのベルトラムの公園学の模範をそのままに借用し、他の遊歩場や運動場等もドイツ公園の形をそれぞれ応用してやる事にし……」(本多静六「日比谷公園新設当時の思い出」)と、ドイツの公園をモデルとして、試行錯誤を重ねたのだった。しかし日比谷公園のプランは高い評価を得ることができ、それ以降の本多は本職の林学教授の傍ら、全国各地の公園設計を依頼されるようになった。その数は二〇〇ヵ所あまりというが、いま確認できるのは、水戸の偕楽園、埼玉の大宮公園、長野県小諸の懐古園、名古屋の鶴舞公園、岐阜の養老公園など、全国で少なくとも六〇ヵ所あるという(渋谷克美「全国各地の公園設計と本多静六」)。

そのうち北海道に関係するのは、大沼公園、春採公園、室蘭公園の三ヵ所である。春採湖とその周辺の丘陵は、当時はまだ市街化していなかったので、本多は相当に広い範囲を公園および風致保護区に考え、自然環境を生かしながら、自動車回遊路、散策道路、自然動物園、自然植物園、運動場、遊園地、花卉園《かき》、養魚池、郷土館などを提案した。しかし地方の財政事情は大規模な公園整備を許さない。そのうち市街の発展とともに公園予定地と他の土地利用の競合が生じ、住宅や学校、浄水場が建ったりした。そこで一九三七(昭和一二)年に再び本多の診断を求めて改造計画を立案したが、これも戦争のた

図4・13　釧路市・春採公園。水面は春採湖

め実現を見なかった。

現在の春採公園は面積一八・一ヘクタール、春採湖に面し、市立博物館、青少年科学館、チャランケチャシ(アイヌの砦、国指定史蹟)などを含む総合公園である。なお春採湖の北方、現在は鶴ヶ岱公園(面積六・一ヘクタール)、市民グラウンド、北海道教育大学釧路校などとなっている一帯も、当初は春採公園に予定されていた範囲である。

７　惜しくも消滅した公園

これまで明治〜大正〜昭和戦前にできた主な公園の成立事情を見てきた。その当時の公園は、社会的にも、法律的にも、財政的にも弱い存在だった。だから満足な施設整備や管理ができなかったり、他の土地利用との競合に敗れて、公園区域が縮小したり、消滅したりする場合もあった。ここでは室蘭公園と札幌の偕楽園の消滅の事例を紹介しよう。

名門だった室蘭公園

本多静六は釧路の春採公園を訪れた一九一六(大正五)年、室蘭にも足を運び、室蘭公園を設計した。そのころの室蘭町は、室蘭〜苫小牧〜岩見沢間の鉄道が一八九二(明治二五)年に開通し、空知炭鉱からの石炭積出港となり、明治末期には日本製鋼所(一九〇七・明治四〇)、北海道炭礦汽船輪西製鉄場(新日本製鉄)(一九〇九・明治四二)の工場があいついで立地し、鉄の町として発展する素地ができていた。

本多は公園予定地を視察した後、室蘭公会堂で多くの聴衆に対し、工業都市や港町では、空気の汚れた工場で働く工員や、大海原の航海で緑に飢えた船員が心身をいやすため、とくに公園が必要なことを力説し、室蘭の公園予定地は高みの丘陵地なので、イギリス風の自然風景式造園とすべきことを説明した。そのうえで、丘陵を車

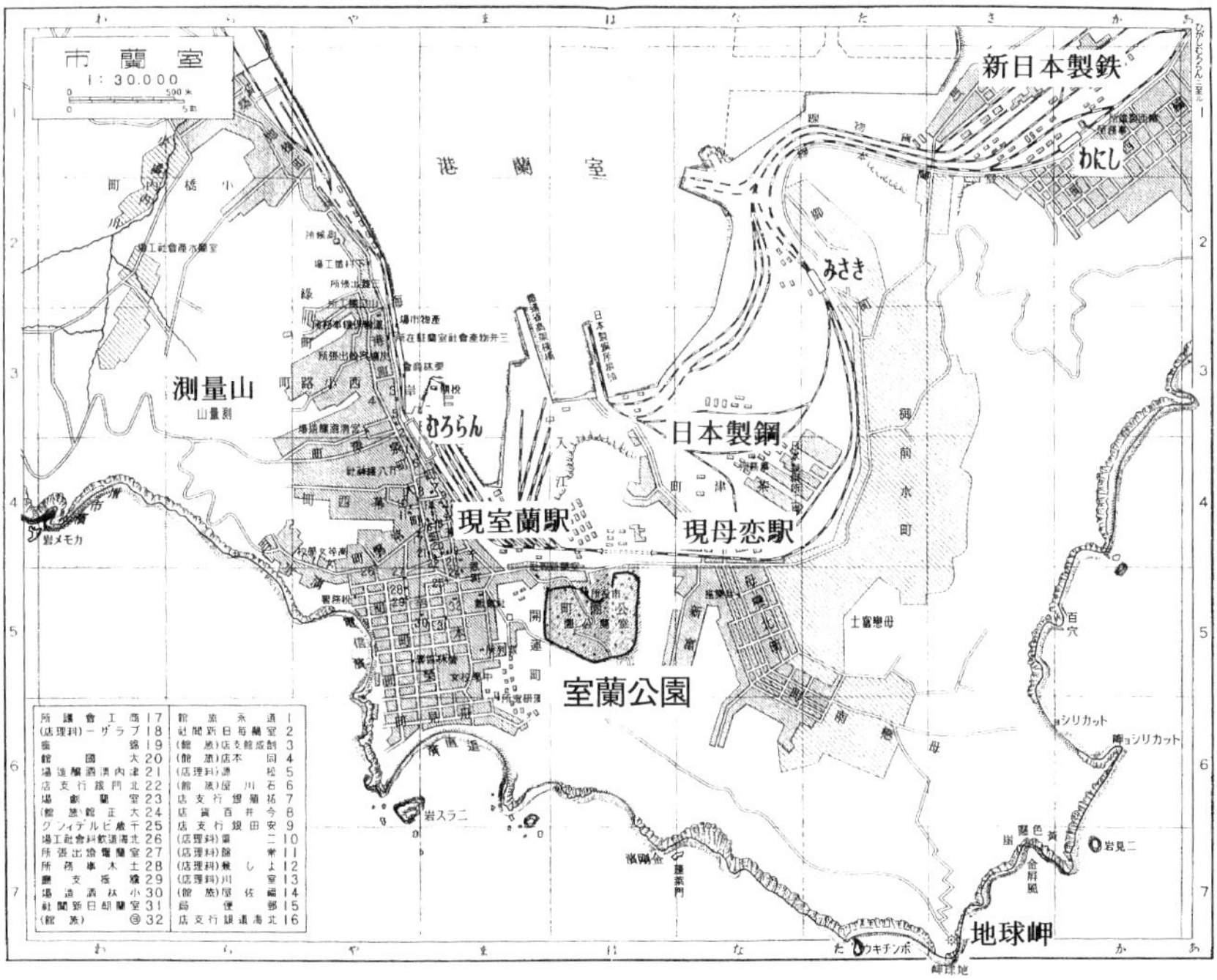

図 4・14　1935（昭和 10）年ころの室蘭市街略図（鉄道省『日本案内記　北海道編』）。中央部に室蘭公園があったが，現存しない。母恋駅は 1935 年開設であるが，まだ地図には記載がなかった。室蘭駅は 1997（平成 9）年，旧駅より 600 m ほど東南に移転した

で一周する大回遊路と、それから派生する散策路を設け、眺めのよい峰に展望台を配置すること、公園入り口付近に並木を植え、水を生かした修景を行ない、奥の平坦地を得やすい地形の場所に、花卉園、鹿林、運動広場を設けることなどを提案した（本多静六『室蘭公園設計の大要』）。

本多の提案を受けた室蘭町では、付近の町名を公園町と改称し、乏しい予算のなかから道路や展望台をつくった。さらに町が市に昇格した後の一九三一（昭和六）年には市役所を公園隣接地に移転した。このことから見ても室蘭市がこの公園を重視し、「室蘭の顔」となるべき名門として扱ったことが分かる。その場所は『日本案内記　北海道編』（鉄道省）によると図4・14のとおり、室蘭駅と母恋駅の間、両市街地に挟まれた都心部にあった。同書には室蘭公

園が、「室蘭駅の東南一キロメートル余、市街の中央、公園町にある。面積二十八ヘクタール、大正五〔一九一六〕年以降年々施設造営が行われ、眺望がよい」と紹介されている。

ところが残念ながら室蘭公園は現存していない。市街の中央にあり、公園町という町名までつけられ、眺望がよく、年々施設造営が行なわれた名門の公園なのに、なぜ消え失せてしまったのだろう。私は消滅の理由が知りたくなり、新旧の『室蘭市史』など、いくつかの資料を探したが、室蘭公園ができたことの記述はあっても、消滅の事情は書かれていない。そこで室蘭市役所に照会したところ、市役所の公文書にも関係書類は残っていないという。しかし都市計画課の中塚治幸さんが、何人かの市役所ＯＢに聞き、とくに野田克也さん(元市立室蘭図書館長)に伺った結果、次のような事情が分かった。

図４•15　室蘭市・旧室蘭公園の中心部付近の現況。建物や放送電波塔が建っている

それは戦争に関係していた。室蘭は軍艦や兵器生産の重要な拠点だったので、一九四一(昭和一六)年に太平洋戦争が始まると同時に、防備の必要から、室蘭公園一帯が軍関係の施設用地に接収された。そして樹木伐採と公園施設の撤去が行なわれ、一般市民は立ち入り禁止となり、公園機能が停止した。また戦後は、食料不足や燃料不足に悩まされた市民が、残っていた樹木を薪に伐ったり、自家用農園としたが、戦後の混乱のなかで市役所による管理ができず、さらに荒廃がすすんだという。

戦後の室蘭公園は土地権利の問題が残り、眺望のよさでは測量山や地球岬の方が優れ、また運動施設をつくるには平坦地の公園の方が優れ、結局、第二次世界大戦後は他の公園の整備に重点がおかれ、室蘭公園は復活できなかったらしい。惜しまれることである。なお室蘭市役所のあった場所は現在、ＮＨＫ室蘭放送局となっている。

最古の公園、札幌の偕楽園

札幌の偕楽園といっても、その名前を知っている人は少ないだろう。無人の原野に計画された札幌の碁盤目状の街路が基礎づけられた一八七一(明治四)年、「遊観の所」として偕楽園が設けられた。『北海道志』(開拓使編纂)には、偕楽園が、「札幌区北六条の西端より琴似村界に接す。明治四年、開拓判官岩村通俊開築し以て遊観の所と為す。監事臼井龍之名付けて偕楽という」と記されている。「遊観の所」とは事実上の公園で、この一帯はアイヌ語でヌプ・サム・メム(野の傍らの泉池)と呼ばれる、湧水のある景勝の地で、園内には清華亭(一八八〇(明治一三)年建築)という休憩舎やサケの孵化場もあった。この場所は、北六〜七条西七〜八丁目から現在の北大クラーク会館などを含む一帯だった。図4・16は八二(明治一五)年に描かれた偕楽園であるが、湧水が見えるのは画面の右半分である。なお画面の手前に鉄道線路(幌内鉄道、現在の函館本線)が見え、左手には花室(温室)、その奥には競馬場が描かれている。

図4•16　偕楽園(1882・明治15)。画面左上方の建物が清華亭(開拓使編纂『北海道志』上)

一八八六(明治一九)年、山県有朋内務大臣一行に随行して偕楽園を訪れた新聞記者、関直彦は、その様子を次のように書き残している。「殊に結構なりしは此の亭(清華亭)と園との風致なり。園は最も広く大樹生い繁れり。樹を巡りて池を穿てり。池水は最も清潔にして、常に新陳交替流通するを以て一点の汚穢《おわい》を止めず。夏日の清潔は小生の目撃する所、冬日の雪景もまた最も美にして、池水の氷結せざるは一奇観なりと聞く」（関直彦「北海道巡行記」）。また宮部金吾も「実に天然の勝地であった」（宮部金吾博士記念出版刊行会編『宮部金吾』）と回想している。

ところで偕楽園が設けられたのが、一八七一（明治四）年だったことは注目に値する。なぜなら、先に記したように日本で初めて公園が制度化されたのは七三（明治六）年の太政官布達だったのに、それに先立って札幌では「遊観の所」、すなわち公園が設けられていたからである。こうしてみれば偕楽園は日本最古の公園という栄誉を担う存在だったことになる（ほぼ同じころ、横浜の山手公園、神戸の東遊園があったが、それらは居留外国人のためのもので、横浜公園は偕楽園より後にできた）。なお偕楽園の名は、水戸の偕楽園にならったのであろうが、「偕楽」は「ともに楽しむ」、すなわち殿様も庶民もともに楽しむという意味で、江戸時代の水戸偕楽園は期間限定で庶民の利用が許されていた。札幌の偕楽園も、開拓使の役人と庶民がともに楽しむ「遊観の所」をめざしたのだろう。

しかし残念ながら、札幌の偕楽園は現存していない。一八九九（明治三二）年に発行された『札幌案内』（狩野信平編）には偕楽園が、「清泉流れ、地境すこぶる幽邃《ゆうすい》なりしも、同園は今や対馬嘉三郎氏の所有に帰し、斎藤いくなるもの賃居旗亭を営むを以て、地甚だ俗了せり」とある。すなわち土地が払い下げられ、料理屋ができたので、俗っぽくなってしまったというのである。日本最古の栄誉を担う公園の末路としてはまことに寂しい。

なぜ偕楽園は払い下げられたのだろう。対馬は当時の札幌で有力な実業家・政治家だった。このような景勝の地を「一個人に払い下げたるに就いては、いささか疑惑の懸念を引き起こすものあらんか」「一個人に払い下ぐる事を為さず、宜しく区内の法人に払い下ぐるを至当」と当時の新聞は批判した（『北海道毎日新聞』一八九七・一・一五）。当然の疑問であり批判である。

ところがこれにつづく記事は、筆勢が鈍ってくる。札幌区役所に払い下げの理由を取材すると、行政では偕楽園の管理費がなく困っていたところ、対馬が永年にわたり、清掃・維持の奉仕をしてくれた実績があるのだという。だから偕楽園を「札幌区の共有地」としても、「年々歳々保存費を支弁せざるを得ざる事とならん、区費多端の今、中々堪ゆるべきにあらず」というわけで、区役所では偕楽園の維持管理が「お荷物」なのだという。

こうして当時の札幌区は、日本最古の公園の栄誉を放棄してしまった。公園行政が弱かった時代の象徴である。ただ不幸中の幸いというべきか清華亭は現存し、札幌市指定有形文化財として保存・公開されている。しかし、いま清華亭を訪ねてみても、「清泉流れ、地境すこぶる幽邃」という偕楽園の面影はまったく残っていない。わずかにその痕跡をとどめているのが、北大キャンパス内の中央ローン付近といえよう。

8　公園の温故知新に学ぶこと

以上、北海道の明治〜大正〜昭和戦前の公園の「事始め」を見てきた。ここで浮かび上がってきたのは、次のようなことである。

①北海道では、本州・四国・九州のような「是まで群衆遊観の場所」の歴史的遺産を公園化することができないので、町づくりの初期の段階から公園が計画的に意識されていたこと。その場合、内陸都市では殖民地区画（第二章で見たようにアメリカ西部開拓型の土地区画）に公園が位置づけられたり、あるいは市街地の発展とともに公園の必要性を認識することが多く、また港湾都市では、なんらかの形で海外からの影響を受けて公園が意識されたこと。

②当時の公園は社会的にも、法律的にも、財政的にも、弱い存在だったが、そうしたなかでも、函館公園は、日本の公園の歴史で空前絶後というべき大規模な住民主導型の整備が実現されたこと。また名寄公園や小樽公園などでも、住民参加ないし住民主導による整備がすすめられたこと。その他の都市でも公園用地の留保や獲得には、例えば旭川では軍用地を公園にしたい要望が出るなど、地域住民や行政関係者の熱心な動きが

あったこと。

③公園の計画・設計については、札幌や小樽では長岡安平、釧路や室蘭では本多静六という、当時の日本の第一人者によるマスタープランづくりが行なわれたこと。その場合、長岡が担当した公園は、すでに公園区域がほぼ固まった整備途上の対象地だったのに対し、本多が担当したのは、新規に公園整備に着手する予定地だったので、公園用地の所有権などが未調整の部分を含み、釧路では公園予定地の大幅な縮減、室蘭では戦争の影響を受けて公園の機能を失い、結果的には復活ができなかったこと。

④札幌の偕楽園は、日本最古の公園という栄誉ある存在だったにもかかわらず、行政が公園管理費を捻出できず、その栄誉を放棄して民間に払い下げてしまったが、ここには当時の公園の弱さが象徴的に現われていること。なお札幌市中心部の大公園である大通公園、中島公園、円山公園はいずれも明治時代の遺産であり、現在の私たちはその遺産を享受しているが、札幌の中心部では大正〜昭和〜現在に至るまで、大規模な公園が新設されていないこと。同じような傾向は旭川市など他の都市でも認められること。

第二次世界大戦後の公園の発展

「公園」が都市計画のなかで明確に位置づけられたのは、一九一九（大正八）年の都市計画法で、「道路、広場、河川、公園その他勅令をもって指定する施設」が都市計画事業の対象とされるようになってからである。しかし公園が社会的、法律的、財政的に弱い存在だったのは都市計画法ができても変わらなかった。例えば河川法（一八九六・明治二九）、道路法（一九一九・大正八）は古くからあったが、都市公園法が制定されたのは戦後の一九五六（昭和三一）年である。その第一条（目的）には、「都市公園の設置及び管理に関する基準等を定めて、都市公園の健全な発達を図り、もって公共の福祉の増進に資することを目的とする」とあり、公園はここで、やっと法律的な地位が明確にされたのである。

ところで終戦直後の北海道の公園では、対照的な損得があった。まず「損」は戦時中の防空緑地の喪失である。都市が空襲を受けたとき、公園は戦災の拡大防止や避難場所として役立つので、例えば札幌市では、豊平、美香保、白石、伏古、琴似に大規模な防空緑地が設置された。しかし戦時中なので公園用地が農耕地となったまま敗戦を迎えたが、戦後の農地改革(自作農創設)により、美香保以外は公園用地を失い、その大部分は後に住宅地に変貌してしまった。その反面で、敗戦による軍隊の消滅により、旧軍用地が公園緑地となる「得」もあった。例えば、函館山は津軽海峡を防備する要塞として、一般の人が立ち入ることも写真を撮ることも禁止されていたが、戦後は三二七ヘクタールの広大な用地が、そっくり函館市の緑地に編入された。

北海道でも、全国でも、公園緑地が飛躍的に充実するのは都市公園法が成立した後である。とくに高度経済成長時代には身近な緑の消失や公害の発生など、生活環境の悪化がすすんだので、緑の環境を守り育てる公園緑地の存在がクローズアップされ、社会的に強い存在となった。高度経済成長が終わり、環境保全が重視されるようになった一九七〇年代、都市公園等整備緊急措置法(一九七二・昭和四七)ができてからは、国の五ヵ年計画(ときに四〜七ヵ年計画)にもとづき、道内各都市でも公園の新設が急速にすすんだ。これで公園は財政的にも強い存在となった。

昭和戦前までの北海道の公園は表4•1で見たとおり、全道で二一公園とわずかな数だったが、一九六〇(昭和三五)年には一七四公園、七〇(昭和四五)年には八六五公園となった。それが第一次、第二次……と六次にわたる五ヵ年計画がすすんだ現在(二〇〇三・平成一五)は、六八一六公園(全面積一万一三四九ヘクタール)、そのうち札幌市だけで二五三七公園(全面積一九三二ヘクタール)に成長している。

都市公園の種類は、①街区公園(旧称児童公園)、②近隣公園、③地区公園、④総合公園、⑤運動公園、⑥特殊公園などに区分されている。全道の六八一六公園を種類別に見ると、全体の七八•七%を占める五三六六公園は、児童公園と呼ばれた街区公園である。しかし街区公園は小さいので(平均〇•一七ヘクタール)、全公園面積の八•

二％にすぎない。一方、その町を代表する「都市の顔」となるような総合公園は、数では一〇三公園で一・五％にすぎないが、大公園（平均三〇・四ヘクタール）なので、全公園面積の二七・六％を占めている。なお運動公園は七二公園（平均二二・一ヘクタール）で、数では一・〇五％、面積では一四・〇％となっている。

また住民ひとりあたりの公園面積は全道で二二・六平方メートルとなり、この数字は全国の都道府県でトップレベルである。なお札幌市は一〇・五平方メートルであるが、これも全国の政令指定都市で上位を占める。ちなみに東京都（区部）は三・〇平方メートル、大阪市は三・五平方メートルである。それに対して欧米先進国の大都市は、ひとりあたり二〇〜四〇平方メートルのところが多い。日本の都市公園の整備水準は国際的に低いといわれるゆえんである。

なお都市公園等整備五ヵ年計画は、二〇〇三（平成一五）年に「社会資本整備重点計画法」が成立したことを受け、第六次（平成八〜一四年）をもって終了し、今後は道路、公園、緑地、河川、下水道などを含む「社会資本整備重点計画」の一環として整備されることになっている。

温故知新を通じて見える公園像

このように、北海道の住民ひとりあたりの公園面積は全国の都道府県でトップレベルに達したが、これは道民の生活感覚としては実感しにくい数字である。なぜなら戦後に整備された北海道の大公園は、都心部にはなく郊外の河川敷や森林地などが利用されたものが多く、身近には存在しないからである。北海道の住民ひとりあたりの公園面積は二二・六平方メートルあるといっても、人口集中地区（ＤＩＤ区域）で見れば一〇・九平方メートルと半減してしまい、札幌市だけで見れば五・九平方メートルと、さらに半減してしまうのである。郊外に大公園が存在するのはそれなりに意義があるが、それとは別に、都心部にも目を向けることが必要である。

先に記したように、札幌の大通公園、中島公園、円山公園はいずれも明治の遺産で、現代の私たちは明治の遺産を享受している。その中島公園の、明治時代の公園面積は五八ヘクタールあって豊平川に接していたが、いまは二一ヘクタールに縮減している。その間に都心部の緑のストック（大公園）はまったく蓄積されていない。旭川その他の都市でも、同じような傾向がある。

ところで本節の冒頭で見たように、本州・四国・九州の県庁所在都市などの多くは城下町で、市街地は城を中心として発達した。そのような都市では城跡が公園化されれば、必然的に都心に所在する公園となる。戦前の多くの城下町では、城跡に市役所、県庁、旧制の中・高等学校、軍隊の司令部などが立地していたが、戦後は軍隊の消滅とともに公園が拡大し、その一部には市民会館、美術館、博物館、図書館なども建設され、都市の緑の核になると同時に文化センターにもなった。さらに行政機関や学校が移転すれば、その跡地を公園として拡大することができる。例えば近年の金沢市では、城跡にあった金沢大学が移転し、跡地が広大な金沢城公園となった。

しかし北海道の都市は、そのような都市構造をもっていない。したがって北海道の都市では、都心の緑を増やす工夫が、本州方面より以上に重要なのである。といっても現実の社会・経済的実情を踏まえれば、大公園の用地を確保することは至難である。そうであれば中・小公園などを確保して、緑のネットワークを構築することが求められる。例えば札幌市では、都心を流れる創成川の水と緑の環境は、現状では通過交通道路が優先され、公園的な機能が発揮できていないが、これを公園として活用することは、それほど至難な事業ではないだろう。そうすれば創成川は大通公園と直交するので、大通公園と緑がネットワークされる。さらに大通公園と円山公園を結ぶ緑豊かな並木の歩道を創出すれば、創成川は円山ともネットワークする。

いま振り返れば残念なことであるが、国鉄が民営化したとき、全道の主要駅周辺では旧国鉄用地がかなり処分された。それは都心に中・小公園を確保し、緑を増やす絶好の機会でもあった。ところが公園は金銭を生み出す土地利用ではないため、緑の発想が欠如し、他の土地利用に負けてしまうところが多かった。国有林が経営改善の途上で、旧営林局・旧営林署などの用地を処分したときも同様だった。

都市の緑は、平面的に確保されれば、それでよいというものではない。都市に近接して山地や丘陵がある場合は、市街地からの緑の立体的な眺望景観も重要である。例えば本章冒頭の「朝夕に眺める緑――札幌の円山・藻岩山」の項で紹介したように、札幌市にとっては円山、藻岩山、手稲山などが、都市の個性を特徴づける優れたランドマークとなっている。北大の寮歌に手稲山が出てくることは有名であるが、札幌市内の多くの小学校の校歌にはこれらの山が歌い込まれている。したがって市内の主要地点（公園など）から、こうしたランドマークの眺望景観がさまたげられないよう配慮することも、都市計画の重要な任務である。

ところが近年はそれに反する事態が進行している。例えば円山周辺の住宅地は、永年にわたり高さ一〇メートル以上の建物は建築できない規制があったが、札幌市営地下鉄が赤字なので、地下鉄駅周辺の土地利用を高度化して地下鉄の乗客を増やしたいとの目論みで、低層住居専用地域の規制を撤廃し、中高層住居専用地域に変更してしまったのである。そのため高層マンションを計画した業者と地域住民がトラブルを起こしたが、これは明らかに都市計画のあり方がおかしいので、私は『北海道新聞』（二〇〇〇・八・一二、夕刊）に「円山・藻岩山の景観守れ　思慮欠く札幌市の都市計画」という「私の発言」を寄稿した。その後も都市計画の規制緩和に関係して札幌市内の各地で高層マンションが計画され、地域住民とトラブルを起こすことが続発し、札幌市の都市計画に対する批判が高まった。

二〇〇四（平成一六）年、新たに「景観法」が制定された。その背景には、「我が国のまちづくりについては、戦後の急速な都市化の進展の中で、経済性や効率性、機能性が重視された結果、美しさへの配慮を欠いていたことを否めません」（国土交通省監修『概説 景観法』）という反省があった。そうした状況のなかで、札幌市は「市街化区域のほぼ全域を対象に、新たに建設される建物の高さを制限する。相次ぐ高層マンション建設をめぐるトラブルの防止や景観保護が目的」（『北海道新聞』二〇〇五・七・二二）と伝えられている。遅きに失したが、それぞれの地域に応じたキメ細かい景観対策が望まれる。

先に私は「公園の存在が強くなった」といったが、それでも公園や都市景観は直接的には金銭を生み出す土地利用ではないから、現在の社会・経済的価値観のなかでは相対的に弱い存在である。そうしたなかでいま必要なのは、都心部の公園に限らず、公園全般や都市景観に対する社会的なバックアップを強めることである。

ここで温故知新を考えると、明治の先人たちが示した行動、①函館市民が住民主導で函館公園を整備した実行力、②旭川市民が軍用地の心臓部を公園用地にしたいと運動した心意気（たとえそれが実現しなかったとしても）、③小樽市民が公園の整備費は自分たちが負担してもよいからと小樽公園を実現させた熱意、④野幌の官林が地域の財源として払い下げられようとしたとき、「樹林伐採せらるるは捨て置き難き一大事なり」と森林保存を訴えた江別市民の先見の明など、多くのことが浮かび上がってくる。

私たちは、町づくり百年の大計を胸に抱いて行動した先人たちの例に学び、市民が声を出し、行政に働きかけ、そして市民にもできる役割を分担することが重要なのではないだろうか。

いまの財政事情は、国も地方も危機的な状況に直面しており、たとえ公園といえども、公共事業が右肩上がりで持続することは期待できない。ところで公園が五ヵ年計画にもとづいて整備されるなど、財政的に強くなるとともに、公園は役所がつくってくれるものという公共事業依存体質が育ってしまい、地域住民と公園とのかかわりが薄れてしまったように思える。そうした現在こそ、北海道の開拓時代に繰り広げられた都市の緑の保全や公園づくりの原点を、改めて振り返ることが必要なのである。

（付記）　**公園の役割を果たした私園開放**

各地の都市公園が充実するまでの時代には、例えば札幌の東皐園《とうこう》、岡田花園、小樽の金沢動植物園、旭川の翠香園《すいこう》、室蘭の百花園、岩内の梅沢別荘、遠軽の掬泉園《きくせん》、網走の無我園など、民間有志による私的園地の開放が公園の機能の一部を果たしたことを無視できないが、私の調査がまだ不十分なので割愛した。

第五章　優れた自然環境の保全

昭和初期の大沼公園
出典は第三章扉に同じ。本書 251 頁以降参照

一　天然記念物などの保護

自然保護団体の元祖――北海道旅行倶楽部

第二章第二節の「荒っぽい開拓の仕方とその反省」の項で、河野常吉が道庁長官に対し、「本道の農業は天然の地味を荒らしつつあるのみ。牧畜業は天然の草を荒らしつつあるのみ。天然の良林は不経済的に伐り荒らされ、河海の魚類も漸次減少の傾向あり。年々掠奪して補充せず、また憂うべきにあらずや」と建言したことを紹介した（九八頁）。これは役所内部から出た開拓への反省意見であるが、同じころ民間サイドからも、荒っぽい開拓を反省し、自然を守るべきことを主張した先覚者がいた。浅羽靖《しずか》である。

浅羽は一九〇二（明治三五）年、「北海道旅行倶楽部《クラブ》」を設立したが、その趣旨は、「拓殖奨励の結果、百年の星《せい》霜《そう》を経てなお再び得難きの良林を乱伐し、……今にして之が注意を加えざればついに湮滅《いんめつ》空虚、後人をして永く千古の恨みを残さしめんとす」という状況なので、また「吾国人の娯楽は箕踞《ききょ》（足を投げ出して座る）坐遊的にして欧米人は旅行活動的」なので、いまこそ自然を保護すると同時に、健康のため自然のなかを歩く必要がある、というのである。具体的には同志を募ってクラブを設立し、

①北海道所在の古蹟勝優の地を探討調査し、之れを世上一般に告知すること、

②勝優の地にして保存修理上必要ありと認める場合に在りては、本倶楽部の決議を以て官庁に申告し、又は官庁の指示に従い適当の施設をなすこと、

③年々調査を遂げたるの結果報告および地図写真を製し、倶楽部員に分配し、又併せて広く世上の求めに応ずること、

④本倶楽部において必要と認むる場合には植林を為すことあるべし、
⑤本倶楽部員は年四回最も愉快なる旅行を為し、大いに健康の発達を図ること、
を事業目的とするものだった（図5・1）。

　この活動内容からすれば北海道旅行倶楽部は、現在の自然保護団体、環境ＮＧＯ（非政府組織）、環境ＮＰＯ（非営利組織）、あるいはアウトドア団体の活動と共通し、その元祖のような存在だったと見てよい。いまから百年以上も前の北海道で、このようなクラブが生まれていたのは驚きである。浅羽はどこからアイデアを生み出したのだろうか。その背景の第一はなんといっても北海道の開拓が急速に進み、優れた原始林などがつぎつぎと失われていく現実を目の前にして、「今にして之が注意を加えざれば」という危機感があったことである。そして第二は海外情報からの刺激である。当時の日本にはこのような環境団体、旅行団体はなかった。「吾国未だ曾て此設けなく、僅かに神社仏閣参詣講社の設ある」のみなので、海外情報を探った。するとドイツによい先例があることを知ったので、「依て暫《しば》らく独乙に行わるる処の例を斟酌《しんしゃく》し、以て之れを北海道の事宜に適せしめんと欲す」と浅羽は記している。

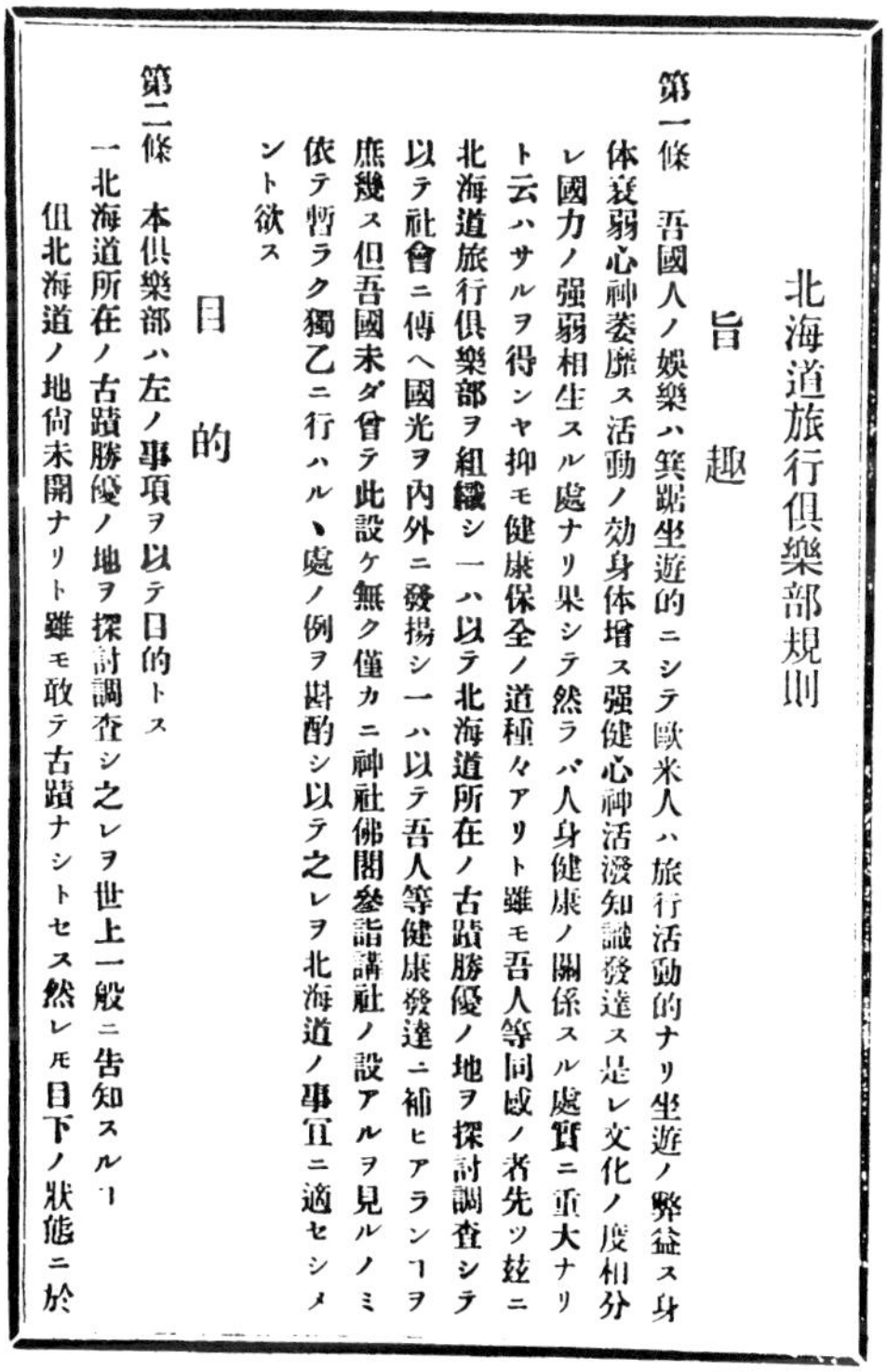
北海道旅行倶樂部規則

旨趣

第一條　吾國人ノ娯樂ハ箕踞坐遊的ニシテ歐米人ハ旅行活動的ナリ坐遊ノ弊益ス身体衰弱心神萎靡ス活動ノ効身体増ス强健心神活潑知識發達ス是レ文化ノ度相分レ國力ノ强弱相生スル處ナリ果シテ然ラバ人身健康ノ關係スル處實ニ重大ナリト云ハサルヲ得ンヤ抑モ健康保全ノ道種々アリト雖モ吾人等同感ノ者先ツ玆ニ北海道旅行倶樂部ヲ組織シ一ハ以テ北海道所在ノ古蹟勝優ノ地ヲ探討調査シテ以テ社會ニ傳ヘ國光ヲ内外ニ發揚シ一ハ以テ吾人等健康發達ニ補ヒアランヿヲ庶幾ス但吾國未ダ曾テ此設ケ無ク僅カニ神社佛閣參詣講社ノ設アルヲ見ルノミ依テ暫ラク獨乙ニ行ハルヽ處ノ例ヲ斟酌シ以テ之レヲ北海道ノ事宜ニ適セシメントス欲ス

目的

第二條　本倶樂部ハ左ノ事項ヲ以テ目的トス
一北海道所在ノ古蹟勝優ノ地ヲ探討調査シ之レヲ世上一般ニ告知スルヿ
但北海道ノ地尚未開ナリト雖モ敢テ古蹟ナシトセス然レ𪜈目下ノ狀態ニ於

図5・1　浅羽靖の「北海道旅行倶楽部規則」（1902・明治35，北海学園大学北駕文庫所蔵）

　それでは当時のドイツではどの

ような運動が行なわれていたのだろうか。一九世紀のドイツでは産業革命が進行して田園地帯に工場が進出し、郷土独自の植物が失われたり、大気や水が汚染されるなど環境悪化が目立つようになった。そのため一九世紀末から二〇世紀はじめにかけ、自分たちの郷土の本来の環境や景観を守ろうとする意識が強まり、郷土保存（ハイマートシュッツ）運動が起こった。これはやがて、天然記念物保存の思想に発展していく。またほぼ同時に鳥類保護運動も盛んになった。一方、都市の青年を中心として自然の山野を歩くワンダーフォーゲル（渡り鳥）運動が起こった。

当時の浅羽がどの程度の情報を得ていたかは不明であるが、とにかく「独乙に行わるる処の例」を参考に北海道旅行倶楽部は設立された。ただ残念ながら、このクラブの具体的な活動成果は不明である。しかし浅羽は一時的な思いつきでこのクラブをつくったものではなく、浅羽は自ら「風景論者」というように、彼の一連の行動からは自然保護の先覚者だったことが裏づけられる。

浅羽靖は東京に生まれ、大蔵省に就職した後、一八八三（明治一六）年から九一（明治二四）年まで函館県、根室県、北海道庁に勤め、退職後は実業家となり、一九〇四（明治三七）年には衆議院議員に当選した。その間に教育事業にも力を入れ、一八八五（明治一八）年に北海英語学校の創設に協力、後に浅羽が校長となり、一九〇一（明治三四）年にはそれが「中学校令」にもとづく北海中学校（北海高校・北海学園大学の前身）となった。北海道旅行倶楽部を設立した当時、浅羽は烈烈布《れつれっぷ》（現在の丘珠空港付近）に広い農地を所有していたが、その一部にうっそうとした原始林が残っていたので、浅羽は、開拓がすすめば失われる原始林の姿を後世に伝えようと、自ら保存林とした。その土地は後に松本菊次郎の手に渡り、日の丸農場として開けたが、原始林保存の意図はよく引き継がれた（中島健一『「北海学園の父」浅羽靖』）。いまここは「日の丸公園」（札幌市東区北四〇～四一条東一〇丁目）となり、ヤチダモ、ハンノキ、ハルニレ、イタヤカエデなど、市街地には珍しい大木が茂る緑地となっている。

第四章で札幌の中島公園の事始めを記したが、ここを遊園地にすることを決断したのは浅羽だった。「明治一九年、北海道庁が設置され、浅羽靖が札幌区長に就任して、鴨々中島の地を実地に検分し、その結果、秋になって工事に着手した」（山崎長吉『中島公園百年』）という記録がある。また円山の養樹園が廃止された後、その土地が民間に払い下げられようとしたとき、公園用地とするよう奔走したのも民間人となっていた浅羽である。円山の土地は「浅羽靖等の奔走で札幌区役所に貸し下げられ、御料地整理の際、二万円でいよいよ払い下げとなり、現公園地となったわけである」（北海道『北海道山林史』）。こうしてみれば浅羽は中島公園、円山公園の生みの親ということにもなる。

さらに浅羽は明治の末期、衆議院議員として、日本に、そして北海道に、国立公園を設けるよう帝国議会で論陣を張ったが、そのことは後記する。浅羽靖は知られざる自然保護の先覚者だったのである。

原生天然保存林

北海道の開拓が急速に進展し各地の原始林が失われていくと、「今にして之が注意を加えざれば」という浅羽のような考え方が少しずつ社会へ浸透していく。『北海道林業会報』でも明治三〇年代後半から森林保護に関する論考が散見され、例えば洞爺湖と湖畔の森林の関係が、「湖あって林光生じ、林あって湖色動く。是れ保安林が如何に全湖の為に必須にして、且つ又之れが監護の忽諸《こっしょ》（おろそかにする）にすべからざるを。……本道第一の名勝地を保護するもまた天意なることを信じ……」（志村洞爺生「洞爺湖」）と記されている。

なお「森林法」は一八九七（明治三〇）年に制定されたが、第三章に記したように、北海道の林業事情は本州方面とは異なり開拓途上だったため、森林法の全面的な適用はなく、一九〇七（明治四〇）年から保安林制度のみが適用されることとなった（それ以前の北海道の保安林は「勅令」による運用）。そうした状況のなかで北海道庁は、保安林制度とは別枠で「原生天然保存林」を選定することを検討し始めた。

それは、古来まだ斧鉞《ふえつ》の入らぬ天然林、また一度は原始的状態が破壊されても、その後に発生した特殊な天然林について、①学術研究および林業・拓殖などの参考となるもの、②その地方の風致を兼ね、天然記念物として永久に保存すべき資格を備えたもののうち、(a)外部からの影響を受けないよう一〇〇町ないし一〇〇〇町の面積を有すること、(b)交通上便利なこと、(c)地形上から山火事に対し安全なこと、(d)将来の森林開発などの障害が予想されないこと、を考慮して選定しようというものだった。なおそのほかにも、学術上、歴史上重要な人工林、記念樹や巨樹名木の類も選定することとした。

その結果、一九一三〜一五(大正二〜四)年にかけて、①南富良野・長沢の針広混交林、②札幌・円山の広葉樹林、③札幌・藻岩山の広葉樹林、④厚沢部の五葉松林と広葉樹林、⑤厚沢部のブナ原始林、⑥江差のヒノキアスナロ天然林、⑦洞爺湖・中島の針広混交林、⑧様似の五葉松天然林、⑨屈斜路湖・中島の針広混交林、⑩阿寒湖・中島の針広混交林、⑪根室・シュンクニタイの針広混交林の、一一ヵ所、合計五九二二町歩を「原生天然保存林」とし、同時にその大部分での狩猟を禁止する禁猟区とした(前掲『北海道山林史』)。

現在の私たちの感覚からすれば、洞爺湖、屈斜路湖、阿寒湖はなぜ中島だけで、湖の周囲全体を守ろうとしなかったのかと疑問もわく。しかし例えば洞爺湖については、「付近の開墾を為し得ざるところの、……火山灰の赤土でものにならぬところの、幾百年を費やして始めて伐り得る木を無闇に乱伐して居る、是れは怪しからぬことである、……天下に誇るところの北海道の洞爺湖の景勝地をして今後傷つけないよう保護して貰いたい」(「大正三年北海道会速記録」)というように、あるいは当時の阿寒湖畔の一部には牧場が開けていたように、湖畔がすでに開拓されつつあったこと、また一九一一(明治四四)年をピークに(火災件数五二三件、焼失面積二八万七〇〇〇町歩)全道各地で多発した山火事の深刻な体験から、前記の選定要件を厳格に運用し、将来とも保護できることが保障される安全性が考慮された結果だったと思われる。

いずれにしても北海道の原生天然保存林の制度は、全国的に見ても、最も早期に講じられた自然保護政策だったといえる。ちなみに国(農商務省山林局)が保護林制度を導入し、十和田湖、尾瀬沼、上高地、霧島、屋久島などを「国有保護林」としたのは、一九一五～一六（大正四～五）年以降であるから、北海道の保護林は一歩それに先がけるものだった。ということは、北海道の開拓により原始林が失われる速度が速かったから、その反作用としての森林保護も、より早く現われたということができるだろう。

三好学による天然記念物保存思想の導入

先に一九世紀末から二〇世紀はじめにかけてのドイツでは、郷土保存運動が起こり、やがて天然記念物保存の思想に発展したことを記した。そのドイツで起こった天然記念物保存思想を日本に紹介し、日本の天然記念物の確立に尽力した先覚者は三好学である。

三好は一八八九（明治二二）年に東京大学植物学科を卒業、ドイツに留学して帰国後は東京大学教授となり、植物生理学・生態学を講じた。三好の業績をひとことでいえば「第一に我が国に初めて植物生理学を入れ、第二に植物生態学を興し、第三に天然記念物保存事業のために闘った」（安藤裕「三好学――「生態学」の造語者　桜の博士」）とされている。その三好による天然記念物保存の意義を一般の人々に知らせる活動は、一九〇六（明治三九）年の「名木の伐滅並びにその保存の必要」（『東洋学芸雑誌』に発表。三好学『天然記念物』一九一五・大正四、に再録）と翌年の「天然記念物保存の必要並びにその保存策に就いて」（『太陽』に発表。前掲『天然記念物』に再録）で始まった。

その後者の論説で三好は、天然記念物を次のように説明している。「すべて人工でできた所のものでなく、天然の場所に生じた所のもので、……一の国又は一の郷土に存在してきて、全く或いは殆ど全く人為の影響を受けずに伝わり、そうして種々の点に於いて土地の記念として遺存すべき価値のあるものを称して天然記念物というのである。いま実物について例証すれば、一の郷土に生えている所の立派なる樹木、鬱蒼《うっそう》たる森林、美しい原野、珍しい水草、並びにその地方に固有なる禽獣《きんじゅう》魚介および昆虫、又はその土地の固有の風景を形づくる所の山、川、湖、沼、瀑布、洞穴、岩石、島、岬、港、湾なども、広い意味ではやはり天然記念物といわなくてはならぬ」。

ところが土地の人がその価値を知らなかったり、商売で乱獲・乱伐したり、道路や鉄道の開設、土地の開墾、工場の設置などで天然の自然が損なわれたり、工場からの排水や排煙で環境が汚染されたり、水力発電で風景が毀損されることなどが、ドイツはじめ欧米では起こっている。日本でも近年（明治後半）は、「古来の樹林及び名木が次第に伐り倒され、取り除かれる傾きがある。是れは多くは市区改正、道路の開通、鉄道の敷設、工業の発展、土地の開拓等に依って起こるので止むを得ざることながら、一方に於いては貴重なる天然記念物の消滅は実に惜しむべきことである」と三好は指摘した。

そのためドイツでは、こうした天然記念物を守る運動が行なわれているが、なかでも熱心なのが、H・コンヴェンツであるとして、「独乙国ダンチヒ市（現・ポーランドのグダニスク）の博物館長コンヴェンツ氏は、同国の植物が或る地方に於いて最近稀に見るようになったり、又は全く絶えたことを委しく調査し」、その保護の必要性を説いたが、「同氏はこの点に関して、著述に演説に、鋭意自分の所信を発表し、又政府に建白したが、幸いに当局者の容れる所となって、議会に於いて演説を為し、又種々の学会に於いてもその主意を述べて、多くの人の同情を引き、それから着々保存の方法を実行することに従事した。独乙の文部省は同氏を天然記念物保存会の委員長として、近ごろダンチヒ市に同会の主部が置かれた（後にベルリンへ移転）」と紹介している。

三好は日本のコンヴェンツになろうと思ったかもしれない。それ以来、三好は機会あるごとに天然記念物保存の論説や談話を発表し、「できる限り国民一般の保存思想を喚起し、又政府部内に保存事業を行う中央機関を置く必要を感じた」ので、有識者を訪ねて自説を披露した。その結果、とくに三宅秀貴族院議員が熱心に賛同し、一九一一（明治四四）年、三宅秀、徳川頼倫《よりみち》、徳川達孝、田中芳男が発議者となって貴族院に「史蹟及天然記念物保存に関する建議案」を提出して可決された。また同様の建議案は衆議院でも可決された（前掲『天然記念物』）。こうして徳川頼倫侯爵を会長とする史蹟名勝天然記念物保存協会が結成され、日本各地の天然記念物候補が調査されるとともに、一九(大正八)年には史蹟名勝天然紀念物保存法(文化財保護法の前身)が成立した。もちろん三好はその過程でも各地の現地調査を率先して行なったり、必要な意見書を出すなど指導的な役割を果たした。

北海道の天然記念物の始まり

三好は、北海道の天然記念物にも強い関心を抱いていた。「北海道は今日にては開拓の事業が大いに歩を進めてきたから、同道に固有なる太古以来の天然林も切払われたるところが多く、又しばしば野火で焼き尽くされて枯野の如くなり、最早本来の有様の見られなくなった処が少なくない。同地方の固有樹林保存上、今日に於いて一定の制限を施して置く必要のあることはここに言うまでもない」(前掲『天然記念物』)と指摘した。

そして明治の末期、北海道大学(当時は東北帝国大学農科大学)の宮部金吾教授の案内で札幌の藻岩山などを訪れ、驚いた。三好は次のように記している。

北海道へ行くと、まだ太古以来の密林があるが、然し是れも日々に消滅するは事実である。著しい例を云えば札幌の付近に藻岩という山がある。後は深山に続き、前は札幌の平原に臨み、眺望がよい。山中にはカツラ、ニレ、コブシ、ヤナギその他数多の樹木がある。先年米国著名の樹木学者サージェント氏が来て、此の山に登り、樹木の種類の夥しいことに驚いた処で、同氏の見た地方の中、僅かの地面に此所ほど木の種類の多く集まっている所はないと言うている。同氏の著した『日本山林植物誌』(英文)の中には、此の山固有なる森林植物を詳しく述べ、又此の山の登り口に立っていた巨大なるカツラの写真を右の書物の首に載せてある。

かように藻岩山は樹木の種類の多いことで、外国にまで名の知れた所であり、又その位置が札幌の町から近く、学問上の研究又は学生に説明の為に極めて適当な所であるから、かかる山林は永久そのままに保存して置くべき所であるのに、惜しいかな、近年此の山の樹木を多く伐り払って、麓の方は地面が裸出してしまった。サージェント氏の写真に撮られたカツラの大木も、今ではただその切り株が残っているに過ぎない。三好は自らその切り株の写真を撮り、自著の『天然記念物』に載せている。ちなみに切り株の前には宮部金吾の姿が写っている（図5・2）。札幌の市街から藻岩山を眺める風致が優れていることは、第四章冒頭の「朝夕に眺める緑――札幌の円山・藻岩山」の項で説明したが、その藻岩山は「北海道庁時代に至り、初めて個人に貸下げ、伐採したるものたり」（札幌区役所『札幌区史』）という記録のあることや、藻岩山・円山の官林面積が開拓使時代には一一九三町あったのが、大正初期には四一〇町と半減以下となった記録のあることを紹介した。三好が見たカツラの大木の切り株は、この払い下げ部分に該当していたと思われる。

図5•2　札幌・藻岩山のカツラの大木。伐採前と伐採後（三好学『天然記念物』）

三好は藻岩山のカツラの大木が伐られたことに失望したが、失われたものを惜しんだり批判するだけでは前進しない。そこで同書はつづけて記す。「北海道の藻岩山の山林が、近年その中腹以下を伐り払われ、甚だしく風致と天然記念物とを害したことは前にも述べた。然しまだ残っている部分を保護し、且ッ又、北海道の他の部分に於ける固有の天然林の保護を加える為、是れ又前と同様に有志の人々から〔史蹟名勝天然記念物保存〕協会を通じて、北海道長官に建議した」（前掲『天然記念物』）。

なお北大植物園の宮部金吾記念館には「北海道史蹟天然物保存に関する書類」の綴りがあり、そこには一九一二（明治四五）年六月一日付け、松村任三、三好学、白井光太郎、神保小虎、渡瀬庄三郎、本多静六といった、当時の東大教授の動植物・地質・林学者が連名で、史蹟名勝天然記念物保存協会会長、侯爵徳川頼倫あてに提出した「北海道の天然記念物及び名勝の保存に関する意見書」（写）が残されており、前記と同じ趣旨のことが書かれている。この意見書が北海道庁長官にも建議されたというのだから、先に記した道庁の原生天然保存林制度の創設にも、三好たちの働きかけはよい影響を与えたことと推測される。

こうして史蹟名勝天然紀念物保存法が成立した以降、北海道では一九二一（大正一〇）年、①阿寒湖のマリモ、②厚岸湖カキ島の植物群落、③後方羊蹄山の高山植物帯、④野幌原始林、⑤円山原始林、⑥藻岩原始林が国の天然記念物に指定され、つづいて二二（大正一一）年には、⑦アスナロ自生北限地帯（江差町）、⑧トドマツ自生南限地帯（江差町）、⑨静狩泥炭形成植物群落、⑩霧多布泥炭形成植物群落が天然記念物となった。

これを前項の北海道庁による原生天然保存林に比べると、原始林だけでなく、マリモ、高山植物群落、湿原植物群落などにも視野が広がり、生態学的な意味あいが深まっていることが読みとれる。なお、⑦アスナロと⑧トドマツは、その後一件に統合されて「ヒノキアスナロ及びアオトドマツ自生地」となり、また②の厚岸湖カキ島および⑨の静狩泥炭地は、残念ながらその後の環境変化により指定対象が衰退・消滅し、指定が解除された。

北海道の巨樹名木の位置づけ

三好学が天然記念物保存思想を日本に導入したとき、最初に公表した論説は先に紹介したように「名木の伐滅並びにその保存の必要」だった。その書き出しは、「何れの邦土を問わず、一の土地には種々の固有なる樹木を蔵し、その数多の春秋を経たるものは、枝葉繁茂し、一大偉観を呈するのみならず、又之れによりて土地の風光に特殊の趣味を添うるに至る」という文章で始まっている。

三好にはいわゆる「巨樹名木」保存思想があった。三好は『日本巨樹名木図説』（一九三六・昭和一一）を著わし、そこで「大正八（一九一九）年、史蹟名勝天然紀念物保存法の発布により、我が国各地に於ける巨樹名木は調査の結果、天然紀念物として続々指定せられ、現時までその数二百有余に及べり。なお今後調査の進むに従い、更に指定の数の増加するに至るべし。……本書に載せたる巨樹一六五、名木五七、合計二二二件のうち、二一〇は予の実地調査したるものなり」といっている。しかしここには北海道の巨樹名木は一本も紹介されていない。実は、北海道の植物を対象とした天然記念物は、巨樹名木の単木指定が一件もなかったのである。

これは偶然の結果ではない。先に北海道庁の原生天然保存林選定のところで、学術上、歴史上重要な人工林、記念樹や巨樹名木の類も選定する方針があったことを説明した。おそらくその結果を生かしたと思われるものが、『北海道林業会報』（一九一五年一一月号）に「本道天然記念物」と題し、「本道に於いて天然記念物と称し得べきものは、左記の如きものなるべし」として、函館のトチノキ、福島の乳房ヒノキ、松前のイチイ、七飯のクリ、江別のカシワ、札幌のニレなど、二二件の巨樹名木が紹介されている。また北海道庁が編集した『北海道史蹟名勝天然紀念物梗概』（一九二六・大正一五）にも、多くの巨樹名木が記載されている。したがって北海道庁としては、北海道の巨樹名木を天然記念物に指定すべきであるという考えをもっていたことは、確実である。

ところが三好は、その方針に同意しなかったらしい。三好は「北海道に於ける天然紀念物の保存は、内地に於けるものとやや其の趣を異にし、彼の個々の名木、巨樹、老樹の如きものよりも、原生林、泥炭原野、天然保護区域等の大なる天然団体に着目し、之れに就いて調査を施し、保存を行うべきものと思考す」(『天然紀念物調査報告　植物の部第二輯』一九二六・大正一五)と主張している。

後年になってから、三好に対しては「初期の(天然記念物保存)運動の熱心な推進者であった三好学の巨樹名木思想は、天然記念物とくに植物保護についての偏見をうえつけたきらいがある」(沼田真編『自然保護ハンドブック』)という批判がなされているが、こと北海道に関しては、三好は巨樹名木思想を導入せず、より生態学的な環境保全の観点を重視していたのである。そしてこの方針は現在まで継承されている。

ところで北海道の巨樹名木は、天然記念物に指定されていないからといって、価値がないというわけではない。ただ北海道は本州、四国、九州と比べ、巨樹に育つ樹種が乏しくまた成長が遅いというハンディキャップを背負っている。環境省(環境庁)では「緑の国勢調査」の一環として巨樹巨木林の調査を行なっているが、『日本の巨樹・巨木林(全国版)』(一九九一)によれば、地上から約一三〇センチメートルの位置での幹の周囲が三〇〇センチメートル以上の樹木を調査対象にしたところ、全国で五万五七九八本が対象となったが、その六三%にあたる三万四千余本は、スギ、ケヤキ、クスノキ、イチョウ、スダジイの五種で占められている。

このうちイチョウは植栽木であるが、残り四種は北海道に天然分布していない。スギ、ケヤキ、イチョウは道南を中心として植えられることがあるが、植栽の北限地帯であるばかりでなく、巨樹に育つほどの年輪を重ねたものは少ない。ちなみに全国の巨木ベスト三はいずれもクスノキで、天然記念物に指定されており、①鹿児島県蒲生町、幹周囲二四・二二メートル、②静岡県熱海市、幹周囲二三・九〇メートル、③福岡県築城町《ついき》(現・築上町)、幹周囲二一・〇〇メートル、と記録されている。

北海道に天然分布する樹木で巨樹となり得るのは、ミズナラ、トチノキ、カツラ、ブナ、ハルニレ、イチイなどであるが、この調査結果による北海道の巨木ベスト三は、①名寄市のミズナラ、幹周囲九一〇センチメートル、②七飯町のトチノキ、幹周囲八六〇センチメートル、③士別市のイチイ(祖神の松)、幹周囲七五〇センチメートルである。また樹種別全国ベスト一〇に入っているのは、イチイでは前記士別市のものが二位、芦別市の黄金水松（イチイ）が八位。ハルニレでは上ノ国町のものが三位、幌延町のものが一〇位。ブナでは上ノ国町のものが六位。ミズナラでは前記名寄市のものが三位となっている。なお北海道のベスト三に入った七飯町のトチノキは、全国ベスト一〇に入っていない。

また北海道で幹周囲三〇〇センチメートル以上の調査対象となった樹木は、二一二市町村（平成合併前）のうち一一九市町村で、単木では四七二本、樹林では五五件で三〇七本、並木で二本となっている。こうしてみれば、北海道には数百本の「巨木」が存在するわけで、国の天然記念物の指定は受けていないものの、それぞれの地域で御神木だったり、森の王者だったり、〇〇の愛称がつけられた木だったりして、地元の人々とのかかわりをもっているものが多い。これらのうち芦別市の黄金水松（イチイ）は二〇〇二（平成一四）年、北海道指定の天然記念物となった。

図５•３　多くの人に尊敬され親しまれるハルニレの巨木（豊頃町の指定文化財）

北海道内の市町村では独自に文化財保護条例を設けているところがあり、その多くは歴史的文化財を指定しているが、なかには巨樹名木を含む天然記念物を指定している市町村もある。例えば伊達市の開基百年記念樹としてのカシワ、サイカチ、ケヤキなど、東川町のイチイ、ヒメコマツ、ミズナラなど、標津町のハルニレ、エゾヤマザクラなど、豊頃町のハルニレ（図５・３）が、それぞれの地元で守られている。

北海道の名勝・天然記念物の現状

史蹟名勝天然記（紀）念物保存法は第二次世界大戦後の一九五〇（昭和二五）年に抜本改正され、文化財保護法となった。文化財保護法では「文化財」

を、①建造物、絵画、彫刻などの有形文化財、②演劇、音楽、工芸技術などの無形文化財、③衣食住、生業、信仰などの民俗文化財、④貝塚、古墳、観賞上価値の高い渓谷・海浜・山岳などの名勝、学術上価値の高い動物・植物・地質鉱物などの記念物、⑤周囲の環境と一体となって歴史的風致を形成する伝統的建造物群の五つに区分している。このうち名勝・天然記念物は④に含まれ、そのなかでもとくに重要なものは、特別名勝、特別天然記念物に指定される。これらに指定されれば、動植物を捕獲・採取したり、木を伐ったり、工作物を建てるなど現状を変更し、または保存に影響を及ぼす行為をしようとするときは、文化庁長官の許可を受けなくてはならないことになっている。また北海道文化財保護条例により、同じような趣旨で北海道が文化財を指定することができるようになっている。

北海道に関係する名勝は、国指定が①天都山(網走市)、②旧岩船氏庭園(函館市、第四章の函館公園の項参照)、道指定が①小清水海岸(小清水町)と②羽衣の滝(東川町)である。特別名勝の指定は北海道にはない。

図5•4　特別天然記念物，阿寒湖のマリモ。チュウルイ島のマリモ観察施設(1960(昭和35)年ころの様子)。風波で岸に打ち上げられたマリモを収容して保護観察，快復したものを自然に返す施設で，観光用の役割も果たした

国指定特別天然記念物のうち北海道に関係するものは、①阿寒湖のマリモ(阿寒町、現・釧路市阿寒)、②野幌原始林(北広島市、ただし台風被害により衰退)、③タンチョウ(地域を定めず)、④アポイ岳高山植物群落(様似町)、⑤昭和新山(壮瞥町)、⑥大雪山(上川町、東川町、美瑛町、新得町)の六

図5•5　特別天然記念物，昭和新山。上は1965(昭和40)年，下は2004(平成16)年撮影(斉藤昭夫)。山麓の植生遷移がすすみ，裸地から樹林に変化したことに注意

件である。

　植物関係の天然記念物としては、国指定として、①後方羊蹄山の高山植物帯(倶知安町、京極町、喜茂別町、真狩村、ニセコ町)、②藻岩原始林(札幌市)、③円山原始林(札幌市)、④霧多布泥炭形成植物群落(浜中町)、⑤ヒノキアスナロおよびアオトドマツ自生地(江差町)、⑥登別原始林(登別市)、⑦鶉川ゴヨウマツ自生北限地帯(厚沢部町)、⑧歌才ブナ自生北限地帯(黒松内町)、⑨落石岬のサカイツツジ自生地(根室市)、⑩夕張岳の高山植物群落および蛇紋岩メランジュ帯(夕張市、南富良野町)などがあり、北海道指定として、①斜里海岸の草原群落(斜里町)、②佐呂間湖畔鶴沼のアッケシソウ群落(湧別町)、③温根湯エゾムラサキツツジ群落(留辺蘂町、現・北見市留辺蘂)、④礼文島桃岩付近一帯の野生植物(礼文町)、⑤札内川流域のケショウヤナギ自生地(帯広市)、⑥レブンアツモリソウ群生地(礼文町)などがある。

　動物関係の天然記念物としては、国指定として、①オオミズナギドリ繁殖地(松前町)、②北海道犬(地域を定めず)、③天売島海鳥繁殖地(羽幌町)、④大黒島海鳥繁殖地(厚岸町)、⑤和琴半島ミンミンゼミ発生地(弟子屈町)などのほか、高山性の昆虫で地域を定めず指定されたウスバキチョウ、ダイセツタカネヒカゲ、アサヒヒョウモン、カラフトルリシジミなど、野鳥で地域を定めず指定されたクマゲラ、オオワシ、オジロワシ、エゾシマフクロウ、

マガン、ヒシクイなどがある。北海道指定としては、①ユルリ・モユルリ島海鳥繁殖地(根室市)、②然別湖のオショロコマ生息地(鹿追町、上士幌町)などがある。

地質鉱物関係の天然記念物としては、国指定に、①名寄鈴石(名寄市)、②根室車石(根室市)、③エゾミカサリュウ化石(三笠市)、④オンネトー湯の滝マンガン酸化物生成地(足寄町)など、北海道指定に、①中頓別鍾乳洞(中頓別町)、②二股温泉の石灰華(長万部町)、③樽前山溶岩円頂丘(苫小牧市)などがある。

なお天然保護区域としては国指定の、①釧路湿原(釧路市、釧路町、鶴居村、標茶町)、②沙流川源流原始林(日高町)、③松前小島(松前町)がある。

以上、いくつかを例示したが、国指定の天然記念物(特別天然記念物を含む)は、計四七件、北海道指定の天然記念物は計三一件である。これらは大正末期から近年に至る永い年月にわたって、その時代その時代の学術的価値観、社会的背景などが反映されているため、現在の目で見れば、必ずしも系統的、網羅的に指定されているとはいえない。

例えば冒頭に例示した天都山(網走市)の名勝指定は一九三八(昭和一三)年で、これは当時の交通不便で、北海道の自然環境情報が不十分だった時代のなかでの妥当な判断で、いまなら○○も指定されて当然、という名勝が各地にある。もっとも「名勝」は客観的な評価がむずかしい性質のもので、若干のあいまいさが残るのはやむを得ないかもしれない。

またナキウサギは天然記念物に指定されて当然の価値があり、北海道教育委員会が編集した『北海道の史蹟名勝天然記念物』(一九四九)では「大雪山のナキウサギ」が「指定候補」とされているが、いまだに実現していない。だから大雪山・士幌高原道路の建設の是非が問題となったとき(第六章参照)、開発関係者は「天然記念物じゃないから、ナキウサギの生息に影響があってもかまわない、道路を建設する」と公言するようなことがあった。絶滅の危機に瀕しているイトウについても同じようなことがいえる。

天然記念物は日本で最も古い自然保護制度であるが、その後の時代の進展とともに、自然公園や鳥獣保護区、「絶滅のおそれのある野生動植物の種の保存に関する法律」など、各種の自然保護制度が充実され、他の法令・制度でカバーされたから、天然記念物の指定は見送られたというケースもあるかもしれない。しかし現行の天然記念物指定状況が系統的ではなく、バランスを欠いていることは否めない。

したがって、天然記念物保存の原点が「その土地の特徴ある自然物が開発で失われるのを防ぐ」点にあったことに思いをいたし、現在の知見で得られる北海道の自然環境情報を総合し、本来、天然記念物に指定されて当然という資質のあるものをリストアップし、そのうちどれとどれは天然記念物制度で守り、どれとどれは他の法令・制度にゆだねる、どれとどれは他の法令・制度と重複しても天然記念物に指定する、また○○は指定が望ましいが××の制約があって指定が困難である、といったような総点検を行ない、北海道の天然記念物の果たすべき役割、位置づけを明らかにし、それを情報公開して、国民・道民の理解と協力を得ることが必要と思われる。

また天然記念物は当然のこととして社会教育の一翼を担うものであるから、野外自然教育に活用できる施策が、いっそう充実される必要がある。

二　自然公園の保護と利用

1　国立公園と道立公園の成立

(1)　石狩川上流を「国立公園」に

国設大公園設置の建議

「史蹟及天然記念物保存に関する建議案」が一九一一(明治四四)年の帝国議会で審議されたことを前節で記した。実はまったく同じときの帝国議会では、「日光山を大日本帝国公園と為すの請願」「国設大公園設置に関する建議案」「明治記念日本大公園創設の請願」など、現在の国立公園に相当する案件も審議されていた。天然記念物は、開発によって失われる貴重な自然を守ろうという目的だったのに対して、「大日本帝国公園」や「国設大公園」などは、自然を守ると同時に、大勢の人々がその土地を訪れることで、地域の振興にも役立つという観光目的が含まれていた。

例えば「明治記念日本大公園創設の請願」の趣旨は、日本の近代化は明治とともに始まったが、ほぼ半世紀の間に日本は一等国の仲間入りができるまで発展したので、きたるべき輝かしい明治五〇年を記念して、万国博覧会を開催し、外国からの来遊客を迎え入れるため大風景地(富士山)に道路やホテルを整備し、「日本大公園」を創設したいというものだった。しかし当時のご時勢から強烈な天皇崇拝思想に重点がおかれ、「日本大公園」の趣旨は後の「国設大公園」と共通するとみなされたためか、採択されなかった。

明治五〇年と万国博覧会は結果的に幻となってしまったが、明治後半にはすでに自然風景地を対象として、松島（宮城県、一九〇二・明治三五）や雲仙（長崎県、一九一一・明治四四）が県立公園となり、後記する大沼の道立公園創設も行なわれ、また鉄道院では幹部が外国の国立公園を視察してその制度を研究しており、さらに日本山岳会が設立（一九〇五・明治三八）されて登山が普及しつつあるなど、観光（ツーリズム）に関係する自然公園が社会的に認識されるようになっていた。

「国設大公園」の建議案は、「国民全般の跋渉《ばっしょう》（山を踏み越え、水を渡る）に供するところの大公園が必要」で、「このような公園は決して人造によってできるものではない」から、自然の大風景地に道路や宿泊施設など若干の人工を加えた「国設大公園」を設置したいという提案で、アメリカの国立公園も意識した内容だった。

そしてこの論議には、先に北海道旅行倶楽部のところで紹介した浅羽靖が重要な役割を果たしていた。実は「国設大公園設置に関する建議案」は、もとは「富士山を中心として国設大公園設置に関する建議案」となっていたのである。その建議を審議する委員会で浅羽は、富士山を中心とする国設大公園に賛成したうえで、「そこでこの公園を、もし大臣が国設公園を必要なりということに御同意でございますれば、単にこの富士山を中心として公園を設備すると云うだけに御同意をなさるのでございまするか、或いは又日本全体から打算して、この他になお斯の如きものを幾多も選定して、東西南北併せて設計すると云う御意思があるか否や」と問いかけ、富士山、琵琶湖、六甲山、箱根、伊豆、日光、軽井沢、松島などを並べた後に、「北海道は石狩川の上流を以て、北海道北部の公園とするか、……第一番に静岡公園（富士山）に着手して、その他は順序をとって調査して、全体に及ぼすということが私は宜しかろうと思うて自分一人絶叫しているのであります」（「第二十七帝国議会・衆議院建議案委員会議事録」一九一一・明治四四）と力説している。

その結果、この建議は「富士山を中心として」という表現が削除されて採択されたのである。これは単に一地域の国設公園（国立公園）ではなく、それを全国に配置する布石として重要な意義をもっていた。

ところで浅羽は「石狩川の上流を以て、北海道北部の公園とするか」と叫んだが、当時の石狩川の上流は、まだほとんど世間に知られぬ存在だった。浅羽はなぜ石狩川上流に優れた景勝地があることを知っていたのだろうか。その背景には、当時の愛別村長、太田龍太郎の存在があった。

太田愛別村長の「霊山碧水」

現在の大雪山・層雲峡付近は上川町管内であるが、明治末期は愛別村に含まれていた。一九一〇（明治四三）年に愛別村長となった太田龍太郎は、着任するとすぐ、愛別の立地条件が旭川と北見を結ぶ交通の要路に当たることに気づいた。愛別村に鉄道を布設することができれば、「愛別の開発はただに愛別の開発に止まらず、……森林に、農耕に、また鉱業に、いわゆる利用厚生、産業はもちろん精神的と物質的とを問わず、いかなる結果を招来すべきか今日に於いてほとんど予測すべからず」と大きな可能性があるので、鉄道路線予定地となることを期待しながら、石狩川上流の探検を試みた。

すると付近の景観は、「渓谷真美の風景として、予は全く虚心坦懐、衷心より流石に日本第一の名河なる大河の上流として予想外、従来経歴の名山大河に比し、嶄然《ざんぜん》一頭角を抜きんでて、その規模の雄大にして奇抜豪宕《ごうとう》なる幽玄神秘、而して随所に風景の変幻霊妙なる点において、実に天下無双と断言せざるを得ず」というほど優れている。しかし現在は道路がないため、「惜しむべき天下無双の渓山、空しく太古の自然のまま熊狐の跳梁《ちょうりょう》するに任せ、一人訪う者なきは、あに千秋の恨事にあらずや」と太田は残念がり、なるべく多くの人々が「親しく天下無双の霊山碧水の真美に接し、今日、滔々茫々《とうとうぼうぼう》（はっきりしないさま）たる惰気を洗浄し、生気潑剌《はつらつ》、剛健の気象を振作興起せんことを切望」する思いを込めながら、『北海タイムス』紙上に「霊山碧水（石狩川源探検）」（図5・6）と題して、景観の優れていることを紹介した。

この新聞記事の反響は大きかった。当時は第二章で記したように国有未開地を開拓者に払い下げる政策がとら

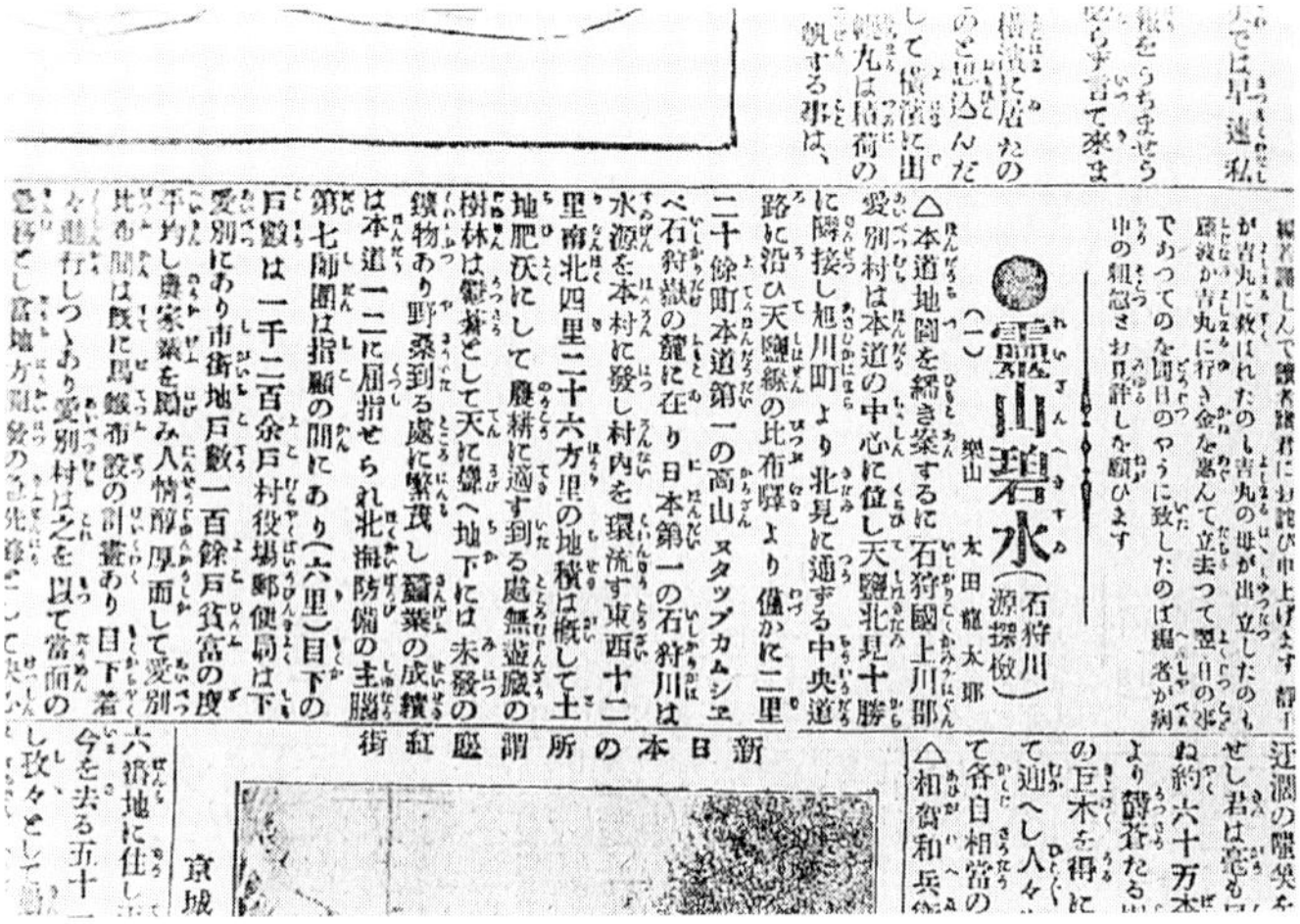

靈山碧水（一）（石狩川源探檢）

樂山　太田龍太郎

△本道地圖を繙き案ずるに石狩國上川郡愛別村は本道の中心に位し天鹽北見十勝に隣接し旭川町より北見に通ずる中央道路に沿ひ天鹽線の比布驛より僅かに二里二十餘町本道第一の高山ヌタップカムシュペ石狩嶽の麓に在り日本第一の石狩川は水源を本村に發し村内を環流す東西十二里南北四里二十六方里の地積は概して土地肥沃にして農耕に適す到る處無盡藏の樹林は鬱蒼として天に聳へ地下には未發の鑛物あり野桑到る處に繁茂し蠶業の成績は本道一二に屈指せられ北海防備の主腦第七師團は指顧の間にあり（六里）目下の戸數は一千二百餘戸村役場郵便局は下愛別にあり市街地戸數一百餘戸貧富の度平均し農家業を勵み人情醇厚而して愛別比布間は既に馬鐵布設の計畫あり目下着々進行しつゝあり愛別村は之を以て當面の

新日本の所謂臨紅街

図5･6　太田龍太郎の「霊山碧水」（『北海タイムス』1910. 10. 12）

れていたので、それほどの景勝地があるなら自分に払い下げてほしいと希望する人が続出した。太田は「この地方、土地払下運動猛烈となり、いわゆる政商・富豪その他あい競うて狂奔飛躍、以て占有せんとする実況」と記している。おそらくその様子は一九八〇年代後半の、バブル経済に踊らされたリゾートブームと共通するものがあっただろう。しかし太田村長としてみれば、このような優れた自然環境の土地は個人に払い下げず、国家が保護すべきと考えた。

太田龍太郎は、北海道庁長官だった安場保和の秘書官を務めた経歴をもち、政界にも人脈があり、また当時の鉄道院総裁の後藤新平は幼なじみの仲だった。そこで太田は石狩川上流の保護を浅羽靖衆議院議員や後藤新平に相談した。ちょうどそのころ衆議院では「国設大公園」などの審議が始まり、また鉄道院ではアメリカなどの国立公園情報を入手していた。太田はここで国立公園のことを聞き、石狩川上流（大雪山）こそ国立公園にふさわしいと考えた。また自ら「風景論者」と称して北海道旅行倶楽部を主宰する浅羽は、太田の考えに共鳴した。それが先に記した一九一一（明治四四）年の衆議院における、「石狩川の上流を以て、北海道北部の公園とするか」という浅羽の発言につながったのである。

いま、太田が書いた「石狩川上流霊域保護国立公園経営の件」という後藤新平鉄道院総裁あての陳情書（写）が残されている。そこには石狩川上流の景勝地が、「未だ私人に属せざるの地域たるを以て、彼の約十里四方の間を保存禁伐林として断然個人の有に帰せしめず、徐々国家の事業として経営あらん事を切望措く能わず。……方今、内外の形勢上より神社仏閣及び名所旧跡の保存より国立公園の設備を絶叫する声、漸く耳にす。此の気運を逸せず、石狩川上流の霊域も亦一大勇断を以て経営するの要あるを認む」と記されている（太田龍太郎著／笹川良江編『太田龍太郎の生涯――「大雪山国立公園」生みの親〈復刊「霊山碧水」〉』）。

こうして一九一一（明治四四）年の帝国議会では国設公園（国立公園）の論議が活発に行なわれたが、そこでは同時に天然記念物保存の論議も行なわれたので、国の政策としては天然記念物保存制度の実現が先行し、国立公園の検討は史蹟名勝天然紀念物保存法の成立（一九一九・大正八）以降まで保留されてしまった。その背景には、「点」で保護する天然記念物は実現しやすいが、「面」で保護する国立公園は金がかかって当面は困難、という判断も働いていた。

道庁林駒之助課長の正義感

ところで先の太田村長の「石狩川上流霊域保護国立公園経営の件」の陳情書の末尾には、総理大臣および内務大臣を通じて北海道庁長官に対し、「この際、国家百年の為、……石狩川上流約十里四方の地域は、厳重保護取締り、一切個人及び団体名義を問わず、土地払下げ絶対、断然禁止せらるべき旨をご伝達万、速やかにご措置を煩わしたく」と書かれていた。太田の考えは正論だった。

しかし、このような場合は利権屋の運動の方が正論より優勢となるのは、昔も今も変わらない。北海道庁では一九一三（大正二）年、層雲峡一帯の国有地を不要林として、ある会社に払い下げることを庁議で決定してしまった。ところがその直後に秋田大林区署長から道庁の林務課長に転任してきた林駒之助は、その処分を知り疑問を抱いた。林は後年になって次のように回想している。

大正二年において層雲峡の上流、主としてかの美良の森林の存在する盆地及びその付近を、併せて面積四万町歩を、不要林として売払い処分の庁議決定し、願人に対し承諾の意思を表示せられ、……思うにその理由の如何を問わず、北海道の最中央に位し、四周を国有林に囲まれ石狩川の水源地帯に属する該地を、一の私会社の占有に属せしむる如きは、極めて不合理にして黙視し能わざりし故に、大正三年においては庁議一変してその処分を中止し、次いで該地一帯を水源涵養土砂流出防備の保安林に編入せられたり。（林駒之助「大雪山・阿寒両国立公園に対する所感」）。

林駒之助は北海道庁で永く森林行政にたずさわったが、理性と正義の人で「公務執行上必要であるならば、いかなる相手に向っても「ノー」という答えを、何の躊躇《ちゅうちょ》もなく即座にいい切り得る人であった」（林常夫『北海林話』）との人物評が伝えられている。石狩川上流保護の件で太田が林に接触したかどうかは分からないが、優れた自然環境の土地には私権を入れず、公共性を優先させるという思想は、両者に共通していた。この考え方は国立公園の保護・管理にとってきわめて重要である。

ちなみに世界で初めて国立公園となったアメリカのイエローストンでは、土地の私有化をめぐる伝説が伝えられている。一八七〇年にイエローストン地域を調査し、驚異的な景勝地を発見したワッシュボーン探検隊の隊員たちが、この土地の分割・払い下げを相談し、衆議一決しそうになったとき、隊員のひとりヘッジスが、「このように優れた景勝地は個人のものとせず、国有地として国家が管理すべきだ」と提案し、それが一八七二年の国立公園誕生に結びついたのだという。これは史実としては確認されていないが、アメリカでは広く知られた話である。

太田村長の「霊山碧水」は、大雪山国立公園の指定には直結はしなかったが、林・林務課長の適正な判断とともに、大雪山国立公園内には私有地が少ない（指定当時は私有地なし）という特性の原点となっている。

(2)　大沼が第一号の道立公園へ

鉄道の開通で注目

大沼と駒ヶ岳は道南を代表する景勝地であるが、この景勝が世に知られるようになったきっかけは、鉄道の開通だった。鉄道が開通する前の函館〜森〜小樽を結ぶ街道は、大沼・小沼の西側にある小さな蓴菜《じゅんさい》沼のほとりを通過していた。当時の交通手段は馬か徒歩だったから、わざわざ大沼の方へ寄り道する人は少なかった。また多くの旅客は函館から室蘭への船便を利用したので（室蘭〜苫小牧〜岩見沢〜札幌は鉄道）、大沼付近のことは知るよしもなかった。

ところが北海道鉄道会社は、函館から小樽へ向かう途中の大沼と小沼の間に路線（現・JR函館本線）を設定して、一九〇三（明治三六）年に開通し、大沼駅（旧称軍川《いくさがわ》駅）が設けられた。大沼と小沼の間はセバット（狭戸）と呼ばれる狭い陸地で隔てられているが、この部分は右手に大沼、左手に小沼、そして前方に駒ヶ岳を望む、絶好の展望地点である。列車はそのセバットを通過するので（図5・7）、車窓展望として、これほど優れた路線は珍しい。なお小樽まで全通したのは〇四（明治三七）年で、現・大沼公園駅は〇八（明治四一）年の開駅である（小樽〜札幌は一八八〇（明治一三）年に幌内鉄道として開通していた）。

したがって大沼・小沼の景勝は、鉄道開通とともに世に知られ、注目されるところとなった。鉄道が開通したその年には早くも『北海道大楽園――一名大沼案内』（西田季一郎）という観光案内書（図5・8）が発行された。そこには大沼・小沼の景勝と鉄道の関係が次のように記されている。

〔列車は〕停車場よりやや東北に進みセバットに至る。湖中島嶼《とうしょ》の間、狭きは埋立てとし、広きは鉄橋を架して大沼を中断す。汽車あたかも水上を走るの感あり。左右に大沼・小沼の全景を眺めつつ、岸に達すれば再び長沼の辺りを過ぎ、宿野辺《しゅくのべ》に至る。試みに汽車中より眺むるものは一の大パノラマ中を走るの思いある

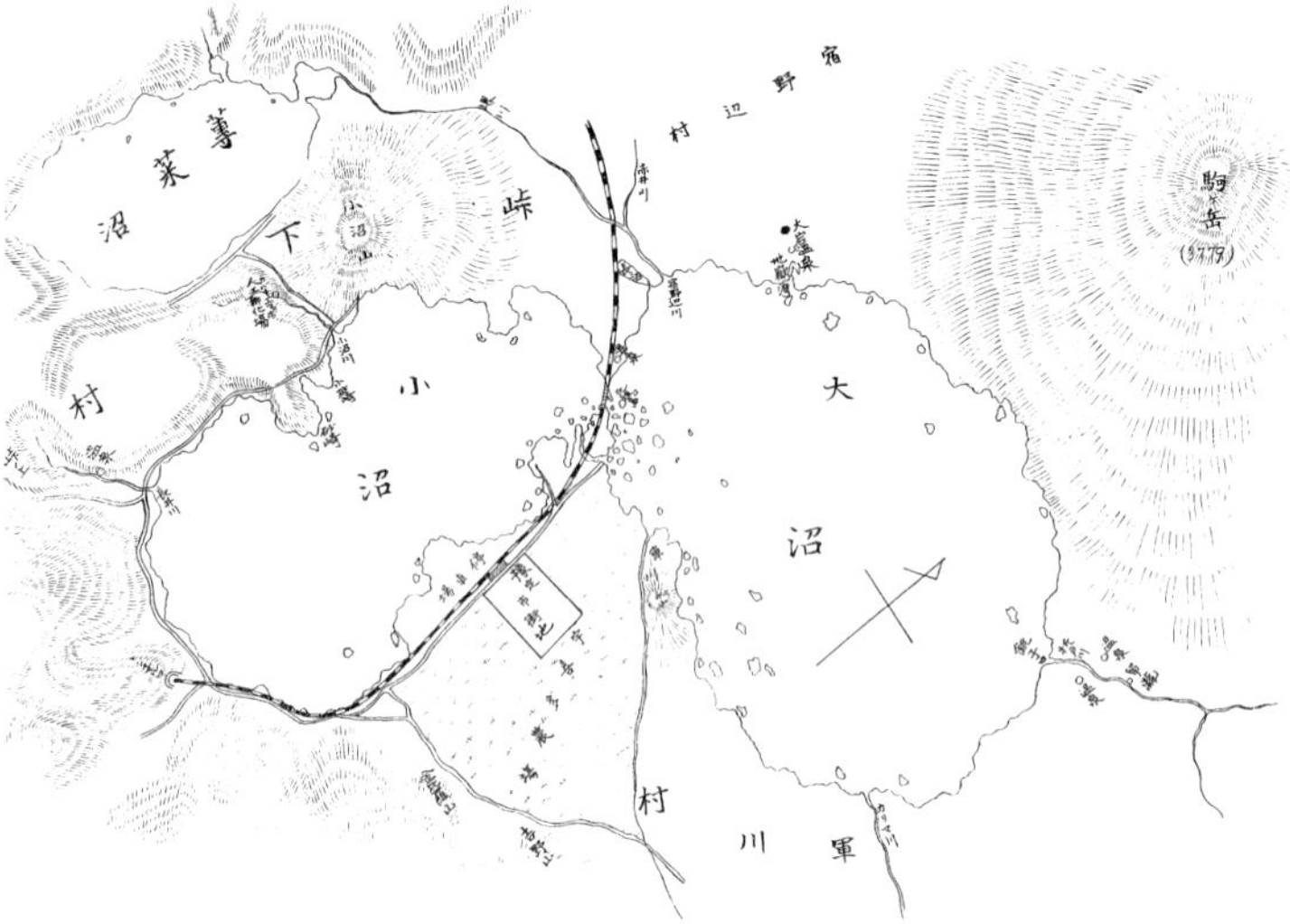

図５•７　1903(明治 36)年の大沼・小沼案内図(西田季一郎『北海道大楽園――一名大沼案内』)。実測ではないので実際の地形とは異なる

図５•８　鉄道開通と同時に出版された前掲『北海道大楽園――一名大沼案内』

べく、沼より汽車を遠見するものは、黒龍雲を排して湖上を疾駆するの感を起すべし。北海道鉄道は大沼の交通上の便と、風景上に美観を加うること幾何《いくばく》ぞ。

そして地元の人たちは、この一帯を「公園予定地」と呼ぶようになり、将来の観光開発を期待した。一九〇三(明治三六)年には北海道会(議会)に「渡島国亀田郡七飯村大沼公園予定地を北海道公園として道有財産に編入し地方費を以て之れが経営をせられんことを望む」という建議案が提出されて可決された。その可決の理由書には当時の大沼の様子と、大沼が観光地となれば北海道のショーウインドーの役割を果たし、それが北海道全体の開発にも役立つという期待が、次のように述べられている。

大沼公園予定地はその地積四万有余坪、八十八の島嶼にして、……交通至便、風景の美なる殆ど他に比較なきの勝地なり。故に鉄道開通してより未だ半年を出ざるに早く既に各地にその名を知られ、内外人の該地に遊ぶもの日々数百人の多きに達し、将来、夏期避暑の好適地として広く内外人の来遊するもの多きに至るべし。且つ来遊者の来道の序でを以て、札幌、小樽その他本道各地に鉄路の便により来遊するもの増加し、間接に本道の事情を内外人に紹介し、本道に投資企業するの誘因となり、拓地殖民上裨益少なからざるべし。是れ本道の公益上必要と認めたる所以なり。

大沼道立公園の創設

その結果、北海道庁では横山隆起参事官に現地調査をさせ、一九〇五(明治三八)年に「大沼公園創設案」をまとめさせた。これは①公園区域、②水面、③島および半島、④堤防敷地、⑤山岳、⑥付帯事業、⑦地方費予算について、それぞれの経営方針を明らかにしたもので、近代的な知性をもって自然を保護し、利用しようとした態度がうかがわれる。

すなわち、公園区域は水面および堤防敷地(国有地)を中心としながら、「水面はすべて公衆の遊覧娯楽場となす、ただし従来の漁業の成立を妨げざるべし」と地場産業に配慮し、また公園区域外であっても「公園の風致に関する樹林にして私有地に属するものは、之れを保安林に編入すること」と周辺の風致保護方針を打ち出している。そして駒ヶ岳には登山標識を設け、湖畔には「緑樹花木を植栽し、亭を設け、腰掛けを置き、遊歩の場となさん」とした。ただし一帯の風致は「是れ実に天与公園なり」というほど優れているので、「今日の計画はただ此の天恵を利用せんとするにあるのみ。公園を完成せんには前記の天然の奇趣を基礎とし、若干の人工を加えてその風致を発揚するの必要あらん。然れとて加工その法を得ざれば、却って奇趣を没却し風致を傷害するに至らん」と注意を喚起している。そのうえで「公園内の竹木伐採、鳥獣捕獲、その他風致を損じ、又は危険を与うる行為に対し、速やかに取締の方法を設け、厳重施行すべき事」を提案している。

これらの考え方は、現在の自然公園計画にも通用する立派なものである。いまから百年も前に、このような方針が明確にされていたことは注目に値する。なおこの「大沼公園創設案」をつくった横山は、東大法学部（法科大学）出身の若きエリートだったが、大沼の計画をまとめた二年後に病没してしまった。

北海道庁では一九〇五（明治三八）年以降、ここを「大沼公園」と公称し、創設案に沿って施設整備や植樹をすすめた。しかし観光客がいっそう多くなるとともに、より具体的な管理・整備方針を明確にする必要があるとして、一九一四（大正三）年、本多静六に「大沼公園改良案」の作成を委嘱した。本多は第三章第一節「北方林の位置づけを探った先人たち」に登場した林学の専門家であり、第四章の釧路・春採公園や室蘭公園を設計し、また大沼以前に、宮城県・松島公園、岐阜県・養老公園、広島県・厳島公園などの自然風景地の計画も手がけた、公園の専門家でもあった。

本多の『大沼公園改良案』は、基本的には横山と同じように天然風景を重視し、わずかに人工を加えるとしたが、多くの観光施設整備が盛り込まれている。そして林学の専門家らしく、湖畔や駒ヶ岳の登山道から眺望される森林は「風致保安林に編入し、風致施業を行なわせること」を提案し、また林相が単調なので各部分の特徴を発揮できるよう、モミジ山、サクラ山、シャクナゲ山、オンコ山、ブナ山などを造成すること、さらに森林植物園、外国樹種見本園、高山植物園、天然的動物園、鹿園、養魚場などの整備も提案した。公園の利用については、「近き将来に於いて自動車の大に発達すべきこと」を予想し、大沼の周回車道と小沼山や駒ヶ岳の登山車道の必要性を説き、湖畔の施設としては、広場の造成、音楽堂、新聞雑誌縦覧室、展望台、小運動場などを整備すべきとしている。そのほか、観光パンフレットの作成や案内方法など、ソフト面の充実にも言及している。

本多の案は多岐にわたり、とくに施設整備は多額の費用を要するものが多かったので、北海道庁では一九一六（大正五）年、道庁内に「大沼公園調査委員会」を組織し、本多の案をどこまで実行できるか検討した。その結果、本多案は「理想的なりといえども、広大なる地域に公園としての設備を施し、之れを維持するには莫大な経費を要し」「北海道地方費現今の財政状態に在りては、今にわかに之れが費額を供給せらるべくもあらず」と大幅に削減されてしまった。しかしそれでも予算は計上され、実行できるものから整備された（大沼公園調査委員会「大沼公園設置に関する答申書」）。大沼の周回道路や鹿園などは、その遺産である。

大沼・小沼の堤防敷地などの土地を国から北海道庁（地方費）へ移管することは、一九〇五（明治三八）年から申請していたが、二一（大正一〇）年にやっと実現したので、道庁では「大沼公園管理規則」と「大沼公園取締規則」を制定し、翌二二年から正式の「大沼道立公園」となった。

このように大沼は鉄道の開通とともに新しい景勝地が発見され、多くの観光客が訪れるようになったが、そこが乱開発される前に、適切な管理・整備計画が立てられ、運用されたことは、高く評価されることである。ただし現在の価値観からいえば、大沼と小沼の間のセバット付近は自然環境の心臓部であり、その心臓部に鉄道が貫通したことは残念だった。また駒ヶ岳山麓の森林は当時から私有林だったが、一九一一（明治四四）年と二一（大正一〇）年に風致保安林とされた。しかし第二次世界大戦後の高度経済成長期に細分化され、別荘地として分譲されてしまったのが惜しまれる。大沼が国定公園となったのは、後記するように五八（昭和三三）年のことである。

なお、カナダのロッキー山国立公園（現・バンフ国立公園）は、やはり鉄道の開通とともに景勝地が発見され、そこが一八八七年に国立公園となったもので、大沼と似たような事情をもつ、先輩格の自然公園といえる。

(3)　国立公園の一六候補地と阿寒・大雪山

田村剛による候補地選定

前述したように一九一一（明治四四）年の帝国議会では、天然記念物と国立公園の案件が同時に審議されたが、内務省の施策としては天然記念物保存が先行し、一九（大正八）年に史蹟名勝天然紀念物保存法が成立した。そこで次は国立公園を検討しようと、内務省(衛生局保健課)では二〇(大正九)年、本多静六の教え子で新進の造園学者、田村剛を採用し、国立公園の制度や候補地を研究させた。田村はさっそく全国各地から情報を集め、二一(大正一〇)年から翌年へかけ、一六ヵ所の国立公園候補地を選定した。それは①阿寒湖、②登別温泉、③大沼公園、④十和田湖、⑤磐梯山、⑥日光、⑦富士山、⑧立山、⑨白馬岳、⑩上高地、⑪大台ヶ原、⑫伯耆大山、⑬小豆島および屋島、⑭阿蘇山、⑮雲仙岳、⑯霧島山である。

このうち北海道からは①阿寒湖、②登別温泉、③大沼公園の三ヵ所が入っている。田村はどのような観点から、この三ヵ所を選んだのだろうか。

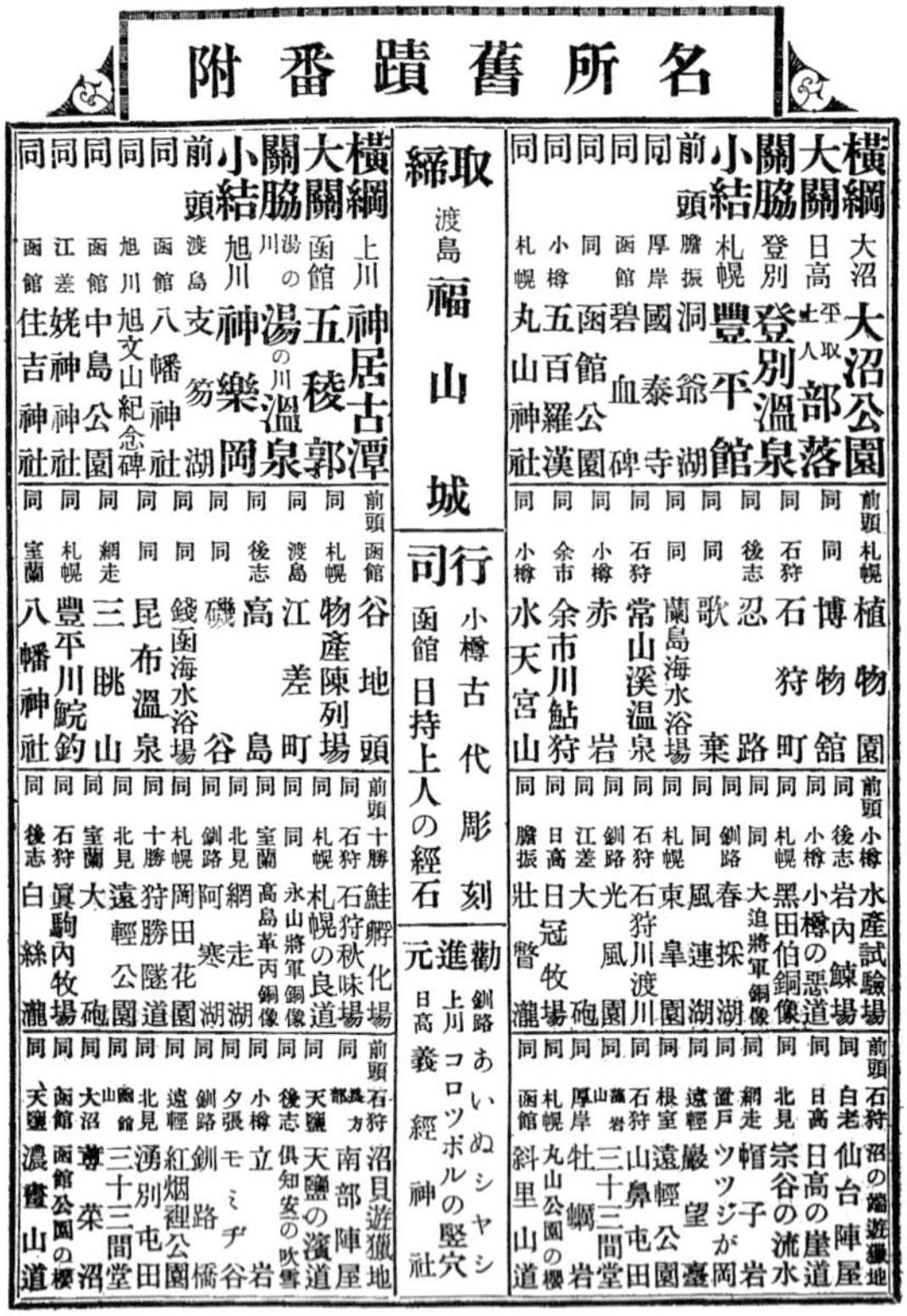
名所舊蹟番附

番付	地名	名所
横綱	大沼	大沼公園
大關	日高	平取土人部落
關脇	登別	登別温泉
小結	札幌	豊平館
前頭	膽振	洞爺湖
同	厚岸	國泰寺
同	函館	碧血碑
同	同	函館公園
同	小樽	五百羅漢
同	札幌	丸山神社
前頭	札幌	植物園
同	同	博物館
同	石狩	石狩町
同	後志	忍路
同	同	歌棄
同	同	蘭島海水浴場
同	石狩	常山溪温泉
同	小樽	赤岩
同	余市	余市川鮎狩
同	小樽	水天宮山
前頭	小樽	水産試驗場
同	後志	岩内鯨場
同	小樽	小樽の悪道
同	札幌	黒田伯銅像
同	同	大迫將軍銅像
同	釧路	春採湖
同	同	風連湖
同	札幌	東皐園
同	石狩	石狩川渡川
同	釧路	光風園
同	江差	大砲
同	日高	日冠牧場
同	膽振	壯瞥瀧
前頭	石狩	沼の端遊獵地
同	白老	仙台陣屋
同	日高	日高の崖道
同	北見	宗谷の流水
同	網走	帽子岩
同	置戸	ツツジが岡
同	遠輕	巖望臺
同	根室	遠輕公園
同	石狩	山鼻屯田
同	藻岩山	三十三間堂
同	厚岸	牡蠣岩
同	札幌	丸山公園の櫻
同	函館	斜里山道

番付	地名	名所
横綱	上川	神居古潭
大關	函館	五稜郭
關脇	湯の川	湯の川温泉
小結	旭川	神樂岡
前頭	渡島	支笏湖
同	函館	八幡神社
同	旭川	旭文山紀念碑
同	函館	中島公園
同	江差	姥神神社
同	函館	住吉神社
前頭	函館	谷地頭
同	札幌	物産陳列場
同	渡島	江差町
同	後志	高島
同	同	磯谷
同	同	錢函海水浴場
同	同	昆布温泉
同	網走	三眺山
同	札幌	豊平川鯇釣
同	室蘭	八幡神社
前頭	十勝	鮭孵化場
同	石狩	石狩秋味場
同	札幌	札幌の良道
同	同	永山將軍銅像
同	室蘭	高島革丙銅像
同	北見	網走湖
同	釧路	阿寒湖
同	札幌	閑田花園
同	十勝	狩勝隧道
同	北見	遠輕公園
同	室蘭	大砲
同	石狩	眞駒内牧場
同	後志	白絲瀧
前頭	石狩	沼貝遊獵地
同	長万部	南部陣屋
同	天鹽	天鹽の濱道
同	後志	倶知安の吹雪
同	小樽	立岩
同	夕張	モミヂ谷
同	釧路	釧路橋
同	遠輕	紅烟裡公園
同	北見	湧別屯田
同	函館山	三十三間堂
同	大沼	蓴菜沼
同	函館	函館公園の櫻
同	天鹽	濃霧山道

役	地名	名所
取締	渡島	福山城
行司	小樽	古代彫刻
行司	函館	日持上人の經石
勸進元	釧路	あいぬシヤシ
勸進元	上川	コロツボルの竪穴
勸進元	日高	義經神社

図5•9　北海道の「名所旧蹟番附」(矢谷重芳編『北海道百番附』1918・大正７)

大正のなかころ、北海道民が道内の景勝地をどのように見ていたかを示す北海道の「名所旧蹟番附」という興味ぶかい資料が残されている(図5•9)。それによれば、大沼公園は東の横綱であり、前項で見たとおり当時の北海道で唯一の道立公園だったから、田村の目にとまって当然の景勝地だった。次に登別温泉は東の関脇で、やはり当時の北海道の著名な自然風景地の温泉だった。しかも登別温泉の近くには東西の前頭筆頭として支笏湖と洞爺湖が控えている。これまた田村の情報網にかかって当然の存在である。しかし阿寒湖は西前頭の中ほどに小さな文字で記されているだけで、当時は著名な景勝地ではなかった。それでは田村はなぜ、阿寒湖を選定したのだろうか。

田村は『日本の国立公園』(一九五一)に、「北海道の候補地についても、北海道帝国大学教授新島善直博士の意見を参酌して一応決定されていた」と書き残している。新島は北大で林学を講じ、ドイツに留学してドイツで起こった森林美学を日本に初めて紹介、一九一八(大正七)年には村山醸造と共著で『森林美学』を出版した。だから森林風致に関心が高く、本多静六とも親交があった。あるとき新島が東大へ本多を訪ねると、田村も本多を訪ねていたので新島を紹介され、田村が「北海道ではどこの景色が一番かをたずねたら、それは阿寒だというお話で、阿寒が国立公園候補地になった」(インタビュー録音)と晩年の田村は語っている。その新島は阿寒湖について、「我らが挙げたいのは、現時においてやや不便であるが、釧路の男阿寒岳一帯の地である。……もし阿寒湖を含んで女阿寒岳に至る一帯の大地積を一天然公園としたら更に可なると思うも、湖畔の大部分はすでに開墾せられて、自然の跡を残さないのを如何ともし得ない」(新島善直「大自然保存の要と男阿寒岳」)と記している。

当時の阿寒湖畔は、明治の殖産興業に尽くし農商務次官も務めた前田正名男爵が五〇〇〇町歩の国有未開地処分を受け、牧場と林業を経営していた。したがって「湖畔の大部分はすでに開墾」され、新島が考える自然保護主体の国立公園のイメージには合わなかった。しかし結果的には国立公園に入り、現在の阿寒湖畔は温泉街に発展し、前田の土地は「前田一歩園財団」の原資となり、模範的な林業経営が行なわれている。いずれにしても、阿寒湖に国立公園候補地の脚光をあびさせたのは新島だった。

阿寒湖が国立公園候補地にノミネートされたことを知ると、地元では阿寒湖だけでなく屈斜路湖や摩周湖も含めることを望んだ。一九二一(大正一〇)年には「釧路国川上郡屈斜路湖を中心として釧北国境より、摩周湖、跡佐ヌプリ、阿寒湖を含む一帯の勝地を将来国立公園と成す目的を以て、相当保存の方法を講じ、之れを天下に宣伝紹介すると共に、急速交通の便を開かんことを望む」という建議案が北海道会（議会）で可決された。

内務省衛生局長は一九二三（大正一二）年の国会質疑を通じ、全国一六ヵ所の国立公園候補地を正式に公表した。その前後、内務省による国立公園候補地調査を知った全国の景勝地を抱える地元では、「バスに乗り遅れるな」と、陳情合戦が盛んになり、地元利益誘導型の政治家も暗躍した。二二（大正一一）年から三〇（昭和五）年へかけての帝国議会には、〇〇を国立公園候補地にしてほしいという請願や建議が、関東大震災の翌年を除き、毎年十～三十数件も殺到した。地元が期待する国立公園像は、きびしく自然保護を求めるというよりは、むしろ道路や観光施設を充実し、地域の発展に役立てたいというものだった。

また当時の国際貿易収支は赤字基調だったので、それを改善するには国際観光を振興して外国人観光客を受け入れる必要があり、国立公園はその一翼を担うという期待も大きくなっていた。一九三〇（昭和五）年には鉄道省に国際観光局が新設された。

このような国立公園に対する社会的関心の高まりを受け、一九二七（昭和二）年に国立公園協会が設立され、三〇（昭和五）年には内務省に学識経験者からなる国立公園調査会（現在の審議会に相当）が設置された。そして三一（昭和六）年には国立公園法（自然公園法の前身）が成立、同時に国立公園調査会は法律にもとづく国立公園委員会となった。

大雪山の登場

国立公園の一六候補地には、北海道から①阿寒湖、②登別温泉、③大沼公園の三ヵ所が入っていたが、大雪山は入っていなかった。大雪山は先に記したように、太田龍太郎愛別村長が「石狩川上流霊域保護」を訴え、浅羽靖議員が国会で論陣を張ったが、層雲峡付近の国有地払い下げ問題は、決定寸前だった払い下げ方針が覆されたことで一応の決着を見たためか、忘れられてしまったようである。大正中期の北海道「名所旧蹟番附」（図５・９）にも大雪山の名はなく、まだ知られざる景勝地だった。

その大雪山が世に知られるようになったのは、小泉秀雄に負うところが大きい。小泉は旭川中学校(現・旭川東高校)の博物学教師で大雪山を何回も苦労して踏査し、一九一八(大正七)年、日本山岳会の『山岳』誌上に「北海道中央高地の地学的研究」を発表、さらに二六(大正一五)年に『大雪山――登山法及登山案内』(図5・10)を発行した。とくに後者は大雪山を一般化するのに大きな影響を与え、前者は山岳愛好家に刺激を与えた。

例えば登山家の大島亮吉は一九二〇(大正九)年に小泉の足跡を追って「石狩岳より石狩川に沿うて」歩き(大島亮吉『山――研究と随想』)、エゾマツ・トドマツ原生林の様子を「この大森林の中を通って行った印象を長く自分は忘るることはない。……限りなく巨幹は巨幹と続いてそこには無限と思わるる寂寥《せきりょう》があった」と描写し、文人の大町桂月は二一(大正一〇)年、旭川中学校で天幕を借りて大雪山に向かい、「余は大雪山に登りて、先ず頂上の偉大なるに驚き、次に高山植物の豊富なるに驚きぬ。大雪山は実に天上の神苑なり」(大町桂月「層雲峡より大雪山へ」)と書いた。

大正後半の北海道では登山趣味が一般化しつつあった。例えば先に大沼公園のところで紹介した函館本線は、駒ヶ岳の登山者を誘発し、また倶知安《くっちゃん》付近で後方羊蹄《しりべし》山麓を通過するので、後方羊蹄登山者も増加、鉄道の営業上からも登山者用の運賃を割り引く政策が導入されていた。北海道庁ではそうした傾向を健全で好ましいものと感じとり、一九二三(大正一二)年に「北海道山岳会」を結成し、登山趣味の普及を奨励した。

図5・10　小泉秀雄『大雪山――登山法及登山案内』

これは北海道内はもとより「内地の青年男女」にも「登山の機会を与え、よく天然自然に親しんで心身を鍛錬し、以て将来健全有為の人」となることをめざす官製の山岳会で、宮尾舜治道庁長官が自ら総裁となり、道庁の林務課長や道路課長が幹事役を務めた。ここでの道路課の役割は登山道の改修や山小屋の整備である。道庁長官の肝いりだから資金は潤沢で、安い会費

図5•11　大雪山国立公園・黒岳付近から北鎮岳の白鳥雪渓を望む(1957(昭和32)年撮影)

で一般参加者を募り、後方羊蹄山、樽前山、十勝岳、旭岳、雌・雄阿寒岳などの登山会をしばしば実施した。また夏には一週間から一〇日にわたり景勝地を巡りながら、大学教授などの教養講座を聞ける「夏期大学」を開催、本州からも参加者を得て好評だった(宮尾舜治「北海道山岳会に就き」)。

大雪山は、登山会、夏期大学、登山道改修、石室整備(黒岳、旭岳)の主要な対象地となった。そして一九二四(大正一三)年には層雲峡に温泉宿を経営する荒井初一が中心となって「大雪山調査会」を結成し、大雪山の調査や宣伝・紹介が積極的に行なわれるようになった。小泉の『大雪山——登山法及登山案内』も大雪山調査会からの発行である。

こうして大正末期から昭和初期にかけ、大雪山の存在は少しずつ社会に浸透した。やがて一九三一(昭和六)年に国立公園法が成立し、一六ヵ所の国立公園候補地のなかから本命がしぼり込まれる情勢となった。そこで北海道庁では情勢分析を行なったが、①阿寒湖、②登別温泉、③大沼公園の三ヵ所のうち、②の登別は、支笏湖・洞爺湖を含めても、類似の「カルデラ湖と温泉」の①阿寒湖・摩周湖・屈斜路湖に比べて弱く、また③の大沼と駒ヶ岳は、類似の「火山と湖」である福島県の磐梯山・猪苗代湖に比べて優位性がない、当選確実なのは①阿寒湖一ヵ所だけ、というような情報が、おそらく道庁に入ったと思われる。

そのため道庁では大雪山を国立公園候補地に滑り込ませることを考えた。道庁幹部には北海道山岳会の役員を兼ね、大雪山の愛好者となった者が多かった。当時の道庁の国立公園業務の「熱心な督励者は関屋延之助拓殖部長だった。その関屋氏が大の大雪山支持者で、予定にはないが、是非割り込ませよとて準備が始められた。……

とにかく阿寒の入選は確実だったから、大雪山は万一の場合、阿寒の延長拡大として編入に努めよというのが、道庁当事者の肚だった」(前掲『北海林話』)。

一九三一(昭和六)年、国立公園委員会などによる現地調査を前にして、北海道庁拓殖部が作成した『北海道ニ於ケル国立公園候補地調査概要』には、阿寒、登別、大沼の三候補地のほかに「大雪山の景観」が特別に「付記」されていた。そして道庁のこの作戦はみごとに効を奏した。

田村剛が執筆した『日本の国立公園』には、一九三一(昭和六)年六月のことが次のように記されている。「(田村剛は青森に)続いて北海道の候補地を視察することとなり、大沼・洞爺湖・登別温泉・支笏湖・屈斜路湖・阿寒湖等を巡ったが、途上、層雲峡地元からの要請があってこれを調査して、すこぶる有力な候補地であることを確かめ、さきに予定された一六候補地についても、これを再検討される日のあることを予想した」。

ただし北海道庁が特別に付記した「大雪山の景観」の範囲は、層雲峡、黒岳、旭岳など石狩川流域の約七万五〇〇〇ヘクタールで、然別湖やニペソツ山など十勝川と音更川流域は入っていなかった。そのことを知って十勝側の編入に尽力したのは帯広の林豊州である。林は当時、十勝毎日新聞社長で、北海道山岳会による然別湖登山に参加し、然別湖の景観に魅せられていた。田村の視察につづき一九三一(昭和六)年八月には、本多静六、藤村義朗など国立公園委員会の一行が北海道の候補地を調査したが、林は帯広から釧路まで一行が乗った列車に同乗して、車中で然別湖などの写真を披露し、十勝側の編入を訴えた。その熱意が実り、内務省では後日に十勝側の調査を行ない、大雪山国立公園候補地は一気に一三万ヘクタールも拡大し、二〇万ヘクタール規模となった。

阿寒・大雪山両国立公園の指定

一九三一(昭和六)年に成立した国立公園法には国立公園の定義が定められていないが、その提案理由には、「国立公園を設定し、我が国天与の大風景を保護開発し、一般の利用に供するは国民の保健休養上緊要なる時務にして、且つ外客誘致に資する所ありと認む」とあった。「保護開発」というのは、国立公園の自然保護を重視するのか、利用開発を促進するのか、基本方針があいまいであるが、後につづく保健休養とか外客誘致の文言からは、利用開発に傾斜していたと読める。

「保護開発」の問題については後述することとし、国立公園委員会が、どのような基準で国立公園を選ぶべきかの方針としては、①わが国の風景を代表する自然の大風景地であること、②同一形式の風景を代表して傑出していること、③大面積であること、④地形が雄大か風景が変化に富んでいること、の四点を必要条件とし、そのほかに、(a)利用に適した保健的な土地、(b)史蹟・天然記念物などの包含、(c)交通の利便性、(d)土地所有(国有地が有利)、(e)産業開発(少ない方が有利)などを副次条件とする「国立公園選定基準」が合意されていた。

国立公園委員会には、地形・地質、植物、動物、林学、観光、法律、経済、行政など各分野の、当時の第一人者が集まっており、それぞれが手分けして現地を調査したが、それに優劣をつけるのは、「選定基準」により客観性をもたせようとしても、人それぞれに尺度の差があり、主観的な好みもあるからむずかしい。一九三二(昭和七)年に回を重ねられた選定会議では、前に記した一六候補地のうち、⑧立山、⑨白馬岳、⑩上高地の三ヵ所をひとつにまとめて日本アルプス(中部山岳)とすることは全員に異議がなく、また一六候補地にはなかった大雪山を候補地とすることも全員に異議がなく決定された。結局一六のうち三ヵ所が一ヵ所となり、別な一ヵ所が加わったから、一五候補地のなかから最終的な国立公園が選ばれることとなった。

田村剛の『日本の国立公園』には次のように記録されている。

北海道の候補地の中で、阿寒・大雪山・登別および支笏湖の三者と、さらにこれと関連のある十和田湖とに関して、国立公園選定基準に照らして、それぞれ詳細な比較資料を作成して特別委員会に提出することとし、……審議の資料に供し、大雪山が自然的条件については最も優れているが、利用上では登別および支笏湖が勝っており、後者はむしろ阿寒候補地と類似型で、これに劣るものであることを明らかにした。

……国立公園選定委員会は回を重ね、また場所を変えて行われたが、地方の陳情は各委員を困惑させるほど猛烈を極めた。一四候補地に大雪山を追加することは認められたので、一五ヵ所となったが、このうち、阿寒・大雪山・十和田・日光・富士・日本アルプス・瀬戸内海・阿蘇・霧島の九ヵ所については、全委員異議はなく、登別および支笏湖・大沼・磐梯吾妻・大山・吉野および熊野・雲仙の六ヵ所について意見が出たわけで、大沼以下三ヵ所については発言少なく、大台ヶ原および大峯山を海岸まで拡げて区域とする吉野熊野については、遂に少数の反対意見が屈伏して拡張入選と決まり、最後に雲仙が残って、これもみにもまれた結果、選ばれることとなると、これにつれて風景の質において雲仙に優ると称せられる大山は、地理的分布の関係から拾われることとなり、結局一二ヵ所が選定委員会でとりあげられることになったのは、〔一九三二年〕九月二四日の医師会館における特別委員会であった。

こうして戦前の一二国立公園は指定が方向づけられ、その後は土地所有者や産業開発計画などとの調整をへて、一九三四〜三六（昭和九〜一一）年に国立公園に指定された。北海道からは阿寒と大雪山が三四（昭和九）年に指定となり、登別、大沼が選からもれたのである。

⑷　利用重視で選ばれた支笏洞爺

このように北海道の国立公園候補地では、登別（支笏湖、洞爺湖）と大沼が最終選考で苦杯をなめた。もっとも一九三一（昭和六）年に北海道庁が作成した『北海道ニ於ケル国立公園候補地調査概要』の「大沼国立公園候補地」には、「〔大沼、小沼は〕精緻なる風景を表し、駒ケ岳は之れが雄大なる背景をなせるが、此れと同一型たる裏磐梯の風景に比して、彼の豪宕《ごうとう》なるに及ばざる感あり」と記述されているから、北海道庁では最初から大沼をあきらめていたようである。しかし登別に支笏湖、洞爺湖を加えた地域は、意外なことから復活の機会が訪れることになる。

ここで国立公園を所管した国の機構を振り返ることは無意味ではない。阿寒、大雪山が国立公園に指定された当時の所管は、内務省衛生局保健課だった。それが一九三八（昭和一三）年に厚生省が新設されると、国立公園は厚生省体力局施設課所管となり、さらに戦争が激化すると人口局体練課、健民局修練課と変遷した。すなわち日本の国立公園は、平時は国民の野外レクリエーション・保健休養が重視されていたが、戦時になると青少年が野外活動で頑強な体力をつくり、戦争に役立つ「人的資源」を確保することが国策となり、国立公園もその一翼を担うことが要請されたのである。やがて国立公園協会は国土健民会と名称を変更、雑誌『国立公園』も『国土と健民』へ衣替えを余儀なくされた。

そうした情勢のなかで国土計画的な視点から国立公園の配置を見ると、人口の多い地方に国立公園が少なく、とくに戦時下の交通事情では利用しにくいので、人口の多い都市から利用しやすい国立公園を配置する必要がある、という考え方が出てきた（田村剛『国土計画と健民地』）。例えば北海道では阿寒や大雪山は人口の多い札幌や小樽から遠く、したがって札幌や小樽などから利用しやすい立地の国立公園があるべきだ、という考え方である。そのため登別、支笏湖、洞爺湖などを含む「道南国立公園」の構想が浮上した。また本州方面では同じような観点から、八幡平、磐梯吾妻、三国山脈、奥秩父、伊豆大島、琵琶湖、石鎚山、耶馬渓などが浮上した。さらに既設の国立公園も、富士箱根は伊豆半島、瀬戸内海は東部（鳴門海峡など）、雲仙は島原半島を、それぞれ拡張する案などが固まった。

しかし、戦争の激化とともに国立公園行政は停止状態に陥り、道南国立公園をはじめとする新国立公園構想は実現されることなく終戦を迎えた。

第二次世界大戦後は平和日本の再建が至上課題となった。しかし、日本の主要都市は戦災を受けて工業生産の復活はすぐには望めず、観光事業は貴重な外貨をかせぐ有力な手段と考えられた。日本は「東洋のスイス」となって観光立国をめざそう、それには国立公園の充実が必要だ、と国立公園は戦前にもまして脚光をあびるようになった。厚生省も国立公園行政の復活に力を入れ、占領軍のGHQも好意的に支援した。一九四六(昭和二一)年には早くも厚生省と北海道庁が道南国立公園の可能性を検討し、地元では国立公園指定促進期成会ができ、「道南国立公園指定に関する請願」も衆議院で採択された。

一九四六(昭和二一)年一一月二九日付けの『新北海』には、「観光日本の新生面を拓く／札、樽道南に未開発の秘境」という見出しで、「阿寒、大雪山と二つの国立公園を持つ北海道に、いま性格の異なる第三の国立公園が、札樽に近い道南に生まれようとしている。これはまだ予定地として、道庁に新設を見た風景施設課により計画されたものだが、都市に最も近く三つの湖、三つの噴火山、十に近い温泉、スキー地として最適の山々、原始林、……」という記事がある(図5・12)。「性格の異なる」というのはいうまでもなく、阿寒と大雪山が自然重視だったのに対し、道南は利用重視という意味である。

観光日本の新生面を拓く
廣大14.000町歩國立公園計畫
札、樽道南に未開發の秘境
民衆の休養慰安
産業開發の一石二鳥
スキー場にも
奇蹟的景觀・昭和新山の異容

図5・12　道南(支笏洞爺)国立公園予定地を紹介する『新北海』(1946. 11. 29)

厚生省では、北海道の道南だけでなく、戦時中の『国土計画と健民地』で検討された磐梯吾妻、三国山脈(上信越高原)、奥秩父なども新国立公園とすべく検討をすすめたが、GHQからは、アメリカ本国から国立公園の専門家が来日して指導を行なうので、それまでは伊勢志摩を除き新規指定を控えるよう指示された。

その結果、アメリカ政府の国立公園局からC・A・リッチーが来日し、日本各地の国立公園などを視察したうえで、『国立公園に対するＣ・Ａ・リッチー覚書』(一九四八)を日本政府に提出した。これは日本の国立公園政策の基本を広範に論じたもので、現在でも傾聴に値する内容を含んでいる。例えば、日本人が国立公園指定を望む理由には、①重要な風景上、科学上価値のある地域の自然を破壊から守ること、②政府の財政援助によって車道、旅館、歩道などを整備すること、③国際観光の振興によって外貨を獲得すること、という声が一般的に聞かれたが、「ここに掲げた三つのうち最初の理由こそ真に正当な唯一のものである。……後の二つの理由は、国立公園の指定が国民および国家に対する金銭上の利益に関するもので、公園の指定を正当化するのに利用されるべきではない」と指摘している。

そのうえで「国立公園の新しい指定は控えめに行なうこと」としながら、全国でただ一地域だけ「北海道の洞爺湖国立公園を次の国立公園に指定すること」と明記した。ただしリッチーは「指定に当っては洞爺湖および定山渓の私有地および開拓地は国立公園たるべくあまりにも産業化されているため、これを除外すべきである」と付記している。

ところで戦前の国立公園が指定されたとき、登別・支笏湖・洞爺湖は、「カルデラ湖と温泉」という同一の景観形式で、阿寒湖・摩周湖・屈斜路湖に「劣る」と判定されたのである。したがってそれを復活させるには、別な理論構成が必要となる。そこで登場したのが「国立公園選定基準」の見直しである。すなわち戦前の基準は「必要条件」として自然環境を重視し、利用のしやすさは「副次条件」だったのが、戦後は必要条件と副次条件の区別をやめ、景観条件と利用条件を「同格」としたのである。

こうして支笏洞爺国立公園は一九四九(昭和二四)年、北海道で三番目の国立公園として指定された。ただし洞爺湖および定山渓地域の私有地(温泉地など)はリッチーの指導に反して公園区域に編入されている。なおリッチーから「国立公園指定について有望であるとの評価を受けるべき」とされた上信越高原国立公園(三国山脈)も同年に指定され、「他の新しい地域は田村博士の各地域の重要度評価に基づいて検討」とされた秩父多摩と磐梯朝日は五〇(昭和二五)年に国立公園となった。また四九(昭和二四)年の国立公園法改正で国立公園特別保護地区制度が新設されるとともに、「国立公園に準ずる区域」(国定公園)制度も新設され、五〇(昭和二五)年に琵琶湖、佐渡弥彦、耶馬日田英彦山が国定公園に指定された。これらはいずれも「利用重視」の観点から選ばれたものである。

このように第二次世界大戦後は、「国立公園を設定し、我が国天与の大風景を保護開発し」という目的が、戦前以上に「保護」より「利用開発」に傾斜するようになった。なお戦後の国立公園政策の重視を踏まえ、一九四八(昭和二三)年には国立公園担当の係が課を飛び越し、厚生省国立公園部に昇格したが、「国民の保健休養」に傾斜するのは、国立公園が厚生省所管であることの宿命であったかもしれない。

といっても国立公園は「保護」をしなければ、元も子も失うことになってしまう。支笏洞爺国立公園の区域内にも、保護を重視すべき自然環境が多く含まれていることに留意しなければならないのは当然である。

(5)　一八景勝地の選定とその発展

一九三二(昭和七)年、阿寒と大雪山が国立公園候補地となり、三四(昭和九)年に指定されたことは、多くの北海道民にとって郷土の誇りに思えることだった。北海道には京都や奈良のような歴史的文化財はないし、東京のような文明的な蓄積もない。あるのは原始の息吹が感じられる大自然である。「阿寒、大雪山の後につづけ」という郷土意識が北海道各地で呼び覚まされた。

当時の北海道庁長官は佐上信一だった。佐上は内務官僚であるが、自ら登山やスキーを好んで阿寒や大雪山をしばしば訪れ、利尻登山では佐上が足跡を残した峰に「長官山」の地名が残った。そのアウトドア派の佐上長官の肝いりで一九三二(昭和七)年、北海道庁内に「北海道景勝地協会」が設けられ、全道各地から景勝地情報を集めた。各市町村からの郷土自慢の景勝地の報告は五十数ヵ所に及んだが(北海道景勝地協会『北海道景勝地概要』)、道庁ではそのうち優れたところは、いずれは大沼公園につづく道立公園にしたいとの含みをもたせ、三五(昭和一〇）年に一八ヵ所の景勝地を選定した。

その一八景勝地とは、①支笏湖および中山峠、②恵山、③江差および奥尻島、④羊蹄山およびニセコアンヌプリ、⑤積丹半島、⑥夕張岳および芦別岳、⑦兜沼（サロベツ原野）、⑧天売島および焼尻島、⑨利尻島および礼文島、⑩能取半島、⑪チミケップ湖、⑫洞爺湖および登別温泉、⑬絵鞆半島（室蘭）、⑭南日高海岸、⑮狩勝峠、⑯長節沼および温根沼（根室）、⑰野付岬、⑱色丹島（北方領土）である（北海道景勝地協会『北海道の国立公園と景勝地』）。これに阿寒、大雪山と大沼公園を加えれば、およそ北海道のめぼしい自然風景地は顔をそろえたことになる。

ところが時代はやがて日中戦争から太平洋戦争へと戦時体制になり、道立公園の夢はあえなく潰えてしまう。しかし平和がよみがえり一九四九（昭和二四）年に支笏洞爺国立公園が指定されると、北海道（戦前の北海道庁は内務省の出先機関で、戦後四七（昭和二二）年以降の北海道は地方自治体）では、戦前の一八景勝地からの宿題であった道立公園の実現を考えた。

そこで一九五〇（昭和二五）年に北海道立公園条例を制定し、ニセコ道立公園、襟裳《えりも》道立公園、利礼（利尻礼文）道立公園、網走道立公園を指定した。それに明治以来の大沼道立公園を合わせると北海道の道立公園は五ヵ所となった。ただし当時の道立公園は条例に「風致維持上必要な制限」の規定を設けても、法的な根拠がないため自然保護の開発規制はできない実態だった。

一方、戦前の国立公園法は、「国立公園の保護又は利用のため必要あるときは一定の行為を禁止又は制限」できる強力な規定があったが、これは具体性を欠き何でも強権的に禁止できるので、新憲法による財産権の保障になじまないとして、改正の必要性が生じていた。そうしたこともあって国立公園法は一九五七（昭和三二）年に抜本改正され、自然公園法に生まれ変わった。その際、旧国立公園法で「国立公園に準ずる区域」とされた「国定公園」が明確に位置づけられ、また自然保護の開発規制ができない都道府県立公園にも法的な根拠が与えられた。これによって国立公園、国定公園、都道府県立自然公園という自然公園の体系ができあがった。それを受けて北海道の旧道立公園条例も、自然保護の開発規制ができる新道立自然公園条例に改正された。

ところで北海道の五ヵ所の道立公園(道立自然公園)のその後を見ると、次のようになっている。

大沼道立公園→大沼国定公園(一九五八・昭和三三)

網走道立公園→網走国定公園(一九五八・昭和三三)

ニセコ道立公園→ニセコ積丹小樽海岸国定公園(一九六三・昭和三八)

利礼道立公園→利尻礼文国定公園(一九六五・昭和四〇)→利尻礼文サロベツ国立公園(一九七四・昭和四九)

襟裳道立公園→日高山脈襟裳国定公園(一九八一・昭和五六)

すなわち初期の道立公園はすべて、その後に国定公園または国立公園に昇格したのである。それだけではない。一八景勝地の天売島および焼尻島は一九六四(昭和三九)年に道立自然公園となり、九〇(平成二)年に暑寒別天売焼尻国定公園となった。いまから七〇年前に選定された一八景勝地(大沼公園を入れて一九ヵ所)の現在の姿を見てみよう。

・国立公園となったもの五ヵ所

①支笏湖および中山峠、②羊蹄山、③兜沼(サロベツ原野)、④利尻島および礼文島、⑤登別温泉および洞爺湖

・国定公園となったもの六ヵ所

⑥ニセコアンヌプリ、⑦積丹半島、⑧天売島および焼尻島、⑨能取半島、⑩南日高海岸、⑪大沼公園

・道立自然公園となったもの五ヵ所

⑫恵山、⑬江差および奥尻島、⑭夕張岳および芦別岳、⑮長節沼および温根沼、⑯野付岬

・とくに自然公園とならなかったもの三ヵ所

⑰チミケップ湖、⑱絵鞆半島、⑲狩勝峠

・その他

⑳色丹島（北方領土）

（一九ヵ所が二〇ヵ所となったのは、羊蹄山およびニセコアンヌプリが国立公園と国定公園の二ヵ所に分割されたため）

こうしてみると一八景勝地は、その後の支笏洞爺国立公園および利尻礼文サロベツ国立公園の中心核となり、また北海道の五ヵ所の国定公園すべての中心核となったのだから、まさに「阿寒、大雪山の後につづけ」を具現したことになる。七〇年も前に一八景勝地を選定した関係者の先見の明に、改めて脱帽というところである。

(6)　原始的自然を守る知床国立公園

ただし一八景勝地当時の自然観では先が読めなかった国立公園もある。それは一九六四（昭和三九）年に指定された知床国立公園と、八七（昭和六二）年に指定された釧路湿原国立公園である。

いま、世界自然遺産として注目を集めている知床半島が国立公園候補地となったのは、一九六一（昭和三六）年のことである。そのころは高度経済成長時代で、勤労者の所得向上や余暇時間の増大など国民生活が改善され、交通機関や道路の整備もすすみ、全国的に観光ブームが起こっていた。第二次世界大戦後の国立公園は、すでに記した支笏洞爺、上信越高原、秩父多摩、磐梯朝日が四九～五〇（昭和二四～二五）年に指定され、その後、五五（昭和三〇）年に陸中海岸と西海が国立公園となっており、国定公園も大沼、網走をはじめ十数ヵ所が指定されていた。しかしなお全国各地からは、〇〇を新しく国立公園、国定公園に指定してほしいという要望が続出していた。

そのため厚生省では、全国的な視野から国立・国定公園などの配置はいかにあるべきか、「自然公園の体系整備」を自然公園審議会に諮問した。そのころ全国各地からの指定要望は、県知事を筆頭に県議会議員や関係者が、厚生省、国会、審議会委員などに陳情につぐ陳情を重ねるというのが実態だった。しかし北海道では大沼と網走が国定公園となったこともあり、次は「ニセコ積丹」と「利尻礼文」を国定公園にという陳情は重ねたものの、「知床」を国立公園にするという発想はなく、地元町村も道庁も「知床」の陳情を行なったことはなかった。また厚生省も審議会に対し「知床」を説明することはなかった。

　だから一九六一（昭和三六）年に知床が国立公園候補地となったというニュースは、北海道民にとって寝耳に水だった。当時の知床は、例えば厚生省国立公園部が編集した『都道府県立公園及び景勝地』（一九五二）に景勝地のひとつとして「知床半島」の名が出ているが、まだほとんど世に知られていなかった。戸川幸夫が『オホーツク老人』を書き、それが森繁久弥主演の映画「地の涯《はて》に生きるもの」（いずれも一九六〇）となり、そこで「知床旅情」が歌われたが、これが全国的にヒットするのは加藤登紀子が七〇年代に歌って以降で、知床ブームは起こっていなかった。それではなぜ、知床は自然公園審議会委員の目にとまったのだろうか。そこには舘脇操による影の努力があった。

図5•13　知床岬。1962(昭和37)年撮影。右手海上の「風船岩」は知床岬のシンボルだったが，その後倒壊して海中に没し，いまは存在しない

　北海道大学で植物学を講じた舘脇は、戦時中は千島列島、サハリン、中国など東アジアの植物調査を重点的に行なっていたが（第三章参照）、第二次世界大戦後は改めて北海道内の植生に注目、早くも一九四六（昭和二一）年には木下弥三吉（北大山岳部OB、斜里町ウトロの木下小屋経営者）の協力を得て、知床半島に入り、硫黄山や知床岬などを調査した。その後も舘脇は網走や知床に何回も足を運び、『知床半島の植生』（北見営林局、一九五四）や『網走道立公園・知床半島学術調査報告』（網走道立公園審議会、一九五四）などをまとめた。とくに後者は舘脇による植物だけでなく、他の専門家による地形・地質、動物、考古なども含んでおり、「国立公園の調査要領に準拠」した内容となっている。

　網走湖などの湖沼群はすでに記したように、一九五〇（昭和二

五）年に道立公園となっていたが、やがて五八（昭和三三）年には国定公園に昇格した。その昇格の際、国の自然公園審議会による現地視察があったが、国の審議委員の田村剛、辻村太郎、幹事役の千家哲麿と顔見知りの舘脇は、審議委員を網走だけでなく知床にも案内した。そこで審議委員は知床半島の「原始的自然環境」に感銘を受け、好印象をもったようである。

舘脇は、「数年前（昭和三〇年代半ば）、これが最後の予選になるであろう国立公園の会議が開かれた時、知床国立公園に対し道庁はまったくソッポをむいていた。政治的エコヒイキのあまりのはなはだしさに、私は誰にも相談せず、単身上京して、田村剛博士、辻村太郎博士などと連絡をとり、藤原孝夫氏に訴えて、自然公園審議会を動かした。それでこの国立公園だけはまったく政治色なし、自然公園審議会からのお名指しで候補地に名乗りをあげた」（舘脇操「北海道東部の自然公園」）と回想している。ここでいう「政治的エコヒイキ」というのは、道庁が地元の要望（市町村長、道会議員など）にもとづき、ニセコ積丹と利尻礼文の陳情をしたのに、知床の陳情をしなかったことを指す。

ちょうどそのころアメリカの国立公園や国有林では「原始地域」への関心が深まっており、日本の国立公園関係者もその動向を注目していた。田村剛（国立公園協会編）『国立公園――現況と将来』（一九五五）には、「国立公園行政の今後の問題」として、「アメリカにおいても、……国立公園そのものも、その中の特に優れた自然景観をもつものを選んで国立原始公園を分化させようとする有力な意見が出されており、……わが国においても……国立公園として一つの枠の中にあるものも、原始景観を特徴とするもの、特異な自然科学的景観をもつもの、歴史的な価値の高いもの、非常に利用性の高いもの等、主として景観の質によって分類することが考えられる」と記されている。このアメリカの国立原始公園の動きは、やがて一九六四（昭和三九）年のウイルダネス・アクト（原始地域法）に結実する。

知床の原始的自然環境を知った自然公園審議会委員が、知床にアメリカの国立原始公園のイメージを重ねたとしても不思議はない。たまたま知床では、当時の観光ブームを背景に、知床岬にホテルを建てるなど観光開発に進出したいとする有力な観光会社の動きがあった。そこで自然公園審議会のなかには、その観光開発を阻止し、早期に知床を国立公園にすべきではないかという意見が台頭した。地元からの陳情もなく、厚生省から説明もないのに、知床半島が国立公園候補地となった背景には、①舘脇による紹介、②審議会による原始性の認識、③観光開発の阻止、という一連の動きが隠されていたのである。

当時の審議会の報告には、知床半島について、「極めて高い評価がなされたのでありますが、調査も未了であるので、候補地の検討は、調査をまって行なうべきであるという意見もでましたが、当部会としては、この原始的な景観の保護のため速やかに国立公園に指定することが必要であると認め、候補地として取りあげることにしたのであります」(『国立公園』一九六二年一・二月号)とある。正式な調査も行なわず、「速やかに国立公園に指定することが必要」とした決断には、このまま放置すれば知床岬の観光開発がすすんでしまうという危機感と、なんとしてもこの原始的環境を保護したいという使命感が感じられる。これによって知床岬の観光開発が幻となったのはいうまでもない。

なお一九六一(昭和三六)年に国立公園候補地とされたのは、知床、南アルプス、白山国定公園(昇格)、山陰海岸国定公園(昇格)の四ヵ所で、知床は六四(昭和三九)年に国立公園となった。これらの国立公園は、従来の観光的に有名な国立公園と異なり、ウイルダネス(原始地域)が保障される割合の高いのが特徴である。すなわち特別保護地区率は全国立公園の平均が一二％なのに、知床は五〇％、白山は三八％、南アルプスは二六％(いずれも一九八一(昭和五六)年当時の数字)と高い数字を示している。

このように知床は「原始的自然環境の保護」という明確な意思が、国立公園指定の原点だったことを忘れてはならない。その後の知床では「知床百平方メートル運動」が起き、さらに国有林の「知床森林伐採」が問題化し(第六章参照)、その結果「森林生態系保護地域」が新設され、今日の「世界自然遺産」につながるのである。そのキーワードは「ウイルダネス」である。

(7)　サロベツと釧路湿原はウエットランド

湿原開発がすすむなかでのサロベツ保護

知床国立公園のキーワードが「ウイルダネス」だったのに対し、釧路湿原国立公園、あるいはサロベツ原野のキーワードは「ウエットランド(湿地)」である。

先に天然記念物のところで、三好学が、北海道の天然記念物は「個々の名木、巨樹、老樹の如きものよりも、原生林、泥炭原野、天然保護区域等の大なる天然団体に着目」して保存すべきと主張したことを紹介した。ここでいう「泥炭原野」はウエットランドである。だから北海道の天然記念物の初期の指定地には、静狩泥炭形成植物群落、霧多布泥炭形成植物群落が入っていた。

「泥炭」は広義には「湿原」と同じとみなされており、それを狭義に区分すれば、湿原の植物が枯死しても低温、過湿などのため枯死体が完全には分解されず、堆積して炭化のすすんでいるものが「泥炭」、その泥炭の上に発達する植物群落が「湿原」ということになる。また「ウエットランド」は、湿原だけでなく、河川、湖沼、湧水地、塩湿地、干潟、藻場、さらには人工的な水環境も含む、広い意味の水辺である。

ところで湿原が発達するのは低温、過湿の条件が必要だから、日本の湿原は西南日本に少なく、寒冷な中部山岳地帯から東北地方、北海道に多いが、全国の湿原面積の八〇%以上は北海道に分布する。とくに北海道は山地ばかりでなく低地にも湿原が多く見られることが特徴である。北海道は湿原王国なのである。しかし低地の湿原は人間の生活環境に近いから、開拓の進展とともに湿原に排水、客土などの手を入れ、水田や牧場に転換することが一般的に行なわれてきた。

北海道農事試験場では昭和戦前に「泥炭地の特性と其の農業」(浦上啓太郎・市村三郎、一九三七)をまとめているが、その書き出しには次のように記されている。

　北海道における泥炭地は、低温多湿なる気候条件の下に生成せられたる、いわゆる沼野泥炭地にして、その分布面積実に一九万町歩、大部分は本道主要河川流域の平坦地に布衍《ふえん》し、本道平坦地面積の約四分の一に当れり。拓殖事業進まず、人口希薄にして、容易に良好なる土地を得られたる当時にありては、泥炭地は不毛の原野として遺棄せらりたりと雖も、拓地殖民の進展と共にようやく良好なる未開地の減少するに伴い、漸次泥炭地の開発利用に着手するもの多きを加うるに至れり。ことに近年、土地改良事業の進捗と共に、泥炭地利用の有望なるに着目せらるるに及び、著しく之れが開発の気運勃興《ぼっこう》するに至れり。

　とくに第二次世界大戦後は、北海道が日本の食料生産基地と引揚者や復員軍人などの受け入れ地として位置づけられたので、湿原の土地改良を含む農地開拓が急速にすすんだ。先に記した静狩泥炭形成植物群落も低地の湿原であるが、現在この天然記念物は存在しない。戦後の農地開拓により一九五一（昭和二六）年に天然記念物の指定が解除されたからである。この湿原面積は一七（大正六）年の地形図によれば二六三ヘクタールあったが、九〇（平成二）年の地形図では六ヘクタールしか残っていない（北海道湿原研究グループ『北海道の湿原の変遷と現状の解析』）。天然記念物の原点は先に見たように「土地固有の自然が開発で失われるのを防ぐ」ことだった。しかし現実には自然保護の力が弱く、開発するために指定が解除されたのだから本末転倒だった。

　まして、なんの自然保護規制もない湿原では、戦後の社会経済的価値観のもと当然のこととして大規模開発が行なわれた。石狩川下流の泥炭地は、幌向《ほろむい》泥炭地、篠津泥炭地、美唄泥炭地など約五万ヘクタールで道内最大の湿原地帯だったが、現在はほとんど湿原が残っていない。このうち篠津泥炭地（江別市、当別町、新篠津村、月形町）は一万ヘクタール規模の湿原で、近くの幌向の地名にちなむホロムイイチゴ、ホロムイリンドウ、ホロムイソウなどの自生地だった。しかし、戦後の北海道総合開発の目玉として「篠津地域泥炭地開発事業」が行なわれた結果、「今日の篠津地域からは、約一万ヘクタールに及ぶ昔日の原野の面影はまったく消え失せ、ここに北海道有

図５・14　北海道の湿原分布，1928（昭和３）年と1996（平成８）年の比較（北海道湿原研究グループ『北海道の湿原の変遷と現状の解析』）

数の稲作地域として、その地歩を固めるに至ったのである」（北海道開発庁『北海道開発庁二〇年史』）。

　北海道の湿原の分布図を一九二八（昭和三）年と九六（平成八）年で比べたのが図５・14である。これで明らかなように、石狩、空知、上川などの湿原は、この数十年の間にほとんど消滅した。湿原がまとまって残っているのは、道北の宗谷地方、道東の釧路・根室地方が主体である。この間、二八年当時の道内湿原の総面積は約二〇万ヘクタールだったが、九六年は約六万ヘクタールに減り、七〇％の湿原が失われたことになる（前掲『北海道の湿原の変遷と現状の解析』）。道北・道東に大きな湿原がまとまって残っている理由は、人口密度が低いのもさることながら、米がとれない地域であることも大きな理由といえよう。

　道北のサロベツ原野（豊富町、幌延町）は天塩川河口付近の沖積平野で、湿原面積約一万三〇〇〇ヘクタール、付近の原野を含めると二万ヘクタール規模の広大さである。その原野のうち早くから開けたのは最北部の兜沼周辺で、一九二四（大正一三）年には宗谷本線が開通し「兜沼駅」もできた。だから前記した一八景勝地にも兜沼が入っており、また厚生省の前掲『都道府県立公園及び景勝地』にも兜沼の記載がある。兜沼周辺の景勝は早くから知られていたのである。

その兜沼から南方のサロベツ原野は、アイヌ語地名のサル（ヨシの湿地）ペツ（川）の名のとおりサロベツ川が蛇行して南下し、流域には高層湿原（ミズゴケが多い）、中間湿原（ヌマガヤが多い）、低層湿原（ヨシ、スゲが多い）が同心円状に発達して、エゾカンゾウ、ワタスゲなどのお花畑が美しく、ペンケ沼、パンケ沼などもある。そしてここは日本では唯一のコモチカナヘビ生息地ともなっている。サロベツ原野の景観は「地平線が見える」ような日本ばなれした魅力があり、また原野の西側には、日本海に面してみごとな砂丘林が発達している。

そのため利礼道立自然公園（一九五〇（昭和二五）年指定）の国定公園昇格（六五（昭和四〇）年指定）が予定された際に、利尻・礼文両島だけでなく、サロベツ原野一帯も国定公園に含めることが検討された。しかし、当時のサロベツ原野は農業開発が至上の課題となっていた。サロベツ原野への入植者は低湿地ゆえの悪条件に悩まされ、この土地改良は地方自治体の力では及ばないとして、国による強力な開発事業の必要性を訴えた。それが戦後の北海道総合開発計画の一環に組み入れられ、六一（昭和三六）年から始まったサロベツ原野総合開発の第一次計画では、湿原北部を逆U字形に流れるサロベツ川をショートカットする幹線排水路（落合～豊徳）（図5・15のA～B）の整備を中心に、大規模な土地改良、酪農振興事業が実施され、約五〇〇〇ヘクタールの草地化が行なわれていた。また円山地区では泥炭を肥料・飼料に加工する工業的利用の計画も進行していた。したがってサロベツ湿原の国定公園化は、地元町と北海道開発局の賛意を得られず幻に終わり、湿原の西側、日本海に面する稚咲内《わかさくない》の砂丘地帯だけが国定公園に編入されたのである。

サロベツ原野総合開発の第二次計画は、一九七一（昭和四六）年にまとまった。それはサロベツ原野をいっそう「高生産性の酪農畜産地域」とするため、湿原を蛇行するサロベツ川から西側の稚咲内砂丘を横切り日本海に水を抜く放水路（豊富町と幌延町の町境付近）を開削し（図5・15のC）、さらに約一万ヘクタールの草地を造成するとともに、約二五〇〇ヘクタールだけを自然保護用地にしようとする計画だった（北海道開発局『特定地域（サロベツ流域）総合調査資料』）。

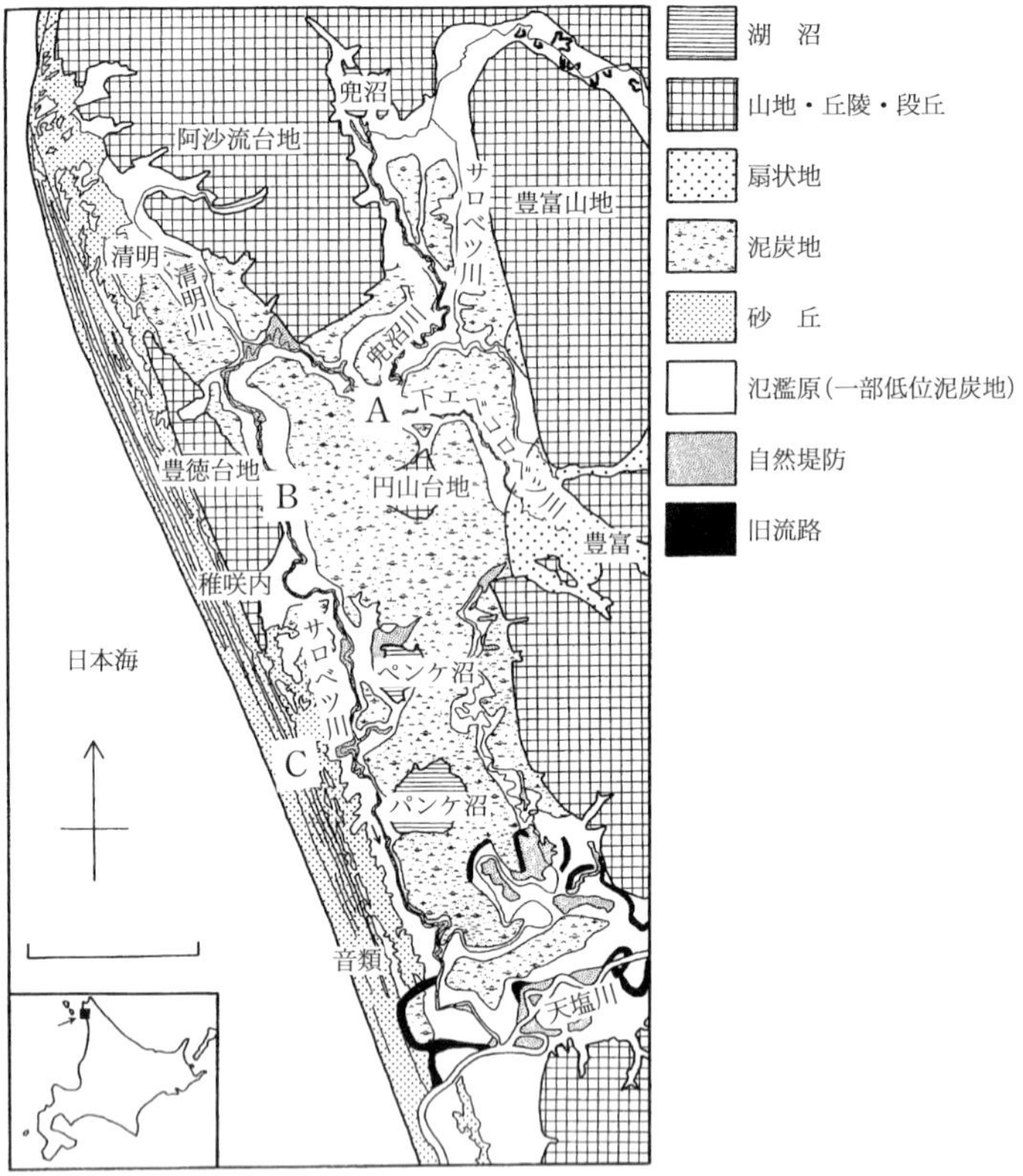

図5•15　サロベツ原野の地形分類図(大平原図に加筆，小疇尚他編『日本の地形2　北海道』東京大学出版会，2003)
A～B　落合～豊徳の幹線排水路
C　放水路が予定された位置

しかし一九七〇(昭和四五)年ころの日本社会は、公害・自然破壊をもたらした高度経済成長時代が終末を迎え、環境を重視する時代へ転換しようとする曲がり角にあった。七一(昭和四六)年には環境庁が新設された。そうしたなかで利尻礼文国定公園の自然は、国立公園級の価値があると認識する委員の多い自然公園審議会では、国立公園への昇格を検討していたが、同時にサロベツ原野の農地開発が、今後も拡大してよいのだろうかという疑問も抱いた。湿原は「不毛の原野」でそれを開発するのは「善」という価値観で、湿原は一貫して減りつづけているが、湿原も自然生態系の一部として重要な役割を占めている。湿原を開発しないで保存することも「善」ではないか、という価値観が急速に台頭した。

新設されたばかりの環境庁は、工事途中の尾瀬観光道路を中止させるなど、自然保護意識が高揚していた。そのため自然公園審議会は一九七一（昭和四六）年、利尻礼文国定公園を国立公園とすることが適当である、ただし「サロベツ原野の重要な部分を公園区域に編入して、自然保護上格別の措置を図ることが必要」との条件つき答申を行なった。

重い課題に直面したのは地元である。それ以来、環境庁の依頼を受けた北海道と開発をすすめる北海道開発局の間で、サロベツ原野の土地利用をめぐり、自然保護上重要な部分はどこか、またそれを保護しながら排水問題や農地問題も解決するにはどうしたらよいか、の論議が熱心に重ねられた。結果的には開発局側が大幅に譲歩し、農用地と泥炭採取用地の縮小と、自然保護用地の拡大を認めたが、排水は放水路方式にこだわった。しかし放水路による環境悪化（泥炭の地盤沈下、砂丘林の伐開、海水への影響）は未知数である。

そのため放水路予定地を「留保地域」とし、豊富～稚咲内の道路以南の高層湿原（原生花園）周辺とパンケ沼周辺（高層湿原、中間湿原）を特別保護地区として確保、その他は自然保護用地と農業用地が共存する妥協・試行的な国立公園計画が立てられ、一九七四（昭和四九）年に利尻礼文サロベツ国立公園が指定された。

なお放水路については、その後の環境影響調査で否定的な評価がなされて中止、留保地域は二〇〇二（平成一四）年、国立公園区域に編入された。また現在は、特別保護地区の一部の湿原の乾燥化により、原生花園にササが侵入する傾向が見られるので、ササの侵入を制御する植生管理が模索され、泥炭の工業的利用も撤退したので、泥炭採取跡地の自然再生も模索されている。

サロベツ湿原の面積は一九二三（大正一二）年には約一万三〇〇〇ヘクタールあったが、九五（平成七）年には二七〇〇ヘクタール程度に減少、湿原の残存率は約二一％と報告されている（前掲『北海道の湿原の変遷と現状の解析』）。サロベツ湿原が消滅せずこの程度でも残存しているのは、国立公園編入がそれなりの効果を果たした結果といえよう。

釧路湿原はウエットランドの象徴

現在の日本に残る最大規模の湿原は釧路湿原である。先に記したように北海道で最大だった石狩泥炭地はすでに消滅、サロベツ原野も大規模な農業開発がすすんだ。そうしたなかで釧路湿原も、周辺から種々の開発がすすんだが、大局的に見れば「不毛の原野」の状態がつづいた。釧路湿原(釧路市、釧路町、標茶町、鶴居村)は釧路川河口付近の沖積平野で、面積約二万九〇〇〇ヘクタール(一九六三(昭和三八)年当時の数字)、サロベツ原野に比べると低層湿原の割合が高いのが特徴である。また氷河期の遺存種といわれるキタサンショウウオの、日本における唯一の生息地でもある。

釧路湿原はタンチョウの生息地としても注目されていた。タンチョウはアイヌ語でサロルンカムイ(湿原の神様)というとおり、湿原が生息の場である。江戸時代までは本州にも生息していたが姿を消し、明治初期にはタンチョウが北海道の「物産」のひとつとなっていた。大蔵省『開拓使事業報告』第三編(一八八五・明治一八)にはタンチョウが「胆振国千歳郡を最とし石狩・夕張二郡之れに次ぐ」「阿寒郡に産す猟獲少なし」と記録されている。なお「千歳」の地名はタンチョウが生息していたので、鶴は千年にちなんで名づけられたものである。

しかし「北海道も開拓の進歩に従いて著しくその数を減じたれば、明治二二(一八八九)年、その猟獲を禁ず、犯すものは違警罪に処することを命じ、次いで馬追沼、長都《おさつ》沼辺を鶴の繁殖地と定めたりしが、鶴は再び来たらず」(河野常吉「北海道の鶴」)と、北海道でもタンチョウは姿を消してしまった。

そのタンチョウが釧路湿原で生き延びていることが確認されたのは一九二四(大正一三)年のことで、北海道庁の狩猟取締官、斎藤春治が地元住民から生息情報を得て釧路湿原に入り、キラコタン岬〜宮島岬付近で五羽を目撃し、また繁殖情報も得ることができた。その結果、付近一帯は禁猟区となり、三五(昭和一〇)年、「釧路丹頂鶴繁殖地」として約二七〇〇ヘクタールが天然記念物に指定された。

第二次世界大戦後に史蹟名勝天然記（紀）念物保存法が文化財保護法となり、特別天然記念物の制度ができると一九五二（昭和二七）年に「釧路のタンチョウ及びその繁殖地」が特別天然記念物となった。ちょうどそのころ、地元の人々の熱心な努力によって冬期の給餌に成功し、生息数の増加が始まった。やがて生息地が拡大し根室や網走地方にもタンチョウの姿が見られるようになったが、これらは「釧路のタンチョウ」ではないため、天然記念物に該当しないという嬉しい誤算となった。そこで六七（昭和四二）年、「地域を定めず」タンチョウが特別天然記念物となり、釧路湿原は約五〇〇〇ヘクタールが天然保護区域とされた。

こうして一九七〇年代には高度経済成長時代から環境重視時代への曲がり角を迎えた。釧路湿原は二〇万都市、釧路市の後背地に当たるため、高度経済成長期を通じて、市街地や工場用地が外延的に拡大して南から湿原をせばめ、また湿原北部の農村部からは農地開発が徐々に湿原に向かっていた。治水にともなう河川の改修工事も各地で行なわれた。周辺の道路整備もすすみ、丘陵地の森林伐採（主に私有林）もすすんだ。

そのような開発は一九六〇～七〇年代に加速されていた。釧路湿原の地形はよく左手の掌と形容され、とくに小指が長い形である。これらの指は湿原に流入する河川で、たなごころが湿原中心部（天然保護区域）に相当する（図5・16）。ところが河川改修や道路整備、農地開発などがすすむと、指先を切られたような状態となってしまい、たなごころにも影響が出る。釧路湿原ではハンノキ林の拡大が進行しているが、これは周辺の開発による湿原への土砂流入が要因になっていると指摘されている（前掲『北海道の湿原の変遷と現状の解析』）。

一九七二（昭和四七）年、「日本列島改造論」を掲げて田中角栄が総理大臣に就任すると、日本各地で大規模開発プロジェクトへの期待が高まった。北海道では苫小牧東部大規模工業基地開発が脚光をあびた。それに関連して田中首相は「北海道の工業開発は苫小牧東部と釧路湿原」と発言し（釧路市『新修　釧路市史』第一巻）、釧路湿原の工業化がにわかに注目された。

その一方で一九七一（昭和四六）年は環境庁が新設されるなど、環境重視時代の幕開けでもあった。釧路市立郷

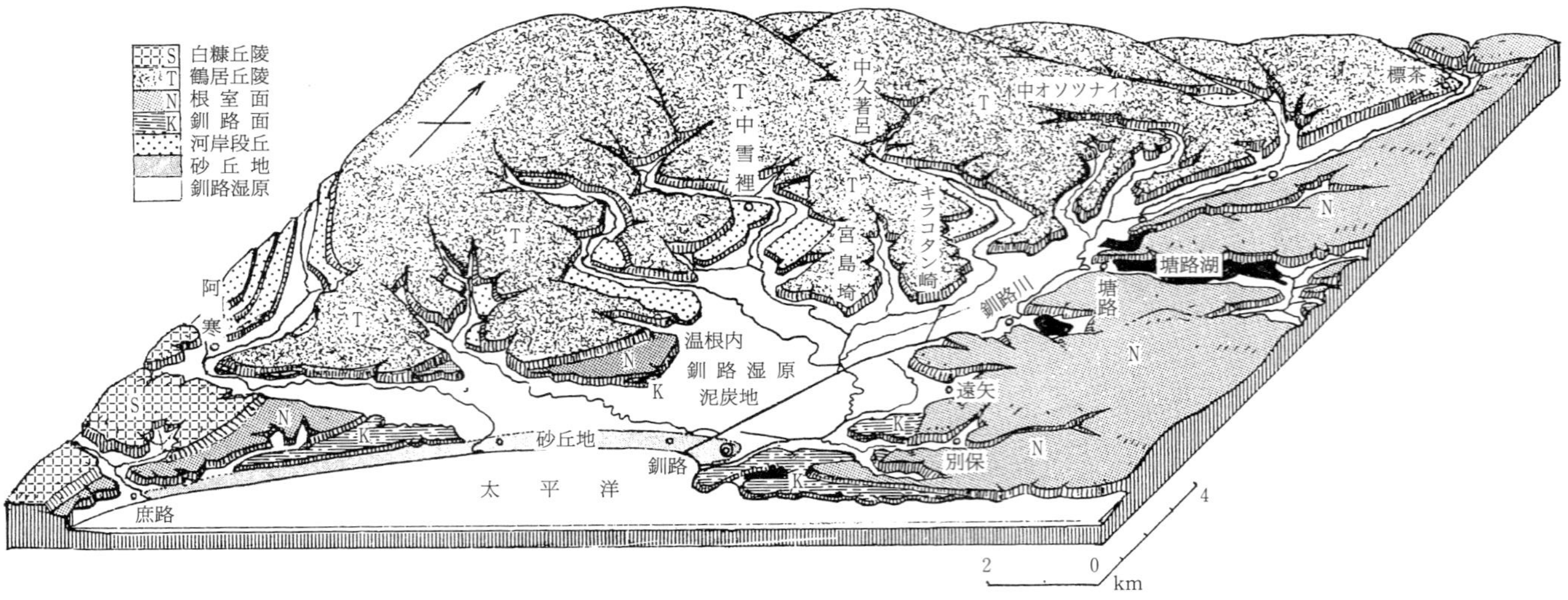

図 5・16　釧路湿原と周辺の地形（釧路市立郷土博物館『釧路湿原総合調査報告書』）

土博物館では七一年から釧路湿原の総合調査を開始し、それは『釧路湿原総合調査報告書』(釧路市立郷土博物館)、『釧路湿原』(釧路湿原総合調査団編)に結実した。また七二(昭和四七)年には、カナダ人のツル研究者(国際ツル財団)、G・アーチボルトが来日して釧路のタンチョウを精力的に調査した。その結果、タンチョウの営巣地は道東地方に五二〜五三ヵ所あるが、そのうち釧路湿原の天然保護区域内にはわずか三ヵ所しか発見されず、大部分は開発の影響を受ける地域にあって危機にさらされている、というショッキングなレポートを発表した(アーチボルト「タンチョウ保護に関する報告」)。

そうしたこともあって北海道、環境庁、文化庁などによる釧路湿原の自然保護を視野に入れた各種調査が加速された。また釧路地方の関係者にとっても「開発か保護か」をめぐる土地利用計画の綱引きが活発化し、釧路自然保護協会(当時は北海道自然保護協会釧路支部)では釧路湿原の国定公園化構想をまとめた。一九七二(昭和四七)年には釧路市および釧路地方総合開発期成会が主催する「釧路湿原の開発と自然保護を考える」市民シンポジウムが開かれ、七三(昭和四八)年には『釧路湿原の将来——開発と自然保護に関する釧路地方住民の意見』というレポートがまとめられた。そこでは、①自然保護優先、②多面的調査の継続実施、③「非湿原化地域」における開発の肯定、という基本原則が確認され、土地利用の線引き素案も示されている。

それ以降、関係者間で土地利用計画の具体的な線引きが行なわれたが、日本経済は一九七三(昭和四八)年のオイルショックで失速し、苫小牧東部大規模工業基地開発も挫折、それにともない釧路湿原の「自然保護優先」はゆるぎないものとなった。その結果を踏まえ八〇(昭和五五)年には釧路湿原がラムサール条約登録湿地の第一号とされた。ラムサール条約(特に水鳥の生息地として国際的に重要な湿地に関する条約)は七五年に発効し、日本は八〇(昭和五五)年に締約したが、締約国は加盟と同時に少なくとも一ヵ所の湿地を登録し、その湿地を保全する義務を負う。この保全は開発を否定するものではなく「賢明な利用」(ワイズユース)が求められるが、湿原を厳正に保護することも賢明な利用の選択肢のうちである。日本の国鳥タンチョウが生息する釧路湿原は、日本のウエット

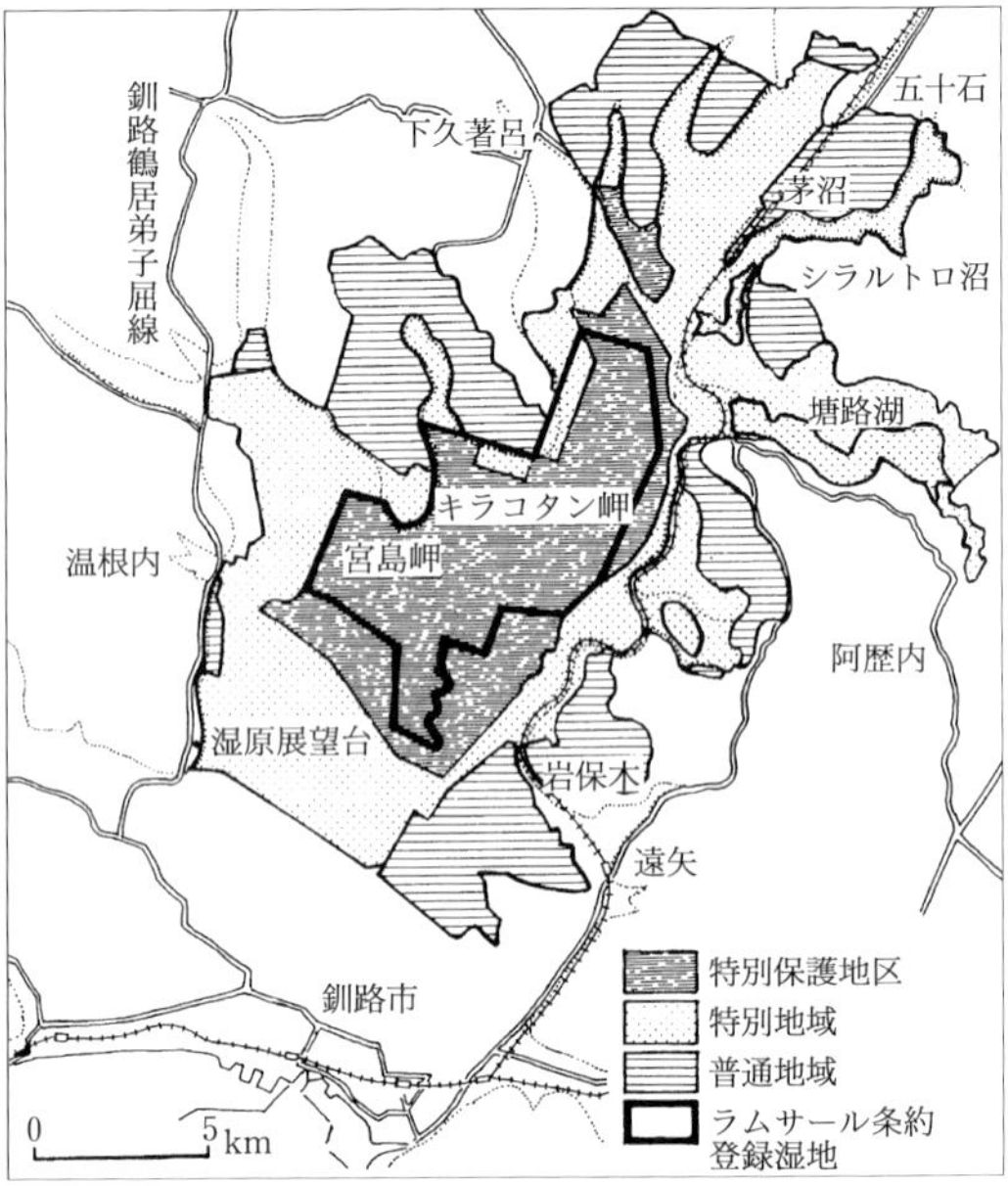

図５•17　釧路湿原国立公園略図（釧路湿原総合調査団編『釧路湿原』）

ランドの象徴である。

　ということで釧路湿原は日本における特異な自然景観の代表との認識が深まり、湿原だけを景観要素とする唯一の国立公園として、一九八七(昭和六二)年、釧路湿原国立公園(面積二万六八〇〇ヘクタール)が指定された。ただし、国立公園区域は湿原の環境を守るために十分な広さが確保されていない。湿原のような凹地形の環境を守るには、分水嶺で囲まれた集水域を確保する必要があるが、釧路湿原の周辺は私有地が多く、また先行する「非湿原化区域」や開発計画もあり、公園区域とならなかった。山岳のような凸地形を守る場合は、ある標高以上の中心部を保護区域とすれば、山麓でどのような土地利用が行なわれても中腹以上が保全されるが、凹地形の場合は、周辺の土地利用が水脈を通じて中心部の保護区域に影響を与える。

　釧路湿原が国立公園となった一九八〇年代後半はバブル経済の時代で、国立公園指定前後に周辺の土地を買収し、リゾート・ゴルフ場開発をめざす企業も続出した。九〇(平成二)年ころ周辺丘陵地のゴルフ場は、既設、造成中、計画を含めて一〇ヵ所もあった。その多くはバブル経済の崩壊とともに鳴りを潜めたが、ゴルフ場の造成は、森林伐採、土地の形状変更、農薬の使用など、湿原の水位・水量と水質の変化に悪影響を及ぼす。そうした私有地はラムサール条約の直接の登録対象地ではないが、湿原を保全するためには「賢明な利用」が求められて

表5・1 北海道の自然公園一覧

	公園の名称	指定年月日	公園面積(ha)
国立公園	阿　寒	昭和 9. 12. 4	90,481
	大雪山	9. 12. 4	226,764
	支笏洞爺	24. 5. 16	99,473
	知　床	39. 6. 1	38,633
	利尻礼文サロベツ	49. 9. 20	24,166
	釧路湿原	62. 7. 31	26,861
	計	6ヵ所	506,378
国定公園	網　走	昭和 33. 7. 1	37,261
	大　沼	33. 7. 1	9,083
	ニセコ積丹小樽海岸	38. 7. 24	19,009
	日高山脈襟裳	56. 10. 1	103,447
	暑寒別天売焼尻	平成 2. 8. 1	43,559
	計	5ヵ所	212,359
道立自然公園	厚　岸	昭和 30. 4. 19	21,523
	富良野芦別	30. 4. 19	35,756
	檜　山	35. 4. 20	17,013
	恵　山	36. 6. 1	2,637
	野付風蓮	37. 12. 27	11,692
	松前矢越	43. 5. 15	2,052
	北オホーツク	43. 5. 15	3,927
	野幌森林公園	43. 5. 15	2,051
	狩場茂津多	47. 6. 23	22,647
	朱鞠内	49. 4. 30	13,764
	天塩岳	53. 1. 6	9,369
	斜里岳	55. 11. 13	2,979
	計	12ヵ所	145,410
合　計		23ヵ所	864,147

北海道『北海道環境白書』2004

いる。

いま釧路湿原とその周辺では、高度経済成長時代以降に失われた自然をとり戻そうと、「自然再生」事業も模索されている。その趣旨は了解できるが、一部には従来型の公共事業が先細りなので、それに代わる新時代の公共事業としてクレーン（建設機械）に期待する声も聞かれる。しかしクレーン（鶴）の生息できるような環境の再生は、わずかな人手と長い試行的な時間を要するもので、クレーン（建設機械）が主役となる事業にはなじまない。

以上、主な自然公園の成立事情を見てきたが、現在の北海道の自然公園は表5・1のとおり、国立公園六、国定公園五、道立自然公園一二で、合計二三ヵ所、面積は約八六万ヘクタールとなっている。

2　国立公園の「保護開発」と北海道の国立公園の可能性

(1)　国立公園の保護と開発への期待

阿寒と大雪山の「保護開発」の印象

国立公園法（自然公園法の前身）は一九三一（昭和六）年に成立したが、その第一条には「国立公園は国立公園委員会の意見を聴き、区域を定め、主務大臣之を指定す」とあるだけで、国立公園の目的も定義も示されていなかった。ただし法の提案理由は「国立公園を設定し、我が国天与の大風景を保護開発し、一般の利用に供するは国民の保健休養上緊要なる時務にして、且つ外客誘致に資する所ありと認む。是れ本案を提出する所以なり」となっていた。すなわち国立公園は「天与の大風景を保護開発」するのが目的ということになる。この表現は「保護」するのか「開発」するのかあいまいであるが、後につづく「一般の利用に供する」や「外客誘致に資する」との関連で見ると、利用のため観光的に「開発」することに重点がおかれていたと読める。

なお、ここでいう「開発」とは、あくまで「天与の大風景」を利用するための観光的な「開発」であって、例えば国立公園内の森林資源を木材のために利用したり、河川にダムを建設して水力発電に利用したり、地下資源を採掘して鉱業に利用するなど、国立公園の目的と関係のない「開発」は含まれていない。

しかし観光的な開発であっても、より便利により快適にと、どこにでも道路を建設し、ホテルをつくり、スキー場やゴルフ場を設ければ、「天与の大風景」が傷つけられ、元も子も失うことになってしまう。したがって国立公園内では「保護」を重視し、利用のための「開発」は最小限にとどめるべきで、開発は国立公園の主目的とはならない、と考える立場も当然あり得る。「保護開発」というのは、保護を重視すれば開発が阻害され、開発を重視すれば保護が阻害されるという二律背反の関係にあり、それを時と場合に応じて、どのようにバランスさせるべきかは永遠の課題ということになる。

国立公園法が成立した直後の一九三一（昭和六）年夏、国立公園指定の鍵をにぎる国立公園委員会のメンバーは、北海道の国立公園候補地を視察した。この審議委員には本多静六東大名誉教授、正木直彦東京美術学校長などの学者もいたが、一条実孝侯爵、藤村義朗男爵など爵位をもつ貴族院議員も交じっていた。その貴族たちは、阿寒と大雪山の印象と期待を次のように語った（宮脇生「輝く阿寒と大雪山」）。

（藤村）「大自然が維持されている点は内地の候補地よりよい。阿寒、大雪山等とくにそうである。しかしこの大自然が破壊されつつあり、土地の人はよほど気をつけないと山の上までケーブルができたり、自動車が走るようになるかもしれぬ。景勝地へ行くまでの交通は大いに開発せねばならぬが、一歩そのうちに入るとゆっくり歩かねば観賞できない。自動車やケーブルは禁物だ。」

（一条）「阿寒でも層雲峡でも観光客を引くには、今後大いに享楽施設をしなければ駄目だと思う。……リュックサックの学生を呼ぶには現在のままでよかろうが、観光地とするには旅館でも料理屋でも美人を揃えて俗化させるがよい。俗化はすなわち人間化だ。……ただしそれは区域を限定する必要がある。」

これは旅先での軽い発言ではあるが、国立公園の「保護開発」に対するふたつの考え方が対照的に現われている。藤村男爵は「保護」を重視し、金銭に換算できる効用には言及していないのに対し、一条侯爵は「開発」を重視し、地元にもたらされる経済的効用に重きをおいて、それぞれが阿寒と大雪山への期待を表明した。

田村剛と上原敬二を中心とする「保護開発」論争

日本で国立公園が意識されるようになったのは、先に記したように明治末期からであるが、それが本格的に研究されるようになったのは大正後半からである。大正後半は庭園や公園を学問の対象とする造園学の基礎が固め

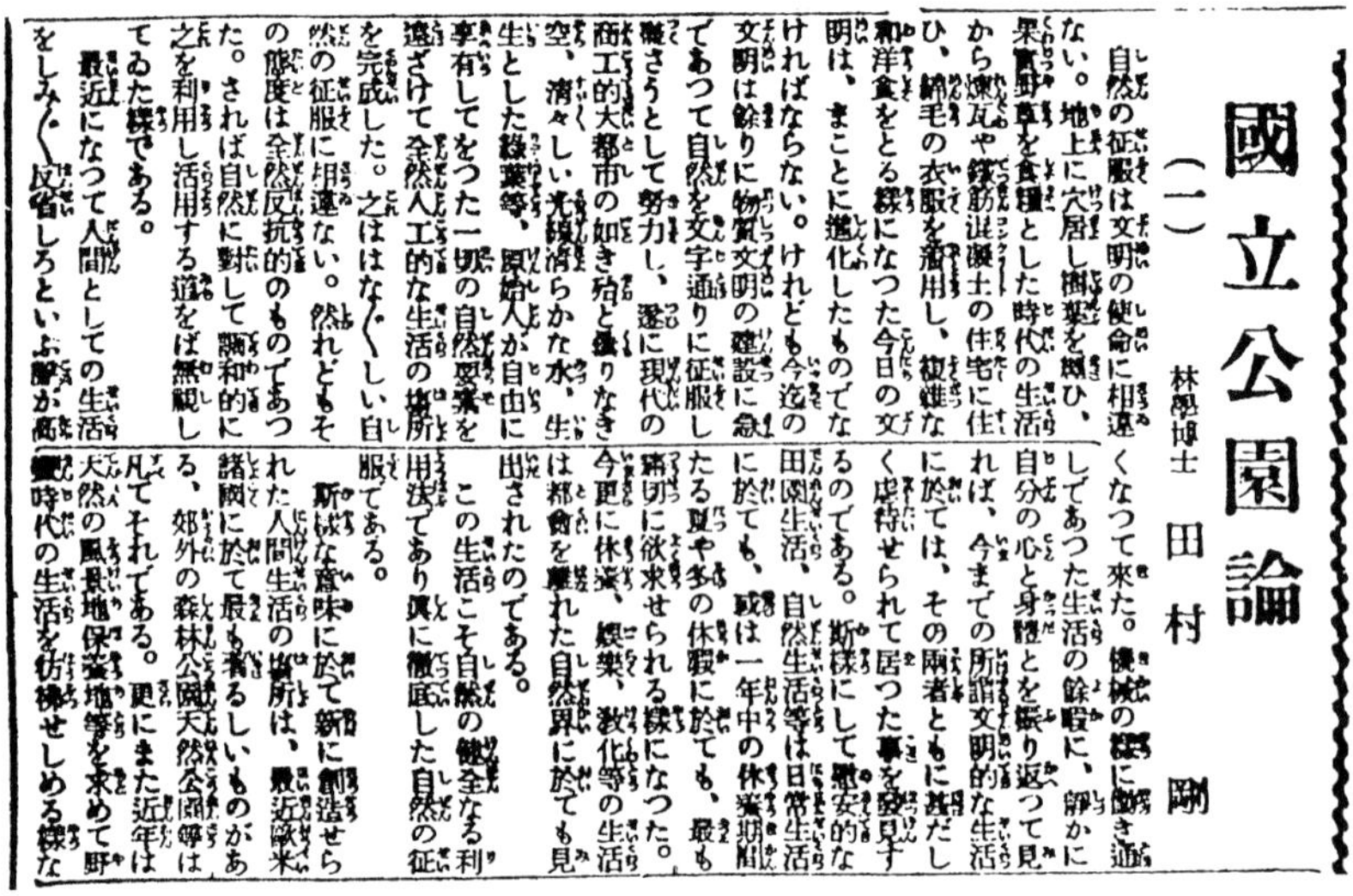

國立公園論

（一）

林學博士　田村　剛

自然の征服は文明の使命に相違ない。地上に穴居し樹葉を纏ひ、果實野草を食糧とした時代の生活から煉瓦や鐵筋混凝土の住宅に住ひ、綿毛の衣服を着用し、複雜な和洋食をとる様になつた今日の文明は、まことに進化したものでなければならない。けれども今迄の文明は餘りに物質文明の建設に急であつて自然を文字通りに征服し盡さうとして努力し、遂に現代の商工的大都市の如き殆と盡りなき空、清々しい光線滑らかな水、生生とした緑葉等、原始人が自由に享有してをつた一切の自然要素を遠ざけて全然人工的な生活の場所を完成した。之ははな〴〵しい自然の征服に相違ない。然れどもその態度は全然反抗的のものであつた。されば自然に對して融和的に之を利用し活用する道をば無視してゐた様である。

最近になつて人間としての生活をしみ〴〵反省しろといふ聲が高くなつて來た。機械の様に働き通しであつた生活の餘暇に、靜かに自分の心と身體とを振り返つて見れば、今までの所謂文明的な生活に於ては、その兩者ともに甚だしく虐待せられて居つた事を發見するのである。斯様にして慰安的な田園生活、自然生活等は日常生活に於ても、或は一年中の休業期間たる夏や冬の休暇に於ても、最も痛切に欲求せられる様になつた。今更に休養、娯樂、教化等の生活は都會を離れた自然界に於ても見出されたのである。

この生活こそ自然の健全なる利用法であり眞に徹底した自然の征服である。

斯様な意味に於て新に創造せられた人間生活の場所は、最近歐米諸國に於て最も著るしいものがある、郊外の森林公園、天然公園等は凡てそれである。更にまた近年は天然の風景地保護地等を求めて野蠻時代の生活を彷彿せしめる様な

図5•18　田村剛の「国立公園論」(『東京朝日新聞』1921.9.7)

られた時代であるが、その草創期に本多静六東大教授(林学)のもとをふたりの若い研究者が巣立った。田村剛と上原敬二である。上原の方が一年先輩で、上原は大学院で一年を過ごした後、明治神宮の造営現場に職を得て樹木を扱う体験を積んでから再び大学院に戻り、田村は大学院で庭園や公園の海外文献を熟読したり、土木、建築の座学を修めた。一九二〇(大正九)年、上原と田村はあいついで林学博士となり、田村は内務省に職を得て、国立公園制度を新設するための調査研究に専念するようになった。上原は同じ年にアメリカの国立公園も含め、海外の造園事情を勉強したいと米欧に渡航した。

田村は先に記したように国立公園の一六候補地の選定を行なうが、その途上、国立公園の考え方を「国立公園の本質」(『庭園』一九二一年二月号)にまとめ、さらに一般向きの「国立公園論」を『東京朝日新聞』に連載した(一九二一・九・七〜一三)(図5•18)。そのころは先に記したように天然記念物制度も草創期で、国立公園は天然記念物のひとつとして包含できるのではないかという考え方もあった。そこで田村は、国立公園は自然保護だけを目的とする天然記念物とは異なり、野外レクリエーション利用のため観光的な

施設を積極的に整備することが重要だと、「国立公園論」で次のように訴えた。

国立公園は文化的な自然生活の場所を設備することであって、国民の保健教化はその眼目とするところである。故に国立公園の本質としては、第一物質的大都会を離れた大自然を舞台とする大風景地たることである。しかしながら素材の自然は決して公園ではない。かかる大風景地を、階級、性、年令の区別なく利用せしめる道を講ずるものでなければならない。そこには自然の美化とともに実用化がなければならぬ。かかる加工は常に国民的または国際的でなければならぬのであるから、あらゆる施設は婦人子供の利用し得ることを標準とするのが最も適当である。……今日壮者も行き悩むような日本アルプスそのままの風景地は、決して公園ではない。……故に風景地には、つねに各種の宿泊設備に関連して、親しみのある誘惑的な娯楽、保養等の場所がなければならぬ。……〔自然だけであれば〕その規模は如何に雄大であろうとも、それは決して公園ではない。故に国家的記念物と国立公園とはぜんぜん別様のものである。

ところで米欧に渡った上原は、アメリカの国立公園のいくつかを実地に踏査し、政府の国立公園局長にも会って話を聞いたので、本場の国立公園を肌で感じることができた。帰国後に田村の「国立公園論」を読んで違和感を覚えた上原は、「国立公園の真意義」〔『史蹟名勝天然紀念物』一九二二年第八号〕をまとめ、日本の国立公園は「一部の学者によって独断的」に解釈されているとして、田村の考え方を次のように批判した。

国立公園は世俗の考える公園という語にあてはまるものではない。むしろ一つの天然保護区域である。そうして国民の遊覧、来遊というものは主たる目的ではない。……〔アメリカでは〕何れの国立公園を見るも、天然記念物の保護を第一としていない所はない。……いわんやかかる大自然境に階級、性、年令の区別をなくして、等しく利用せしめる道を講じなければならぬといっているが、……大自然を破壊し尽くして交通至便な所とし、物質供給の豊かな半都会的な施設としなければ、この要求は満足されない。

ただし上原は、田村のいうような便利な公園も「今日の文化施設」として必要であるが、それは「すでに破壊された風景または原始の態を失った風景地であって、十分に人工を加えてその維持、開発、改良を図るべきものである。これならば婦人子供を標準としても、いっこう差し支えない」とし、そういうものは国立公園ではなく国民公園である、国立公園は天然記念物（田村のいう国家的記念物）のように自然保護を重視する地域でなければならない、と主張した。

ここで田村を「利用派」、上原を「保護派」の代表選手とすると、実はこのふたりの背後には、それぞれに強力な応援団が控えていた。まず利用派の応援団長は田村の恩師である本多静六だった。本多はすでに本書に何回も登場したが、その本多は、世界と人生の諸相には「真、善、美」の調和が必要であるが、「真、善は美に超越」しているという独特の哲学をもっていた。本多の「風景の利用と天然紀念物に対する予の根本的主張」（『史蹟名勝天然紀念物』一九二二年第八号）にはその考え方がよく現われている。

真に人類に必要なるものは之をすべて善なりと解する。道路、鉄道、水力電気の如きは今日の文化生活上欠くべからざるものであって、真に善事である。したがって真に人生一般に必要なるこれら事業の為には、あるいは他に避くるの道なき場合においては、多少自然の風景や、天然紀念物も時には之を損傷し、破壊し、または之れを移動せしむることがあっても、また止むを得ないとするものである。しかしながらこの真の必要、すなわち真、善を冒さない範囲内においては、天然の山水美や天然紀念物等は極力之を保存し、または之を助長せんとするものである。

さらに「山水風景の開放利用策は常に民衆を対象として出発しているので、したがって交通機関その他大仕掛の設備を策し、従前の駕籠《かご》や馬背が現今の汽車、電車、自動車、ケーブルカー等に代わらざるを得ないのである。……山水明媚の地境にも民衆が押しかけるから、自然山水の神秘清浄を俗化し、多少天然物を損傷するを免れないが、民衆に之を開放することは今日の文化上真に必要なる事実であるから……」と開発優先論を展開した。

この本多の開発優先論は現代にも継承されている。すなわち公共事業は善だから絶対に必要で、美（自然環境）

に超越する、大自然を民衆に開放するため道路やロープウェイを建設するのは善だから、多少は自然が傷つけられても「自然は保全される」といった、公共事業を待望する地域活性化論や、ご都合主義の環境アセスメント論である。

それに対して「保護派」の応援団長となったのは徳川頼倫侯爵である。頼倫は徳川田安家の直系で紀伊の徳川家を継ぎ、貴族院議員を務め、天然記念物の充実や図書館事業にも力を尽くした文化人である。先に記した一九一一(明治四四)年の「史蹟及天然記念物保存に関する建議案」の発議者でもあった。その頼倫は「国設公園と民衆公園」(『史蹟名勝天然紀念物』一九二二年第一〇号)と題して次のように主張した。

国設公園とか国立公園とかいうのは、米国でいう国民公園、すなわちナショナルパークのことであるとのことです。……その本来の美を失わしめないというのに存するのであるから、純粋な素朴な人工を加えない天然美を味わうのが眼目であります。ですから普通いう所の娯楽や慰安を与えるような設備を主とする遊覧場や遊園に入用な施設をなすことは、かような地域内にはもとより禁物であらねばならない。普通の意味における娯楽や慰安を、多数民衆に与うるような設備を主とする遊覧場や遊園の類は、民衆公園、ネーションズパークというべきものであるとのことです。これは国設公園や国立公園や国民公園などと混同してはならぬ。……天然の景物を本位とする箇所では、十分に天然の景物美を味わえばそれでよいのです。そうして通俗の娯楽慰安を享受し得られる箇所へきて、そこで休息すればよいのです。この両者(国立公園と民衆公園)を接続連絡せしめたらよかろうかと考えます。

先の阿寒と大雪山に対する期待のうち、藤村義朗の考え方は徳川頼倫の主張と共通し、一条実孝の考え方は本多静六の主張と共通している。

ところで国立公園の一六候補地が公表されると、世間では国立公園に対する関心が一気に高まった。それぞれの郷土のお国自慢の景勝地が「国立公園」となれば、そんな結構なことはないと、一六候補地に選ばれた地元からは早期実現を望む声があがり、選ばれなかった地域は国立公園候補地の追加をめざして陳情合戦を繰り広げた。そうした地元が期待するのは、厳重に自然を保護するというものではなく、道路やホテルなどを整備する観光開発による地域の活性化である。一方、政府部内にはきびしい財政事情のもと、国立公園を実現して国際観光を振興し、外貨をかせぎたいという思惑もあった。

したがって大勢のおもむくところは「保護」より「開発」への期待だった。そして実際に国立公園の行政を担当したのは、内務省衛生局(後の厚生省)だから「国民の保健・休養・教化」は国立公園の眼目となった。その日本の国立公園の生みの親・育ての親となった田村剛は自ら、「国立公園の国民に対する効用はふたつである。国立公園のレクリエーションと教育とは、その二大目的である」とし、「わが国立公園の性格については、積極的開発利用に関連する国民の休養や保健に重点が置かれ、自然保護の面が軽く取り扱われがちであるという政策上の特徴も、自ずから理解せられるわけである」(田村剛『国立公園講話』)と解説している。「保護」は影が薄くなってしまった。

(2)　地域制公園と営造物公園

日本の国立公園の特徴

「積極的開発利用に関連する国民の休養や保健に重点が置かれ、自然保護の面が軽く取り扱われがちであるという政策上の特徴」をもつ国立公園の具体的なイメージはどのようなものだろうか。例えば、ある地域に景色のよい山と湖があり湖畔には温泉が湧いていたとしよう。一般的に湖畔は温泉街を形成し、ホテル、旅館、飲食店、土産物店、住宅などが立ち並んでおり、私有地となっている。このような場所は先の保護派の考えでは「通俗の娯楽慰安を享受し得られる箇所」は「もとより禁物であらねばならない」から、国立公園に含めるべきではない環境である。しかし利用派の考えでは「各種の宿泊設備に関連して、親しみのある誘惑的な娯楽、保養等の場所がなければならぬ」から当然のこととして国立公園区域に含まれる。ときには一条公爵が期待したように、「観光地とするには旅館でも料理屋でも美人を揃えて俗化させるがよい」部分も入ってくる。

山と湖については、保護派の考えは湖畔の温泉街や農耕地を除く湖の周辺や、山の裾野の農耕地や林業地帯を除く自然林地帯だけを国立公園区域とし、厳重な自然保護をはかろうとする。それに対して利用派の考えは、山と湖と温泉街の全域をすっぽりと広い範囲で国立公園区域に含めたいと考える。先に、阿寒を国立公園候補地とすることを最初に発想したのは新島善直で、新島は雄(男)阿寒岳のエゾマツ・トドマツ原始林を中心に国立公園を考え、「もし阿寒湖を含んで女阿寒岳に至る一帯の大地積を一天然公園としたら更に可なると思うも、湖畔の大部分はすでに開墾せられて、自然の跡を残さないのを如何ともし得ない」といったことを紹介したが、新島も保護派の考え方だったのである。

ところで現実の日本の国土の実態を見ると、とくに本州方面では、人口が多く、古くから各種の土地利用がすすみ、土地所有も私有地が多く存在している。そのような国土で保護派のような厳密な国立公園区域を考えると、小さな区域が飛び飛びに点在して、まとまりを欠いてしまう。また展望台などから目に入る風景は、山と湖の全景であり、決して厳重な自然保護地域だけが見えるわけではない。それに国立公園制度が考えられた当時の農林水産業の基本は人力による営みだったから、自然風景となじみやすかった。大型機械の作業をともなうものではないから、農林水産業の営みも好ましい風景の点景とみなされた。農耕地が大規模な市街地に変貌したり、白砂青松の海岸が埋め立てられ大規模な工業基地が進出してくること(例えば瀬戸内海)は、想定されていなかった。

というわけで日本の国立公園は、私有地や農耕地、林業地なども含んでいる。「一般公園(都市公園)の土地は、国有または公有であり、私有地の場合は地上権なり貸借権なりを設定して、国や公共団体が自由に使用できるようにし、公衆に公開せられているのであるが、国立公園の場合は、現状主義であって私有地は私有地のまま公園に編入せられるのである」(前掲『国立公園講話』)というのが日本の国立公園の特徴である。

だからといって私有地や他の官庁が所管する国有地(例えば林野庁の国有林)で、それぞれが勝手に家を建てたり、森林を伐採すれば、自然風景が傷つけられてしまう。そのため国立公園区域内に「特別地域」を指定して、特別地域では家を建てたり、森林を伐採したり、道路やダムを建設したり、水面を埋め立てたりするなどの場合は、内務(厚生、環境)大臣の許可を得なければならない制度になっている。また農林水産業などにともなう通常の軽微な行為は許可を必要としない。特別地域に含まれない部分は「普通地域」で、多くの市街地や農耕地は普通地域に含まれ許可制度がない。なおホテルやキャンプ場、スキー場、公園内の道路など、国立公園利用のために必要な施設は、国立公園事業の執行認可を得て行なわれることになっている。

これが「保護」の実態である。なお国立公園法には、「主務大臣は国立公園の保護又は利用の為必要ありと認むるときは、その区域内に於て一定の行為を禁止若しくは制限し、又は必要なる措置を命ずることを得」という強力な自然保護の制限規定があった。しかし現実にこれを発動することは困難で、伝家の宝刀が抜かれることがなかった。とくに第二次世界大戦後に新憲法が制定されると「財産権」の保障との関係で、この規定は存在意義が薄れ、一九五七(昭和三二)年に国立公園法が自然公園法となったときに姿を消した。そればかりでなく、自然公園法では「関係者の所有権、鉱業権その他の財産権を尊重するとともに、国土の開発その他の公益との調整に留意しなければならない」という規定が新しく加わった。「保護」がさらに力を弱めたのである。

なお現在の自然公園法では、特別地域のほかに「特別保護地区」という、いっそう厳重に自然を保護する地区が設けられることになっているが、実際の指定状況は全国平均で公園面積の一三%程度で、決して十分とはいえない。本来この特別保護地区は、「保護派」が主張していたような国立公園区域をすべてカバーするのが望ましいのであるが、財産権の尊重や他の公益との兼ね合いで、現実には小面積にとどまっているところが多い。現在の国立公園の地域区分など、「国立公園計画」を模式的に示したのが図5・19である。

以上のような日本の自然公園(国立公園、国定公園、都道府県立自然公園)制度、すなわち土地所有とはかかわりなく

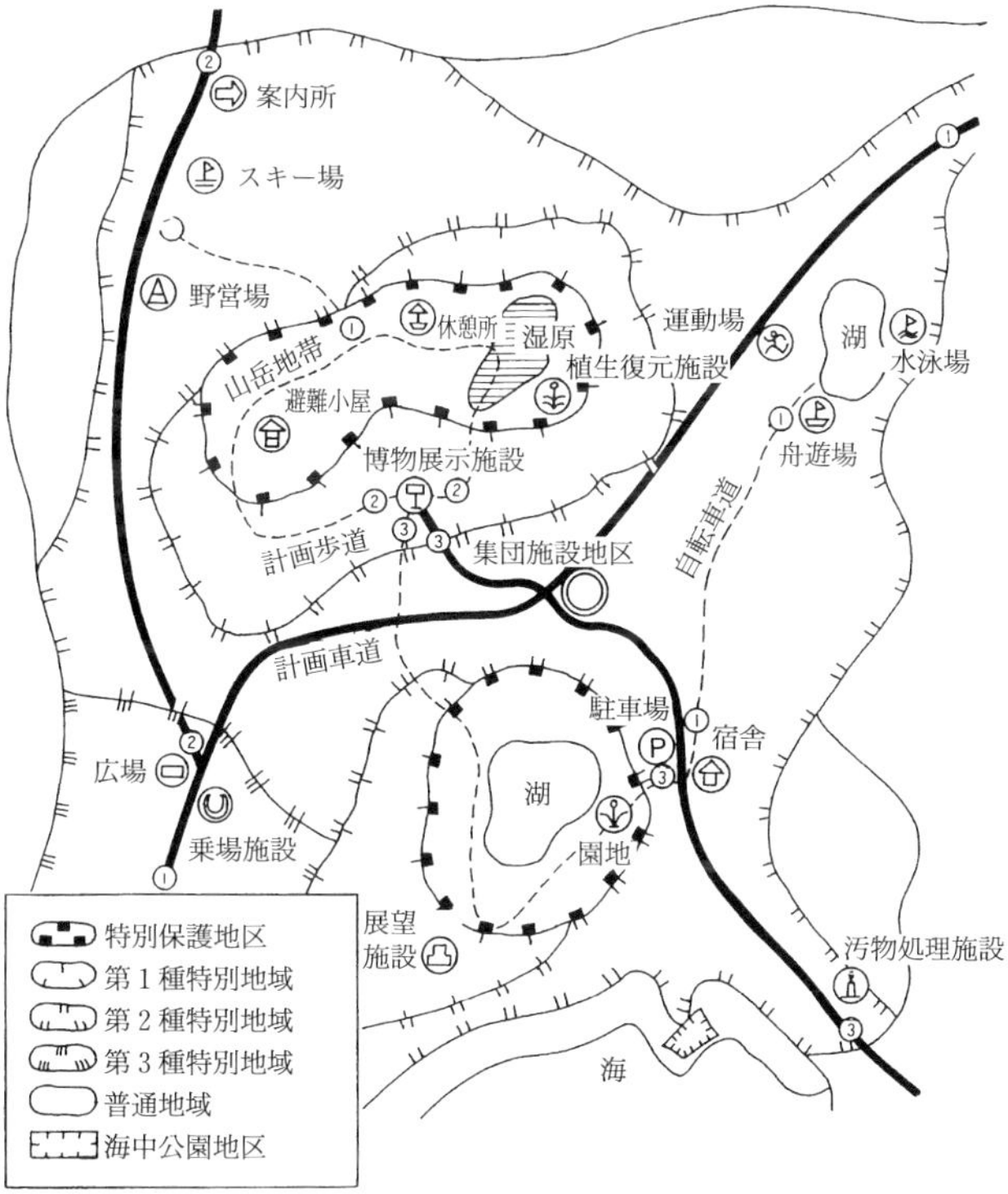

図 5・19　国立公園計画模式図（環境庁長官官房総務課編『最新 環境キーワード 第 2 版』経済調査会，1992）

公園区域内に私有地、公有地、国有地（それも自然公園目的以外の土地）を含み、そこで行なわれる工作物新築、森林伐採、水面埋め立てなどの現状変更行為を規制する公園制度を「地域制公園」という。したがって地域制公園内の土地利用は多目的であり、自然公園だけの専用目的に使われるわけではない。

それに対して日本の都市公園は、都市公園を設置する者（多くの場合は市役所）が公園の土地所有権などの権原（法律用語で権利の原因、ある行為を正当化する法律上の原因）をもっている。したがって都市公園内で土地が売買されたり、住宅が建ったり、樹木が木材のために伐採されることはない。このように土地の権原をもち、もっぱら公園目的のために管理運営される公園制度を「営造物公園」という。

もしも国立公園などの自然公園が営造物公園となれば、他人の財産権尊重との調整は不要となるから、徹底した「保護」が可能となる。外国の国立公園などはどうなっているのだろうか。

外国の国立公園は営造物が基本

いまから三〇年ほど前、私は北海道で自然保護行政の一端にたずさわる公務員だった。その当時の体験として、世界の植物生態学者が集まる国際植生学会が日本で開かれ、エクスカーションで約五〇人の外国人が北海道の国立公園などを視察することになり、私も案内役のひとりとして参加したことがある。そのエクスカーションに参加したのはヨーロッパ諸国とアメリカ大陸諸国の学者が大部分だったが、その様子を、日本側の植物生態学者の代表だった沼田真は次のように記している。

いたるところで彼らが嘆いたのは、国立公園内のいろいろな施設や事業であった。国立公園内で森林を伐採し、道路をつくり、ダムを建設しているのを見たのであるが、それは彼らにはまったく理解しがたいことであったらしい。われわれは日本の自然公園制度を説明し〔たが納得せず〕……、「いったい日本人はすばらしい自然をどう考えているのか」と、口をそろえていうのであった。案内にきた国立公園のレンジャーや営林局の役人はおそれをなして一行を遠巻きにして眺めているしまつであった。それでも「係官はいないか」と呼びだされ、追及されるのは気の毒なくらいであった。彼らの言い分では、国立公園の特別保護地区のようなところこそ、国立公園の名に値するので、他のなんとか特別地域とか普通地域というのは、ごまかしだという。（沼田真『環境教育論——人間と自然のかかわり』）

私もこのとき「追及」されたひとりであるが、日本の国立公園制度は国際的に通用しないということを実感した。またこの機会に外国の国立公園制度を調べてみたいと思うようになった。

世界で初めて国立公園が生まれたのは、よく知られているようにアメリカのイエローストン国立公園で、一八七二（明治五）年のことだった。それ以前にもホットスプリング温泉保養地やヨセミテ州立公園が成立し、自然風景地を公共の土地とする政策の先例はあったが、大面積の原始的自然環境を国立公園とするアイデアが生まれた意義は大きかった。なぜならそれ以来「イエローストンの子供たち」に当たる国立公園が、アメリカはもちろん、世界各国に波及したからである。

先に大雪山の「霊山碧水」のところで、太田愛別村長が石狩川上流の森林を「保存禁伐林として断然個人の有に帰せしめず」と主張したこと、それはイエローストン地域を探検したヘッジスの、「このように優れた景勝地は個人のものとせず、国有地として国家が管理すべきだ」と提案した国立公園誕生神話と類似していることを記した。この誕生神話は歴史的事実としては疑問符がついているが、一八七二(明治五)年にアメリカ連邦議会の承認をへて成立したイエローストン国立公園法が、土地の私有地化を防止していることは歴史的事実である。アメリカの国立公園は新指定のたびに個別の国立公園法が制定されるが、その原点となったイエローストン国立公園法は、公園地域内は「合衆国法のもと、入殖、占有、販売を禁止し、保存されるものとする。国民の利益と楽しみのために公共の公園あるいはレクリエーションの場とする」ことを定めている。すなわち「営造物公園」なのである。

それ以降、アメリカには西部を中心として、セコイア、ジェネラルグラント(キングスキャニオン)、ヨセミテ、レーニア、クレーターレイク、ロッキーマウンテンなど、大面積の原始的自然環境を有する国立公園が続々と誕生したが、その土地は原則として国立公園目的の国有地からなる営造物公園である。したがって国立公園内の土地に他人の権利が設定され、開拓地となったり、森林が伐採されたり、地下資源が掘られたりするような「開発」は排除されている。

一九一六(大正五)年にはアメリカ内務省に国立公園局が新設され、一八(大正七)年にはレーン内務長官によって国立公園の三大基本原則が定められた。それは、①国立公園は現在の国民と同じく将来の国民のために、損なわれることなく維持されなければならない、②国立公園は国民の利用、自然観察、健康および楽しみのために留保されなくてはならない、③国立公園内の公営および民営事業の導入は、国民全体の利益により決定されなければならない、というものである。

ここには日本の国立公園が「保護開発」のあいまいな表現で、実態は「積極的開発利用に関連する国民の休養や保健に重点が置かれ、自然保護の面が軽く取り扱われがちであるという政策上の特徴」なのと比べると、「国民の利用、自然観察、健康および楽しみ」のためではあっても、その前提に「現在の国民と同じく将来の国民のために、損なわれることなく」という大前提が明記されている点がきわだっている。また営造物公園だから国立公園内の森林伐採、ダム建設などの「開発」も強力に排除できる。「保護」が優先しているのである。

国際自然保護連合による自然保護地域の類型区分

ところで一九世紀末から二〇世紀にかけて、「イエローストンの子供たち」は世界各国に広まり、いまでは一七〇ヵ国以上の国が国立公園またはそれに相当する保護地域をもっている。それぞれの国は当然のこととして自然的条件や社会的条件が異なるから、その国の実情に応じた国立公園制度が生まれる。しかし、同じ国立公園(National Park)という名称がついても、実態があまり異なるのは好ましいことではない。そのため、国際自然保護連合(ＩＵＣＮ)では国立公園をはじめとする自然保護地域を類型化し、それぞれの定義を定めて標準的な姿を示す努力を重ねてきた。

国際自然保護連合によって最初に国立公園が定義づけられたのは一九六九(昭和四四)年のことで、その要点は、国立公園とは、①大面積の優れた自然環境が人間による開発や居住で改変されていない、②政府がその全域での開発や居住をできるだけ速やかに防止するか排除する手段をとっている、③人々のレクリエーションや教育などの目的のために入園が認められる、というものだった。そして国際自然保護連合では、この定義に合致しないものは国立公園と呼称すべきではない、とも決議していた。

先の項の冒頭で、世界の植物生態学者たちが北海道で国立公園内が開発されている実態を見て驚き、こんなのは国立公園ではない、「係官はいないか」と私が「追及」された一件を紹介した。世界的な常識では、日本の国立公園のように、公園内で「開発や居住」が認められることはないのである。

しかし、日本の国立公園で「開発や居住」をすべて排除することは事実上不可能である。国際自然保護連合の定義に従えば日本の国立公園は失格で、国立公園の名称を返上しなくてはならなくなり、たいへんである。世界には日本ばかりでなく、イギリスや韓国など「地域制」の国立公園を採用している国もある。そのほか、各国ごとに多様な目的で多様な自然保護地域が設定されている。ということで国際自然保護連合の定義や自然保護地域のカテゴリー区分に対しては、さまざまな国からさまざまな意見が寄せられ、議論が深められた。

その結果、一九九四(平成六)年に「保護地域管理カテゴリーのためのガイドライン」が国際自然保護連合によって定められた。それによると自然保護地域は次の六つのカテゴリーに区分される。

Ⅰa　厳正自然保護管理地域・Ⅰb　厳正自然保護地域

Ⅰa　主として科学研究を目的に管理されている保護地域

Ⅰb　主としてあるがままの自然を保護するために管理されている保護地域

Ⅱ　国立公園

主として生態系の保護とレクリエーションのために管理されている保護地域

Ⅲ　天然記念物

主として特別な自然特性の保護のために管理されている保護地域

Ⅳ　生息地と種の管理地域

主として管理を介在した保護のために管理されている保護地域

Ⅴ　陸域と海域の景観保護地域

主として陸域と海域の景観の保護とレクリエーションのために管理されている保護地域

Ⅵ　自然資源の管理保護地域

主として自然生態系の持続的利用のために管理されている保護地域

もちろんこの区分には重複する性質のものが含まれている。したがってそれぞれの自然保護地域が指定される法律の第一義的な目的（管理区分）によって、いずれかに区分される。

このうちⅡの国立公園の定義は次のようになっている。

国立公園とは次の事項を目的として指定された自然の陸地および／または海岸地域

① 現在と将来の世代に一つ以上の生態系を完全な状態で保護する

② その地域の指定目的に反する開発や居住を排除する

③ 環境と文化に調和した、精神的、科学的、教育的活動と観光客のための機会の基盤を提供する

これは一九六九（昭和四四）年当時の定義に比べると、表現が少し変わり苦心した跡がうかがわれるが、基本的な三つの柱は同じである。すなわち「（指定目的に反する）開発や居住を排除」することができる営造物公園が基本なのである。ただし六九（昭和四四）年当時と異なり、この定義に合致しないものは国立公園と呼称すべきでない、という文言は姿を消した。それだけでなく「保護地域の国による命名はさまざまであって構わない」といっている。日本の国立公園は名前を返上しなくても存続できるのである。

その辺の事情を国際自然保護連合は次のように解説している。「現実には各国はすでに大きく異なった述語を使ってそれぞれの国のシステムをつくってしまっている。一例をあげると国立公園という言葉は異なった国ではたいへん異なった意味をもっている。……大英帝国では、国立公園には多くの住民が居住しており、資源の利用も大きく、カテゴリーⅤに指定することが妥当である」。この大英帝国を日本にさし替えれば日本の国立公園の実情にぴったり当てはまる。

国際自然保護連合では「国連保護地域リスト」を公表しているが、それによれば、アメリカ、カナダ、メキシコ、ブラジル、ノルウェー、スウェーデン、フィンランド、ドイツ、フランス、スペイン、ケニア、南アフリカ、

ニュージーランド、オーストラリア、インドなど多くの国では、自国で国立公園の名称をつけているものがカテゴリーIIの国立公園とされているが、日本やイギリスで国立公園と名称をつけているものの大部分は、カテゴリーIIの国立公園ではなく、Vの陸域と海域の景観保護地域に区分されている。それではカテゴリーVとはどのように定義されているのだろうか。

陸域と海域の景観保護地域とは、「陸域や、適切であれば海岸と海洋をともない、永年にわたる人と自然の相互関係が、その地域に重要な美的、生態学的あるいは文化的価値、ときには高い生物多様性などの明らかな特徴をつくりだしてきた地域。このような伝統的な人と自然の相互関係が保全されることが、地域の保護、維持、発展のためにきわめて大切な地域」とされている。

以上のことを踏まえて、北海道の国立公園の二一世紀のあり方を考えてみよう。

国立公園内の国有地率と自然度は北高南低

日本の国立公園は「カテゴリーVに指定することが妥当」という場合にイメージされるのは、例えば瀬戸内海国立公園、伊勢志摩国立公園、吉野熊野国立公園、富士箱根伊豆国立公園のうち箱根伊豆など、「永年にわたる人と自然の相互関係」が営まれてきた国立公園であろう。こうした国立公園では私有地の含まれる割合が高い。例えば伊勢志摩国立公園では実に九六％が私有地で、国有地はわずかに〇・三％しかない（残りの三・六％は公有地）。このような国立公園では「開発や居住を排除」することは望むべくもない。

それでは北海道の国立公園はどうか。大雪山国立公園は日本の国立公園で最も広く二二万七〇〇〇ヘクタールを有しており、その九五％は国有地、四％は公有地で、私有地はわずか一％しかない（大雪山が一九三四（昭和九）年に指定された当時は二三万二〇〇〇ヘクタールあり、私有地はゼロだった）。また知床国立公園は国有地が九四％、公有地が二％、私有地は四％で、その私有地では「知床百平方メートル運動」によって、大部分はナショナルトラスト的な管理がなされている。

この大雪山や知床の国有地は、事実上は林野庁所管の国有林と見てよい。もしこの国有林の管理運営が国立公園の管理目的と一致すれば、こうした国立公園の九〇%以上は営造物として機能する。一九八〇年代に知床森林伐採問題(第六章参照)が起こったとき、その原因は国有林特別会計の赤字にあることが判明したので、国立公園内の国有林の特別会計を一般会計でまかない、双方の管理目的を一致させることができれば、知床国立公園の九四%は事実上の営造物になると考えた私は、日本自然保護協会の『自然保護』に「国立公園内の国有林経営は一般会計で」(一九八九年一月号)、国立公園協会の『国立公園』に「二一世紀の国立公園は地域制と営造物の二本立て」(一九八七年一月号)、「北海道から見た日本の国立公園の将来像」(一九九〇年四月号)などを書き、知床に限らず国立公園内の国有林経営は特別会計の枠からはずし、一般会計を導入し、公園区域の大部分を営造物に誘導することを関係方面に陳情したが、どこでも冷たく扱われて夢物語に終わってしまった。

ここで日本の国立公園の土地所有区分を概観してみよう(図５・20)。この図は、黒が国有地、点が公有地、白が私有地を百分率で示してある。国有地が八〇%を超えているのは、上から利尻礼文サロベツ、知床、阿寒、大雪山、支笏洞爺、十和田八幡平、磐梯朝日、小笠原、中部山岳である。六〇%から八〇%未満には上信越高原、白山、霧島屋久が加わる。これらの国有地の大部分は林野庁所管の国有林とみなしてよい。逆に私有地が四〇%を超えているのは、南から阿蘇くじゅう、雲仙天草、西海、足摺宇和海、大山隠岐、瀬戸内海、山陰海岸、吉野熊野、伊勢志摩、陸中海岸ということになる。こうしてみると国有地率は北高南低、私有地率は南高北低である。すなわち中部山岳と東北、北海道の山岳型国立公園は国有地が大部分で、九州、四国、中国、近畿の、とくに海岸型国立公園は私有地を多く含んでいるのである。

土地所有区分は社会的環境であるが、自然的環境のひとつの指標として「植生自然度」を見てみよう(図５・21)。ある土地の森林が山火事で焼けたり、伐採されたり、あるいは畑が放棄されたりして裸地になったとすると、その跡地は時間の経過とともに、まばらに草がはえ、やがて草原となり、二次林が成立し、数十年ないし百年以上を経過すると自然林へと変遷するのが一般的な傾向である。このようにある土地の植物群落の相観(外観的特徴)が時間とともに変化する様子を遷移(サクセッション)というが、人間の干渉が強いほど遷移は逆戻りする。また人間の生活空間では当然のこととして市街地もあり、農耕地や果樹園もあり、植林地もある。このような緑の環境

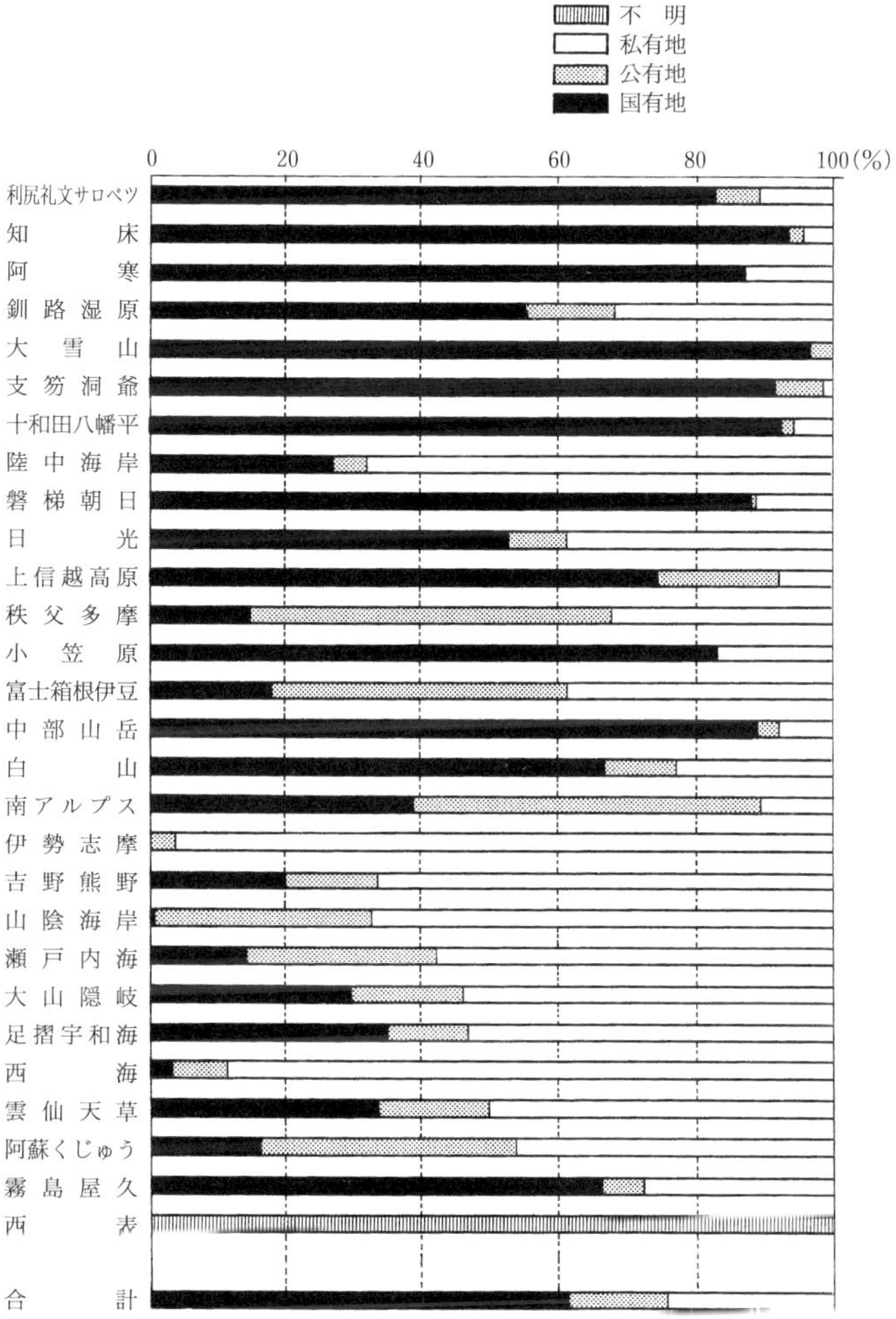

図5・20　国立公園の土地所有別面積割合(環境庁自然保護局計画課監修『自然・ふれあい新時代』)。北海道，東北，中部山岳は国有地率が高く，西日本は私有地率が高い

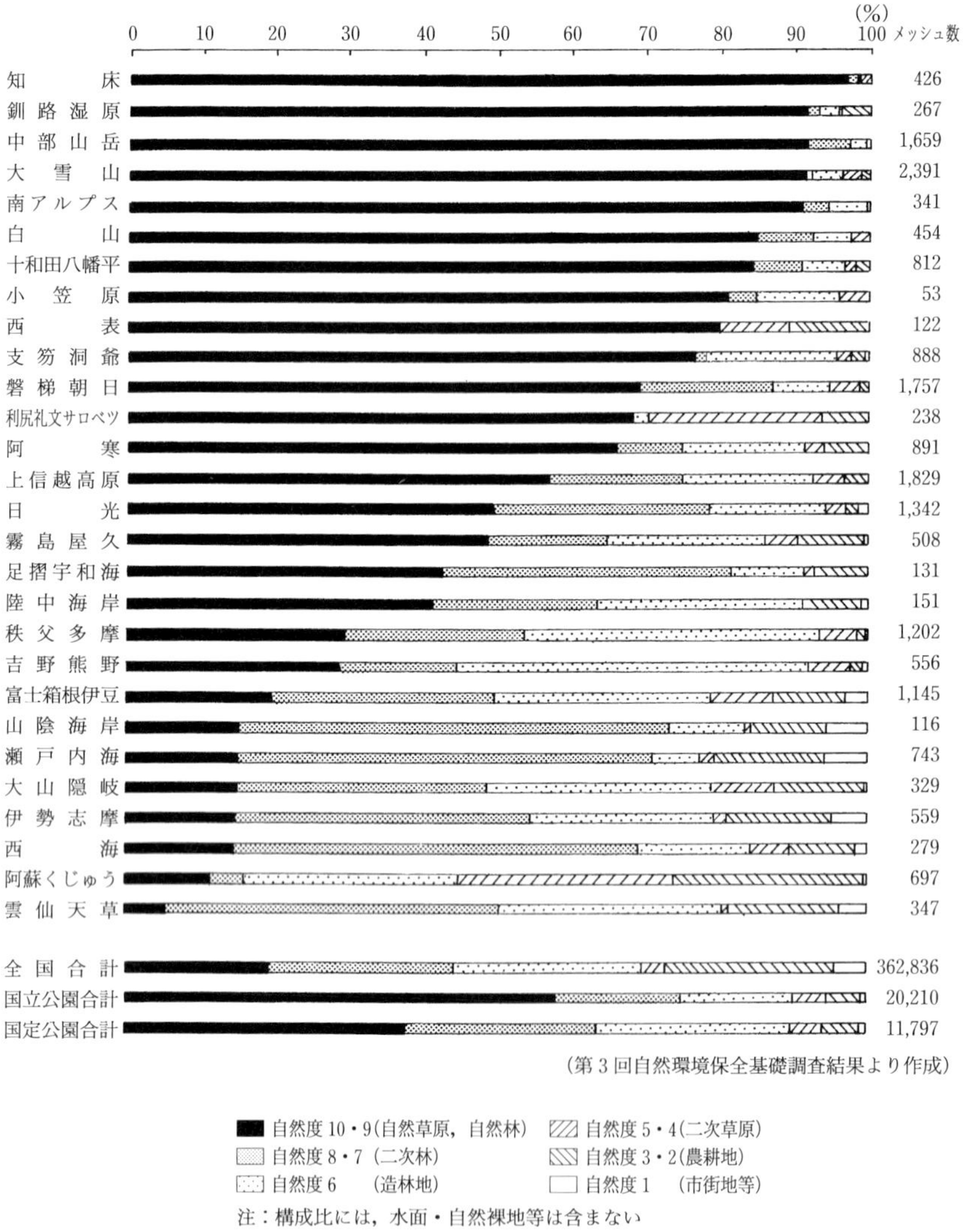

(第3回自然環境保全基礎調査結果より作成)

注：構成比には，水面・自然裸地等は含まない

図5•21　国立公園の植生自然度構成比(前掲『自然・ふれあい新時代』)。北海道，東北，中部山岳は自然植生が多く，西日本は人為植生が多い

と人とのかかわりの程度を、概略的に表わす尺度として考えられたのが植生自然度である。日本の植生自然度は環境省(環境庁)による「緑の国勢調査」で調べられており、そこでは一〇段階の目盛りが用意されている。①市街地、造成地など、②農耕地など、③果樹園、桑畑など、④雑草など背の低い草原、⑤スキなど背の高い草原、⑥植林地(カラマツ、スギ、ヒノキなど)、⑦二次林(シラカンバ、アカマツなど陽樹)、⑧自然に近い二次林(ミズナラ、カエデ、タブなど)、⑨大小の階層をもつ自然林(エゾマツ、トドマツ、ブナ、シイなど陰樹)、⑩高山帯、湿原など樹木の育たない自然草原、である。

図5・21ではこの一〇目盛りが六目盛りに簡略化されているが、黒い部分が⑨・⑩で自然林と高山帯のお花畑や湿原に相当する。これらは人間の干渉を受けることが比較的少なく、ほぼ原始的な環境を保持している部分とみなして差し支えない。ただし⑨には天然林施業といわれる択伐林も含まれる。図5・21は図5・20が北から南に配列されていたのと異なり、⑨・⑩を多く含む順序に配列されているから、上にあるほど原始的環境を含む率が高い国立公園ということができる。⑨・⑩を八〇%以上含むのは、知床、釧路湿原、中部山岳、大雪山、南アルプス、白山、十和田八幡平、小笠原であり、六〇%以上八〇%未満は、西表、支笏洞爺、磐梯朝日、利尻礼文サロベツ、阿寒となる。それに対して二〇%に満たないもの、すなわち大部分が人間の干渉を強く受けた植生の国立公園は、山陰海岸、瀬戸内海、大山隠岐、伊勢志摩、西海、阿蘇くじゅう、雲仙天草で、これもやはり北高南低の傾向がある。

このような植生自然度の高さは、その地域の開発の程度とも密接な相関関係をもっている。図5・22は、植生自然度⑨⑩の含有率と道路(車道)密度の関係を表わしたものであるが、植生自然度の高い国立公園は、道路密度が低いという関係がよく理解できる。この道路密度は、対象地域を一キロメートル四方のメッシュに分け、その四辺を区切る車道の本数をカウントして、一本も区切らない(車道が存在しない)メッシュの含有率が横軸に示されている。

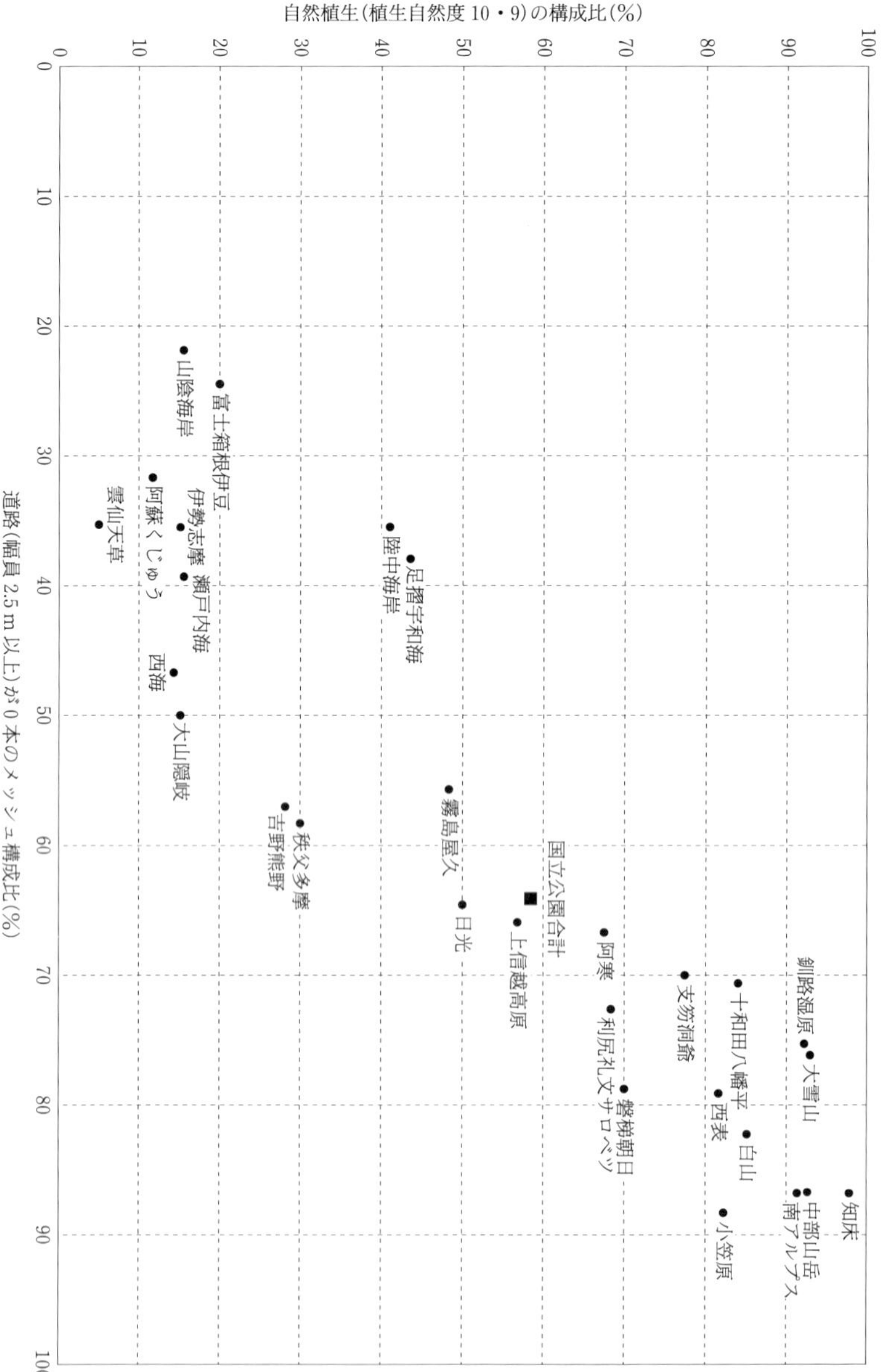

図5・22　国立公園の自然植生と道路密度の関係(前掲『自然・ふれあい新時代』)。自然植生を多く含む国立公園は道路密度が低い相関関係がある(縦軸は自然植生の構成比、横軸は道路のないメッシュの構成比)

車道が存在しないメッシュの含有率が六〇％以上の国立公園は、知床、中部山岳、南アルプス、小笠原、白山、西表、磐梯朝日、大雪山、釧路湿原、利尻礼文サロベツ、十和田八幡平、支笏洞爺、阿寒、上信越高原、日光であり、これらはいずれも植生自然度が高い国立公園である。

(3)　営造物公園に近づける北海道の国立公園

以上のことから国有地率の高い国立公園は、自然植生を含む率が高く道路密度は低い、という関係のあることが分かる。そして北高南低の傾向のなかで、北海道の国立公園はすべての項目に登場する常連である。ただ釧路湿原だけが国有地率で顔を出さなかったが、釧路湿原の国有地は林野庁所管の国有林ではない。

このような林野庁所管の国有林の管理目的を国立公園の管理目的に一致させれば、国有地率の高い国立公園区域の大部分は営造物として機能させることができ、自然保護に大きく貢献できる。先に一九八〇年代後半から私は「国立公園内の国有林経営は一般会計で」と主張したが、夢物語に終わったことを紹介した。ところがそれから十数年をへた現在は情勢が一変し、夢物語ではなくなっているのである。

第三章の最後の部分で、国有林経営の特別会計は永年にわたり累積債務を増大させた結果、一九九九(平成一一)年から経営が抜本改革されたことを紹介した。『林業白書』(一九九九年版)には、次のように記されている。

国有林野の抜本的改革の基本的な考え方は、国有林野を「国民の共通財産として、国民参加により、国民のために」管理経営し、名実ともに「国民の森林」とすることにある。……これまでの木材等の生産に重点を置いた管理経営から、国土の保全などの公益的機能の発揮に重点を置いた管理経営へと転換することとしている。……独立採算を前提とした特別会計制度から、公益林の管理や整備についての必要な経費について、一般会計から繰り入れることを前提とした特別会計制度に移行することとした。

国有林の経営が「国民の森林」として「公益的機能」を重視し、公益林の管理や整備には「一般会計から繰り入れ」ることが可能となったのであるから、国立公園内の国有林経営は国立公園の目的と一致させることが、「国民の森林」としての使命である。この国有林抜本改革のための組織改正、基盤整備などは一九九九(平成一一)年から二〇〇三(平成一五)年までに「集中的に推進」することになっていたから、現在は新体制で出発できるようになっている。

ただし現在の国立公園内の国有林経営は、従来の木材生産重視の時代に立案された国立公園計画となっているから、今後は「国民参加により、国民のために」国有林経営と国立公園の管理目的を一致させることが重要な課題となる。

また国有林の抜本的改革に連動して、「林業総生産の増大」をめざした林業基本法が、二〇〇一(平成一三)年に公益的機能など「森林の多面的機能の持続的発揮」をめざす森林・林業基本法に改正された。それを受けて北海道でも〇二(平成一四)年に北海道森林づくり条例が制定され、道有林の経営も抜本改革され、もっぱら公益的機能の発揮をめざすこととし、木材生産を目的とする森林経営を廃止した。大雪山国立公園は国有林が九五%、道有林が四%だから、日本で最も広い国立公園の九九%は事実上の営造物公園に転換できる可能性をもつことになる。

ここで先の国際自然保護連合の国立公園の定義を振り返ってみよう。日本の国立公園が地域制ゆえにクリアできなかったのは「その地域の指定目的に反する開発や居住を排除する」ことだった。しかし、国有林や道有林内には一般の集落や市街地は存在しないから「居住」を排除することができる。また国有林と道有林の管理目的を国立公園と一致させれば、国立公園の「指定目的に反する開発」も排除することができる。すなわち、日本やイギリスの「国立公園には多くの住民が居住しており、資源の利用も大きく、カテゴリーⅤに指定することが妥当である」という国際自然保護連合の評価を覆すことが可能なのである。

ところが日本の国立公園関係者には、日本の国立公園制度が国際的にどう評価されようとも、地域制の国立公園はイギリスや韓国に先がけて日本で生まれた独特の優れた制度なのだ、という自負がある。また、日本の国立公園の土地所有区分や、植生自然度など開発の程度にばらつきがある事実を認識しても、北高南低であれば、北と南を平均した姿をスタンダードとして運用しようとする。それが「東京の目」である。

だから一九九〇(平成二)年に私が『国立公園』に「北海道から見た日本の国立公園の将来像」を投稿した直後、当時の環境庁の課長は「ＩＵＣＮの類型区分とわが国の国立公園」と題して、「俵氏はＩＵＣＮの定義を厳密に解釈されて、せめて北海道においては、Ⅱにあてはまるような真の意味の国立公園を作るべきである、といわれるが、理想は理想として実現はなかなか難しい」「わが国の国立公園がよしんばＩＵＣＮの類型Ⅴに区分されようと、……本当の国立公園を作らなければ世界に遅れをとる、といった議論は、わが国の国立公園行政を推進していく上で余り意味がない」(『国立公園』一九九〇年五月号)と反論した。ここには「現状を良しとする」だけで、自然保護を強化するため前進しようとする姿勢が感じられない。

日本の国立公園はⅤ型でよいという意見は現在でも多数派である。二〇〇四(平成一六)年は日本の国立公園が誕生して七〇周年だったので、『国立公園』は「指定七〇年を迎えた国立公園」を特集した。そこには次のような識者の意見が載っている。

日本の国立公園は〝文化的自然〟に基礎を置くものが多く、だからこそ観光地として多くの国民に親しまれてもきた。……ナショナル・パークは、それぞれの国や地方の人々の永年にわたる自然との関係、すなわち営農、営林、営漁を含めたカルチュラル・ランドスケープの保護と育成の機能と空間でもあるべきで、ひたすら生物学的自然のみに引っ張られることのないように留意したい。(二〇〇四年三月号、Ａ氏)

国立公園を知り、また利用し体験することは、日本の自然や風景を知り、日本文化を知ることにつながる。また公有地、民有地が入り交じった、いわゆる地域制の公園である国立公園の実態を知ることによって、日本的な住まいのあり方や産業と国土・自然とのかかわりを知る。日本人の暮らしの現場や日本の社会、産業、日常生活が営まれている現状もわかってくる。国立公園はたんに自然体験の場ではなくて、日本体験、日本文化体験でもある。日本の国立公園が誇ってよい「価値」の一つはこれだ。（二〇〇四年三月号、Ｂ氏）

私はこのような日本の国立公園の現実を否定しない。しかし、これが日本の国立公園のスタンダードだというのであれば、その意見に賛成できない。私有地が九六％の国立公園と国有地が九五％の国立公園をひとつにくくった標準に納めて運用すれば、私有地が九六％の国立公園で可能なレベルの管理に落ち着いてしまう。それでは、「自然保護の面が軽く取り扱われがちであるという政策上の特徴」（前掲『国立公園講話』）から一歩も前進しない。

北海道の国立公園は、大雪山の九五％、知床の九四％、支笏洞爺の八九％、阿寒の八七％、利尻礼文サロベツの八三％、釧路湿原の五六％が国有地である。そのうち釧路湿原を除く国有地の大部分は林野庁所管の国有林である（環境省や財務省所管の国有地もわずか存在する）。その国有林が公益的機能を重視する「国民の森林」に生まれ変わったのだから、その管理目的を国立公園の目的に一致させるように改善し、事実上の営造物として機能させ、「国立公園の目的に反する居住や開発を排除」することは、手が届くところにきている。

現に知床の世界遺産登録をめざした「管理計画」では、環境省と林野庁が二人三脚を組んで国有林の管理目的と国立公園の管理目的を一致させ、事実上の営造物公園に等しいものをつくりあげることができた。知床でできたものが、なぜ大雪山、支笏洞爺、阿寒、利尻礼文サロベツでできないのか。それは「わが国の国立公園行政を推進していく上で余り意味がない」ことだろうか。「大いに意味がある」と私は確信している。

第二章で、アメリカのお雇い外国人は「北海道にアメリカを発見」して北海道の開拓をすすめたことを紹介した。イエローストン国立公園はアメリカ西部開拓の途上で生まれたアイデアである。北海道の開拓はアメリカの西部開拓と歴史地理的な類似性がある。カテゴリーⅤが多い日本の国立公園のなかで、北海道の国立公園区域のほぼ九〇％は国有林でアメリカ型、すなわちカテゴリーⅡの国立公園に誘導できる可能性をもっている。北海道の国立公園のほぼ九〇％は事実上の営造物公園として、「国立公園の目的に反する居住や開発を排除」しながら自然林の公益的機能や生物多様性をいっそう高め、そのなかで「現在の国民と同じく将来の国民のために、損なわれることなく維持」できるよう、控えめの野外レクリエーション利用をめざすべきである。それが二一世紀の北海道の国立公園の課題である。

そして、このような課題に向き合えることは、『北海道・緑の環境史』と深くかかわる特性、すなわち北海道の国立公園、国定公園、道立自然公園の大部分は、第二章の開拓対象地外で、第三章の国有林地帯に所在し、しかも主要部は「拡大造林」の対象ともならなかった自然林地帯であるということに、改めて思いを寄せなくてはならない。

第六章　「民唱官随」で前進する自然保護

日高横断道

中止含め再評価を

道自然保護協　道や開発局に要望書

北海道自然保護協会（俵浩三会長）は三日、着工から約二十年を経てなお二一・三㌔が未完成の日高横断道路（道道静内中札内線）建設について、未完成区間の工事中止を求め、抜本的な事業再評価をあらためて行うよう熊谷勝弘開発局長と堀達也知事に、要望書を提出した。同協会として着工前の反対運動以来の取り組みとなる。

同横断道路は日高管内静内町と十勝管内中札内村を結ぶ一〇一・一㌔で、道が建設する区間は完成し、改修工事などを継続している。

ルートの中で日高山脈を貫く二五・三㌔は難工事が予想され、道路法の特例に基づき開発局が工事を代行し、完成後、道に移管する「開発道路」に位置付けられた。

開発道路は総事業費約六百四十億円を想定し、一九八四年度に着工されたが、地盤のもろさなどで難航、完成して道に移管された区間は四㌔にとどまっている。

日高横断道路の事業再評価要望

『北海道新聞』2000. 2. 4。本書364頁以降参照

一　北海道自然保護協会四〇年の足跡

民が提唱し官が従う「民唱官随」

「民唱官随」といっても辞書に出ていない言葉である。夫唱婦随をもじって私が勝手に造語したのだから当然である。いままで記した第四章の都市公園や第五章の天然記念物・自然公園は、基本的には役所の仕事だった。しかしそのなかでも、例えば、函館公園づくりは渡辺熊四郎をはじめとする住民主導で行なわれたし、野幌の国有林が分割・払い下げられそうになったとき、その保護を説いたのは関矢孫左衛門を中心とする民衆だった。また浅羽靖が設立した北海道旅行倶楽部は自然保護団体の先がけだった。これらは北海道開拓時代の「民唱官随」といえる。

現在の日本を代表する自然保護ＮＧＯは日本自然保護協会であるが、実はその日本自然保護協会が設立されたのは、北海道の自然保護の「民唱官随」と深い関係があったことはほとんど知られていない。

第二次世界大戦後、日本が経済復興に向かっていた一九五一（昭和二六）年、阿寒国立公園の雌阿寒岳で大がかりな硫黄採掘が計画された。当時の日本は戦後復興のためニッケル、コバルトなどの重要資源を、世界原料会議（ＩＭＯ）の割り当てにもとづいて輸入しなければならなかったが、日本はその見返りとして硫黄を輸出することが求められていた。当時は世界的に硫黄が不足していたが、火山国日本は有力な硫黄産出国だった。そのため政府のてこ入れで、Ｎ鉱業会社が雌阿寒岳山頂付近から硫黄を採掘しようとしたのである。

しかし、雌阿寒岳は阿寒国立公園の心臓部である。当時は国立公園に特別保護地区制度が新しくできたので、厚生省国立公園部は雌阿寒岳山頂を特別保護地区にしたいと考え、硫黄採掘を不許可とする方針だった。また国立公園審議会も満場一致で硫黄採掘反対の意見書をまとめた。ところが、結果的には政府首脳の政治的判断で許可されてしまった。「経済的に縁の薄い自然保護論が支持されないで、物質万能の現代的色彩の濃い資源開発派の方に軍配があがった」と当時の『国立公園』(一九五二年二月号)は伝えている。

このような経済優先政策がすすめられれば、全国各地の国立公園などの自然が開発の犠牲になると、国立公園審議会の学識経験者は憂慮した。当時は尾瀬ヶ原にも発電計画があり、それに反対するため学識経験者を中心として「尾瀬保存期成同盟」が組織されていたので、雌阿寒硫黄問題を契機にその会を発展的に改組し、一九五一(昭和二六)年、「日本自然保護協会」を設立、全国的な自然保護問題に目配りしようとしたのである。役員には田村剛(造園学)をはじめ、辻村太郎(地形学)、本田正次(植物学)、鏑木外岐雄(動物学)、山階芳麿(鳥類学)、田部重治(登山家)、小糸源太郎(画家)、岡田紅陽(写真家)など、当代一流の学識経験者が数多く顔をそろえていた。

日本自然保護協会が発した意見書・要望書の「第一号」は、雌阿寒岳の硫黄採掘に反対する文書で、それは「日本自然保護協会発起人有志」の名で提出された。そこでは雌阿寒岳の自然の貴重さを訴え、硫黄は雌阿寒岳以外からも産出するので、採掘するなら自然保護上の支障が少ない他の火山から採掘すべきで、雌阿寒岳のような他にかけがえのない自然を「一事業家の営利のためにこれを犠牲とすることは、絶対に当を得た行政とはいわれない」とし、さらに「吾々の願意は、そのまま国民の声であると信じます」と書かれている。これはまさに「民唱」であるが、残念ながらこのときは「官随」とならなかった。

一九五九(昭和三四)年には、北大の舘脇操教授(植物学)が中心となって、日本自然保護協会北海道支部が設けられた。それが現在の北海道自然保護協会の源流であるが、当時は規約も組織もきっちりしたものではなかった。それをより強固な独立した組織として再出発させたのが、北大の井手賁夫教授(ドイツ文学)が中心となって六四(昭和三九)年に設立した「北海道自然保護協会」である。発足当初は銀行頭取が会長、デパートの社長が副会長に就任、学・官・財のメンバーが理事を務める構成だった。それから四〇年あまり、組織の変遷はあったが、北海道自然保護協会はさまざまな自然保護活動を行ない、社会的な発言を強めるようになった。以下、いくつか「民唱官随」の事例を紹介してみよう。

大雪山観光道路の中止を知事に直訴、知事は中止を即断

北海道自然保護協会が設立された背景のひとつには、大雪山が観光開発で荒廃することに対する懸念があった。そのころ層雲峡から赤岳に向かって観光道路が開削されており、一九五九（昭和三四）年には赤岳の銀泉台までバスが開通した。すると登山者がどっと増え、二、三年のうちに高山植物の美しい「第一お花畑」はすっかり荒廃し、「第一ゴミ捨場」に変貌した。しかし銀泉台はまだ序の口だった。

当時の野田晴男上川町長は『大雪山観光道路・バス開通記念』（上川町、一九五九）というパンフレットに、「道路は完成されたわけでなく、いわゆる下駄ばきでの登山には、まだまだほど遠い」と述べ、また本間文彦旭川土木現業所長は、同パンフレットに「人間は一体どこまで道路を作ろうとするものであろうか。……この道路の最終の目的は、まず赤岳に達し、北鎮岳をへて右に熊岳を見、旭岳の下を通り勇駒別《ゆこまんべつ》に至る、実に雄大な大雪山の絶景を車の中から十分に満喫できる日本に唯一の大雪縦走ドライブウェイなのである」と記している。そしてこの道路予定地は、すでに旭川大雪山層雲峡線として道道の認定を受けていたが、自然保護上は見過ごしにできない問題だった。

そこで北海道自然保護協会では一九六六（昭和四一）年と六七（昭和四二）年の二度にわたり、「この道路計画の遂行は、国立公園としてはいわば自殺行為に等しいもの」であるから、赤岳道路の延長工事を中止し、「大雪山中心部を経て勇駒別温泉へ至る路線計画を廃棄すること」を、関係方面に強く要望した。しかし事務当局に陳情しても埒《らち》が明かなかったので、当時の井手貫夫理事長は町村金五知事へ直接に陳情した。すると、話を聞いた知事はその場で中止を即断した。そのころの私は道庁林務部で自然公園を担当する係長だったが、「土木部長殿、林務

部長殿」「赤岳観光道路は中止すること、中止に伴う善後策を講ずること」と、鉛筆の力づよい筆跡で書かれた知事の直筆メモが陳情書に添えられ、担当部長のところへ下がってきたことを鮮明に覚えている。あざやかな「民唱官随」ぶりである。

なお、町村知事は自然保護について高い見識をもっており、当時は北海道自然保護協会の名誉会長を受諾していた。一九六八(昭和四三)年は開拓使が設置されてから百年に当たるため、「北海道百年」を記念して野幌に森林公園と開拓記念館をつくることになり、森林公園のマスタープラン作成を東大の加藤誠平教授(森林風致学)に依頼した。加藤教授から提出されたプランでは、森林公園内を一巡する周回自動車道が計画されていた。しかし、それを見た町村知事は「これでは自然が守れない」と道路計画を拒否し、歩道に変更させた経緯がある。そのときの私は知事の意を受けて上京、加藤教授に対し歩道案の了承を得る説明の任務を課せられた。

また一九七二(昭和四七)年の札幌オリンピックの開催に際し滑降競技場は恵庭岳と決まり、同時に札幌〜千歳〜支笏湖畔〜恵庭山麓という選手輸送ルートが予定されていたが、町村知事は「支笏湖畔から恵庭山麓に道路ができれば自然風景が傷つけられる」とこの計画に難色を示し、結果的に札幌〜石山〜支笏湖オコタンペというルートが選ばれた。現在でも支笏湖北岸の恵庭山麓、丸駒温泉〜オコタンペには道路がなく水辺まで森林におわれ、美しい景観が保たれているが、これは町村知事の意思が反映されたものである。

恵庭岳のオリンピック滑降コース復元を提唱

一九七二(昭和四七)年の札幌オリンピック開催が決まったのは六六(昭和四一)年、ローマにおける国際オリンピック委員会(ＩＯＣ)総会だった。しかしこのときの札幌は、立候補に際して支笏洞爺国立公園内の恵庭岳を滑降競技場とすることについて、なんの環境調査も調整もしておらず、机上プランだけだった。実はこのときの本命はカナダのバンフで、札幌はダークホースとされていたが、バンフが国立公園内を会場とすることから自然保護問題を指摘されて多くの支持票を失い、札幌は「劇的な逆転に成功」(当時の新聞見出し)したのである。

ところが札幌も滑降コースが国立公園内なので、北海道自然保護協会では恵庭岳滑降コースの是非をめぐって、論議が白熱した。またカナダのバンフが問題となった後だけに、その行方は国際的にも注目された。当時の北海道自然保護協会長は北海道拓殖銀行の東條猛猪頭取だったが、東條会長は温厚さと鋭さを兼ね備えた人柄で、自然保護に対してもきっちりした見識をもっていた。

その東條会長は、「北海道自然保護協会で、これまでとりあげた問題の中で、来たるべき冬季オリンピックの滑降コースを恵庭岳に作ることの当否の問題ほど、協会の内部で論議され、また意見の分かれたものはない。……一つは自然保護の必要上、恵庭岳の使用には反対という立場であり、一つは恵庭岳の使用はやむを得ないと認めつつ、自然保護をできるだけ実現させようとの立場である」と紹介し、「前者の考え方は、……自然破壊が横行して目にあまるものがあるとき、純粋な自然保護に徹した主張は少なくとも警世的意義を持つし、それが貫徹されれば、一つの社会悪に対する百％の勝利である。後者の考え方は、自然保護も社会の一つの要請であり、社会の他の要請との調和を図る必要がある場合に限っては、協会が調和妥協のうえで自然保護を主張することが、他に任せてしまうよりも自然保護の実をあげ得るという立場である」と、双方の意義を述べている(東條猛猪「恵庭岳の滑降コースに思う」)。

このふたつの考え方は、自然保護を考える場合、常に直面する課題であるが、恵庭岳の場合はすでにオリンピック開催が決定しており、いまさら返上も会場変更もできないので、後者の考え方に立たざるを得なかった。

そこで一九六六(昭和四一)年一二月、オリンピック組織委員会に対し、①施設は最小限度にとどめるとともに、オリンピック終了後はいっさいの施設を撤去すること、②跡地を植林によって十分に整備し、荒廃の痕跡を残さないようにすることを要望した(『北海道自然保護協会報』第四号)。そしてその要望書の写しを厚生大臣や林野庁長官などに送付した。それを受けた厚生省は、その二点、とくに後者については「従来の林相に早急に回復し得るような方法で植林すること」を許可条件として、国立公園内の森林伐採やオリンピック施設の新設を認めた。これも立派な「民唱官随」である。

一九七二(昭和四七)年、札幌オリンピックが好評のうちに終了すると、スポーツ関係者から施設の存続運動が起こったが、撤去・復元の流れは変わらなかった。そのころの私は道庁に新設された自然保護課にいたが、オリンピック組織委員会がまとめる跡地復元の具体的な方法の相談を受ける立場だった。やがて組織委員会が解散して日本体育協会に引き継がれると、道庁が現場工事を担当することになった。その当時、最も気がかりだったのは植林の方法だった。「従来の林相に早急に回復」といっても、エゾマツ・トドマツを交える針広混交林の跡地

図6•1　支笏湖上から恵庭岳オリンピック滑降コース跡地を見る。左側斜面にコースがあり，山麓の「八」字形はゴール前の急斜面。復元後20年の時点でも「八」字形が白く見えている(1994(平成6)年4月撮影)

に植えることができるのは、苗木が商業的に供給できるものに限られる。したがってエゾマツはアカエゾマツで代用しなければならず、トドマツ、ダケカンバ、イタヤカエデ、ナナカマドなどを画一的にならぬように混植した。

跡地の植林は一応の成功をおさめ、山腹が荒廃することもなく緑におおわれた。しかし復元後三〇年以上をへた現在は、別の深刻な課題が生じている。植栽されたものがその後は間伐も行なわれず放置されたため、森林の「構成種はほとんど植栽木で、自然侵入種が占める割合が低い」こと、「針葉樹の植栽部分は特に密度が高く、下枝が大きく枯れあがって森林の健全性に問題があり、また帯状の植栽地が周辺の天然林との景観的不調和を生じさせている」ことなどが、北大の矢島崇教授によって指摘されている(矢島崇「恵庭岳・滑降競技場跡地の森林復元」)。

これはオリンピック組織委員会が解散し、事後のモニタリングや自然復元への軌道修正の責任体制があいまいなまま、ときが経過した結果、「従来の林相に早急に回復」することとは異なる方向にすすんでしまったのである。

現在、現場では北海道森林管理局によって少しずつ軌道修正の努力が重ねられている。近年は「自然再生事業」が脚光をあびているが、恵庭岳滑降コースの復元は、自然再生事業が言葉でいうほど簡単ではないことを示している。

市民に支えられた大雪縦貫道路建設反対

一九七〇（昭和四五）年前後の大雪山では、自然保護に関する重要な動きがいくつも起こった。先に記したように層雲峡～赤岳～旭岳～勇駒別の大雪山観光道路は町村知事の英断で中止されたが、六七～六八（昭和四二～四三）年には層雲峡～黒岳および勇駒別（現・旭岳温泉）～旭岳（姿見池）のロープウエイがあいついで完成し、登山者が急増した。また後に記す士幌高原道路は七二（昭和四七）年に工事が中断された。北海道自然保護協会ではこれらに対応する意見書・要望書を関係方面に提出していた。

一方、厚生省による国立公園特別保護地区指定は、洞爺丸台風で発生した風倒木（第三章参照）処理の関係で遅れていたが、一九七〇年ころにやっと具体化した。その特別保護地区指定に先立つ行政機関の協議の途上、北海道開発庁は厚生省に対し「地元からもっとも要望の強い開発道路である新得～トムラウシ～天人峡道路の実現を認めること」を同意条件とした。厚生省ではやむを得ず「山稜部は長大なトンネルとすること」との方向でこれに妥協し、七一（昭和四六）年に大雪山山頂一帯の特別保護地区が指定された。また文部省（文化庁）も同年、ほぼ同じ区域を天然記念物に指定した（七七（昭和五二）年には特別天然記念物に）。こうして七一（昭和四六）年夏には、新得（新得町）～トムラウシ～天人峡（美瑛町）の道道忠別清水線が着工される予定になっていた。この道路がいわゆる大雪縦貫道路である。

しかし、一九七〇年前後には全国的に公害や自然破壊が深刻な問題となり、政府としても新しい対策が必要となって七一(昭和四六)年夏に環境庁が新設された。その新設官庁の初仕事が、大石武一長官による尾瀬観光道路工事の中止決断だった。この大石長官の決断は多くの国民から称賛され、自然保護世論が急速に高まった。それと連動して全国で計画または建設中の山岳道路が見直されることになった。士幌高原道路が中断したのもその一環である。大雪縦貫道路も当然のこととして見直しの対象となった。

当時は富士スバルライン(山梨県)、美ヶ原ビーナスライン(長野県)、石鎚スカイライン(愛媛県)などが問題となっていたが、北海道でも自然保護に関心をもつ市民や学生が一九七一(昭和四六)年夏、「大雪の自然を守る会」準備会を札幌で発足させ、大雪縦貫道路反対運動を開始した。大雪山で最も奥深いトムラウシ山の周辺、しかも特別保護地区を分断するような道路はつくるべきでないとする反対の動きは、新得や旭川にも及び、七二(昭和四七)年一月には守る会が正式に結成され、幅広い市民への問題提起、反対署名の活動や各方面への反対陳情などに力を入れた。新聞やテレビも自然保護の動きをしだいに大きく伝えるようになった。

一九七二(昭和四七)年八月中旬には環境庁と道庁が道路予定地を合同で踏査、私も当時は道庁自然保護課の職員だったので調査団の一員として参加したが、この道路は認めるべきではないと実感した。また同じ八月下旬には小山長規環境庁長官がヘリコプターで現地を視察し、「現ルートは認めない」と発言した。しかし裏返せば「現ルート以外なら認める」と読めるため、北海道開発局はただちにルートをずらしてトンネルを長大化するなど設計を変更し、環境庁はそれを認める気配を見せた。ところが、この一連の動きは自然保護世論をいっそう盛り上げることになり、より多くの自然保護団体や日本生態学会などが反対の声をあげた。

ところで、北海道自然保護協会は会員の多くが大雪縦貫道路反対の意見だったが、東條猛猪会長は北海道拓殖銀行頭取、今井春雄副会長は丸井今井社長という立場もあって、北海道開発庁出身の堂垣内尚弘知事に遠慮してか、反対の意見書は出せないとの立場をとった。一九七二(昭和四七)年一〇月一七日の『朝日新聞』は、次のように伝えている。

北海道自然保護協会は一六日、札幌市で開かれた緊急理事会で、大雪縦貫道路建設に対して反対声明を出すことを決めるとともに、東條猛猪会長(拓銀頭取)の辞任を認めた。同協会は大雪縦貫道路について、学者、市民を中心とする反対派と東條会長など財界を中心とする賛成派が対立、協会の姿勢を一本化できなかったが、「自然保護団体としてあるまじき態度だ」との反対派の突き上げが激化、……「体制的」と批判されていた同協会は、東條会長の辞任で全面的な改組を迫られ、今後はより急進的な市民団体としての性格を強めていくとみられる。

大雪縦貫道路は環境庁の自然公園審議会(途中から自然環境保全審議会に改組)に諮問されていたが、国民的な反対世論の広がりを背景に、これが認められる雰囲気はまったくなかったので、一九七三(昭和四八)年一〇月、審議会で否決される前に北海道開発局は道路計画をとり下げて決着した。大雪縦貫道路は北海道の自然保護問題で初めての幅広い市民運動につながった事例であるが、まさに画期的な「民唱官随」だった。

北海道自然保護協会の活動

先に引用した『朝日新聞』の記事にあったように、北海道自然保護協会は大雪縦貫道路問題を契機に、会員の声がより反映されやすくなるよう、従来は任意に選ばれていた理事を公選とするなどの改革が行なわれた。そして新しい会長には、『北の山』という山岳名著でも高名な伊藤秀五郎札幌医大教授が選ばれた。その後の北海道自然保護協会長は、石川俊夫(北大名誉教授)、八木健三(北大名誉教授)、小暮得雄(北大教授)、俵浩三(専修大北海道短大教授)、佐藤謙(北海学園大教授)と受け継がれ、また一九七九(昭和五四)年に社団法人化され、現在に至っているが、その間の主なできごとは、『神々の遊ぶ庭——北の自然はいま』(北海道自然保護協会編、一九八七)、『北の自然を守る——知床、千歳川そして幌延』(八木健三、一九九五)、あるいは会誌『北海道の自然』、会報『ＮＣ』に詳しいので参照していただきたい。

なお、私は協会が設立された初期のころからの一会員だったが、大雪縦貫道路問題のころまでは公務員だったので、協会の運営に関与することはなかった。しかし一九八〇年代半ば以降は自由に発言できる立場に変わったので、協会の理事としてその活動を手伝うようになった。北海道自然保護協会の主な事業は、①自然に関する学術調査研究、資料収集、②自然保護問題への指導、助言、勧告、要請、③自然保護思想の普及宣伝のための出版、講演会・講習会の開催、④内外の自然保護団体との連携などが定款に定められている。会員は約一〇〇〇人、会長・副会長を含む理事は二〇人以内で、全員がボランティアなので会議などは夜間か休日に限られている。

社団法人や財団法人の〇〇協会という組織のなかには、関係する役所から豊富な運営費や補助金を得て、専務理事や事務局長は役所からの天下りという団体が多いが、北海道自然保護協会は会員からの会費を基本的な活動財源とする清貧な団体である。

自然保護をすすめるために最も重要なことは、自然観察会や講演会など地道な活動を通じて、自然を愛し、自然を守らなければならないと思う人の輪を、少しでも大きく広げることである。北海道自然保護協会も単独あるいは他の団体と連携して、その努力を重ねている。しかし社会的に注目度が高いのは、各種の開発事業に対する反対運動である。

これからご紹介するのは、過去二十余年にわたり、私が北海道自然保護協会の理事（一九八四〜）、副会長（八八〜九四）、会長（九四〜二〇〇四）としてたずさわった活動のうち、多くの方々のご支援とご協力をいただいた結果、幸いにも「民唱官随」となり、しかも「緑の環境史」にとっても意義が深いと考えられるものの事例である。

二　知床の森林伐採問題から世界自然遺産へ

知床国立公園の指定事務を担当

私は知床国立公園に特別な思い入れをもっている。なぜなら私は、知床が国立公園候補地となる前の一九五九(昭和三四)年、当時の国立公園審議会の重要メンバーだった児玉政介委員の個人的な羅臼岳登山(これは後の国立公園候補地に好影響)を案内したことがあり、また国立公園候補地となってからの六二(昭和三七)年には、厚生省・林野庁・北海道・地元町による合同現地調査に加わり、その後の国立公園指定の実務を担当する道庁林務部の職員だったからである。

知床が国立公園に指定されたのは一九六四(昭和三九)年、東京オリンピックが開かれた年であるが、当時の日本は高度経済成長のさなかで、林業では「拡大造林」が積極的に推進されていた(第三章参照)。知床は前章で記したように原始的自然環境が高く評価されたのであるが、当時の国有林は知床の一部でも当然のように拡大造林を予定していた。また、現在はヒグマやシマフクロウなど野生鳥獣の宝庫として有名なルシャ川一帯は、ある製紙会社の社有林で伐採が進行していた。したがってそのような森林は、いくら自然が豊かと評価されても、伐採などの開発行為をきびしく制限する特別保護地区や、第一種特別地域に指定するのが困難だった。それでも知床国立公園では公園面積の五〇%の特別保護地区を確保することができた。これは日本の国立公園で最大の特別保護地区率である(現在は六一%に拡大、そして事実上は後記するようにほぼ一〇〇%)。

私は公務員のころ、林業雑誌に「自然公園と自然保護」と題して、「多くの場合はその土地の権利制限にからむ調整の結果、自然保護上の要請は後退せざるを得ないのが実情である。すなわち特別保護地区、第一種特別地域……という自然保護の必要性にもとづく序列は、その自然的価値というより、たとえば森林施業の仕組み、森林経営上のウエイトに左右されて決定されることが多い。施業の行なわれない除地は特別保護地区となり得るが、どんなに優れた森林と判断されても、森林経営上伐採の予定があれば第三種特別地域とならざるを得ない、というようなことがしばしばあるのである」(『北方林業』一九七四年六月号)と自戒の念を込めて書いたことがある。

知床で森林伐採問題が起こる

一九八六〜八七(昭和六一〜六二)年の「知床森林伐採問題」は、まさにそのような場所で起こった。それは北見営林支局の国有林、知床国立公園の第二種・第三種特別地域内で今後一〇年間に約二万立方メートル、六〜七%の単木択伐によりミズナラ、ハリギリなどの大木を伐採しようとするものだった。これらの老齢過熟木を伐れば、その木陰で成長をさまたげられていたトドマツ若木の成長が促進され、森林が若返って活性化するので、天然林施業として不可欠な作業であり、搬出に当たっては林道をつくらずヘリコプターで吊り出すので、自然を痛めることもないという。これは国立公園内の森林の取り扱いとして、行政的に認められる範囲内である。

この伐採計画に対しては地元の知床自然保護協会(午来昌会長)が反対し、午来会長はその直前まで北海道自然保護協会(以下道協会)理事でもあったので、道協会でも八木健三会長以下、多くの理事が反対する考えをもっていた。そのころの私は公務員時代と違って自由に発言できる立場となり、道協会の理事になっていた。一九八六(昭和六一)年七月に入ると道協会理事会でこの問題が論議され、①伐採予定地はシマフクロウなどの生息地で生態系に与える悪影響が懸念される、②伐採が森林の活性化につながるとの保障に乏しい、③予定地は知床百平方メートル運動地に隣接しており伐採は運動に逆行する、したがって①伐採計画をいったん凍結して抜本的な再検討を行なう、②地元関係者などと十分な話し合いをし相互理解のうえ行なう、③国立公園計画の自然保護強化に努める、という要望書を林野庁長官に提出した。

その後、北海道自然保護団体連合(道協会も構成員)なども伐採反対の要望書を林野庁長官や環境庁長官へ提出するとともに、北見営林支局を訪れたり、札幌や斜里でシンポジウムを開いて伐採反対の気運を盛り上げた。それに対し、営林支局では九月に入れば伐採するという強気の姿勢を貫いていた。八月に入ると北海道新聞をはじめ、各新聞やテレビがこの問題を連日のように大きくとりあげるようになり、また木材関係業者は伐採賛成の運動を始めた。そうしたなかで営林支局は道協会に対し、予定どおり伐採したいと文書回答してきた。道協会はこれに納得せず支局長と直接交渉したが、意見は平行線に終わった。

しかし、知床の自然を守れという世論は日増しに高まってきたので、八月末、北見営林支局は譲歩の姿勢を示し、道協会に対して四条件を提示してきた。すなわち、①伐採予定地内外に一〇〇〇ヘクタールの永久保護区を設ける、②知床百平方メートル運動の隣接地は伐採しない、③今年から自然環境調査を実施し来年度はその結果を見て判断する、④今年の伐採は行ない、その調査結果は関係者に説明する、というものである。

それを受けた道協会は九月上旬の理事会で深夜まで討議を重ねた。しかし「知床は原始の自然を守るべき場所、あくまで伐採を凍結し自然環境調査を先行させるべき」という拒絶論と、「拒絶すれば伐採が強行されて元も子も失う。少しでも自然保護のメリットのある条件を受けるべき」という条件受諾論が鋭く対立した。最終的には多数決で採決した結果、条件受諾論が多数を占めたが、私もこのときは条件受諾論に賛成した。しかしこのことが新聞報道されると、会員その他から抗議が殺到した。

一方、九月上旬には同じ四条件が北海道自然保護団体連合にも示されたので、九月中旬、斜里(ウトロ)で連合の代表者会議が開かれた。私も八木会長、滝口亘理事とともに出席、各団体が意見を述べ合い、道協会も理事会決定の経過を説明したが、各団体からの反発が強く納得が得られなかった。そこでいったん会議を中断し、道協会としての最終見解を決めることになった。その結果、「自然保護団体の足並みが乱れるのはマイナス、自然保護世論は高まっており道協会の軌道修正が必要」ということで三人の意見が一致、八木会長がその旨を再開後の会議で発言し、連合は「一枚岩」となって運動をすすめることが確認された。その後に連合の寺島一男代表代行などが北見営林支局を訪れ、八木会長や私も同行、「四条件はのめない。自然環境調査を先行させるべき」ことを主張したが、交渉はあっけなく決裂した。

そのころから知床の自然を守れという世論は、全国の知床百平方メートル運動支持者や朝日新聞の伐採批判キャンペーン記事と連動しながら、全国的にいっそう強まった。一九八六（昭和六一）年秋には、環境庁長官が農林水産大臣に「凍結」を要請するなど、政治的レベルにまで発展した。結局、北見営林支局では伐採を一時凍結し、八六〜八七（昭和六一〜六二）年の冬期にシマフクロウなどの生息調査を行ない、「シマフクロウの生息は確認できなかった」との結論を出し、八七（昭和六二）年四月、当初計画よりは縮小したが森林伐採を強行した。

しかし強行伐採に対する反発は、自然保護の世論をいっそう勢いづかせた。とくに地元の斜里町では伐採直後に行なわれた町長選挙で、伐採反対を主張してきた午来昌候補（立候補に際し知床自然保護協会長を勇退）が当選し、営林支局では伐採を継続することができなくなった。結局、この問題を通じて鮮明になったのは、多くの国民が知床国立公園に期待したことは「木材生産」ではなく、「原始の自然を守れ」ということだった。

伐採問題の本質は何か

そして私自身はそのころ、頭を殴られるような衝撃を受ける事態に直面した。それは偶然の機会に『林業白書』（一九八五年版）を目にしたからである。私たちは北見営林支局長や総務部長と交渉したとき、「この伐採は国有林の赤字対策なので容認できない」と批判したが、「そんなことはない。森林の若返り・活性化のため老齢過熟木を伐採するのは林業技術上不可欠の常識で、ヘリコプターによる搬出で成功した先例は斜里（国立公園区域外）にある」と聞かされ、水掛け論に終わっていた。ところが『林業白書』では、その斜里での事例が、「優良広葉樹のヘリコプター集材」として「高品質材の生産による収入の確保」のため「奥地にある優良木のヘリコプター集材による搬出」を行なったが、これは「創意工夫をこらした経営改善への取組」の模範事例だと紹介されていたのである。ここには「木材資源の有効活用のため」と明記されているが、森林の若返り・活性化への言及はない。

要するに知床の森林伐採は赤字解消のための伐採であり、老齢過熟木や森林の若返り・活性化は「まやかし」だったのである。こんなことが国立公園内で許されてはならない。それまでの私は公務員の経験があるので、相手の行政を信頼していたが、ここで「役所のいうことは信用できない」という強い行政不信を抱くに至った。その行政不信の目は、その後に私がかかわった士幌高原道路、千歳川放水路、日高横断道路などの公共事業に対する反対運動に共通して生かされた。行政のいう開発の根拠を疑いの目で検証すると、つぎつぎに矛盾点が露呈し、ついには開発を中止に追い込む原動力となったのである。知床森林伐採問題は、私が公務員を離れた後に「民」の視点をもった原点として、個人的にも重要な意義をもっている。

知床森林伐採問題の本質は、田中重五元林野庁長官によって、次のように率直に語られた。すなわち国有林の特別会計は膨大な累積赤字を抱え経営改善をせまられているが、同時に国有林は国土の保全や国立公園など非収益部門の森林経営も抱えている。「国有林がこういう状態に置かれている限り、知床での伐採は、他の、天与の、破壊されれば容易には回復できない美林に及んで、金では買えない自然の宝を、あえて金に換えるために続くだろうことを予想せざるを得ない」(田中重五「国有林野事業と「特別会計」」)。その後の国有林経営が抜本改革され、「国民の森林」に脱皮したことは第三章で記したとおりである。

森林生態系保護地域から世界遺産へ

知床森林伐採が問題となっていたのと同じころ、ブナの純林で有名な白神山地の国有林では、「青秋林道」がやはり全国的な反対運動にさらされていた。林野庁ではそれらのことを反省し、学識経験者からなる「林業と自然保護に関する検討委員会」(座長・福島康記東大教授)を設けて検討した結果、一九八八(昭和六三)年に答申が出され、国有林の自然保護に関して多くの提案がなされたが、とくに重要なのは原生的な天然林を対象とする「森林生態系保護地域」の新設である。

これはユネスコのMAB計画(人間と生物圏計画)の生物圏保存地域、すなわち人為を加えず厳正に自然を守る核心地帯(コア)と、その周りに緩衝地帯(バッファー)を設ける考え方を導入したものである。森林生態系保護地域は日本各地の原生的森林を対象として、原則として人手を加えず自然の推移にゆだねる「保存地区」と、その周辺で木材生産を目的とする森林施業を行なわず、森林の教育的活用やレクリエーション利用を認める「保存利用地区」を設ける制度である。そして知床は一九九〇(平成二)年、森林生態系保護地域の第一号として指定され、白神山地、屋久島もそれにつづいた。

私は知床の森林生態系保護地域設定委員会の一員に加えられて検討したが、当時の北海道営林局は森林伐採問題が起こった場所や、羅臼湖(知床横断道路以西)を区域に含めることを頑強に拒み、その場所まで拡大すべきという意見は、八木健三北海道自然保護協会長と私だけの少数意見にとどまった。当時は森林伐採問題の後遺症が残っていたので、行政のメンツを保つことが優先されたのである。

ところが二〇〇三(平成一五)年、知床が日本政府による世界自然遺産登録申請の候補地になると、森林生態系保護地域の区域の見直しが必要となり、私も再び委員の一員に加えられたが、今度は北海道森林管理局(営林局から組織変更)が、知床横断道路以西から遠音別岳一帯を含む区域拡大案を積極的に示してきた。知床森林伐採問題が起こってから十数年を経過、いろいろ紆余曲折はあったが、知床の国有林は、「国民の森林」に向かって変わりつつあるといえよう。

こうして国有林の全域が森林生態系保護地域となった。またルシャ川一帯の私有林は公有化され、ウトロ周辺の旧開拓地の大部分は知床百平方メートル運動の用地となった。したがって知床国立公園・および遠音別岳原生自然

図6•2 知床森林伐採と18年後の世界遺産登録を伝える『北海道新聞』(右・1987.4.14夕刊，左・2005.7.15)

環境保全地域）のほぼ全域が事実上の「営造物」となり、特別保護地区と第一種特別地域に相当する実態を備えたことになる。これは日本の国立公園では初めての事例で、日本型の国立公園からアメリカ型の国立公園への脱皮の第一歩でもある。

二〇〇五（平成一七）年、知床は世界自然遺産に登録された。知床の「売り」は、世界で最も南に見られる流氷が育む豊かな海洋生態系と、原始性の高い山岳、森林、草原、河川など陸域生態系の相互関係に特徴があることである。例えば、流氷が育む海はプランクトンが豊富で、それにともない魚類も豊かとなり、トド、アザラシ、イルカなどが集まり、またオオワシやオジロワシも飛来する。そしてサケやマスは河川を遡って産卵し、その後はヒグマやシマフクロウ、ワシ・タカ類などの餌となり、河畔の植物を育てる要素ともなる。さらに陸上の植物が養った栄養分の一部は河川を通じて海に注ぎ、それがまた海を育てる、といった循環が知られている。

ところが日本の国立公園は海の保護には弱い制度しかもっていない。「海中公園」という制度はあるが、現実には狭い面積の「点」であり海洋生態系の保護には寄与しない。知床の世界遺産登録に先立って現地を調査した国際自然保護連合(ＩＵＣＮ)からは、①トドなど海生哺乳類を保護するため、その餌となるスケトウダラなどの漁獲制限の検討、②サケ科魚類が河川を遡ることをさまたげる砂防・治山ダムを撤去することの検討、という宿題を出された。現状では知床周辺の海で活発な漁業活動が行なわれており、その漁業を規制するのは困難な事情があり、ダムもただちに撤去することは困難な事情がある。

したがって今後、世界自然遺産としての知床では、①海洋生態系の保護と漁業をいかに両立させるか、②河川生態系をよみがえらせるため砂防・治山ダムをどうするか、③ヒグマと人間がどのように安全な共生関係を保てるか、④増加が予想される観光客をどのようにコントロールして自然を保護するか、⑤知床と類似の生態系をもつ北方四島の自然保護とどう連携するかなど、いままでの日本の国立公園では未経験、未解決の課題を背負うこととなる。

ところで現在の日本における世界自然遺産登録地は、白神山地、屋久島、知床の三ヵ所である。この三ヵ所に共通するのは何だろうか。もちろん優れた原始的自然環境であることが第一であるが、実はそのほかに意外な共通点がある。それはいずれも「官」が森林伐採計画をもち、現実に一部が伐採されたが、「民」がそれに反対し、結果としては「民唱官随」で自然保護が強化されたことである。「民」による反対運動がなければ、森林生態系保護地域という制度は生まれず、また白神山地、屋久島、知床という世界自然遺産は幻だったに違いない。

また知床百平方メートル運動は、五万人にも及ぶ「民」による土地の公有化で、知床の自然保護に大きく貢献している。これからの知床でも新しい課題を解決するため、「民」と「官」のよりよい関係が模索されなくてはならない。

三 バブルに踊ったリゾート開発と地域活性化の幻

リゾート法の成立

知床森林伐採問題が起こったのとほぼ同じ時期の一九八七(昭和六二)年、国会ではリゾート法(総合保養地域整備法)が、ほとんど実質審議がされないまま、あっという間に成立した。その後はバブル経済の到来と連動し、日本列島にすさまじいリゾート・ゴルフ場開発ブームが巻き起こったことは周知の事実である。

リゾート法が制定された背景には、一九八五(昭和六〇)年の先進国蔵相・中央銀行総裁会議の「プラザ合意」が大きく影響していた。すなわち当時のドル高を是正するため日本経済は円高に移行、円高による輸出不況対策として、各種の規制緩和をともなう内需拡大、民間活力導入政策が積極的に推進されるようになった。折から第四次全国総合開発計画が立案され、東京への一極集中の批判をさけるため「多極分散型国土」を形成する政策の一環として、全国的にリゾート保養地を整備することが位置づけられた。

この政策には関係する各省庁(当時の国土庁、農林水産省、通産省、運輸省、建設省、自治省)が「バスに乗り遅れまい」と飛びつき、①国民の余暇の増大や高齢化社会に対応し、自然に親しむゆとりある生活を実現、②低迷する農林水産の一次産業と重厚長大の二次産業を、三次産業へ誘導することによる地域振興、③民間活力導入による内需拡大、などをうたい文句に、さまざまなリゾート開発構想を提示し、また各地方自治体はその構想に乗って地域活性化を夢見るようになった。しかし同じような政策が「縦割り行政」ですすめられるのは好ましくないと、一本化されたのがリゾート法である。

その結果、リゾート法では基本構想が承認された地域の重点整備地区を中心に、税制の優遇、資金の融資、関連公共施設の整備、農地法・森林法・都市計画法などの規制緩和の優遇措置を講じながら、「良好な自然条件を有する土地を含む相当規模の地域」で、「民間事業者の能力の活用に重点を置きつつ促進する」こととしたのである。

しかしこの優遇措置、規制緩和は重点整備地区だけでなく、リゾート法指定地以外のリゾート・ゴルフ場開発にも適用されるものが多かった。例えば、農地法で規制されていた農地内のゴルフ場開発は、「ゴルフ場が雇用機会を増大し、地域の活性化に資する」ことで緩和され、同様に国有林内のゴルフ場もヒューマン・グリーン・プランの促進(第三章一六四頁参照)に役立つものは奨励された。また金融機関やノンバンクは開発企業に潤沢な資金を提供した。とくに北海道は、広大な土地を安い地価で入手することができ、また多くの地方自治体はリゾート開発による「地域活性化」を望んでいるので、全国から開発企業が殺到した。

北海道のリゾートブーム

一九八九(平成元)年五月一四日の『北海道新聞』は、「ゴルフ場／造成、計画、空前の四三ヵ所／道外資本どっと」という大きな見出しで次のように報じている。「リゾート開発競争が全道で激化する中、その基幹施設にもなるゴルフ場の造成が道内で、空前のラッシュになっていることが、十三日までの北海道新聞社の調べで分かった。……(それは)四十三ヵ所に上り、既存の百二十五ヵ所と合わせ、合計百六十八ヵ所に達する。東京の資本が空港周辺などに進出する例が多いが、地域振興、雇用促進を狙って、地元の自治体が参入する第三セクター方式も少なくない。乱開発による自然破壊や、過当競争から共倒れを懸念する声も聞かれる」。

私はこのリゾートブームを自然保護の立場から苦々しく思っていた。一九八八(昭和六三)年五月、北海道新聞では「観光・リゾートをどうする」という「道新フォーラム」で読者の小論文を募集したので、私はこれに応募した。五月一六日付けの紙面に「中途半端な発想禁物／自然公園特別地域は聖域に」(新聞社がつけた題)として掲載されたものから、その要点を紹介する。

北海道では農林水産、石炭、鉄などの基幹産業が軒並み不況に見舞われ、多くの市町村は民間活力利用のリゾート開発に熱中している。その期待はよく分かるが、果たしてリゾートは地域活性化の特効薬となるのだろうか。

……働きバチの日本人に長期滞在できる休暇が一般化するのは当分先の話である。……需要が発生していないのに供給が大量に先行するのは危険である。各地のリゾートはホテル、コンドミニアム、スキー場、ゴルフ場など類似の計画がめじろ押しであるが、共存共栄できる見通しはあるのだろうか。

……いま各地の自然公園はリゾート開発の〝錦の御旗〟で貴重な自然がむしばまれようとしている。しかし自然をどう守るかという発想は影が薄い。……一九八五年版「国連国立公園リスト」では、大雪山も阿寒も知床も支笏洞爺も、「国立公園」から脱落し「景観保護地域」に入っている。

つまり北海道には「本物の国立公園」が存在しないことを示している。この重大な事実が見過ごされてよいのだろうか。優れた自然景観を誇る北海道としては、自然保護政策を強化して、国際的に通用する国立公園を実現することの方が先決である。

リゾート熱は総合保養地域整備法をきっかけに燃えてきた。しかしブームに乗るのは禁物で、①各地で競合する類似計画が共倒れにならぬよう、需要に見合った北海道の総量を想定し、地域間調整を行うこと、②自然保護を強化するとともに、自然公園特別地域にはリゾート施設を計画しないこと——を関係者に望みたい。

リゾートは万能のリゾート(頼みの綱)ではない。冷静で総合的な視点を欠くと、リゾート(快適でよく行くところ)にはならないだろう。

これはごく常識的な発言であるが、当時の行政関係者にとっては馬耳東風だった。北海道のリゾート開発計画

北海道新聞　1992年（平成4年）11月22日（日曜日）
地域振興いまや"お荷物"　ゴルフ場計画
中断、縮小　道内42カ所
「環境」とバブル余波

北海道新聞　1989年（平成元年）5月14日（日曜日）
ゴルフ場
造成、計画　空前の43カ所
道外資本どっと
既存含め計168カ所
農薬汚染や違法土地取引
総合対策が急務

図6・3　リゾートブームによるゴルフ場開発の盛衰を伝える『北海道新聞』(右・1989. 5. 14，左・1992. 11. 22)

は一九九一（平成三）年にはピークに達し、全道二一二市町村のうち一一〇の市町村で一二九件の大型開発計画が存在するに至った。だれが見たってこれが共存共栄できるはずがない。しかし行政は需要に見合う総量の想定も、地域間調整も行なわず、また自然公園内にもリゾート開発を容認しようとした。当時はまだバブル経済という言葉は一般化されず、ましてそれが崩壊するとは予測できなかったのだろう。『日本経済新聞』にバブル関連の記事が出たのは八八（昭和六三）年に四件、八九（平成元）年に一一件、九〇年に一九四件、九一年に二五四六件、九二年（一〇月まで）に三四七五件だったという（野口悠紀雄『バブルの経済学』）。

そうしたなか道内の自然保護団体や消費者運動グループなどは「北海道ゴルフ場問題ネットワーク」を結成し、リゾート開発は自然を破壊するだけで地域振興に結びつかない、と各地で反対運動を繰り広げたが、それは「もぐらたたき」の様相を呈した。結果的には一九九〇年代初頭にバブル経済の崩壊を迎え、多くのリゾートは未着手のまま幻に終わり、着工または完成したものの大半は経営破綻、不良債権と化し、地域活性化どころか地域振興の足を引っ張るお荷物となった。

それればかりではない。一九八九(平成元)年には広島町(現・北広島市)のゴルフ場で散布された農薬が流出し、下流の養魚場で魚九万匹が全滅したのをきっかけに農薬公害が多発、九一(平成三)年にはウラウス・リゾート開発公社の不正資金事件が発覚、九二(平成四)年には元北海道開発庁長官による木古内町のリゾート開発汚職事件(共和事件)が発覚するなど、さまざまなリゾート開発のネガティブな面が露呈し、社会的イメージが大きく低落した。

リゾート開発の優等生だったトマム

北海道でリゾート法による基本構想が承認されたのは、「富良野・大雪リゾート」(三三万四〇〇〇ヘクタール)と「ニセコ・羊蹄・洞爺周辺リゾート」(三二万三〇〇〇ヘクタール)の二地域である。このうち富良野・大雪に含まれる「トマム」は、リゾート開発の優等生といわれ、リゾート法が制定される際にも、先行的モデルとされた地域である。そのトマムは一万ベッドのホテル・コンドミニアムと、ゴルフ場、スキー場などを備えているが、リゾート法による重点整備地区に位置づけられたのを機会に、宿泊収容一万→二万ベッド、ゴルフ場一八→九九ホール、スキー場一七→四一コース、年間利用客一二〇万→三一四万人(予想)という大拡張計画を公表し、環境アセスメントも実施した。

そこで北海道自然保護協会では現地を調査するとともに、「アセスをアセス」する検証を行なった。その結果、①調査責任者の記載がない覆面調査、②動植物は調査期間が短く見落としが多い、例えば北海道自然保護協会の短期間調査でも確認されたイトウ、スナヤツメなどがアセス書には無記載、③本州中心に選ばれた希少植物に「着目」し、「着目すべき植物がない」から環境は保全されると結論づけ、④スキーコースは皆伐なのに周辺の国有林を分母の面積に含めて群落の消失率を小さくした疑い、⑤上水・下水・廃棄物などの算出根拠に疑問、⑥「国際リゾート」と銘打ちながら「国際会議場」の建設は後回し、会員権など資金回収の容易なゴルフ場やコンドミニアム（分譲ホテル）だけが先行、など多くの問題を含む開発計画であり環境アセスメントであることが明らかになった（北海道自然保護協会『トマムレポート――トマムの事例に見るリゾート開発と環境アセスメントの問題点』）。

その「富良野・大雪リゾート」の基本構想がリゾート法の承認を受けてから五年を経過した一九九三（平成五）年三月二四日の『北海道新聞』には、「富良野・大雪リゾート法承認から五年／地域振興の旗色あせ／バブル崩壊、保護団体の反対／五地区の計画足踏み」という見出しで、次のような記事がある。「結局何も変わらず、過疎だけが進んだ」「トマムやサホロの成功は例外」――富良野・大雪リゾート地域整備構想に含まれた自治体からは今、こんな声ばかり聞こえてくる。同構想が総合保養地域整備法（リゾート法）の承認を受けて、この四月で五年目。バブル経済の崩壊で、リゾートに託した地域振興の旗はすっかり色あせた。……八ヵ所の重点整備地区のうち、施設の建設が進み、構想が実現に向かっているのは、大手企業と組んだサホロ（セゾングループ）、ふらの（コクド）、トマム（アルファグループ）の三地区だけ。残る五地区は、事業主体の経営難や自然保護団体の反対などにより、「計画はほとんど手付かず」（道）という状況だ」。

図6•4　トマムリゾート（タワー型ホテル）

「トマムやサホロの成功は例外」といわれたトマムの大拡張計画は、結局、バブル経済の崩壊によって幻となった。それだけでなく、既存部分の分譲ホテルも会員権販売の不振で建設工事費を支払えなくなり、裁判所から差し押さえ処分を受けた。そして一九九八（平成一〇）年五月二八日の

『北海道新聞』は「占冠・トマムリゾートの一部所有／アルファ・コーポレーション破産／負債一〇六一億円／預託金の返還は困難」の見出しで、次のように伝えている。「上川管内占冠村の大規模リゾートで、国の総合保養地域整備法（リゾート法）の道内適用第一号となったトマムリゾートの一部を所有するアルファ・コーポレーション（本社・東京）と、グループ会社で会員権販売のアルファ・ホーム（本社・札幌）は二十七日、札幌地裁に自己破産を申請し、同地裁から破産宣告を受けた。負債総額はコーポレーションが一千六十一億円、ホームが百二十一億六千万円で、コーポレーションは道内では今年に入って最大、これまででも四番目の大型倒産となった」。

これは不幸なことであるが、まだトマムの一部である。残りの部分は大丈夫だろうか。二〇〇三（平成一五）年六月一七日の『北海道新聞』は、「『関兵』が再生法申請／トマムを開発、六割所有／預託金償還が負担」という見出しで、次のように伝えている。「上川管内占冠村の大規模リゾート『アルファリゾート・トマム』の六割を所有する不動産会社、関兵精麦（本社・仙台）は十六日、東京地裁に民事再生法の適用を申請し、財産保全命令を受けた。バブル期の巨額投資が原因で、負債総額は約六百七十四億円。施設は道内観光レジャー業大手、加森観光（同・札幌）の子会社が運営しているが、今後も通常営業を続ける方針」。そして同日付けの社会面には「トマム開発業者破たん／リゾート都市　夢終えん／占冠住民『村存亡の危機』」の見出しで、関連記事が大きく掲載されている。

もうひとつの「成功」とされた「サホロ」も、トマムと前後するように経営破綻した。二〇〇〇（平成一二）年七月一九日の『北海道新聞』は、「『サホロ営業譲渡へ／西洋環境が特別清算／加森観光軸に交渉』という見出しで、「セゾングループの不動産会社で、経営危機に陥っていた西洋環境開発（本社・東京）は十八日、東京地裁に特別清算を申請し、受理されたと発表した。同社単体の負債は五千百七十五億円で、関係会社三十社を含めた負債総額は五千五百三十八億円。十勝管内新得町のサホロリゾートについては、営業を譲渡する形で存続させたい考えだ」と報じている。

夕張岳スキー場の「民唱官随」

リゾート法の基本構想承認は前記の「富良野・大雪」「ニセコ・羊蹄・洞爺周辺」のほかに、「函館・大沼周辺」「オホーツク・網走周辺」「空知地域」「暑寒別山麓地域」などが承認をめざす後続候補地とされていた。そうした計画によく顔を出す大手にコクドがある。そのコクドが「花の名山」夕張岳で、高山植物帯に達するリフトを含むスキー場計画をもっているらしいという情報が一九八八(昭和六三)年夏に入り、多くの自然愛好家は憂慮した。そこで北海道自然保護協会と日本自然保護協会では現地調査を行ない、両者が連名で「北海道の「夕張岳高山植物群落」および「ナキウサギ」を早急に国指定の天然記念物に指定することについての要望書」を、八八(昭和六三)年一〇月、文化庁長官、北海道知事、北海道教育委員会委員長に提出した。

この要望書は八木健三北海道自然保護協会長と私が北海道教育委員会へ持参したが、教育委員会の幹部は当初、「天然記念物の要望は市町村長から提出されるもの、民間からの要望は無意味」と受けつけようともしなかった。そこで私は持参した『北海道の史蹟名勝天然記念物』(北海道教育委員会事務局、一九四九)をとりだし、その「昭和二三年・北海道教育委員会指定予定のもの」のリストに「夕張岳高山植物帯」「大雪山のなきうさぎ」と記載されている部分を示し、「この指定候補はその後どのように検討され、なぜ四〇年も指定されず棚ざらしになっているのか、説明してください」といったら、「え、それ見たことない。コピーさせてください」と幹部は態度を急変させた。この事実指摘は、その後の文化財保護行政が早く動き出した要因となった。

一九八八(昭和六三)年一一月にはコクドが「夕張岳ワールドスキー場」として、八合目の高山帯から西〜西北斜面にゴンドラ、リフト、スキーコース、レストラン、ヒュッテなどを造成するプランを公表した。地元の夕張市では炭鉱閉山で疲弊した地域の活性化の起爆剤として歓迎ムードにつつまれたが、夕張岳の自然こそ郷土の誇りと考える市民もおり、八九(平成元)年四月には「ユウパリコザクラの会」という自然保護団体が結成され、市長や市議会、教育委員会に高山植物のスライドを見せる行脚をしたり、札幌や夕張でシンポジウムを開催したり、夕張岳の天然記念物指定の署名活動を開始したりした。また同年七月には文化庁文化財調査官と北海道文化財保護審議会委員も夕張岳を視察、夕張岳の自然の価値を再確認した。

こうして夕張岳の「開発か自然保護か」の問題は、広く世間から注目されるところとなった。そして一九九〇(平成二)年一月には北海道保健環境部長が、富良野芦別道立自然公園の第一種特別地域(道立自然公園には特別保護地区制度がないので特別保護地区相当)ではスキー場開発を認めないと道議会で答弁した。それからほぼ一年後の九一(平成三)年二月には、夕張市長もコクドに対し「スキー場計画の検討を白紙に戻したい」と伝え、コクドもそれを了承したことが伝えられた。その後の「ユウパリコザクラの会」の活動は、天然記念物指定の受け皿づくりのため、市の教育長を夕張岳に登らせたり、登山道補修や高山植物盗掘防止のボランティア活動をしたり、天然記念物の先輩格のアポイ岳の関係者とネットワークを組んだり、多角的な活動を展開した。

一方、北海道教育委員会では一九九一(平成三)年、夕張岳の地質地形、動植物の学術的な調査を実施し、夕張岳の高山植物群落は超塩基性岩に立地する特異な植生であり、またその基岩は蛇紋岩のメランジュ(蛇紋岩にとり込まれた変成岩類が浸蝕に強いため突起状に残る地形)に特異性があることを明らかにした(北海道教育委員会『夕張岳――植生等総合調査報告書』)。その結果、「夕張岳の高山植物群落及び蛇紋岩メランジュ帯」が、一九九六(平成八)年六月、国の天然記念物に指定された。

夕張岳は「民」が声をあげなければスキー場が建設され、「官」が天然記念物に指定することもなかったろう。これはリゾート開発を阻止しただけでなく、天然記念物指定を勝ちとった、ユニークな「民唱官随」である。

ところで夕張市では炭鉱閉山後の地域振興策として観光事業に力を入れてきたが、過剰な投資と経営不振が財政を圧迫し、二〇〇七(平成一九)年、財政再建団体に指定された。もしスキー場が建設されていれば市の負担もあり、その後のコクド(西武)も経営が挫折したので、傷口はさらに広がっていたに違いない。

四　三〇年前の価値観で迷走した士幌高原道路

幻の観光道路に知事がゴーサイン

リゾート法が制定された二ヵ月後の一九八七(昭和六二)年七月、横路孝弘知事は、一五年間も工事が中断し「幻の観光道路」といわれた士幌高原道路(道道士幌然別湖線)について、「環境と調和した道路づくりの見通しを得たので、地元住民や自然保護団体の合意を得て建設に取り組みたい」と北海道議会で表明した。この道路は、士幌町から大雪山国立公園の東ヌプカウシヌプリをへて然別湖に至る道道で、一九六二(昭和三七)年、山火事防止と然別湖への短縮連絡を目的として着工、六五(昭和四〇)年からは国立公園区域にかかり国立公園事業の認可を得た道路となった。士幌町にとっての士幌高原道路は「地元の悲願」とされていた。しかし東ヌプカウシヌプリ斜面への登りはヘアピンカーブが連続し、法面を大きく削ったので風致が損なわれた。また当時はまだ環境アセスメントの考え方がなかったので、事業認可に際しては自然環境調査がまったく行なわれていなかった。

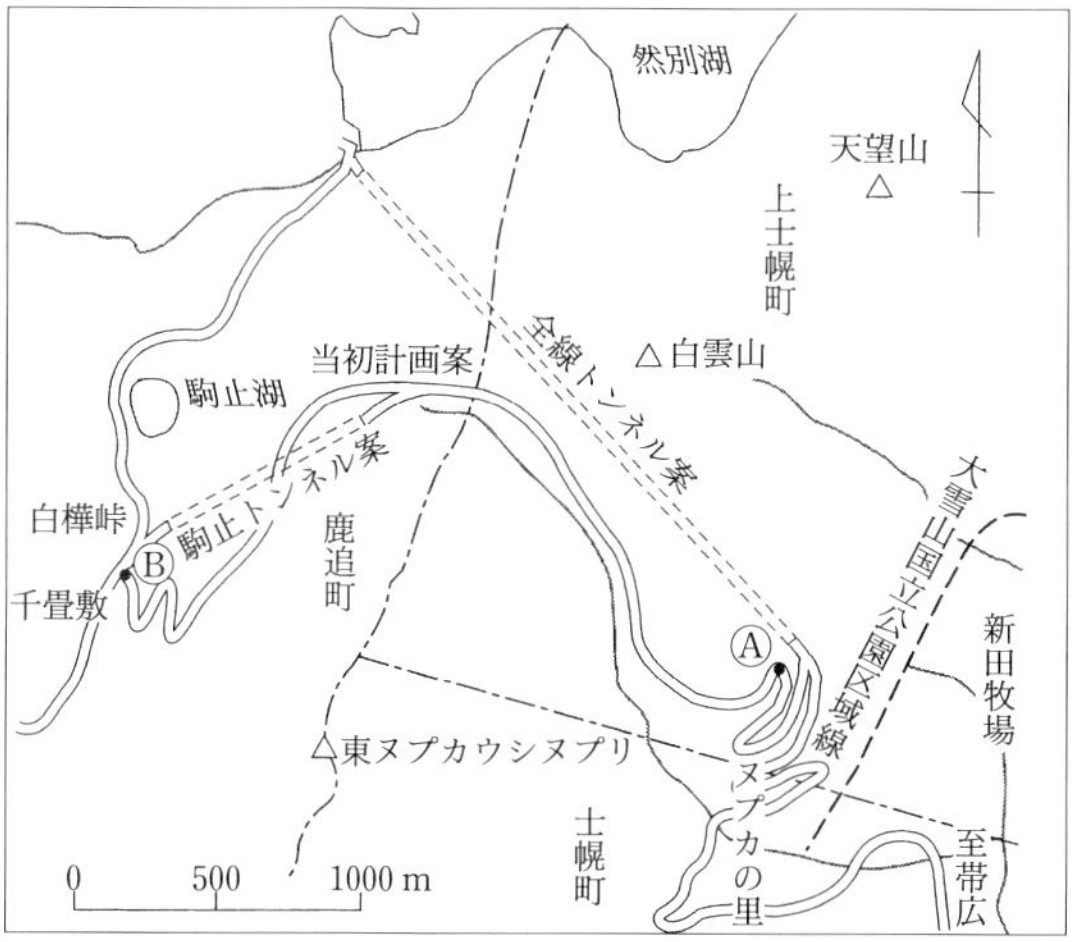

図6･5　士幌高原道路位置図(北海道新聞社編『検証 士幌高原道路と時のアセス』)。A～Bの間が未開削区間

ところが一九七〇年代に入り、芳賀良一帯広畜産大学教

図6•6 士幌高原道路の工事終点付近(士幌町)
(1994(平成6)年9月撮影)

授(当時)の協力を得て、北海道自然保護協会や十勝自然保護協会が道路予定地を調査したところ、ナキウサギ生息地や高山植物群落地帯を貫通し、自然破壊の恐れが大きい道路であることが分かり、建設反対の声をあげた。また然別湖の玄関口で路線予定地に関係する鹿追町では、玄関口を隣町に渡したくないとの思惑もあり、町議会が反対決議をした。当時は大雪縦貫道路の是非が社会的に大きな問題となっていたため、堂垣内尚弘知事は一九七二(昭和四七)年、二・六キロメートルを残して工事を中断した。

その後、北海道では自然環境アセスメントを行ない、当初の計画は全線が地上ルートだったのを一部トンネル(駒止トンネル案)に設計変更し、工事再開を表明したのである。知事が「環境と調和した道路づくりの見通しを得た」というのは、その設計変更を指している。しかし士幌町から然別湖へ行くには、既存道路(国道二七四号・道道八五号を経由)が通じており、短縮効果はきわめてわずかで、貴重な自然環境を貫通するデメリットの方が大きいと判断した北海道自然保護協会は、工事再開に反対した。

環境庁が林談話を適用除外に

すると一九八七(昭和六二)年八月、十勝出身の丸谷金保参議院議員が北海道自然保護協会を訪れ、士幌高原道路は地元の悲願なので反対しないでほしいと要請した。そこで複数の理事と同席していた私は、士幌高原道路は「林談話」に反するから建設すべきでないと、丸谷議員に林談話の内容を説明した。

林談話とは、大雪縦貫道路が一九七三(昭和四八)年に計画中止となったとき、自然環境保全審議会の林修三自然公園部会長が、今後の国立・国定公園内の道路計画のあり方の基本を示した談話で、当時、国立公園道路の憲法といわれたものである。それは、①大雪山はわが国に残された数少ない原始的自然地域で、その保護は重要、②(大雪山に限らず観光道路が多く建設され)自然公園の保護および利用のあり方は反省すべき時期、③観光道路の開設は必ずしも過疎解消の決め手とならぬ、という基本認識を示したうえで、今後は、①その道路が社会的にぜひ必要で、他にこれに代わる到達手段がないことが前提、②その場合でも原始的自然環境、高山帯や急傾斜地、希少な動植物生息・生育地、優れた景観地はさける、というものである。

ところが士幌高原道路は、①士幌から然別湖に通ずる道路がすでに存在するので「社会的にぜひ必要」とはいえず、②しかも原始的自然環境、希少な動植物生息・生育地を通過するので、林談話の趣旨に適合せず、国立公園内では認められない計画である。

このような私の説明を聞いた丸谷議員は困った顔をしていたが、その後、予期しない意外なことが起こった。東京へ帰った丸谷議員が八月の参議院で、「林談話の趣旨はいまも生きているのか」と質問したのである。すると信じられないことであるが、環境庁自然保護局長が、「林談話は審議会のご意向なので、現在でもこの談話を踏まえて対処している。しかし談話以前に認可された道路には適用されることはない」と答弁してしまったのである。これは環境庁として自らの本務を放棄したような逃げの答弁である。

なぜなら、談話以前に認可された士幌高原道路は、事前の環境調査が行なわれなかったので、路線がナキウサギ生息地など貴重な自然地域を貫通することを知らずに認可した。林談話は、国立・国定公園内の多くの観光道路による自然破壊が問題となり、その「反省」のうえで示されたものである。だからこそ、貴重な自然環境であることが判明し、その「反省」で一五年間も中断していた道路を工事再開させるには、林談話に即して判断するのが環境庁の当然の責務である。また当時の環境庁は「国立公園又は国定公園の公園計画再検討実務要領」を定め、そこでは認可済みの道路について、「現計画が不合理と認められる場合は、実態に合わせて公園計画を変更する」と明記していた。

それにもかかわらず環境庁は、政治家の顔色は見たが自然環境を見ることを忘れ、林談話に反する士幌高原道路をフリーパスさせてしまった。新しい時代の要請によって新設された環境庁が、自らの本務を放棄し、当時から二二年も前の厚生省時代に認可された「行政の継続性」を優先させたのである。

これに勢いづいたのは北海道である。自然保護団体からどれほど強い反対があっても、最後は環境庁が認めてくれるに違いないという読みから、強気になって士幌高原道路の工事再開に向かって突っ走り、つぎつぎと「ボタンのかけ違い」を重ねたのである。

自ら定めた北海道自然環境保全指針に自ら違反

北海道は一九八九（平成元）年に「北海道自然環境保全指針」を策定して公表した（北海道『北海道自然環境保全指針』）。これは当時の北海道が全国に誇った自然保護施策で、当時このような指針を作成、運用していた都府県はなかった。それは北海道の地形・地質、植生、野生鳥獣などの膨大な自然環境情報を、総合的に解析して一六六ヵ所の「すぐれた自然地域」を選定し、それぞれの地域ごとに「保護水準」と「利用水準」を、Ⅰ～Ⅳの四段階区分で明らかにしたものである。

それによると士幌高原道路予定地は、「然別湖周辺」の優れた自然地域に該当し、東ヌプカウシヌプリ周辺と然別湖周辺のナキウサギ、シマフクロウ（天然記念物）、カラフトルリシジミ（天然記念物）、クマゲラ（天然記念物）、コマクサ群落などの生息・生育地として重要なので、保護水準Ⅰ、利用水準Ⅰを当てはめている。この保護水準Ⅰは「周辺を含めて厳正に保全」、利用水準Ⅰは「徒歩利用に限定」という扱いである。したがって士幌高原道路予定地は、厳正に自然環境を保全し徒歩利用に限定、すなわち自動車道路はつくるべきでないと、北海道が自ら宣言しているのである。それだけではない。この指針には横路孝弘知事が、「道では、この指針に盛り込まれた理念や基本的な方向性を踏まえ、今後の自然環境保全施策を進めてまいりたいと考えていますので、道民の皆様のご理解とご協力をいただければ幸いです」と序文を述べている。

そして現にこの指針は、リゾートブームのさなか、各地のゴルフ場計画などをストップさせるため有効に力を発揮した。ところが北海道は、自ら定めた指針に自ら反して士幌高原道路を建設する矛盾を犯している。したがって北海道自然保護協会をはじめ、十勝自然保護協会、北海道自然保護連合など道内の各自然保護団体はこぞって、士幌高原道路は北海道自然環境保全指針に反するから中止せよと、反対攻勢を強めた。

ところが一九九三(平成五)年二月、この問題が北海道議会でとりあげられると、自然保護を主管する保健環境部長は、「貴重な動植物の生息・生育地の部分はトンネルや橋梁で避けたので、指針を最大限尊重」と答弁したのである。「周辺を含めて厳正に保全」の「周辺」にトンネルや橋梁の工事をすることが「厳正に保全」であり、「徒歩利用に限定」の部分に「自動車を走行」させることが、指針の「最大限尊重」だというのだから、指針は策定した北海道自らの手で葬り去られたと同然である。そこで私は自然保護課の責任者に抗議したら、「指針は法律ではないが、道路計画は法律で決まったもの」と開き直った。全国に誇る北海道自然環境保全指針は、こうして死んだ。

この北海道自然環境保全指針の作成には北海道自然環境保全審議会がかかわっており、当時の私はその審議会の委員だった。そこで一九九三(平成五)年七月、審議会が開催されたとき、「北海道自然環境保全指針の適正な運用について知事に建議すること」を提案した。審議会は必要な事項を知事に建議できるという条例の規定があるが、これは前代未聞のできごとなので継続審議となった。結果的には建議でなく、条例にもとづかない「要請」となったが、それでも北海道に対し、反省をせまるパンチをあびせたことになった。

その当時の私は、士幌高原道路予定地の一部しか知らなかったので、一九九三(平成五)年八月、北海道自然保護協会の畠山武道、市川守弘、福地郁子の各理事らとともに十勝自然保護協会の及川裕会長などの案内で全線を踏査してみた。そのとき、沿線には「定山渓漁入ハイデ」と同じ環境があると直感した。そこで同年九月、漁入ハイデの植生調査をしたことのある北海道自然保護協会の佐藤謙理事(現会長)を誘って再び同地を訪れ、専門的な調査をお願いした。果たせるかな、路線予定地には「累石風穴」が発達していることが判明した。累石風穴とは山の斜面の下部に大きな岩石が累々と重なり、その石の隙間から冷風が吹き出す現象で、周りはアカエゾマツなどの森林が発達していても、風穴に近い部分は低温となってハイマツやコケモモなど高山植物が出現する。だから東ヌプカウシヌプリは山頂まで亜高山帯の森林でおおわれていても、中腹は高山帯の様相を呈する垂直分布の逆転現象が生じている。通常は高山帯に生息するナキウサギが、東ヌプカウシヌプリでは標高の低いところに生息するのも、この風穴環境で説明できる。

ちなみに九月中旬、外気が一一~一二℃のとき、風穴部の地下一〇センチメートルの温度は一・五~二・四℃だった。地下に永久凍土が存在するのは確実と思われる。このハイマツ・コケモモ群落の周辺には、それほど低温ではないアカエゾマツ・蘚苔群落が発達する風穴もあって、あたり一帯が発達程度の異なる風穴地帯となっており、これは北海道で最大、すなわち日本で最大規模と判断された。ところが北海道が士幌高原道路のために行なった環境アセスメントでは、この風穴地帯の存在に言及されておらず、したがって環境影響評価もその視点が欠落していることが露呈した(佐藤謙「士幌高原の自然は極めて特殊である」)。これも北海道に対してパンチを与えることになった。

全線トンネル案に変更して自己矛盾が露呈

それだけではない。北海道自然保護協会の土方晃理事が環境アセスメントを調べてみたところ、道路予定地沿線の動植物に評価点を与え、その「総合的評価図」によって「環境は保全される」という結論を導いているが、驚くべきことにナキウサギにはありふれたササ原と同じ評価点しか与えていないことが判明した。そこで一九九三(平成五)年一月、そのことを指摘すると北海道は誤りを率直に認め、「誤りなので総合的評価図を削除する」と公表した。ところが、それが誤りなら「結論も誤りだ」と再指摘すると、今度は一転して「誤りではないから削除しない」と迷走した。『北海道新聞』は社説で「なぜ迷走する道自然保護行政」(一九九三年一月一六日)、「拝啓知事殿、なぜ黒を白と」(同年三月二〇日)と北海道の士幌高原道路への対応ぶりを批判している。知事が「環境と調和した道路づくりの見通しを得た」という環境アセスメントは、風穴の存在と総合的評価図のダブルパンチをあびて破綻した。

一方、知事が「自然保護団体の合意を得て建設」といった相手の自然保護団体は、地元の十勝自然保護協会だけが対象とされていたが、その十勝自然保護協会の合意が得られないまま、現場ではつぎつぎと測量や地質ボーリングなどが見切り発車されたので、自然保護世論がいっそう盛り上がった。十勝自然保護協会が中心となって集めた士幌高原道路反対の署名は全国から一〇万筆を超え(一九九三(平成五)年時点。最終的には二〇万筆)、また日本生態学会、日本哺乳類学会、日本鳥学会なども反対声明を発表した。各新聞、テレビも士幌高原道路を批判する視点で報道を繰り広げた。

情勢不利と見た北海道は、世論の批判をかわすため、一九九三(平成五)年一〇〜一一月の検討で駒止トンネル案(大部分が地上ルート)を断念し、全線トンネル案(白雲山下部通過、トンネル二・五キロメートル)(図6・5参照)が「最良」と公表した。ところがここでまた矛盾が露呈する。実は駒止トンネル案を採用した環境アセスメントでは、この全線トンネルに相当する「白雲山トンネル」が比較代替案として提示され、そこでは工事費、防災、ズリ処理、走行の安全性および快適性の点で長大トンネルは劣り、駒止トンネルが「最良」と明記されている。それが今度は、理由も示さず長大トンネルが「最良」に化けてしまった。しかし北海道はこの矛盾を説明できない。ご都合主義の「最良」である。

士幌高原道路は「山火事対策」のため必要とされているので、北海道自然保護協会が、道路予定地沿線は時代の変化とともに土地利用なども変化し、山火事がほとんど発生しなくなり、いまや山火事対策の道路は不要と指摘したのに対し、北海道土木部長は、「山火事はいつ、どこで発生するか予測できない。この道路は山火事に対処するということから、長年にわたり地元が待ち望んでいる道路」と文書回答した。ところが、その回答からわずか二ヵ月後には全線トンネルに変更してしまった。全線トンネルは山火事対策にはまったく役立たない。北海道はこの矛盾も説明できないでいる。士幌高原道路は目的と必要性が破綻し、道路をつくることが目的に堕落したのである。

それでは効果はどうか。士幌町から然別湖へ行くには既存の道路が存在している。士幌高原道路の新設による時間短縮効果は、わずか一〇分程度である。効果はほとんどない。その一〇分のため貴重な自然を傷つけ、莫大な税金をつぎ込むのは愚かな政策である。

それにもかかわらず全線トンネル案は、環境庁の自然環境保全審議会で審議されることとなった。一九九五(平成七)年五月、審議会は全線トンネル案にゴーサインを出した。要するに環境庁も、自然環境保全審議会も、北海道も、九五年当時から三〇年も前の六五(昭和四〇)年に認可されたものは、その後に情勢がどのように変化しようとも、計画にどのような矛盾点が露呈しようとも、「行政の継続性」が絶対で、「始まったら止まることを知らない」価値観しかもっていなかったのである。

ナキウサギ裁判と時のアセスメント

士幌高原道路はとうとう工事再開に向かってレールが敷かれてしまった。このまま座視していれば、日本でも稀な優れた自然環境を有する大雪山国立公園の一角の自然が破壊されてしまう。そこで一九九六(平成八)年七月、八木健三前北海道自然保護協会長以下、各自然保護団体の有志が、地方自治法にもとづいて北海道監査委員会に対し、士幌高原道路建設費の支出は違法・不当なので支出の差し止めを求める住民監査請求を行なった。しかし却下された。

そのため同年八月、八木健三が原告団長となり、札幌地方裁判所へ「公費違法支出差止請求」の住民訴訟を提訴した。これは通称「ナキウサギ裁判」といわれ、士幌高原道路建設は生物多様性条約、環境基本法、文化財保護法などに違反するので、その「道路建設に関する一切の支出をしてはならない」という判決を求めた裁判である。弁護士には北海道自然保護協会理事の市川守弘弁護士以下、日本環境法律家連盟の多数の弁護士が全国から原告代理人として参加した。また第一回口頭弁論では、大石武一元環境庁長官が、「然別湖への観光道路は一本あればよい。わずか一〇分か二〇分の時間を短縮するため、大雪山の貴重な自然を壊し、税金の無駄づかいをするのは国民に対する冒瀆《ぼうとく》」と陳述した。

いままで自然保護団体が知事に提出した質問書に対して、北海道は答えなかったり、はぐらかしの回答を重ねてきたが、裁判となれば、これらの質問にも真正面から答えなければならず、しかもそれを第三者の目で裁判官が公平に裁くのである。自然保護団体側の言い分に理があるか、行政側の言い分に理があるかを冷静に考えれば、行政側としては危機感を抱いたに違いない。

一九九五(平成七)年四月には、横路孝弘知事の後継者として堀達也(前副知事)が新しい知事に当選した。ところが堀知事が就任するとすぐ、「官官接待」「不正経理」問題が吹き出した。官官接待は道庁の役人が中央省庁の役人を税金でもてなす習慣であるが、正規の食料費は限られているため、「カラ出張」で旅費を現金化して裏金にするのが不正経理で、しかもそれは道職員の仲間同士の飲食費などにも使われていたことが発覚した。やがてそれは特定の部署だけでなく、全庁的、構造的な悪習慣だった実態が明るみに出た。そのため道庁に対する批判と不信の世論が高まり、堀知事にとっては「道政改革」が最重要の課題となった。

その道政改革の目玉とされたのが、一九九七(平成九)年に発表された「時のアセスメント」(時代の変化を踏まえた施策の再評価)であり、その対象事業の目玉とされたのが士幌高原道路である。道路計画を見直すことが道政の信

北海道新聞 昭和62年(1987年)7月9日(木曜日)

幻の観光道路 道道士幌・然別湖線

知事がゴーサイン

道議会答弁

残る2.6キロを全通

高山植物や野鳥の宝庫

自然保護団体は猛反発

経済メリットない 反対派

士幌町、悲願実現へ期待

北海道新聞 1999年(平成11年)3月18日(木曜日)

知事会見

士幌高原道中止を発表

環境への打撃懸念

代替策の内容は未定

不信感募らす地元

知事に説明責任

図6•7　士幌高原道路の工事再開と12年後の中止を伝える『北海道新聞』(右・1987.7.9，左・1999.3.18)

頼回復につながるということに、士幌高原道路計画の理不尽さが現われている。そんな理不尽な計画であればナキウサギ裁判に勝てるはずがない。ということでナキウサギ裁判は、時のアセスメントを生み出す大きな契機となった。

その結果、時のアセスメントによる再評価は紆余曲折はあったが、一九九九(平成一一)年三月、堀知事は士幌高原道路の中止を発表した。そして四月、ナキウサギ裁判の公判で北海道は「士幌高原道路は中止する。その建設に伴う公費は支出しない」ことを明確にしたので、自然保護団体側の実質勝訴が確定し、訴えをとり下げた。

ところで一九九〇年代は、長良川河口堰、諫早湾干拓など全国各地で自然を壊すムダな公共事業が大きな社会問題となっていたので、時のアセスメントは全国から注目され、九七(平成九)年の流行語大賞さえ受賞した。そして九七年一二月、橋本龍太郎首相(当時)は「時のアセス全国版」の導入を関係各省に指示した。現在すべての公共事業を対象にして行なわれている「公共事業再評価制度」は、ここから始まったのである。また、北海道では時のアセスメントを発展させ「政策評価制度」を始めた。

士幌高原道路の反対運動は、「始まったら止まることを知らない」といわれた日本の公共事業に、「止まる仕組み」の種をまいた。その仕組みは発芽したが、これから健全に育つか、枯れてしまうか、折られてしまうかは、国民が監視しなくてはならない。いずれにしても「民」が反対しなければ、「官」は士幌高原道路を建設し、また「官」は公共事業見直しの仕組みもつくらなかっただろう。「民唱官随」である。

五　工学的価値観だけで突きすすんだ千歳川放水路計画

日本海に流れる川を太平洋へ流す

一九八一(昭和五六)年八月、石狩川と千歳川流域は大洪水に見舞われた。そのうち千歳川流域は田畑を含む氾《はん》濫《らん》面積約一万九〇〇〇ヘクタール、浸水家屋約二七〇〇戸の被害だった。千歳川は支笏湖に源を発し、千歳市から石狩低地帯を北に流れて江別市で石狩川に合流する長さ一〇八キロメートルの河川で、その間に恵庭市、北広島市、長沼町、南幌町の石狩低地帯を通過するが、一帯は低平な地形なので河川勾配はわずか七〇〇〇分の一という緩やかさである。

そのため大雨のとき石狩川の水位が高くなると千歳川に逆流し、千歳川の水をのみ込めないので、千歳川は合流点から四〇キロメートルにもわたって長時間の滞水が生じ、内水氾濫を起こしやすくなる。また千歳川流域の地質は火山灰、泥炭地が多いので、強固な堤防をつくりにくい条件にある。したがって千歳川流域は水害の常襲

図6•8　千歳川放水路位置図(日本野鳥の会他編『市民が止めた！千歳川放水路』)

地帯だった。そこで一九八一(昭和五六)年の大水害をきっかけに、抜本的な洪水対策として登場したのが千歳川放水路計画で、北海道開発局によって八二(昭和五七)年に立案され、八四(昭和五九)年に公表された。

　それは洪水時には千歳川と石狩川の縁を切り、北に向かっている水を放水路によって南に流そうとする、すなわち日本海に流れる川を、流域を変えて太平洋に流そうとする計画である。具体的には、千歳川の中流・馬追原野から苫小牧方向に向かって長さ三八・五キロメートル、河川幅三〇〇〜四〇〇メートルの大放水路を開削する。そして平常時には放水路の呑口水門を閉じて千歳川を石狩川に合流させるが、洪水時には合流点に設ける締切水門を閉じて放水路の呑口水門を開け、千歳川を太平洋に流すというものである。工費は二〇〇〇億円(後に四八〇〇億円と訂正)、工期二〇年以上の壮大な計画である。開発局がつくったパンフレットには、「北海道の未来を開く壮大な計画　千歳川放水路」「二一世紀の流れをつくる　千歳川放水路」と書かれている。

　これは河川工学的、土木工学的には治水効果の高い優れた工法であるかもしれない。しかし自然的、社会的には優れているとはいえない計画だった。こうした大きなプロジェクトをすすめるためには、広い範囲の関係者に十分な説明をし、理解と協力を得ることが重要であるが、実態は一九八四(昭和五九)年当時の稲村左近四郎北海道開発庁長官が、地元関係者への事前説明も行なわれていない段階の記者会見で、「来年度予算要求の目玉事業にしたい」と唐突に発表してしまった。それ以降の北海道開発局は、情報公開や説明が不十分なまま、千歳川の洪水対策は放水路が唯一絶対の方法と主張し、他のことには耳を貸さぬ態度で、かなり強引に事業を推進しようとした。

そもそも北海道開発庁・開発局は、第二次世界大戦後の復興のために設けられた官庁で、一九七〇年代ころからは「すでに役割を終えた」と、行政改革が検討されるたびに廃止がとりざたされていた。だから千歳川放水路は長期間にわたる大事業の「目玉」として、開発局の生き残り作戦に使われているのだと冷たい目で見る人もいた。

放水路計画に対する疑問と反対

ある地域に洪水対策を講じようとするとき、洪水対策そのものに反対する人はいないだろう。しかし千歳川放水路は、千歳川流域にとってはよい治水対策であっても、放水路が開削される苫小牧側にとっては、洪水時に泥水を流されるだけの迷惑施設であり、地域を分断される迷惑施設である。また苫小牧側の放水路予定地付近には、ウトナイ湖と美々川という自然の聖地もある。したがって放水路計画が明らかになると、主として苫小牧側の地元や漁業団体、そしてウトナイ湖の自然を愛する自然保護関係者から、計画に対する疑問や反対の声があがった。

北海道自然保護協会は一九八四(昭和五九)年、千歳川放水路計画は、農業、漁業、自然環境などへの影響が懸念されるので、抜本的な再検討を行なうよう、北海道開発庁長官に要望した。それ以降は同協会の八木健三会長(地質学)、三浦二郎副会長(野生鳥獣学)、小野有五理事(自然地理学)、熊木大仁理事(河川工学)、それにウトナイ湖サンクチュアリの大畑孝二レンジャーを中心とする日本野鳥の会、神山桂一北大名誉教授(環境工学)を中心とする日本科学者会議などが、それぞれ専門知識を生かしながら放水路問題に積極的にとりくんだ。また苫小牧自然保護協会、千歳川放水路を考える会、千歳川放水路に反対する市民の会、苫小牧漁業協同組合、市民ネットワーク北海道などの組織も活発に動き、放水路で農地を失う農民も加わった。やがて日本自然保護協会や大熊孝新潟大教授(河川工学)、高田直俊大阪市大教授(地盤工学)などの応援もあって、放水路の問題点の理論がより強化され、反対運動の波は全国的に広まった。

図6･9　美々川源流の湧水地。千歳川放水路ができれば湧水が涸れ，ウトナイ湖などが衰滅する

千歳川放水路に関する主な問題点としては次のようなことがある。

①日本海へ流れる川を太平洋に流すのは前例のない大工事で、自然の摂理に反する、洪水対策は流域内で処理すべきである。②ウトナイ湖はガン、カモ、ハクチョウ類を中心とする多くの野鳥が生息、飛来する重要なサンクチュアリ(聖地)であり、ラムサール条約の登録湿地でもある。そのウトナイ湖の水は美々川から供給されるが、美々川の水源は多数の湧水地に依存している(図6・9)。放水路が開削されると湧水地の地下水脈が分断され、美々川とウトナイ湖が枯渇し、また周辺の湿原も壊滅する。③洪水時に放水路を流れる泥水が太平洋に注ぐと、苫小牧沿岸の広い範囲(半径二八～二九キロメートルの扇形と予測)にわたって海水が低塩分化するとともに懸濁物が浮遊し、カレイ、スケトウダラ、サケ、ホッキ貝、ホタテ貝などに大きな漁業被害が出るし、魚介類の卵や幼生も死滅する。またリンやチッソも含まれ赤潮の発生が懸念される。④幅三〇〇～四〇〇メートルの放水路が開削されると、太平洋側からの冷風、霧が、放水路を通路として陸地の奥へ侵入し、気象に影響を与える。それにともない農作物にも冷害、干害などの被害をもたらす。⑤放水路の地盤が低いので海水が逆流し、また平常時は滞水して水質が汚濁する。⑥大量の掘削土(約一億一〇〇〇万立方メートル)が発生するが、その処理方法が示されておらず(計画公表時点)、地盤沈下などが懸念される。

そして洪水対策のためには、巨大な放水路を設けなくても、堤防強化、遊水池の設定、石狩川下流部の拡幅、河口付近のショートカット、合流点付近の背割堤など、複合的な対策を講じることで被害を軽減することができ、その方が自然環境や漁業に与える影響が少なくメリットがある、と主張した。

一方の北海道開発局は、環境へ与える影響や農業・漁業被害に対しては、必要な予測や対策調査を行なう意向を示したが、複合的な治水対策はことごとく斥け、放水路が唯一絶対との態度を崩さなかった。また洪水被害にあう千歳川流域の自治体や住民からは、放水路の早期着工を求める声が強く出されていた。

北海道知事と開発局長のやりとり

そうしたなかで北海道は独自に美々川流域の自然環境の調査を行なった結果、美々川は周辺の自然が開発で失われるなかで、「自然性と多様性が保存され、この地域本来の自然を残す唯一の場所で、高い評価が与えられる」とする『美々川流域の自然環境の資質と現状』を一九九二(平成四)年に公表した。そして横路孝弘知事は北海道開発局長に対し、千歳川放水路は治水対策として重要な事業であるが、地元の理解と協力を得たうえで環境保全に留意する必要がある、そのため①美々川の自然は将来にわたり保全すべき、②遊水池や内水排除施設の整備に配慮が必要、③農業への影響調査が必要、④漁業への影響を最小限にする措置を明確に、⑤苫小牧東部大規模工業基地との調整に配慮を願う、という趣旨の意見書を提出した。

それを受けた北海道開発局長は一九九四(平成六)年、知事に対し、①美々川源流部をさけるよう放水路のルートを迂回させるとともに、地下水分断対策として両岸の地下に止水壁を設けてポンプで汲み上げ対岸へ送水する、②農業への影響を軽減するため防風林を設ける、③漁業被害は今後も軽減対策を検討する、という趣旨の回答を行ない、同時に『千歳川放水路計画に関する技術報告』を公表した。

しかし北海道開発局の回答は、疑問をもつ関係者を納得させるものではなかった。例えば地下水分断対策は、止水壁を地下三〇メートル以上の深さで約一五キロメートルの長さにわたって、両岸に設けるとしているが、地震などでひび割れを生じて漏水しても対策の施しようがなく、またポンプによる汲み上げは二四時間休みなく、永久につづけるので「持続可能な開発」といえず、非現実的な対策である。苫小牧市長も「健康な体に人工心臓を移植し、ペースメーカーで維持するような違和感がある」と批判した。

漁業関係では具体的な被害軽減対策を示せず、「検討」しかないので、苫小牧だけでなく北海道漁業協同組合長会議で、「放水路計画は漁業者の死活問題を招来する」と、全道組織が反対姿勢を明確にした。

また北海道開発局と自然保護関係者などの間で激しい論議がつづいたのは、基本高水流量だった。基本高水流量は洪水時にどれだけの水が流れるかを予測する数値で、過去の最大降雨量と持続時間を参考に一五〇年に一回の大雨を想定して算出されるが、条件設定でいく通りもの数値が出せる。千歳川の治水対策の基本となるのは石狩川本流の基本高水流量で、これは一九六五(昭和四〇)年に石狩大橋(江別市)で毎秒九三〇〇立方メートルとされていたが、八一(昭和五六)年の水害時には一万二〇〇〇立方メートルを記録したので、八二(昭和五七)年に一万八〇〇〇立方メートルと改定された。その計算過程では七通りの数値が出たが最大値が採用されている。最大値を採用すれば安全性は高まるが、その対策は必然的に大規模なものとしなければならず、工費が増大するとともに自然的、社会的影響も大きくなる。

そのため、どの程度の基本高水流量を選択し、どの程度の対策を講じるべきかは、地域関係者も交えてコンセンサスを得るのが本筋であるが、現行の制度では地元とは縁のない河川審議会(現・社会資本整備審議会)で決められ、それが動かし難いものとなっている。全国各地の河川やダムで、「自然を破壊するムダな公共事業」と批判されるものの多くは、この基本高水流量が過大に決められていることが一因である。石狩川の場合も中位の数値が採用されていれば、千歳川放水路は必要としなかっただろう。

こうして千歳川放水路は計画策定以来一〇年以上が経過しても、関係者の合意を得ることができず、膠着《こうちゃく》状態がつづいた。そうしたなか札幌弁護士会では、中立の立場から望ましい公共事業のあり方を探る視点で、推進側・反対側双方の意見をまとめて「千歳川放水路を考える」シンポジウムを一九九三(平成五)年、九五(平成七)年と二回にわたって開催した。これは「環境と開発に関するリオ宣言」(一九九二)の、「環境問題は、関心のあるすべての市民が、情報を共有し、意思決定過程に参加する機会を有する」という第一〇原則に沿ったもので、多くの市民が千歳川放水路計画の問題点を理解するよい機会となった。

円卓会議の流産と検討委員会による放水路中止

一九九六(平成八)年暮れから九七(平成九)年にかけて、千歳川放水路は大きな曲がり角に立たされた。計画策定以来一五年も着工できないため、政府部内に計画を疑問視する意見が出てきたからである。新聞でも「見直したらうな放水路計画」(『北海道新聞』社説、一九九七・一・二二)とか「千歳川放水路計画／調査費だけで二〇〇億円／着工のめどたたず　自民に見直し論も」(『朝日新聞』一九九七・二・三、夕刊)というような記事が目立つようになった。

やがて北海道開発庁から推進・反対双方の代表者に学識経験者を交える円卓会議を設ける構想が示されたが、開発庁は「始めに放水路ありき」で放水路の合意を得るための円卓会議とする思惑が見え見えだったので、私を含む自然保護団体関係者は「放水路の白紙撤回が前提」と参加を断った。すると開発庁は北海道にゲタを預けたが、やはり同じ姿勢なので断った。漁業団体も不参加を表明した。『北海道新聞』は「これでは円卓会議は開けない」と題する社説(一九九七・五・一九)を掲げ、「開発庁サイドからは、決して放水路計画を断念したものでないとの「本音」が聞こえてくる。開発庁は、なにか勘違いしてはいないか。一五年経っても実現できない放水路事業というものは、計画そのものに無理があるということだろう。その根本認識を欠いていては、円卓会議を開くのは無理だ。……率直にいって、開発庁の姿勢に強い疑問を感じる」と論じている。

円卓会議が流産したので開発庁から打開策を一任された堀達也北海道知事は、私的諮問機関として学識経験者からなる「千歳川流域治水対策検討委員会」を設置した。これは放水路計画を「白紙」に戻して、推進・反対双方の意見を聴取したうえで、「合意可能な治水対策」を探るもので、委員長には山田家正小樽商大学長が就任した。この委員会にはきわめて重い課題が課せられたが、山田委員長は、放水路を最初に論議すれば合意可能への道が遠ざかると判断し、放水路の是非から距離をおき、総合的な治水対策の効果を具体的に検証することから始めた。そして結果的にはこれが効を奏した。

委員会は途中から推進・反対双方の代表者を加えた「拡大会議」を設け、また初期を除き会議はすべて公開したので、透明性、公平性で不信をまねくことも少なかった。二年ほどの審議の結果、①総合治水対策（堤防強化、遊水池、合流点対策など）を優先させる、②合流点対策の内容は別な委員会でさらに検討する、③治水対策に関連する社会制度の充実をはかる、④総合治水対策で治水効果はかなり改善できる、論議の途中でミニ放水路というべき「新遠浅川案」が提案されたが、それは総合治水対策が効果を果たさない場合に限って検討する、⑤千歳川放水路計画のルートに該当し土地利用の将来計画などに支障を生じた人へは、行政が誠意をもって対処する、という趣旨の提言を一九九九（平成一一）年にまとめた。

なお合流点対策の新委員会は「千歳川流域治水対策全体計画検討委員会」（委員長・小林好宏札幌大学教授）が引きつづき検討の結果、合流点対策は江別市の土地利用などと競合して困難なため断念し、治水効果はやや低いが自然保護や漁業への影響の少ない堤防強化、遊水池などの整備をすすめる方向が示された。現在はその方針にもとづき、北海道開発局により堤防整備などの事業が行なわれつつある。

こうして「二一世紀の流れをつくる　千歳川放水路」という触れ込みの壮大な計画は、一九八二（昭和五七）年の立案から一七年をへた九九（平成一一）年、二一世紀の流れをつくることなく幕を閉じたのである。千歳川放水路への反対運動がつづけられていたころ、長良川河口堰（岐阜県）、吉野川可動堰（徳島県）、八ッ場ダム（群馬県）、細川内ダム（徳島県）、川辺川ダム（熊本県）など、全国各地のダム建設や河川改修をめぐって自然や地域を破壊する

朝日新聞　1999年(平成11年)3月14日　日曜日　40597

千歳川放水路は中止

総合治水対策で代替

検討委まとめ

新遠浅川案 検討余地を限定

総合治水対策

調査費だけで200億円

千歳川放水路計画

着工のめどたたず 自民に見直し論も

千歳川と石狩川の合流地点。洪水時にはこの付近に設置される水門が閉じて、千歳川の流れが逆流することになる＝96年7月、江別市上空で。本社ヘリから

図6・10　千歳川放水路計画の行きづまりと中止を伝える『朝日新聞』(右・1997.2.3夕刊，左・1999.3.14)

ムダな公共事業と反対の声があがっており、建設省（現・国土交通省）ではその対応に苦慮していた。

そうしたことから建設省では、河川工事に際しては自然環境への配慮や、地域住民合意を大切にしなければならないことを反省し、河川法の改正を考えた。すなわち旧来の河川法は「治水・利水・流水維持」を目的としてきたが、新しく「環境」を加え（第一条）、また河川整備計画を立案するときは「公聴会の開催等関係住民の意見を反映させる」旨の規定を加えることとし（第一六条の二）、その改正は一九九七（平成九）年に行なわれた。ただし、先に紹介した基本高水流量など河川整備基本方針の策定には、住民参加の道が開けていない。

千歳川放水路計画は、土木工学的な発想だけで立案され、自然環境や地域住民への配慮を欠いたまま、また情報公開も不十分なまま、かなり強引に推しすすめられようとした。し

かし大規模な技術力で自然を制御し押さえ込もうとする手法は、二一世紀にふさわしくないという貴重な教訓を残した。また千歳川放水路への反対運動は全国的な運動と連動し、河川法改正という結果をもたらしたが、これらは「民唱官随」の成果である。

六　日本一の原始境を分断しようとした日高横断道路

原始的な自然の保護か道路の開発か

日高山脈は大雪山と並んで北海道の背骨を形成する山地である。大雪山は火山が多いのに対し、日高山脈は急峻な地形の構造山地で氷河地形（カール）が見られる。大雪山が国立公園として知名度が高いのに対して、日高山脈は奥深い岳人の山で必ずしも知名度は高くない。その日高山脈は日本に残された数少ない優れた原始地域として、国定公園にすべきとの考え方が一九七〇（昭和四五）年ころから浮上した。ほぼ同じころ、日高山脈の中央部を横断する道路が必要という考え方があり、北海道開発局では「開発道路」の調査を行ない、日高横断道路（道道静内中札内線）計画が浮上した。

一九七〇年代後半から、十勝自然保護協会、北海道自然保護協会、北海道勤労者山岳連盟、北海道自然保護連合などが日高横断道路の反対運動を始め、とくに七九（昭和五四）年から八〇（昭和五五）年にかけては自然保護世論が大きく盛り上がった。新聞も「原始秘境になぜ道路／日高山脈　自然破壊触れずに開発論先走り」（『毎日新聞』一九八〇・四・一四）、「検証　なぜ日高中央横断道路か／切実さ欠く建設目的／開発庁延命の一方策？」（『朝日新聞』一九八〇・五・二八）、「秘境保護か開発か／日高中央横断道路最大のヤマ場／地域振興の生命線・賛成派　一〇万人署名で対抗・反対派」（『北海道新聞』一九八〇・六・二一）というような記事を大きく掲げ、その多くは道路計画を批判する論調だった。

この自然保護か道路開発かの行方の鍵をにぎったのは、北海道知事である。なぜなら知事は道道の認定者であり、国定公園の管理者でもあるからである。結果として北海道開発庁出身の堂垣内尚弘知事は道道の認定を先行させ（一九八〇・昭和五五）、日高山脈襟裳国定公園の指定手続きを遅らせた（一九八一・昭和五六）。必然的に国定公園の管理に際しては、日高横断道路建設を前提として認めざるを得なくなった。

また一九八三（昭和五八）年に就任した横路孝弘知事は、選挙前には「自然保護の立場から厳格な環境アセスメントを実施する」と明言していたのに、当選すると、「行政の継続性」を理由に、それを実施しなかった。

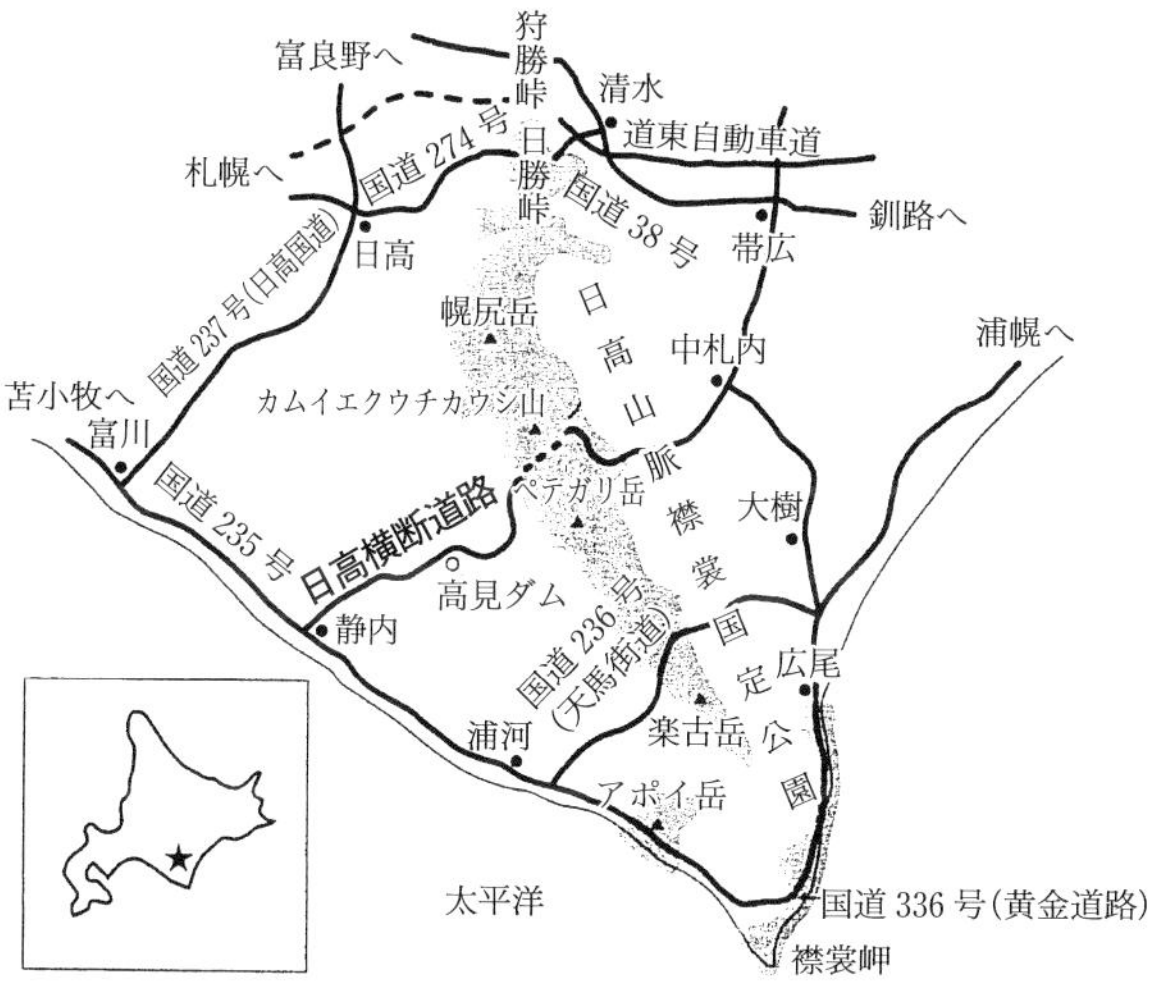

図6・11　日高横断道路位置図（『週刊金曜日』2001年10月5日号）

こうして日高横断道路は一九八四（昭和五九）年に着工された。日高横断道路は日高支庁管内静内町（現・新ひだか町静内）から十勝支庁管内中札内村まで一〇一キロメートル、カムイエクウチカウシ山の南側の主稜をトンネルで貫通させようとするもので、その山岳部分の約二五キロメートルは道道であっても国が直轄事業で施工する「開発道路」、中腹・山麓部分の約七五キロメートルは北海道が施工するものである。工期は一五〜二〇年とされていた。自然保護団体は「地形が急峻で崩壊し易い地質なので、道路建設は自然破壊を伴う」と指摘していたが（例えば八木健三「日高横断道路で知事に訴える」『北海道新聞』一九八〇・五・二、夕刊）、工事が始まるとそれが現実の障害となって現われた。

着工から一〇年後の『北海道新聞』(一九九四・一〇・一六)は、「日高横断道路着工から一〇年／地形険しく工期遅れ／反対運動も立ち消え／静中トンネル工法さえ白紙　あと何年かかるか」という見出しで、「激しい反対運動の中、日高山脈の中央を貫く道道静内中札内線(日高横断道)が着工されてから、一五日でちょうど一〇年。当初、工期は約二〇年とみられていたが、日高山脈特有の険しい地形やもろい地質に阻まれ、最低でもあと二〇年以上かかる状況だ」と伝えている。ここで「反対運動も立ち消え」というのは、自然保護団体のエネルギーが士幌高原道路や千歳川放水路などに向かい、着工されてしまった日高横断道路には及ばなかったためである。

おざなりな再評価で事業継続を決定

大雪山・士幌高原道路の反対運動は「時のアセスメント」という公共事業再評価制度を生み出す契機となり、それが「時のアセス全国版」に波及したことは、前に紹介した。そのため着工してから一〇年以上たっても完成しない日高横断道路には、北海道開発局による「事業再評価」と北海道による「政策アセス」が一九九九(平成一一)年に行なわれた。そして双方とも事業継続との結論を出した。

一方、自然保護団体側の方は最大の懸案だった士幌高原道路と千歳川放水路があいついで中止されたので、再び日高横断道路に注目する余裕ができた。私は一九九九(平成一一)年秋、北海道自然保護協会の佐藤謙、江部靖雄、高畑滋、熊木大仁各理事とともに、日高横断道路の工事現場を調査したが、現地は予想以上に自然が傷つけられて痛々しく、また工事がはかどらない実態を把握することができた。そのため日高横断道路建設反対の運動を再開することが、北海道自然保護協会の活動の次の重点目標にふさわしいと考えた。

そこでまず北海道開発局の事業再評価と、北海道の政策アセスの結果を検証してみた。北海道開発局の再評価は、①対象区間に交通不能区間が存在、②隣接町村役場間が車で三〇分を超える、③静内駅前の町づくり支援、の三点を事業継続の理由としている。

しかし①は、日高横断道路は道路がない地域に計画されたもので、進捗《しんちょく》率四〇%の段階では、交通不能区間が存在するのが当然である。そこに交通不能区間の「物差し」を当てれば道路が完成するまで継続する以外に選択肢がない。継続以外の結論が出ない再評価は不合理である。②は、静内と中札内の間は一〇〇キロメートルもある。そこに三〇分の「物差し」を当てれば、時速二〇〇キロメートル以上で暴走しなければ三〇分をクリアできない。これは同一生活圏内で使う物差しであるが、日高と十勝は生活圏が異なり物差しの使い方が間違っている。③は、静内駅前と日高の山奥は数十キロメートルも離れており、とってつけたような理由で説得力を欠く。また「費用対効果」の計算は、便益は日高横断道路全線分を計上し、費用は開発局担当部分だけで北海道担当部分を除外、投資効果を有利に導く計算方法であることが露呈した。

ということで北海道開発局の再評価の「おざなり」ぶりが浮き彫りとなった。これが学識経験者による審議の結果だというのだから、何を審議したのか不可思議である。それでは北海道の政策アセスはどうか。北海道担当部分は七五キロメートルに及ぶが、再評価の対象とされたのは当該年度の四ヵ所の工事地点だけで、継続を決めてしまった。「線」を「点」で判断した「木を見て森を見ず」の典型である。それに一本の道路でありながら、北海道開発局と北海道が別々の方法で再評価するのは不合理

図6•12　日高横断道路の日高側工事終点(静内町)(千石トンネル予定地)。上は未着工，1999(平成11)年10月撮影，下は掘削途中，2002(平成14)年9月撮影(未完成のまま中止)

である。

したがって北海道自然保護協会では二〇〇〇(平成一二)年二月、北海道知事と北海道開発局長に対し「日高横断道路(道道静内中札内線)事業の抜本的な再評価を求める要望書」を提出し(第六章扉頁の新聞記事参照)、とくに知事には詳細な質問事項を付して文書回答を求めた。それに対して知事から「再評価は適正に行なわれており、再評価のやり直しは行なわない」趣旨の回答がきた。それ以降、北海道自然保護協会と知事との文書による質疑応答は八回に及び、その間に道庁の幹部と話し合う機会を何回かもち、ついに知事が回答不能に陥るまで論理的に追い詰めることができた。その要点は次のとおりである。

日高横断道路は目的と必要性が破綻

日高横断道路の目的は何だろうか。着工前に北海道開発局と北海道は『一般道道静内中札内線(仮称)環境影響評価書』を作成・公表したが、それによれば、「日高・十勝圏を含む北海道中央南部は特に道路密度が低い」から道路密度を高めるのが「事業の目的」としている。また二〇〇〇(平成一二)年の知事回答(第一回)では「静内町と中札内村・帯広市を結ぶ広域幹線道路であり、物流・観光など地域経済の発展や、両地域間さらには道央圏と道東圏の交流・連携に寄与するとともに、災害時における国道の代替ルートとしての役割を果たす」とし、北海道開発局が公開した文書でも、同じような表現となっている。要するに日高横断道路は「広域幹線道路」である。ここには「資源開発」という言葉はひとことも出てこない。

ところで私は「開発道路」とは何だろうかと、道路法(第八八条)や建設省道路局長が定めた「開発道路選定基準」を調べてみた。するとそれは「未開発資源を開発するため必要な道路」を主眼とするものであることが分かった。そこで北海道と北海道開発局に対し、「日高横断道路は資源開発と関係がないので、開発道路失格ではないか、開発道路指定理由を明示してほしい」と質問したら、双方とも「分かりません」という回答だった。

『北海道新聞』(二〇〇〇・一〇・二八)は、「日高横断道路の「開発道路」選定/道・開発局　資料不明のため説明できず/道自然保護協会「無責任な事業継続」」という見出しで、この問題を報じている。北海道と北海道開発局はともに「適正な再評価を実施した」と胸を張ったのに、事業の原点が何であるかを知りもせず、調べもしなかったという。何か故意に情報を隠している疑いもある。

そのため何回も質問を繰り返したら、二〇〇一(平成一三)年の回答(第五回)で、建設大臣による開発道路指定理由(一九八一・昭和五六)がやっと示された。それによれば、「本路線の通過する地域は、農業、畜産業、林業などの一次産業を基幹として発展してきた地域であり、……本路線の完成後は、この地域の基幹道路として、これら資源開発、関連産業の発展に寄与し……」とある。

そこで今度は現地の農業、畜産業、林業の可能性を検証してみた。日高横断道路の延長は一〇一キロメートルとされているが、それは道道認定の事務的都合で静内・中札内の市街中心部を結んだもので、道路計画当初は静内町奥高見と中札内村上札内の間の七五キロメートルがその範囲だった。ところがこの七五キロメートルの大部分は国有林地帯で平坦地に乏しく、地域住民の集落も農家もない。土地利用基本計画でも「農業地域」とはされていない。したがって農業、畜産業の資源開発の可能性はまったくない。

では林業の資源開発はどうか。国有林では森林経営の目的を、①水土保全林、②森林と人との共生林、③資源の循環利用林に三区分しており、木材生産を目的とするのは③資源の循環利用林である。しかし具体的に日高横断道路沿線にあたると、①と②ばかりで③は沿線から離れたところにわずかに存在するだけである。したがって林業の資源開発もゼロに等しい。もし仮に林業資源開発に貢献することができたとしても、国有林が必要とする林道は国有林当局が自ら整備すべきで、そのため開発道路が必要というのは筋が通らない。

ということで図面や資料を添え、このような客観情勢で「なぜ農業、畜産業、林業の資源開発が可能となるのか、具体的に説明してほしい」と質問を繰り返したが(第七回、第八回)、知事は回答不能に陥ってしまった。

こうして日高横断道路は「目的と必要性」が破綻したのである。また「資源開発」のための道路でありながら資源開発ができないのだから「効果」もゼロで、ムダな公共事業の典型である。

日高横断道路は「二枚舌」の公共事業

以上で明らかなように、北海道と北海道開発局は、日高横断道路について、国民・道民に対しては「広域幹線道路」と説明しながら、役所内部の手続きでは「資源開発道路」と位置づけた二重帳簿・二枚舌の公共事業だったのである。なぜそうなったのだろう。

そもそも北海道開発庁・開発局が設立された根拠は「北海道開発法」(一九五〇)によっている。その目的(第一条)には「北海道における資源の総合的な開発に関する基本的事項を規定することを目的とする」とあり、北海道総合開発計画(第二条)は「国民経済の復興及び人口問題の解決に寄与するため、北海道総合開発計画を樹立し……」と規定されている。すなわち北海道開発庁・開発局という役所は、第二次世界大戦後の日本の「国民経済の復興」および戦後の復員軍人や海外引揚者を受け入れる「人口問題の解決に寄与」するため北海道の「資源の総合的な開発」を目的に設立された役所である。したがって「もはや戦後ではない」高度経済成長時代を迎えると、その存在意義が問われるようになった。

「開発道路」も高度経済成長時代には役割を終えたので、北海道開発局は生き残り作戦を考えた。北海道開発局が一九七七(昭和五二)年にまとめた『北海道道路史概説と国道開発の変革年史』には、六五(昭和四〇)年ころの開発道路について、「現行の採択基準は、北海道の資源開発を第一義として進められてきたが、拠点開発、流通経済の合理化および地域格差の是正が重視される今日、資源開発とともに地域開発、地域連絡のための幹線を新たに設定いたしたい」とあり、広域幹線道路(原文では地域開発幹線、連絡幹線)を含む新たな「開発道路選定基準」を提示している。そして北海道道路史調査会が九〇(平成二)年にまとめた『北海道道路史　行政・計画編』には、開発道路の選定は、「昭和四〇年代中ごろからは、事実上、〔資源〕開発必要地よりも地域開発計画が決定された地区の大規模道路を選定する方向にある」と明記されている。

すなわち一九七〇（昭和四五）年ころからの開発道路は「広域幹線道路」が選定されるようになった。しかし北海道開発法や道路法の改正をともなわないので、あくまで非公式な運用とし、公式には「資源開発道路」の名目をつけざるを得ない（法改正を国会に提案すれば、北海道開発庁・開発局はすでに役割を終えたとして、不要論・廃止論が浮上することが必至な情勢なので、提案できなかったらしい）。だから道民・国民に対しては「広域幹線道路」と説明しながら、役所内部では「資源開発道路」とする「二枚舌」に陥っているのである。これは法律に定めれた「資源開発道路」を逸脱して、資源開発と関係のない「広域幹線道路」を建設しているのだから、限りなく法律違反に近い」公共事業である。こんな事業に税金が使われ、貴重な自然が破壊されてはたいへんである。北海道自然保護協会はこのような事実を、道庁の幹部に資料とともに示して直接に説明したが、幹部からはひとことの反論もなかった。

しかも日高山脈を越えて道央と道東を結ぶ広域幹線には、すでに狩勝峠（国道三八号）、日勝峠（国道二七四号）、天馬街道（国道二三六号）、黄金道路（国道三三六号）が存在し、さらに北海道横断自動車道（高速道路）も計画されている。道路密度が低いとは決していえない。

こうした実態が明るみに出るに従い、北海道内の各自然保護団体や市民団体も日高横断道路建設反対の声をあげるようになった。そして、このような団体が共同して二〇〇一（平成一三）年三月、〇二（平成一四）年三月に「日高山脈を考えるシンポジウム」を開催した。また〇二（平成一四）年一月には北海道自然保護協会、十勝自然保護協会、北海道勤労者山岳連盟、北海道自然保護連合の四団体が連名で国土交通大臣と北海道知事へ中止要望書を提出、国土交通省では佐藤静雄副大臣（北海道出身）へ直接に説明することができた。さらに同年五月には「止《や》めよう日高横断道路全国連絡会」を結成し、日高横断道路建設反対の署名集め、その他の社会的活動を活発に展開した。そのため日高横断道路に対する自然保護世論、ムダな公共事業反対の世論が、急速に高まってきた。

知事が「凍結」宣言、そして開発局が「中止」へ

北海道自然保護協会は、知事が回答不能に陥っていることを承知で、ダメ押し的に八回目の質問書を提出したのが二〇〇二(平成一四)年六月五日だったが、それから一週間ほど後の六月一三日の『北海道新聞』を見て、私は目をみはった。「日高横断道/知事、建設中止も視野/推進姿勢を転換」という見出しで、堀達也知事は「日高横断道を含む開発道路は「一度立ち止まって考え直す必要がある」と強調、……知事は日高横断道の建設が長期にわたり進まない状況と、小泉改革による地方の道路予算削減を踏まえ、他の幹線道路に予算を振り向ける道を探るとともに、自然保護団体の反対にも配慮した」と報じている。そして知事はその後、北海道議会で日高横断道路の「整備の意義は変わらないと考えるが、今後、完成までに多額の事業費と長い時間を要する」ので、見直しを検討したいと表明した。

具体的には北海道が二〇〇二(平成一四)年に制定した「北海道政策評価条例」の「特定政策評価」の適用第一号として、北海道政策評価委員会(委員長・宮脇淳北大教授)に諮問された。ただし、日高横断道路のうち北海道担当部分のみ(約七五キロメートル)が対象で、開発道路部分(約二五キロメートル)は知事の判断が出た後に、北海道開発局が行なうこととなった。

その審議の途上、日高横断道路の完成には開発道路部分を含めて今後三五〜四〇年の期間と、一五二〇億円(すでに五四〇億円を執行、今後九八〇億円)が必要と公表された。委員会の論議では、日高横断道路は地域住民の生活道路としての意義はなく、「必要性」「妥当性」を否定する意見が圧倒的に多かった。しかし、最終的に道庁側がまとめた評価案では「必要性」も「妥当性」もあるが「当分、新規の改築工事は行なわない」とするものだった。委員会はこれを「概ね妥当、ただし必要性、妥当性は着工当時に比べて低下しているとの認識を共有する必要が

図 6•13　日高横断道路着工のゴーサインと 22 年後の凍結を伝える『北海道新聞』(右・1980. 10. 29，左・2002. 12. 11)

ある」との付帯意見をつけて了承した。

それを受けた堀達也知事は二〇〇三(平成一五)年二月、事実上の中止と見られる「凍結」を宣言した。その後、北海道開発局でも、開発道路部分について北海道開発局事業審議委員会(委員長・小林好宏札幌大学教授)に諮問、同年八月、「中止」の結論が出された。中止の理由は、「北海道管理部分が未改良である限り」開発道路部分を整備しても、「費用便益分析結果はゼロになる」ということになっている。

こうして日高横断道路は一九八四(昭和五九)年の着工以来一九年で、未完成のまま中止された。幸いにも日高山脈主稜線の核心部は(七の沢を除き)傷つけられることなく残された。ただし中止の理由は、開発道路制度が破綻したとか、日高山脈の自然を傷つけるべきでないという理由はいっさいない。北海道は道路建設の意義を肯定し「多額の経費と時間がかかる」のを理由とし、北海道開発局は「北海道部分が未改良なら無意味」と道庁に責任を押しつけ、ともに行政の面目を保つことを第一に考えたのである。

『環境白書』(二〇〇一年版)によれば日高山脈は日本最大

（四万七〇〇〇ヘクタール）の「原生流域」（人為の影響を受けない河川流域）となっている。行政による「中止」の理由はどうあれ、自然保護団体からの反対運動がなければ、日高横断道路は現在も延々と工事が続行されていたに違いない。日本最大の原生流域を後世に残すことができたのは、「民」の声だった。「民唱官随」である。残念ながら現在の行政からは、「二一世紀の日高山脈の自然はどうあるべきか」というビジョンがまったく聞こえてこない。日本一の原始境、日高山脈の将来についても「民唱官随」で、「民」がビジョンを提示しなければならない。

というわけで北海道自然保護協会は二〇〇六（平成一八）年一月、環境大臣に対し、「日高山脈と夕張山地を新たな国立公園に指定することの要望書」を提出し、その写しを添え、林野庁長官と北海道知事に対しても同様趣旨の要望を行なった。またそれらの写しを関係市町村長に送った。さらに北海道内の多くの自然保護団体で結成される北海道自然保護連合も同じような要望書を環境大臣などに提出した。

現在の北海道には六ヵ所の国立公園があるが、釧路湿原を除く五ヵ所は火山地形に関係している（阿寒、大雪山、支笏洞爺、知床は火山地形が主体、利尻礼文サロベツは利尻が火山）。それに対して日高山脈と夕張山地は非火山性の構造山地で、とくに日高山脈はプレートの接近、衝突、隆起という特異な地史を有し、山頂部にはカール地形も発達している。両山地とも固有な高山植物が多く、原始性にも富んでおり、ほとんど全域が国有林と道有林なので、国際自然保護連合（ＩＵＣＮ）のⅡ型の国立公園（第五章参照）に合致する資質を有している。将来この国立公園が実現すれば、それも「民唱官随」である。

終章　多様な価値観と自然保護

支笏湖モーラップ野営場
1957・昭和32年撮影

なぜ自然保護が必要なのか

北海道の「緑の環境」は、つい百数十年前までは自然と人間が密接にかかわり合うアイヌの生活舞台で、原始的な様相をとどめていた。しかし北海道の開拓が始まると、緑の環境は「開発の対象」となって大きく変貌した。そして、その途上では「緑の環境を守らなければならない」という自然保護意識もめばえてきた。なぜ人間は自然を保護することが必要なのだろうか。本書でふれた内容にも関連させながら、またときには視野を地球規模に拡大させながら、自然保護の必要性を展望してみよう。

無人の原野に札幌の町が開け始めたころ、札幌市民は町の西側に連なる円山・藻岩山を仰ぎ見て、その美しさに魅せられ、精神のやすらぎを感じた。すなわち「春は千種の花美麗にして、夏は緑陰麗を極め、秋は紅葉錦をなし、冬は連山雪を頂き玉の如し。四時の景趣欠くるものなし。朝夕この風致を見るもの自ずから胸襟を快爽ならしめ、閔鬱《びんうつ》を掃わざるなし」と感じ、そして「之れ禁伐令のよって起る所以にして、官民これを守りて斧を入れず」と、自然を保護した(本書第四章)。ここには人々の山に対する親しみとともに、尊敬の念も込められていたと見てよい。

また北海道の開拓が進展する途上では、荒っぽい土地利用のあり方に対し反省をうながす建言書が現われた。すなわち「本道の農業は天然の地味を荒らしつつあるのみ。牧畜業は天然の草を荒らしつつあるのみ。天然の良林は不経済的に伐り荒らされ、河海の魚類も漸次減少の傾向あり。年々掠奪して補充せず、また憂うべきにあらずや」と指摘されたのである。やがて農業も林業も、天然資源を掠奪する方向から「持続可能な開発」の、育てる農業(土壌を劣化させない農業)、育てる林業への軌道修正が行なわれた(本書第二章・第三章)。

「天然の良林は不経済的に伐り荒らされ、河海の魚類も漸次減少」というのは、森林伐採による土砂流出で、魚がすめない川や海になったことの指摘であるが、函館や小樽の港では、背後の山からの土砂流出で港が浅くなり、船舶の航行に支障をきたすため、山への植林がすすめられた。小樽市民に親しまれる長橋「なえぼ」公園

（本書第三章）は、港を守るため山への植林が始められた当時の「苗圃」の名残である。

北海道開拓時代の隆盛を支えた産業のうち、現在では衰退してしまったものにニシン漁業と石炭鉱業がある。これを資源という観点から見ると、ニシンは生物資源で、それ自体が増殖するとともに人間による再生産が可能である。しかしニシンは、減らさない（増殖する範囲内でとる）、あるいは育てる漁業への方向を見いださないまま、「年々掠奪して補充せず」で衰退してしまった。ニシンがなぜ消えたかの原因は、資源の乱獲、海流の変化、魚族自体の盛衰などいろいろ複合しているらしいが、沿岸の森林伐採がニシン産卵場の環境を悪化させ、ニシンの減少を加速させたとの見方もある（三浦正幸「北海道春ニシンの消滅と森林」）。

一方の石炭は人間による再生産が不可能な資源で、使えば使うだけ目減りがする。北海道の鉄道は、人間の輸送より石炭を輸送することを主眼として建設されたのが始まりであるが（本書第二章）、資源の減少による採炭条件の悪化に加え、石油へのエネルギー転換で、炭鉱は閉山に追い込まれてしまった。しかし石油も石炭と同様に、再生産ができない資源で、いずれは枯渇する。だからこれも「年々掠奪して補充せず」の同類となり、持続可能な開発にふさわしいクリーンなエネルギーが模索されている。

ところで石炭も石油も、もとをただせば古生物起源の化石燃料である。だから人間は、それを資源として使うことにより、地球の歴史の「緑の遺産」から恩恵を受けていることになる。その緑の遺産は何千万年～何億年単位で蓄積されたものであるが、人間は百年単位でそれを消費している。そして石炭・石油の緑の遺産は、文明の進歩、発展に大きく貢献するとともに、現代の「緑の環境」に大きな影響を与えつつある。

石炭を動力源とする蒸気機関の発明は、人間の歴史にとって画期的な産業革命をもたらした。その途上、工場からの排煙、排水などは、周辺の自然環境を悪化させ、身近な動植物が姿を消す現象が目立つようになった。そうしたなかでヨーロッパでは郷土保存や天然記念物保護などの思想が起こったが、それだけ急速に自然環境が変貌しつつある北海道にもすぐ波及し、自然保護思想がめばえた（本書第五章）。

産業革命による工業化にともなう都市環境の悪化や、工場労働者の貧しい住環境を補う意味も含めて、欧米の都市では「公園」が不可欠の都市施設となった。そのヨーロッパからの居留外国人の熱意に触発されて、函館市民は公園の必要性を自覚し、自らの手で公園をつくった（本書第四章）。またアメリカでは西部開拓が進展するなかで、急速に原始的自然環境が失われることを憂い、私有地化を防止する意図も含むイエローストンなどの「国立公園」が生まれたが、開拓が進展する北海道でも、私有地化を防止して「石狩川上流の霊域を守れ」という声が起こった（本書第五章）。

一九世紀から二〇世紀は科学技術が進歩し、工業が大きく発達したが、石炭・石油を燃料とする鉄道、船舶、自動車、航空機の発達は、人と物資の大量輸送を可能にし、地球の隅々まで開発することが可能となった。それによって、とくに先進諸国には大量生産、大量消費、大量廃棄の社会がもたらされて繁栄した。日本も二〇世紀の前半に先進国の仲間入りを果たした。そして万物の霊長である「人間が自然を支配する」という自然観、価値観が強まった。

しかし二〇世紀の後半から二一世紀へかけては、それとは別の新しい自然観、価値観、倫理観がもたらされつつある。

例えば土木技術の発達により、人力の「ツルハシとモッコ」が大型建設機械に代わったことで、技術者が自ら「人間は一体どこまで道路を作ろうとするものであろうか」（本書第六章）と自問するように、自然の聖域とされる大雪山や日高山脈の山奥まで、道路を建設することが可能となったことに対して、あるいは自然の摂理に沿って流れる千歳川を、大規模な自然改造で制御し、「二一世紀の流れをつくる」という洪水対策が出現したことに対して、多くの人々から疑問や拒否反応が現われるようになった（本書第六章）。

また、先進諸国などの繁栄を支えてきた大量の石炭・石油の燃焼は、二酸化炭素の大量排出につながり、地球を温暖化させていることが知られるようになった。同時に石炭・石油の燃焼は、酸性雨をもたらしてもいる。そして石炭・石油の化学を母体として発展した有機化学による人工化学物質の増加は、農薬汚染、環境ホルモン物質の拡大、フロンガスによるオゾン層の破壊などをもたらし、人間の健康ばかりでなく、あらゆる生物の生存にとって脅威であり、地球環境にも悪影響を与えていること、などが明らかになった。さらに先進諸国が資源を得るだけでなく、発展途上国の急激な人口の増大とも関連して、熱帯林の減少、砂漠化の拡大が進行しているなど、地球環境問題が急速にクローズアップされるようになった。

そうしたなかで、生態学、生命科学などの発達や、新しい環境倫理学の出現により、『人間も自然環境を構成する一員』で人間が自然を支配することはできず、また支配すべきではないこと、「生物の多様性」に価値があることなどが認識されるようになった。一見して人間にはなんの価値もないような動植物も、生物の多様性を構成する一員であり、地球の歴史では人類よりはるかに先輩の地位を占めている。したがって、いまや限られた部分にしか残されていない原始的な自然環境は、そっくり保存することが重要であり、そのことも含めて、さまざまな地球環境問題を解決することが、現代人の責務であることが自覚されるようになった。

なお、ここでいう「生物の多様性」とは、海、川、湖、湿原、草原、森林、山など多様な生態系や、さまざまな動植物の種類だけでなく、同じ種類の生物でも「種内の多様性」すなわち遺伝子の多様性も含むものとされている。

例えば、図7・1は北海道内の各地に生育するトドマツの子孫を、①積雪が少なく、寒風の激しい東北海道(浜中町)に植える、②積雪の多い北海道中央部(美唄市)に植えるという実験を、北海道立林業試験場の畠山末吉が行なった結果を示している。これによれば、同じトドマツという種類の植物であっても、もともと積雪が少なく寒風の激しい環境に育ったトドマツの子孫は、東北海道に植えられても寒風害を受けることが少ないのに、多雪地で育ったものの子孫は、多くが寒風害を受けたこと、また逆に、積雪の少ない環境に育ったものの子孫は、道央の多雪地に植えられると、幹折れ、枝折れなどの雪害を多く生じたが、多雪地に育ったものの子孫は雪害が少なかったという。これは「種内の多様性」を示す一例である。

自然環境の仕組みは、まだ解明されていないことが多い。学術研究、そして教育の対象としても、自然保護はきわめて重要である。

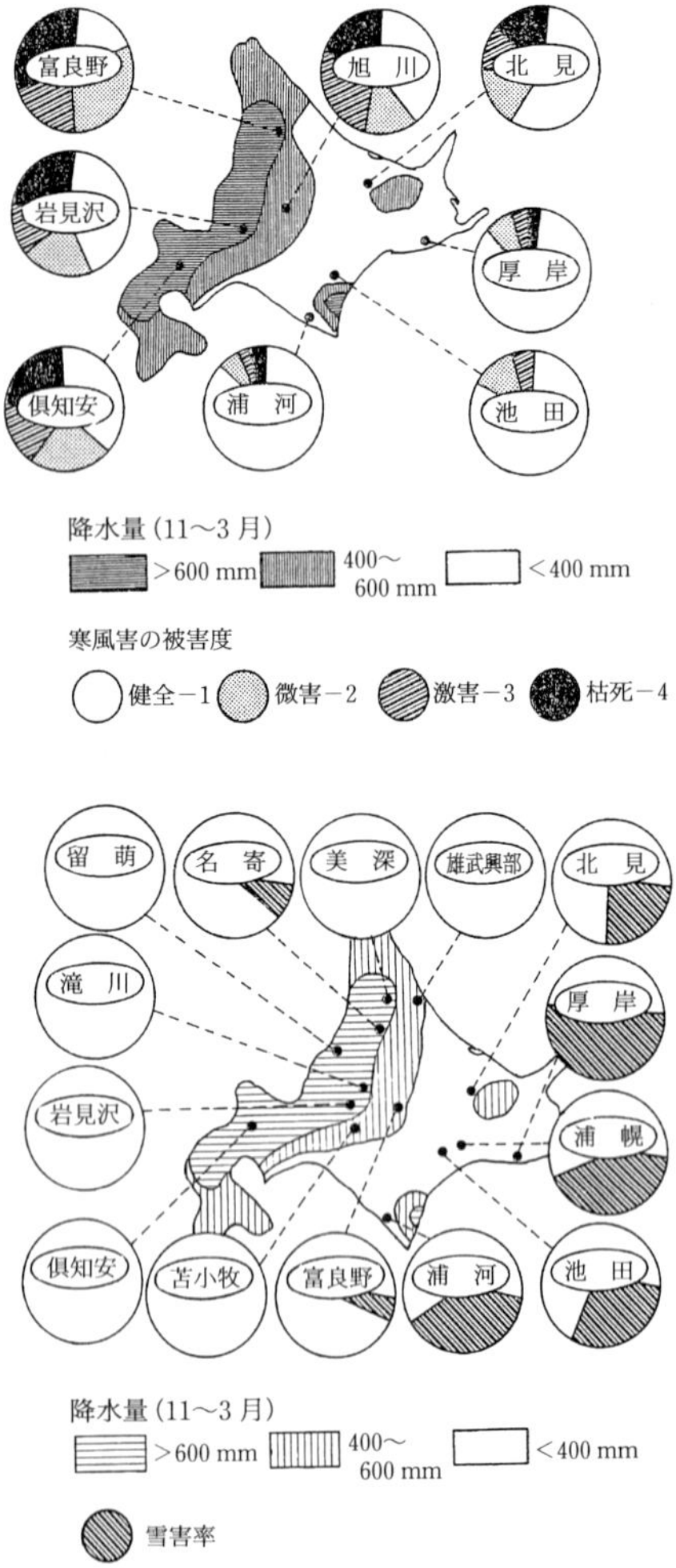

図 7・1　トドマツの寒風害（上）と積雪害（下）の産地間変異（畠山末吉によるものを一部改変）。地名は管轄林務署名を示す

環境を守る基本理念

二〇世紀は開発の世紀、二一世紀は環境の世紀といわれるが、その世紀の変わりめの日本では、環境基本法など環境に関する多くの法令が新しく制定されたり、改正されたりした。その基本的な考え方のなかからも、なぜ自然を保護しなければならないかの、答えの重要な部分をうかがうことができる。

一九九三（平成五）年に新しく制定された環境基本法では、「環境の保全の基本理念」として、①環境の恵沢の享受と継承等（第三条）、②環境への負荷の少ない持続的発展が可能な社会の構築等（第四条）、③国際的協調による地球環境保全の積極的推進（第五条）の三点を掲げている。このうち①は、「環境を健全で恵み豊かなものとして維持することが、人間の健康で文化的な生活に欠くことができないものであること」をまず認識し、自然の「生態系が微妙な均衡を保つことによって成り立っており、人類の存続の基盤である限りある環境が、人間の活動による環境への負荷によって損なわれるおそれが生じてきていること」を考えると、「現在及び将来の世代の人間が健全で恵み豊かな環境の恵沢を享受するとともに、人類の存続の基盤である環境が、将来にわたって維持されるよう適切に」、環境の保全が行なわれなくてはならないことを定めている。なお、ここでいう「環境の保全」は、広い意味での「自然の保護」と同じとみなしてよい。

また同じ一九九三（平成五）年に日本が批准した「生物の多様性に関する条約」の前文では、「生物の多様性が有する内在的な価値並びに生物の多様性及びその構成要素が有する生態学上、遺伝上、社会上、経済上、科学上、教育上、文化上、レクリエーション上及び芸術上の価値を意識」するとともに、「生物の多様性が進化及び生物圏における生命保持の機構の維持のため重要であることを意識」し、そして「生物の多様性の保全が人類の共通の関心事であることを確認」したうえで、「現在及び将来の世代のため生物の多様性を保全し、及び維持可能であるように利用することを決意」して、各国が生物多様性の保護に努めるべきことを定めている。

さらに二〇〇二（平成一四）年に改正された自然公園法では、国などの責務（第三条）の一部に生物の多様性を加え、「自然公園における生態系の多様性の確保その他の生物の多様性の確保を旨として、自然公園の風景の保護に関する施策を講ずるものとする」としている。

ところで生物の多様性といっても、なんでも生物の種類が増えればよいというものではない。例えばペットや栽培のために外国から輸入、あるいは偶然の機会に侵入した外来種のなかには、野生化して在来の生態系などに被害を及ぼすものがあるので、それを防除するため「特定外来生物による生態系等に係る被害の防止に関する法律」が二〇〇四（平成一六）年に制定されている。また最近は遺伝子組み換えにより新しい生物をつくりだすことが可能となっているが、そのなかには在来の生態系などの生物多様性を損なう恐れのあるものがあるので、それを防除するため「遺伝子組換え生物等の規制による生物の多様性の確保に関する法律」が二〇〇三(平成一五)年に制定されている。

一方、林業、農業では高度経済成長時代に生産性の増大を基本とする林業基本法、農業基本法が定められていたが、それらは森林・林業基本法、食料・農業・農村基本法に抜本改正された。

二〇〇一(平成一三)年に成立した森林・林業基本法では、「森林・林業の基本理念」として、①森林の有する多面的機能の発揮(第二条)、②林業の持続的かつ健全な発展(第三条)の二点を掲げている。このうち①は、森林については、「国土の保全、水源のかん養、自然環境の保全、公衆の保健、地球温暖化の防止、林産物の供給」など、「多面にわたる機能が持続的に発揮されることが、国民生活および国民経済の安定に欠くことができないものであること」を考えて、「将来にわたって、その適正な整備および保全」がはかられなくてはならないことを定めている。

なお森林法(第二五条)では古くから保安林として、①水源のかん養、②土砂の流出の防備、③土砂の崩壊の防備、④飛砂の防備、⑤風害、水害、潮害、干害、雪害または霜害の防備、⑥なだれまたは落石の危険の防止、⑦火災の防備、⑧魚つき、⑨航行の目標の保存、⑩公衆の保健、⑪名所または旧跡の風致の保存、の一一項目を掲げている(保安林の種類としては一七種類)。これを裏返してみれば、これらの森林が失われれば、これらの機能が失われて人間の生活環境に被害、損失を及ぼすといえる。これらの機能に、動植物の生息・生育の場の提供、新鮮な酸素の供給、二酸化炭素の吸収による地球温暖化防止などを加えたものが、森林の公益的機能に相当するといえる。

一九九九(平成一一)年に成立した食料・農業・農村基本法では、①食料の安定供給の確保(第二条)、②多面的機能の発揮(第三条)、③農業の持続的な発展(第四条)、④農村の振興(第五条)、の四点を基本理念としている。そのうち②多面的機能の発揮は、「国土の保全、水源のかん養、自然環境の保全、良好な景観の形成、文化の伝承等、農村で農業生産活動が行われることにより生ずる食料その他の農産物の供給の機能以外の、多面にわたる機能について は、国民生活及び国民経済の安定に果たす役割にかんがみ、適切かつ十分に発揮されなくてはならない」と定めている。

自然保護の体系的な考え方

以上のように自然保護は、ひとくちに自然保護といっても、自然と人間のかかわりのなかで、かなり多様な態様を示すものである。そこで自然保護をどう考えるかに先立って、自然とは何かを、ごく簡単にまとめてみよう。

自然とは何かのとらえ方は、自然科学的なものから哲学的なものまで、さまざまな視点があって簡単ではないが、ここでは、①人間を含むあらゆる生物が生存する母体、環境としての自然、②衣食住など人間にとって有用な資源としての自然、③人間の精神的、文化的対象としての自然、をあわせもつ環境としてとらえておこう。ここでいう「環境」とは、あるものをとりまいている外界の様子で、微生物、植物、動物(人間を含む)の生物的要素と、空気、水、岩石・土、光、熱などの物理・化学的要素からなり、それらは相互に密接な関係をもっている。

人間が生きていくためには、当然のこととして自然を資源として利用しなければならないが、文明が発達し、人口が増大してくれば、人間の自然に対する働きかけ(先の環境基本法でいう「負荷」)の力は強まり、環境が変貌したり、悪化したりする。その程度は、狩猟採集の社会、農業を主とする社会、工業を主とする社会と、文明の発達の程度に応じて大きくなり、とくに近年の、大量生産、大量消費、大量廃棄が当たり前の社会となってからは、速度を急速に増大させていることは前項で見たとおりである。

自然保護は、人間が自然環境と共存共栄し、自然の恩恵に感謝しながら(先の環境基本法でいう「環境の恵沢の享受」)、どのように自然を傷つけず永続的に活用し、それを後世に引き継いでいくかを求めるもの、といえる。

したがって広い意味での自然保護は大きく分けると、

①人間が自然に対して手を加えないで開発行為などから守り、そのままの状態で維持する「保護・保存」(Protection, Preservation)

②ある程度は人手を加えて、自然をよい状態に保ちながら、人間生活の向上のために、自然環境、自然資源の永続的で合理的な活用をはかる「保全」(Conservation)

③自然の法則を尊重しながら、自然を改造したり、失われた自然を回復させるため人手を加える「改造・復元」(Reconstruction, Restoration)

の三つの守り方があるといえる。なお現在の日本語の使われ方としては、「保護」が①②③を包含して使われる場合もあり、「保全」が①②③を包含して使われる場合もあるのが実態である。英語の Conservation は、Protection よりも広い意味をもっている。また「改造」というと、かなり積極的に自然を改造するイメージを抱かれやすいが、これはあくまで「自然の法則を尊重しながら」が前提となっていることをご理解いただきたい。例えば都市公園や耕地防風林の造成などが改造に当たるといってよいだろう。

自然保護はこうした区分を時と場合によって、どのように使い分けて考えるかが重要になる。これを現在の日本の土地利用の実態に即して整理してみよう。日本の土地利用は国土利用計画法(第九条)の土地利用基本計画によって、①都市地域、②農業地域、③森林地域、④自然公園地域、⑤自然保全地域に五区分されている。その土地利用と自然保護の三つの守り方、および自然保護の制度など、さまざまな要素との関係を組み合わせると、図7・2のようなモデルを想定することができる(俵浩三「自然保護の体系的な考え方」)。

図の最上部のふたつの向かい合った三角形は、自然的要素と人為的要素を表わしている。図の左端は人為的要素が一〇〇%で自然的要素がゼロ%の部分である。コンクリートの高層建築物が立ち並び、緑が欠如した大都会の都心部がこれに当たる。それに対して図の右端は自然的要素が一〇〇%で人為的要素がゼロ%の部分である。

道路も建物もない原始的な自然環境の地域がこれに当たる。中央のふたつの三角形が交わる部分は自然と人為が半々で、ほどよくバランスを保っている部分である。

これに国土利用計画法による土地利用区分を当てはめると、左から右に向かって、都市地域、農業地域、森林地域、自然公園地域、自然保全地域の順で並ぶ。いわば図の左側は人間が主人公の領域で、右側は自然が主人公の領域である。人間の領域であっても自然との共存を考えなくてはならないのは当然であるが、しかし、ここではときに人間本位の価値観で、自然を「支配」することも許される。それに対して自然の領域では自然が主人公であるから、そこへ入る人間はあくまで一時的な訪問者として、常に自然に対して遠慮し、控えめでなくてはならないのである。

ここに先の三つの自然保護を当てはめてみると、①の人手を加えない自然の保護・保存は、図の右側すなわち自然の領域により関係が深く、③の自然の改造・復元は、図の左側すなわち人間の領域により関係が深いといえる。そして②の、自然をよい状態に保ちながら人間のために活用する自然の保全は、これらの中間部に位置するといえる。②では自然を傷めずに永続する、持続可能な農林業などが営まれる。

この領域関係のなかに公園緑地などの制度を当てはめてみると、都市公園は都市地域を中心に配置され、民間の遊園地やゴルフ場などは都市地域から農林業地域にまたがりながら、左側に位置する。グリーンツーリズムの対象となるのも主としてこの地域である。国有林のレクリエーションの森は森林地域と重複する。

自然公園は森林地域と重複しながら右寄りとなり、そのなかでも左から右へ、都道府県立自然公園、国定公園、国立公園という序列がある。また、自然公園内では左から右に向かって普通地域、特別地域、特別保護地区という序列が考えられる。そして最も右寄りに文化財保護法による天然保護区域、自然環境保全法による原生自然環境保全地域、林野庁の森林生態系保護地域が位置することになる。なお天然記念物などは、大面積のものは右寄りであるが、小面積のものや巨樹・巨木の類は都市地域にも点在することになる。

これらの公園などの種類と野外レクリエーションの利用形態との関係を考えてみると、都市公園では静かに散策して自然を楽しむほか、かなり人工的な環境も許容され、各種スポーツ競技をはじめとする人工的運動施設の利用が中心となる。中間地帯のレクリエーションの森から自然公園の一部へかけては、自動車利用によるドライブを楽しんだり、ロープウエイによる観光客の大量輸送も可能であるが、自然公園でも右寄りの部分では、徒歩利用による登山・ハイキングが原則となり、車道による近接は否定される。さらに自然の領域の右端には、野外レクリエーション利用を考慮しない、外から眺めるだけの立ち入り制限・禁止地区が存在することになる。

また、人間と自然とのつきあい方、例えば、害虫や雑草の駆除、野生動物に対する餌づけ、小・中学生の自然観察用の昆虫や植物の採集などの是非についてみると、中央より左寄りの都市地域や農業地域では一般的に是認され、森林地域から自然公園へかけての右寄りでは原則的に否認されるべきものと考えられる。ちなみにアメリカでは、都市公園では人々がリスやカモに餌をやる光景が見られるが、国立公園内では観光客が野生動物に餌を与えれば処罰されることになっている。

なお、小・中学生の昆虫や植物の採集は左寄りならよいといっても、学習のためには普通の種類であるべきで、希少なもの、珍奇なものを求め出すと支障が出る。また左寄りにあるゴルフ場などでは、雑草や害虫の駆除が認められるといっても、農薬公害が許されないのは当然である。

狩猟や魚釣りは、現実にはまだ国民的なコンセンサスを得られないだろうが、中央より左寄りではコントロールされたゲームとしてのみ認められ、中央より右寄りでは原則不可とされるのが望ましいと私は考えている。

以上は、あくまでひとつのモデルであり、現実には例外があり、また例えば森林地域と自然公園地域は大部分が重複しているので、どちらを優先させるべきかで、トラブルが起こることもある。知床森林伐採はそのような場所で発生した。

またこのモデルは大きな土地利用の枠で考えられたものなので、身近な自然を守るためには別な尺度を考えな

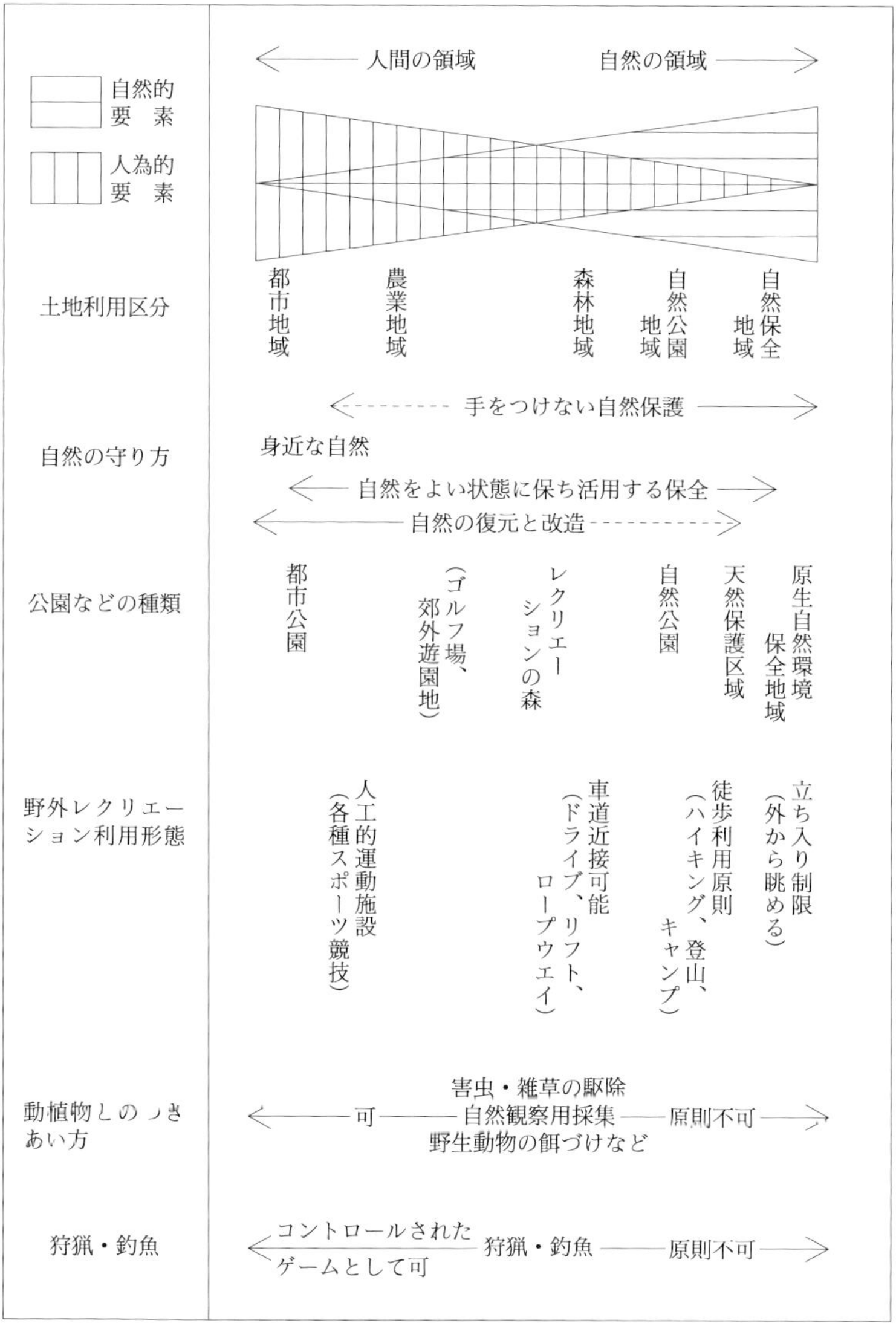
人間の領域
自然の領域
自然的要素
人為的要素
土地利用区分
都市地域
農業地域
森林地域
自然公園地域
自然保全地域
自然の守り方
手をつけない自然保護
身近な自然
自然をよい状態に保ち活用する保全
自然の復元と改造
公園などの種類
都市公園
(ゴルフ場、郊外遊園地)
レクリエーションの森
自然公園
天然保護区域
原生自然環境保全地域
野外レクリエーション利用形態
人工的運動施設(各種スポーツ競技)
車道近接可能(ドライブ、リフト、ロープウエイ)
徒歩利用原則(ハイキング、登山、キャンプ)
立ち入り制限(外から眺める)
動植物しのつきあい方
可
害虫・雑草の駆除
自然観察用採集
野生動物の餌づけなど
原則不可
狩猟・釣魚
コントロールされたゲームとして可
狩猟・釣魚
原則不可

図7・2　自然保護体系模式図(俵原図)

くてはならない。身近な自然は、生活環境に密着した小さな樹林や水辺などで、原始的とか学術的あるいは希少性など客観的な尺度で見れば、たいした価値はないかもしれない。しかし近隣の住民にとっては、大きな価値が見いだされる地域である。こうした場所ではひとりひとりの自然を愛する気持ちが結集した、地域住民のコンセンサスが形成され、土地所有者の理解、行政のサポートとがあいまって、守られなくてはならない。

引用・参考文献

序　章　「緑の環境史」は北海道を考える原点

井上真他編『森林の百科』朝倉書店、二〇〇三
太田猛彦他編『森林の百科事典』丸善、一九九六
更科源蔵『アイヌ語地名解』北書房、一九六六
知里幸恵編訳『アイヌ神謡集』岩波書店(岩波文庫)、一九七八
トフラー/徳山二郎監修・鈴木健次他訳『第三の波』日本放送出版協会、一九八〇
藤田元春『新日本図帖』刀江書院、一九三四
若林功著/加納一郎改定『北海道開拓秘録』(一)~(四)、時事通信社、一九六四

第一章　緑の環境情報・蝦夷から北海道へ

一　蝦夷地の自然

新井白石『蝦夷志』一七二〇(『北方未公開古文書集成』第一巻、叢文社、一九七九所収)
瓜生卓造『日本山岳文学史』東京新聞出版局、一九七九
大森　実『知られざるシーボルト——日本植物標本をめぐって』光風社、一九九七
桂川甫周/亀井高孝校訂『北槎聞略——大黒屋光太夫ロシア漂流記』岩波書店(岩波文庫)、一九九〇
金田一京助解説『番人円吉　蝦夷記』(アイヌ語資料叢書)、国書刊行会、一九七二
工藤平助『赤蝦夷風説考』一七八三(大友喜作編『北門叢書』国書刊行会、一九七二所収)
黒岩　健『登山の黎明——『日本風景論』の謎を追って』日本山書の会、一九七六

近藤信行『小島烏水――山の風流使者伝』創文社、一九七八
坂倉源次郎『北海随筆』一七三九（大友喜作編『北門叢書』国書刊行会、一九七二所収）
札幌医史学研究会編『蝦夷地の医療』北海道出版企画センター、一九八八
佐藤玄六郎『蝦夷拾遺』一七八六（大友喜作編『北門叢書』国書刊行会、一九七二所収）
志賀重昂『日本風景論』講談社（学術文庫）、一九七六
フィリップ・フランツ・フォン・シーボルト／岩生成一監修『日本』第六巻（蝦夷・千島・樺太および黒竜江地方他）、雄松堂書店、一九七九
ジーボルト／斎藤信訳『江戸参府紀行』平凡社（東洋文庫）、一九六七
谷　文晁『日本名山図会』西東書房、一九〇三（北海道大学附属図書館所蔵）
谷沢尚一「最上徳内からシーボルトに贈られた樹木標本の名詞について」『シーボルト研究』第二号、法政大学フォン・シーボルト研究会、一九八三
俵　浩三『北海道の自然保護――その歴史と思想』北海道大学図書刊行会、一九七九
俵　浩三「松浦武四郎――蝦夷地登山の実像」『国立公園』第四三五・四三六号（一九八六年二・三月号）
知里真志保『分類アイヌ語辞典　植物編・動物編』（知里真志保著作集　別巻Ⅰ）、平凡社、一九七六
中村博男『松浦武四郎と江戸の百名山』平凡社（平凡社新書）、二〇〇六
日本山岳会編『新選覆刻　日本の山岳名著解題』大修館書店、一九七八
原田三夫『思い出の七十年』誠文堂新光社、一九六六
深田久弥『日本百名山』新潮社、一九六四
平秩東作『東遊記』一七八四（大友喜作編『北門叢書』国書刊行会、一九七二所収）
北海道『新北海道史』第二巻・通説一、北海道、一九七〇
北海道郷土研究会「快風丸記事」『北海道郷土研究資料№５』北海道立図書館、一九五九
松浦武四郎『東蝦夷日誌』時事通信社、一九六二
松浦武四郎『西蝦夷日誌』時事通信社、一九六二
松浦武四郎『松浦武四郎紀行集』下、冨山房、一九七七（蝦夷漫画、近世蝦夷人物誌、後方羊蹄日誌、石狩日誌、夕張日誌、十勝日誌、久摺日誌、納紗布日誌、知床日誌、天塩日誌、北蝦夷餘誌、蝦夷年代記を収録）

松浦武四郎／秋葉実編『丁巳東西蝦夷山川地理取調日誌』上・下、北海道出版企画センター、一九八二
松浦武四郎／秋葉実編『戊午東西蝦夷山川地理取調日誌』上・中・下、北海道出版企画センター、一九八五
松前藩「元禄国絵図」一七〇〇（末松保和『近世に於ける北方問題の進展』至文堂、一九二八所収の簡略写図）
松前藩「御巡検使応答申合書」一七六一（『松前町史』史料一、松前町、一九七四所収）
松前広長『松前志』一七八一（大友喜作編『北門叢書』国書刊行会、一九七二所収）
松本十郎『石狩十勝両河記行』一八七六（『日本庶民生活史料集成』第四巻、三一書房、一九六九所収）
間宮林蔵「蝦夷地沿海実測図」一八二一（北海道大学附属図書館所蔵）
最上徳内／吉田常吉編『蝦夷草紙』時事通信社、一九六五
安川茂雄『近代日本登山史』あかね書房、一九六九
安田　健『江戸諸国産物帳——丹羽正伯の人と仕事』晶文社、一九八七
山口隆男・加藤僖重「最上徳内がシーボルトに贈呈した樹木材の標本」『カラヌス』特別号二、熊本大学合津臨海実験所、一九九八
山崎安治『日本登山史』白水社、一九六九

二　函館開港時の外国人による自然調査

井上幸三『マクシモヴィッチと須川長之助』岩手植物の会、一九九六
サミュエル・W・ウィリアムズ／洞富雄訳『ペリー日本遠征随行記』雄松堂書店、一九七〇
小野有五・五十嵐八枝子『北海道の自然史——氷期の森林を旅する』北海道大学図書刊行会、一九九一
札幌博物学会「カール・ヨハン・マクシモヴィッチ氏誕生百年記念会」『札幌博物学会会報』第一〇巻第一号、一九二八
菅原繁蔵『CARL JOHANN MAXIMOWICZ』市立函館図書館、一九六〇
俵　浩三『緑の文化史——自然と人間のかかわりを考える』北海道大学図書刊行会、一九九一
ハイネ／中井晶夫訳『世界周航日本への旅』雄松堂出版、一九八三
トーマス・W・ブラキストン／高倉新一郎校訂・近藤唯一訳『蝦夷地の中の日本』八木書店、一九七九
ペルリ／土屋喬雄他訳『ペルリ提督　日本遠征記』（一）〜（四）、岩波書店（岩波文庫）、一九四八〜五五
北海道『新北海道史』第二巻・通説一、北海道、一九七〇

北海道『新北海道史』第三巻・通説二、北海道、一九七一
堀田　満『植物の分布と分化』三省堂、一九七四
牧野富太郎『牧野富太郎選集』(四)、東京美術、一九七〇
宮部金吾博士記念出版刊行会編『宮部金吾』岩波書店発売、一九五三
村元直人『蝦夷地の外人ナチュラリストたち』幻洋社、一九九四
モロー「日本におけるペリー同行の一科学者」(越崎宗一編訳『外人の見たえぞ地』北海道出版企画センター、一九七六所収)
作者不詳『亜国来使記　天』(郷土資料復刻叢書№19)、市立函館図書館、一九七二
Gray, Asa. List of dried plants collected in Japan, by S. W. Williams, ESQ. and Dr. J. Morrow in Narrative the Expedition of an American Squadron. Nicholson Printer, 1856

第二章　北海道開拓の光と影

一　北海道にアメリカを見たお雇い外国人

大蔵省『開拓使事業報告』第一編、一八八五(復刻版、北海道出版企画センター、一九八三)
大蔵省『開拓使事業報告』第三編、一八八五(復刻版、北海道出版企画センター、一九八三)
大蔵省『開拓使事業報告』付録　布令類聚上編、一八八五(復刻版、北海道出版企画センター、一九八三)
開拓使『開拓使日誌』(『新北海道史』第七巻・史料一、北海道、一九六九所収)
開拓使編『札幌農黌第一年報』一八七八(覆刻『札幌農黌年報』北海道大学図書刊行会、一九七六所収)
ケプロン『開拓使顧問ホラシ・ケプロン報文』一八七九(『新撰北海道史』第六巻・史料二、北海道庁、一九三六所収)
ケプロン／西島照男訳『ケプロン日誌　蝦夷と江戸』一八八四(北海道新聞社、一九八五)
札幌区役所『札幌区史』札幌区役所、一九一一(復刻版、名著出版、一九七三)
更科源蔵『弟子屈町史』弟子屈町、一九四九
高倉新一郎編『エドウィン・ダン――日本における半世紀の回想』エドウィン・ダン顕彰会、一九六二
高倉新一郎編『犀川会資料』北海道出版企画センター、一九八二
俵　浩三『緑の文化史――自然と人間のかかわりを考える』第一章「ペリーの黒船と植物ウオッチング」、北海道大学図書刊行

会、一九九一
藤原英司『黄昏の序曲――滅びゆく動物たちと人間と』朝日新聞社、一九七二
古川古松軒『東遊雑記』平凡社（東洋文庫）、一九六四
ブレーキ「博士ブレーキ報文摘要」『開拓使顧問ホラシ・ケプロン報文』（『新撰北海道史』第六巻・史料二、北海道庁、一九三六所収）
北海道『北海道山林史』北海道、一九五三
松浦武四郎『東蝦夷日誌』時事通信社、一九六二
森　嘉兵衛『日本僻地の史的研究――九戸地方史』上巻、法政大学出版局、一九八二
ライマン「邊士、来曼氏北海道記事」『開拓使顧問ホラシ・ケプロン報文』（『新撰北海道史』第六巻・史料二、北海道庁、一九三六所収）
林野庁『徳川時代に於ける林野制度の大要』林野共済会、一九五四
ワルフヒールド「エジ、ワルフヒールド報文」『開拓使顧問ホラシ・ケプロン報文』（『新撰北海道史』第六巻・史料二、北海道庁、一九三六所収）

二　開拓の進展と土地の荒廃

井黒弥太郎「開拓進行過程の図化について」『新しい道史』第一七号、一九六六
大蔵省『開拓使事業報告』第一編、一八八五（復刻版、北海道出版企画センター、一九八三）
金子郡平・高野隆之『北海道人名辞書』一九一四（札幌市教育委員会編『新聞と人名録にみる明治の札幌』北海道新聞社、一九八五所収）
ケプロン『開拓使顧問ホラシ・ケプロン報文』一八七九（『新撰北海道史』第六巻・史料二、北海道庁、一九三六所収）
近衛篤麿／橘文七校注『北海道私見』一九〇二（復製版、北海道文化資料保存協会、一九五〇）
高倉新一郎編『犀川会資料』北海道出版企画センター、一九八二
田端　宏・桑原真人監修『アイヌ民族の歴史と文化――教育指導の手引き』山川出版社、二〇〇〇
津村昌一編『北海道山林史餘録』北海道造林振興会、一九五三
天塩町『新編天塩町史』天塩町、一九九三

徳冨健次郎『みみずのたはこと』上・下、岩波書店（岩波文庫）、一九七七
日本園芸中央会『日本園芸発達史』一九四三（復刻版、有明書房、一九八〇）
日本地理風俗大系編集委員会編『日本地理風俗大系第一巻　北海道』誠文堂新光社、一九五九
野村義一「今なぜアイヌ新法なのか」『アイヌ民族についての連続講座』北海道教職員組合、一九九三
北海道『北海道農地改革史』上・下、北海道、一九五七
北海道『新北海道史』第三巻・通説二、北海道、一九七一
北海道『新北海道史』第四巻・通説三、北海道、一九七三
北海道『新北海道史』第五巻・通説四、北海道、一九七五
北海道庁殖民部「原野区画図」一九〇五
北海道庁『第二拓地殖民要録』北海道庁、一九〇六
本庄陸男『石狩川』新潮社（新潮文庫）、一九五五
矢谷重芳編『北海道百番附』冨貴堂、一九一八（復刻版、太陽、一九七二）
若林功著・加納一郎改定『北海道開拓秘録』（一）～（四）、時事通信社、一九六四

第三章　森林資源の利用と管理

一　北方林の位置づけを探った先人たち

沖津　進『北方植生の生態学』古今書院、二〇〇二
川上滝弥著／宮部金吾閲『北海道森林植物図説』裳華房、一九〇二
吉良竜夫『日本の森林帯』一九四九（『生態学からみた自然』河出書房新社、一九七一所収）
吉良竜夫・四手井綱英他「日本の植生」一九七六（坂口豊編『日本の自然』岩波書店、一九八〇所収）
札幌営林局監査課『森林施業法の実際』札幌営林局、一九七〇（増補改訂版、一九七五）
椙山清利『北海道樹木志料』北海道庁？（発行所記載なし）、一八九〇
舘脇　操『北方植物の旅』朝日新聞社、一九七一
舘脇　操・五十嵐恒夫『阿寒国立公園の植生』帯広営林局、一九七七

Tatewaki, Misao. Forest Ecology of the Islands of the North Pacific Ocean. Journal of the Faculty of Agriculture, Hokkaido University, vol. 50 (4), 1958.

田中 壌『校正 大日本植物帯調査報告』農商務省、一八八七(復刻版、大日本山林会、一九九八)

田中 壌「北海道森林所見」『大日本山林会報』一六九～一七一号および一七三～一七六号、一八九七

田中 壌「北海道植物帯に就て」『大日本山林会報』第二〇九号、一九〇〇

田端英雄「日本の植生帯区分はまちがっている――日本の針葉樹林帯は亜寒帯か」『科学』二〇〇〇年五月号

仲摩照久編『日本地理風俗大系第一四巻 北海道・樺太編』新光社、一九三〇

沼田 真『植物生態学論考』東海大学出版会、一九八七

野上道夫・大場秀章「暖かさの指数からみた日本の植生」『科学』一九九一年一月号

北海道『北海道山林史』北海道、一九五三

北海道林務部編『北限のブナ林』北海道林業改良普及協会、一九八七

本多静六「日本森林植物帯論」『大日本山林会報』第二〇五～二〇七号、一九〇〇

本多静六『改正 日本森林植物帯論』三浦書店、一九一二

山中二男『日本の森林植生』築地書館、一九七九

渡邊定元『樹木社会学』東京大学出版会、一九九四

二 北海道の林業――百年の軌跡

旭川営林局『石狩川源流森林総合調査報告(第二次)』旭川営林局、一九七七

石狩川源流原生林総合調査団編『石狩川源流原生林総合調査報告』旭川営林局、一九五五

大蔵省『開拓使事業報告』第一編、一八八五(復刻版、北海道出版企画センター、一九八三)

大島亮吉「石狩岳より石狩川に沿うて」『山――研究と随想』岩波書店、一九三〇(復刻版、大修館書店、一九七五)

小沢今朝芳『新しい国有林計画』(林業解説シリーズ)、日本林業技術協会、一九五七

国有林野問題研究会編『国有林野事業改善必携』地球社、一九八七

札幌林政研究会『日本の林業 北海道編』地球出版、一九七二

四手井綱英『造林技術のあり方――拡大造林計画を批判して』(林業解説シリーズ)、日本林業技術協会、一九五八

須永欣夫『北海道材話』木材通信社、一九三八
全林野労働組合編『緑はよみがえるか』労働教育センター、一九八二
舘脇　操「植生随想」『札幌林友』一九五七年一〇月号
舘脇　操『阿寒国立公園に想う』帯広営林局、一九七四
俵　浩三「これからの国有林の自然保護に望む」『北海道自然保護協会誌』第二八号、一九八九
地球の環境と開発を考える会『破壊される熱帯林――森を追われる住民たち』岩波書店（岩波ブックレット）、一九八八
津村昌一編『北海道山林史餘録』北海道造林振興会、一九五三
徳冨健次郎『みみずのたはこと』上・下、岩波書店（岩波文庫）、一九七七
豊岡洪他「石狩川源流地域における風倒後三四年間の森林植生の変化」『森林総合研究所報告』第三六三号、一九九二
長江恭博「新たな国有林野事業の展開に向けて」『林業技術』第六八四号（一九九九年三月号）
日本林政ジャーナリストの会編『わたしたちの森――国有林を考える』清文社、一九八九
野口俊邦『森と人と環境』新日本出版社、一九九七
服部正相『北方農村の林業』北方文化出版社、一九四三
林　常夫『北海林話』北海道興林ＫＫ、一九五四
北海道『北海道山林史』北海道、一九五三
北海道山林史戦後編編集者会議『北海道山林史　戦後編』北海道林業会館、一九八三
北海道庁『開道七十年』北海道庁、一九三八
武藤憲由『拡大造林の問題点』（林業解説シリーズ）、日本林業技術協会、一九五八
森　巌夫編『素顔の国有林――その生いたちと未来』第一プランニグセンター、一九八三
よみがえった森林記念事業実行委員会『森林復興の軌跡――洞爺丸台風から四〇年』よみがえった森林記念事業実行委員会、一九九五

第四章　都市林の保全と公園づくりの原点

一　身近な森林の公益的機能を自覚

大蔵省『開拓使事業報告』付録 布令類聚上編、一八八五（復刻版、北海道出版企画センター、一九八二）
開拓使地理課『札幌郡官林風土畧記』一八八一（北海道立文書館所蔵）
札幌区役所『札幌区史』札幌区役所、一九一一（復刻版、名著出版、一九七三）
関矢孫左衛門『北征日乗　明治三十二年四月』一八九九（北海道立図書館所蔵）
関矢マリ子『野幌部落史』一九四七（復刻版、国書刊行会、一九七四）
長池敏弘「明治期における北海道の森林状況」『北方林業』一九七五年一一月号
原田一典「外人の見た開拓見聞録」『新しい道史』第二三号、一九六七
北海道庁殖民部『北海道殖民状況報文　根室国』一八九八（復刻版、北海道出版企画センター、一九七五）

二　都市公園の事始め

旭川市『旭川市史稿』上巻、旭川市、一九三一
網走市『網走市史』下巻、網走市、一九七一
小樽市『小樽市史稿本』第五冊、小樽市、一九三九
小樽市『手宮公園史』小樽図書館、一九五〇
音更町『音更町史』音更町、一九八〇
帯広市『帯広市史』帯広市、一九七六
帯広市『帯広市史（平成一五年版）』帯広市、二〇〇三
開拓使編纂『北海道志』上・下、一八八四（北海道大学附属図書館所蔵）
上平幸好『香雪園の四季と樹木』函館大学生物学教室、一九九七
狩野信平編『札幌案内』一八九九（復刻版、みやま書房、一九七四）
北見市『北見市史』北見市、一九五七
菊地純二郎『北見繁栄要覧』髙田活版印刷所、一九一二

釧路市『新釧路市史』第一巻、釧路市、一九七四
倶知安町『倶知安町史』倶知安町、一九六一
国土交通省監修『概説 景観法』ぎょうせい、二〇〇四
佐々木鉄之助編『最近之札幌』一九〇九(復刻版、みやま書房、一九七五)
札幌区役所『札幌区史』札幌区役所、一九一一(復刻版、名著出版、一九七三)
札幌鉄道局『北海道鉄道各駅要覧』札幌鉄道局、一九二五
佐藤 昌『日本公園緑地発達史』上・下、都市計画研究所、一九七七
渋谷克美「全国各地の公園設計と本多静六」『本多静六通信』第七号、埼玉県菖蒲町、一九九六
関 直彦「北海道巡行記」『新しい道史』第二号、一九六四
俵 浩三「藻岩・円山の歴史」札幌市教育委員会編『藻岩・円山』北海道新聞社、一九八〇
俵 浩三「豊平館と清華亭の庭園」『豊平館・清華亭』札幌市教育委員会、一九八〇
俵 浩三「函館公園の成立事情とその公園史上の特異性」『造園雑誌』第五一巻第二号、一九八七
俵 浩三「公園の歩み」札幌市教育委員会編『公園と緑地』北海道新聞社、一九九三
俵 浩三「本多静六が設計した室蘭公園は戦争で消滅」『本多静六通信』第一五号、埼玉県菖蒲町、二〇〇五
鉄道省『日本案内記 北海道編』鉄道省、一九三六
長岡安平顕彰事業実行委員会編『祖庭 長岡安平——わが国近代公園の先駆者』東京農業大学出版会、二〇〇〇
春採湖共同調査団『春採湖』釧路市、一九七四
函館区役所『函館区史』函館区役所、一九一一
北海道建設部公園下水道課『北海道の都市公園(平成一四年度)』北海道建設部公園下水道課、二〇〇三
北海道住宅都市部都市施設課監修『北海道の公園緑地』北海道土木協会、一九七八
北海道庁『新撰北海道史』第三巻・通説二、北海道庁、一九三七
北海道庁『新撰北海道史』第四巻・通説三、北海道庁、一九三七
北海道庁殖民部「天塩国上川郡名寄太殖民地増画図」一九〇一
北海道庁殖民部「名寄市街地」『殖民公報』第九号、一九〇二
北海道庁殖民部『殖民公報』第六〇号、一九一一

北海道庁拓殖部『拓殖法規』北海道庁、一九一五
本多静六『室蘭公園設計の大要』室蘭町、一九一六
本多静六「日比谷公園新設当時の思い出」(一九三二)『本多静六通信』第五号、埼玉県菖蒲町、一九九四
宮部金吾博士記念出版刊行会編『宮部金吾』岩波書店発売、一九五三
明治ニュース事典編纂委員会『明治ニュース事典』第一巻(「熊本城」の項)、毎日コミュニケーションズ、一九八三

第五章　優れた自然環境の保全

一　天然記念物などの保護

安藤　裕「三好学――「生態学」の造語者　桜の博士」『近代日本生物学者小伝』平河出版社、一九八八
加藤陸奥雄他監修『日本の天然記念物』講談社、一九九五
環境庁編『日本の巨樹・巨木林(全国版)』大蔵省印刷局、一九九一
札幌区役所『札幌区史』札幌区役所、一九一一(復刻版、名著出版、一九七三)
志村洞爺生「洞爺湖」『北海道林業会報』一九〇三年七月号
中島健一「『北海学園の父』浅羽靖」北海学園、一九六九
沼田　真編『自然保護ハンドブック』東京大学出版会、一九七六
北海道『北海道山林史』北海道、一九五三
北海道教育委員会事務局『北海道の史蹟名勝天然記念物』北海道教育委員会事務局、一九四九
北海道教育委員会編『北海道の文化財』北海道新聞社、一九七八
北海道庁内務部『北海道史蹟名勝天然紀念物梗概』北海道庁内務部、一九二六
北海道林業会「本道天然記念物」『北海道林業会報』一九一五年一一月号
三好　学『天然記念物』冨山房、一九一五
三好　学『天然紀念物解説』冨山房、一九二六
三好　学『日本巨樹名木図説』刀江書院、一九三六
山崎長吉『中島公園百年』北海タイムス社、一九八八

二　自然公園の保護と利用

アーチボルト「タンチョウ保護に関する報告」『北海道自然保護協会誌』第一一号、一九七三

網走道立公園審議会『網走道立公園・知床半島学術調査報告』網走道立公園審議会、一九五四

上原敬二「国立公園の真意義」『史蹟名勝天然紀念物』一九二二年第八号

宇野　佐「「国設大公園設置ニ関スル建議」について」『国立公園』第二四二号（一九七〇年一月号）

浦上啓太郎・市村三郎「泥炭地の特性と其の農業」『北海道農事試験場彙報』第六〇号、一九三七

大島亮吉『山――研究と随想』岩波書店、一九三〇（復刻版、大修館書店、一九七五）

太田龍太郎著／笹川良江編『太田龍太郎の生涯――「大雪山国立公園」生みの親〈復刊「霊山碧水」〉』北海道出版企画センター、二〇〇四

大沼公園調査委員会「大沼公園設置に関する答申書」一九一六（北海道立文書館所蔵）

大町桂月「層雲峡より大雪山へ」『中央公論』一九二三年八月号

環境庁自然保護局編『自然保護行政のあゆみ』第一法規出版、一九八一

環境庁自然保護局計画課監修『自然・ふれあい新時代』第一法規出版、一九八九

釧路市『新修　釧路市史』第一巻、釧路市、一九九三

釧路湿原総合調査団編『釧路湿原』釧路市、一九七七

釧路市立郷土博物館『釧路湿原総合調査報告書』釧路市立郷土博物館、一九七五

小泉秀雄『大雪山――登山法及登山案内』大雪山調査会、一九二六

厚生省国立公園部『都道府県立公園及び景勝地』厚生省国立公園部、一九五二

河野常吉「北海道の鶴」『北海道教育雑誌』第七五号、一八九九

国立公園協会他編『日本の自然公園』講談社、一九八九

桜井正昭「ＩＵＣＮの類型区分とわが国の国立公園」『国立公園』第四八三号（一九九〇年五月号）

清水敏一『大雪山の父・小泉秀雄』北海道出版企画センター、二〇〇四

白幡洋三郎「日本を知る――国立公園の文化的意義」『国立公園』第六二一号（二〇〇四年三月号）

進士五十八「人間的自然・文化的自然」『国立公園』第六二一号（二〇〇四年三月号）

高橋進他「保護地域カテゴリーの変更」『国立公園』第五二九号（一九九四年一二月号）

舘脇　操「北海道東部の自然公園」『樹氷』第一五巻第一号、一九六五
田中正大『日本の自然公園』相模書房、一九八一
田村　剛「国立公園論」『東京朝日新聞』一九二一年九月七～一三日
田村　剛『国土計画と健民地』木材経済研究所、一九四三
田村　剛『国立公園講話』明治書院、一九四八
田村　剛（国立公園協会編）『日本の国立公園』国立公園協会、一九五一
田村　剛（国立公園協会編）『国立公園――現況と将来』国立公園協会、一九五五
俵　浩三『北海道の自然保護――その歴史と思想』北海道大学図書刊行会、一九七九
俵　浩三「阿寒・大雪山両国立公園の歴史」『国立公園』第四二〇号（一九八四年一一月号）
俵　浩三「国立公園内の国有林経営は一般会計で」『自然保護』第三二〇号（一九八九年一月号）
俵　浩三「北海道における公園と自然保護の発達に関する研究」『専修大学北海道短期大学紀要』第二二号、一九八九
俵　浩三「北海道から見た日本の国立公園の将来像」『国立公園』第四八二号（一九九〇年四月号）
俵　浩三「国有林と国立公園の将来を考える」『北海道自然保護協会誌』第三六号、一九九八
俵　浩三「支笏洞爺国立公園の歴史」『支笏洞爺国立公園指定五〇周年記念誌』支笏洞爺国立公園連絡協議会、一九九九
俵　浩三「日本の造園学と国立公園を生み育てた二人の先覚者――田村剛と上原敬二の対照的な造園観を探る」『国立公園』第六一一号（二〇〇三年三月号）
俵　浩三「知床はどのようにして国立公園となったのか」『モーリー』第一〇号、二〇〇四
俵　浩三「大雪山国立公園の指定七〇周年に寄せて」『国立公園』第六二八号（二〇〇四年一一月号）
徳川頼倫「国設公園と民衆公園」『史蹟名勝天然紀念物』一九二二年第一〇号
新島善直「大自然保存の要と男阿寒岳」『庭園』一九二一年二月号
西田季一郎『北海道大楽園――一名大沼案内』敷嶋舘、一九〇三
沼田　真『環境教育論――人間と自然のかかわり』東海大学出版会、一九八二
林　駒之助「大雪山・阿寒両国立公園に対する所感」『北海道林業会報』一九三四年九月号
林　常夫『北海林話』北海道興林ＫＫ、一九五四
北海道開発局『特定地域（サロベツ流域）総合調査資料』北海道開発局、一九七一

北海道開発庁『北海道開発庁二〇年史』北海道開発協会、一九七二
北海道景勝地協会『北海道景勝地概要』北海道景勝地協会、一九三四
北海道景勝地協会『北海道の国立公園と景勝地』北海道景勝地協会、一九三六
北海道湿原研究グループ『北海道の湿原の変遷と現状の解析』自然保護助成基金、一九九七
北海道庁拓殖部『北海道ニ於ケル国立公園候補地調査概要』北海道庁拓殖部、一九三一
北海道林務部監修『道立公園』観光北海道社、一九五六
本多静六『大沼公園改良案』(発行所記載なし)、一九一四
本多静六「風景の利用と天然紀念物に対する予の根本的主張」『史蹟名勝天然紀念物』一九二一年第八号
丸山　宏『近代日本公園史の研究』思文閣出版、一九九四
宮尾舜治「北海道山岳会に就き」『ヌプリ』創刊号、一九二四
宮脇生「輝く阿寒と大雪山」『北海道林業会報』一九三二年二月号
村串仁三郎『国立公園成立史の研究』法政大学出版局、二〇〇五
矢谷重芳編『北海道百番附』冨貴堂、一九一六(復刻版、太陽、一九七二)
横山隆起「大沼公園創設案」一九〇五(北海道立文書館所蔵)
リッチー『国立公園に対するC・A・リッチー覚書』厚生省国立公園部、一九四八
Everhart, W. C. The National Park Service. Praeger Publishers, 1972.
Runte, A. National Parks. Univ. of Nebraska Press, 1979.
IUCN. 2003 United Nations list of Protected Areas. IUCN, 2003.

第六章　「民唱官随」で前進する自然保護

一　北海道自然保護協会四〇年の足跡

井手賁夫「大雪山縦貫道路と北海道自然保護協会」『北海道自然保護協会誌』第一二号、一九七四
加藤誠平『北海道百年記念野幌森林公園基本計画の研究』(発行所記載なし)、一九六七
上川町『大雪山観光道路・バス開通記念』上川町、一九五九

国立公園協会「雌阿寒問題の行方」『国立公園』第二七号(一九五二年二月号)
俵　浩三「札幌オリンピック滑降コースの場合――山地の開発利用と跡地緑化」『林業技術』第四二五号(一九七七年八月号)
俵　浩三「北海道自然保護協会の三〇年」『北海道自然保護協会誌』第三三号、一九九五
東條猛猪「恵庭岳の滑降コースに思う」『北海道自然保護協会誌』第二号、一九六七
西村　格「大雪山縦貫道路建設反対運動の経過と今後の問題点」『北海道自然保護協会誌』第一二号、一九七四
日本自然保護協会『自然保護NGO半世紀のあゆみ』平凡社、二〇〇二
北海道自然保護協会「大雪山国立公園地内の道路建設計画に関する要望書」『北海道自然保護協会報』第六号、一九六八
北海道自然保護協会編『神々の遊ぶ庭――北の自然はいま』築地書館、一九八七
矢島　崇「恵庭岳・滑降競技場跡地の森林復元」『モーリー』第九号、二〇〇三
八木健三『北の自然を守る――知床、千歳川そして幌延』北海道大学図書刊行会、一九九五

二　知床の森林伐採問題から世界自然遺産へ

北見営林支局計画課「知床国立公園内の森林施業について」『北方林業』一九八六年九月号
田中重五「国有林野事業と「特別会計」」日本林政ジャーナリストの会編『わたしたちの森――国有林を考える』清文社、一九八九
俵　浩三「自然公園と自然保護」『北方林業』一九七四年六月号
俵　浩三「知床国立公園の特性と自然保護強化の必要性」『造園雑誌』第五〇巻第五号、一九八七
俵　浩三「「知床森林生態系保護地域設定委員会」の審議経過とその問題点」『北海道自然保護協会誌』第二九号、一九九〇
俵　浩三「北海道の世界自然遺産候補地を考える――「知床」の候補地決定に寄せて」『北海道自然保護協会誌』第四二号、二〇〇四
八木健三「知床森林伐採問題に対する理事会の対応の経緯」『北海道自然保護協会報』第八四号、一九八八

三　バブルに踊ったリゾート開発と地域活性化の幻

今村都南雄編著『リゾート法と地域振興』ぎょうせい、一九九二
神原　勝・神原昭子「ゴルフ場問題の五年間」『北海道自然保護協会誌』第三三号、一九九五

佐藤　誠『リゾート列島』岩波書店（岩波新書）、一九九〇
俵　浩三「中途半端な発想は禁物」北海道新聞社編『リゾート開発の行方』北海道新聞社（道新ブックレット）、一九八八
野口悠紀雄『バブルの経済学――日本経済に何が起ったのか』日本経済新聞社、一九九二
北海道『リゾート開発に関する実態調査』北海道企画振興部、一九九一
北海道教育委員会『夕張岳――植生等総合調査報告書』北海道教育委員会、一九九二
北海道自然保護協会『トマムレポート――トマムの事例に見るリゾート開発と環境アセスメントの問題点』北海道自然保護協会、一九九三
水尾君尾「夕張岳を国の天然記念物へ！――指定の受け皿づくりを目指した市民運動」『北海道自然保護協会誌』第三三号、一九九五
リゾート・ゴルフ場問題全国連絡会『検証　リゾート開発「東日本編」』緑風出版、一九九六

四　三〇年前の価値観で迷走した士幌高原道路

神原昭子「大雪山のナキウサギ裁判――士幌高原道路の中止をめざして」『法学セミナー』一九九八年二月号
佐藤　謙「士幌高原の自然は極めて特殊である」『北海道自然保護協会誌』第三二号、一九九四
大雪山のナキウサギ裁判を支援する会編『大雪山のナキウサギ裁判』緑風出版、一九九七
俵　浩三「士幌高原道路の自然保護問題と今後の方向」『国立公園』一九九三年三月号
俵　浩三「大雪山国立公園内を貫く士幌高原道路工事のゆくえ」『山と渓谷』一九九五年一月号
俵　浩三「士幌高原道路問題を考える」『北海道自然保護協会誌』第三〇号、一九九二／「士幌高原道路問題を考える②」同第三一号、一九九三／「士幌高原道路　この一年の動きから」同第三二号、一九九四／「士幌高原道路はムダな公共事業」同第三四号、一九九六／「士幌高原道路の時のアセスはどう進められたか」同第三七号、一九九九
十勝自然保護協会編『然別湖の自然よ永遠に』十勝自然保護協会、二〇〇二
北海道『一般道道士幌然別湖線自然環境調査報告書』北海道、一九八八
北海道『北海道自然環境保全指針』北海道、一九八九
北海道土木部『一般道道士幌然別湖線道路計画の概要』北海道土木部、一九九四
北海道新聞社編『検証　士幌高原道路と時のアセス』北海道新聞社、二〇〇〇

八木健三他「大雪山国立公園でまたも画策される自然破壊道路」『週刊金曜日』一九九六年一一月八日号

五　工学的価値観だけで突きすすんだ千歳川放水路計画

小野有五「千歳川放水路計画の問題点と今後の課題」『北海道自然保護協会誌』第三三号、一九九五
札幌弁護士会公害対策・環境保全委員会『千歳川放水路計画を考える』札幌弁護士会、一九九四／『続・千歳川放水路計画を考える』同、一九九七
自治労苫小牧市職員労働組合『千歳川放水路を検証する』自治労苫小牧市職員労働組合、一九九四
日本自然保護協会千歳川問題専門委員会『千歳川放水路計画の問題点』日本自然保護協会、一九九四／『千歳川放水路計画の問題点　第二次報告書』同、一九九六
日本野鳥の会他編『市民が止めた！　千歳川放水路』北海道新聞社、二〇〇三
北海道『美々川流域の自然環境の資質と現状』北海道保健環境部、一九九二
北海道開発局『二一世紀の流れをつくる　千歳川放水路計画』北海道開発局、一九八四
北海道開発局『千歳川放水路事業概要』石狩川開発建設部千歳川放水路建設事務所、一九八八
北海道開発局『千歳川放水路計画に関する技術報告』北海道開発局、一九九四
北海道開発局『なぜ千歳川放水路なのですか　Q＆A』北海道開発局、一九九五
北海道自然保護協会「千歳川放水路計画は何が問題か」『北海道自然保護協会誌』第三三号、一九九二
八木健三「千歳川放水路はいらない」上・下、『週刊金曜日』一九九四年三月二五日号・四月八日号

六　日本一の原始境を分断しようとした日高横断道路

俵　浩三「日高横断道路　なぜ建設に固執する？」『週刊金曜日』二〇〇一年一〇月五日号
俵　浩三「日高横断道路は抜本的な見直しが必要」『北海道自然保護協会誌』第三八号、二〇〇〇／「日高横断道路は目的と必要性が破綻」同第三九号、二〇〇一／「日高横断道路の「二枚舌」を検証する」同第四〇号、二〇〇二／「日高横断道路の建設は「凍結」に」同第四一号、二〇〇三
北海道『一般道道静内中札内線(仮称)環境影響評価書』北海道、一九七九
北海道開発局『北海道道路史概説と国道開発の変革年史』第二巻第一部、北海道開発局、一九七七

北海道開発局『一般道道静内中札内線(仮称)環境影響評価書』北海道開発局、一九七九
北海道開発局・北海道『道のむこうに待っているもの――主要道道静内中札内線』北海道開発局・北海道、二〇〇〇
北海道道路史調査会『北海道道路史　行政・計画編』北海道道路史調査会、一九九〇
止《や》めよう日高横断道路全国連絡会『市民による日高横断道路「時のアセス」』止めよう日高横断道路全国連絡会、二〇〇二
止めよう日高横断道路全国連絡会『みんなで止めた日高横断道路――「止めよう日高横断道路」全国連絡会の活動記録』止めよう日高横断道路全国連絡会、二〇〇四

終　章　多様な価値観と自然保護

俵　浩三「自然保護の体系的な考え方」『国立公園』第三八五号(一九八一年一二月号)
俵　浩三『緑の文化史――自然と人間のかかわりを考える』北海道大学図書刊行会、一九九一
畠山末吉「トドマツの寒風害抵抗性の産地間変異」・「トドマツの雪害抵抗性の産地間変異」北方林業会編『天然林の生態遺伝と管理技術の研究』北方林業会、一九八三
三浦正幸「北海道春ニシンの消滅と森林」『北海道自然保護協会報』第一〇号、一九七二

あとがき

北海道は美しく豊かな自然に恵まれている。この本は北海道の自然の象徴である「緑の環境」が、どのような特徴をもち、一九世紀後半から二〇世紀の百数十年の間に、どのように開拓・開発され、どのように守られてきたか、「自然と人とのかかわり」を中心にまとめたものである。

明治を迎えるまでの北海道はアイヌの生活舞台で、大部分の緑の環境は原始的な様相を保っていた。しかし、明治とともに始まった近代的な開拓・開発により、土地の区画が行なわれて道路や鉄道が整備され、町づくりや農業・林業などが進展すると、緑の環境は大きく変貌した。その変貌は人々の生活環境、あるいは産業としての農業・林業などのあり方にとって、よい面もあったし、また悪い面もあった。その悪い面への反省から、緑を守り育てる環境保全や、公園づくりなどの意識がめばえてきた。

私は道産子ではなく、北海道とかかわるようになったのは、自らの意志とは関係のない職場の転勤による。それ以来、北海道の自然に魅せられ、いつのまにか五〇年の歳月が経過してしまった。その前半分ほどは厚生省国立公園部の出先機関や、北海道林務部、北海道生活環境部に勤務する公務員として、後半分ほどは専修大学北海道短期大学で造園学の教育・研究にたずさわる者として、北海道の、あるいは日本の、そしてときには外国の、緑の環境を見たり調べたりしてきた。とくに後半分は北海道自然保護協会の理事(一九九四〜二〇〇四年は会長)として、自然保護の市民運動にも関与してきた。

その間に私は『北海道の自然保護――その歴史と思想』(北海道大学図書刊行会、一九七九)、「北海道における公園と自然保護の発達に関する研究」(『専修大学北海道短期大学紀要』第二二号、一九八九)、『緑の文化史――自然と人間のかかわりを考える』(北海道大学図書刊行会、一九九一)などを書いた。北海道の緑の環境の変遷は、私が三〇年あまりにわたって関心を抱いてきたテーマである。しかし、このような分野の類書は存在しないが、前著はいずれも入手困難となっている。そこで、『北海道・緑の環境史』は、私の最近の調査や見聞に加え、前著の題材の一部も活用し、日本における北海道の緑の環境の特異性を意識しながら、すべて新しく(原則として二〇〇四年現在で)書きおろしたものである。そのなかでは、いままでまったく気づかれなかった事実、あるいは、ときの経過とともに埋没してしまった事実を、いくつも掘り起こすことができたと思っている。

北海道における環境保全や自然保護の意識のめばえは、北海道の緑の環境の変貌が急激だっただけに、本州方面に比べると、より明瞭に読みとれるようである。すなわち本州、四国、九州では、数百年～千年、あるいはそれ以上の間に、緑の環境が徐々に変貌したのに対し、北海道ではそれが百年ほどの間に圧縮された形でドラスティックに進行した。開発と環境保全の関係は「作用と反作用」の関係に似ている。作用が強ければ反作用も強くなるのは、いわば当然の帰結といえる。

そのような過去のできごとを跡づけてみると、「二〇世紀は開発の世紀、二一世紀は環境の世紀」といわれるなかで、これからの北海道では、あるいは日本では、緑の環境をどのように考え、どのように共存していくべきなのか、作用と反作用がぶつかり合うのではなく、より柔軟な関係を築くためには何が必要なのか、温故知新として役立つことがたくさん含まれているに違いない。そしてそれは、急激な開発をめざす発展途上国の環境問題を考える場合にも、有益な示唆を与えてくれるだろう。

現在の北海道の環境保全・自然保護を考える場合には、野生動物保護、河川環境とダム建設などの問題もさけて通れない。また「民唱官随」の成果としては、小樽運河の保存、豊平川のカムバックサーモン運動なども重要である。しかしこれらの事例の場合は、私自身が現場で汗を流す機会が少なかったし、これらを語るには他に適任者がおられると思うので、本書ではふれていない。

また現在進行中の重要な自然保護問題で、私が積極的にかかわっている緑資源幹線林道(旧大規模林道)についても、まだ決着していないので本書ではふれていない。関心のある方は、俵浩三「緑資源幹線林道・無駄な公共事業が自然を破壊――知事は事業の必要性と効果を説明できなかった」(『北海道自然保護協会誌』第四四号、二〇〇六)を参照していただきたい(なお、この事業主体は緑資源機構(旧森林開発公団)であるが、ここでは二〇〇七年五月、天下りによる官製談合事件と業界からの政治献金が発覚し、政界〜官界〜業界をめぐる癒着の構造が明らかになるなか、現職の農林水産大臣が自ら命を断つという異常事態となった。そのため政府は、緑資源機構の廃止と、林道事業の都道府県への移管の方針を明らかにした。しかし北海道は、自然保護団体からの指摘をクリアできないため、二〇〇八年の事業を休止し、同年中に計画を抜本的に見直すことを余儀なくされている)。

それでも『北海道・緑の環境史』はかなり分厚くなってしまった。一気に読むのはたいへんかもしれない。全体は六章および序章と終章から構成され、それぞれの内容は関連した部分があるが、ほぼ独立しているので、気が向いた章から読んでいただいても差し支えない。読者が北海道の緑の環境の過去を振り返るとともに、より広く二一世紀の環境問題を考える、ひとつのよすがとしていただければ幸いである。

この本の執筆を熱心に勧めてくださったのは北海道大学出版会の前田次郎さんで、編集実務は持田誠・円子幸男さんのお世話になった。この三人をはじめ、私が永年にわたりお世話になった多くの先輩・同僚、および研究や自然保護運動などで志を同じくした方々に、心から感謝したい。

二〇〇七年一〇月

俵　浩　三

事項索引

あ 行

か 行

さ　行

た　行

な　行

は　行

ま　行

や・ら 行

人名索引

あ 行

か 行

さ 行

た 行

な　行

は　行

ま　行

や　行

ら・わ 行

俵　浩三（たわら ひろみ）

1930 年　東京生まれ
1953 年　千葉大学園芸学部卒業
1953〜1983 年　厚生省国立公園部，北海道林務部，北海道生活環境部に勤務し，自然公園・環境行政に従事
1983〜2001 年　専修大学北海道短期大学教授，造園林学科で造園学を担当
1984〜2008 年　㈳北海道自然保護協会理事（1994〜2004 年会長）
現　在　専修大学北海道短期大学名誉教授，学術博士
著　書　牧野植物図鑑の謎（平凡社新書，1999）
緑の文化史──自然と人間のかかわりを考える（北海道大学図書刊行会，1991）
北海道の自然保護──その歴史と思想（北海道大学図書刊行会，1979）
北海道の自然美を訪ねて（山と渓谷社，1963）

北海道・緑の環境史

2008 年 4 月 10 日　第 1 刷発行

著　者　俵　浩三
発行者　吉田克己

発行所　北海道大学出版会
札幌市北区北 9 条西 8 丁目 北海道大学構内（〒 060-0809）
tel. 011（747）2308・fax. 011（736）8605・http://www.hup.gr.jp

㈱アイワード／石田製本

ISBN978-4-8329-6677-2